Gordon W. Allport

［美］戈登·奥尔波特——著
凌晨——译

偏见的本质

THE NATURE OF PREJUDICE

九州出版社
JIUZHOUPRESS

中文版序

戈登·奥尔波特所著的《偏见的本质》是无与伦比的。在它于1954年出版之前，还没有过与之类似的著作，在那之后的65年间，更是没有一部著作能达到它的影响力。后一点尤为令人惊异，因为在这65年间对偏见的研究已经迅速发展为实验心理学的主要课题之一。至今，已有成千上万的科学研究从各个方面详细探讨了这些独特的态度和信念的结构及功能。然而，对我们教师而言，当我们向学生介绍对偏见的现代理解时，我们仍然一定要向他们推荐《偏见的本质》这本书。

奥尔波特最著名的是他在人格心理学方面的研究，他也被认为是该领域的创始人之一。但事实上，他最有名的著作《偏见的本质》却是关于一个他不常在科学期刊上撰文讨论的话题；到1980年，这本书已经卖出了超过50万册。我们知道，奥尔波特的父亲是一名医生，他把自己的家当作诊所，经常给那些付不起医疗费的病人施诊。据赫伯特·凯尔曼——奥尔波特的学生及继他之后的哈佛大学卡波特社会伦理学讲席教授——推测，奥尔波特对群体差异所造成的长期消极影响的认识，可能源于他早期在这个家庭诊疗所中对不平等的观察。

《偏见的本质》之所以影响深远，是因为它具有预见性、涉及面广，而且毫不费力地将一些逸事和观察资料（包括通俗口语、文学叙述）与证据交织在了一起。《偏见的本质》以清晰地将偏见描述为非理性思维和情感的例子而引人注目。即使在今天，我们也很难说服心理学专业的学生或其他任何人相信，偏见不仅仅是发生在社会上几个"害群之马"身上。我们很难摆脱这种错误的信念：我们自己是没有偏见的，而且只要清除那些支持群体间仇恨或那些愿意在自己国家消灭不同群体的人，偏见的问题便会烟消云散。

无论这种观点多么有说服力，将偏见问题归咎于寥寥可数的人的不良行为都是错误的。它为什么如此令人信服？就在我身处美国写这篇前言时，我们又一次得知在得克萨斯州埃尔帕索市一家购物中心发生了枪击事件，一名嫌犯枪杀了数名无辜的群众。据称，这名21岁的嫌犯在宣言中写道："这次袭击是对拉美裔移民入侵得克萨斯州的回应……我只是在保卫我的国家免于入侵带来的文化和种族变更。"人们很容易将"偏见"标签只留给拥有这样思维的人，而把我们其他人免除在这可怕的界限之外。

当然，作为一名人格心理学家，奥尔波特了解不同的人在经历和表达偏见上是不一样的。但他也看到了某种更难以捉摸的东西：构成偏见的思想和情感之间的连续性，以及所有人类都有的更广泛的分类思维。在第1章中给出了一些基本的定义之后，奥尔波特在第2章就以"预先判断是一种常态"为题，指出这点可能是本书最大的贡献。奥尔波特在其中写道："人脑必须借助分类……来进行思考。分类一旦形成，这些类别就成了正常预判的基础。我们无法避免这个过程，因为有秩序的生活正系于此。"（见第22页）

对于"我们平日的思考、行动及生存所培养的习惯和需要，同时却也是造成偏见的罪魁祸首"这个观念，光是理解起来对我们依然很困难，更不要说在1950年代早期，以当时对人类心智的认识而言。我们必须提醒自己，这是在认知革命之前、在心理学现有的大量经验基础之前、在我们现在普遍理解人类认知非理性的概念出现之前。而在这些关于人性的真理被揭露之前，奥尔波特就已经意识到了它们；从这点上来说，预见性是他最大的天赋。如果他今天还在世，他应该很容易就能理解他的直系后继者当今所创立的概念——"内隐偏见"，即便至今仍然有一些心理学家无法理解这个概念。

除此之外，《偏见的本质》覆盖的范围之广同样值得注意。奥尔波特在1954年写这本书的时候，关于偏见的实证研究基础还很匮乏；尽管如此，他并没有只写一本薄薄的书，集中在几个可以通过直觉和陈词滥调涵盖的主题上。《偏见的本质》包含了我们目前在学术期刊上对偏见的思考和论述的各方面：（1）分类和学习；（2）内群体偏爱和外群体歧视；（3）真实的和想象的种族和民族差异；（4）群体成员身份所可见标记的作用及其引发的陌生感；（5）语言在产生和维持偏见方面所扮演的角色；（6）反直觉的想法，如对自己所属群体的仇恨；（7）刻板印象的形成和变化；（8）历史、社会文化和即时情境的角色；（9）煽动者、宗教、忠诚和替罪羊的角色；（10）从众的力量；（11）偏见在幼童身上的形成；（12）负罪感与内心冲突；（13）侵略和极端形式的仇恨；（14）偏见与人格其他方面的交织；（15）造就宽容性格的条件；（16）减少偏见的过程，尤其是其中所提出的"接触假说"直到如今仍是研究减少偏见的理论基础。

因为奥尔波特不遗余力地向读者呈现偏见的本质，当阅读本书时，我们会屏息凝神，并了解如果要充分理解偏见问题的复杂性，就需要从各个角度进行探讨。奥尔波特曾经在其他场合评论说，理解原子运作的原理已经需要几个世纪的时间和资源，那么要理解人类思维的复杂性，相应地就需要更大的投资。最近，我的同事——麻省理工学院生物学家南希·霍普金斯——也做了类似的分析。她深深担忧遗传学家将数学和科学等领域中智力问题的复杂性简化为基于群体和遗传的不同。作为一名癌症生物学家，霍普金斯深知即使经过几十年的高投入研究，人们目前对癌症遗传基础的了解还是非常有限。她怀疑是什么样的价值体系能引发人们对男女数学和科学能力的基因差异感兴趣，也非常担心人们为何对这些比单个细胞失活复杂得多的研究如此轻易地做出猜测。

而与这种过度简单化不同的是，奥尔波特明白事物的复杂性：仅仅是始于预先判断的某事件，最终也可能以种族灭绝告终。他对偏见这个主题复杂性的理解体现在这本书的广度上，这本书由200个独特的部分组成（在全书31章的每一章末尾都有总结和说明）。可以说，《偏见的本质》不仅应该是学习该主题学生的必读教材，而且应该是那些在人类智慧的遗传基础等复杂现象方面急于站队者的必读教材。因其有意识地面对复杂性，它可以作为教导我们谦逊对待科学的一课。

在《偏见的本质》出版65年之后，我们对偏见有了更多的了解，这不仅体现在已经发表的论文数量上，而且也体现在这些论文所采用的多种方法上，从小型的控制实验到现场研究、相关研究、经济博弈与模拟研究和机器学习，更不用说现今可用的更为复杂的统计方法了；这些方法使我们对已知和未知领域的研究有了更大的信心。当奥尔波特写这本书的时候，可用的数据只占今天可用数据的一小部分，但值得注意的是，他的观点在很大程度上都与后来的数据所揭示的一致。事实上，除了他对精神分析理论（在当时很有影响力，但在今天的科学心理学中已没有任何作用）的论述，奥尔波特在其他方面的观点在几十年后的今天看来，几乎是没有错误的。

奥尔波特在1954年是如何掌握这个话题的呢？在我看来，在其他人可能误入歧途的地方，奥尔波特的一些特质和经历可以使其避免。首先，他是一位人格理论学家，因此他能够理解基因和社会、全球和地方、个人和集体的行为如何塑造我们每一个人，他也同样明白外在能够改变内在，反之亦然。此外，奥尔波特对心理学的理论理解根植于他对世界的实践和对历史的理解之中，他对美国早期的奴隶制度和反犹太主义有很深的了解，这是当年其他身处相同社会地位的人所没有的。他从发生在世界各个角落的事件中（包括当时二战后从欧洲来美国的移民的经历）获得了自己的见解。这些经历和理解使得他能对理论和实用主义都有无与伦比的把握，从而清晰描绘偏见这幅画面；而引人注目的是这幅画面的核心正反映现代社会。我们只要在他的书中把那些社会群体的名字更改一下，就会看到与当今新的群际关系的相似之处。

在某种程度上，我们听取了奥尔波特的教导，沿着他推荐的方向前进，更快地对偏见的本质有了更多的了解。在我们探讨偏见的过程中，我们逐渐赋予"偏见"一个比较有限的含义，以此来指显性的、有意识的、带有敌意的偏见。但是，认知革命让我们更加理解偏见。偏见不仅仅来自我们有意识控制的思考过程，还来自我们无法意识到的思考过程；我们意识不到的偏见，没有先进的技术是很难被察觉到的。这样的理解，产生了社会认知不仅仅有显性，还有内隐表达的可能性。如今，"内隐偏见"的概念（通俗的说法为"无意识偏见"），被认为是所有人类和集体的特征，是无意识歧视的一部分，它不但已被学术界接受，而且已升华成一种文化模因。在美国2016年总统选举期间，总统候选人在首次公开辩论中被问及他们将如何应对内隐偏见；而多数组织，包括政府机构、金融投资者和电影制片人群，都尽可能理解内隐偏见是如何带来他们不愿支付的隐性成本的。

虽然奥尔波特对偏见的看法是基于美国人的视角，但他所传达的信息是普世的，因为他谈论的是一个普世的议题。因此，即使只用有限想象力来阅读《偏见的本质》，我们也能在中国——就如在世界其他地方——同样获得共鸣。当中国人通过旅游、商业和知识交流探索世界时，中国的读者必能在奥尔波特的理论中找到共鸣。这是《偏见的本质》一书首次在中国出版，它可以作为中国人的指南，开启一个前所未有的对群体间关系的理解。在中国及世界各地，读者在翻页时——无论是纸质版还是电子版——应该思考的问题是，透过科学知识的独特力量，我们如何战胜由来已久或新出现的对世界大同与和平的威胁？

马扎林·贝纳基
理查·克拉克·卡波特社会伦理学讲席教授
哈佛大学心理学系
（香港中文大学商学院卓敏市场学教授康莹仪译）

前　言

开化的人类对能源、物质以及无生命的自然事物总体上已经获得了令人瞩目的掌控能力，他们也在迅速习得对身体痛苦与过早死亡的控制。然而，相较之下，我们在掌握人际关系方面，所表现出的能力似乎还停留在石器时代。我们社会性知识的缺乏，似乎正在使我们在物理知识层面所取得的进步化为泡影。人类通过应用自然科学所积累的财富盈余，在恍惚中都被战争的武力开支所抵消了。医学方面的成就也几乎要被由憎恶与恐惧导致的战争和贸易壁垒所造成的贫穷抵消了。

就在此时此刻，东西方意识形态的对立使全世界陷入了恐慌之中，地球上每一个角落的人们都背负着各自的历史积怨。穆斯林不信任非穆斯林。从中欧的种族清洗中幸存下来的犹太人，感到自己新近建立的以色列国被反犹主义包围。难民们流浪在不欢迎他们到来的土地上。世界上许多有色人种都饱受白人虚构出来以合理化自身居高临下态度的种族主义教条的折磨。美国范围内存在的偏见也许是最为复杂的。即使这无穷尽的对抗中有一些似乎的确是基于现实的利益冲突，我们仍怀疑，大部分对抗是幻想中的恐惧的产物。然而，虚构的恐惧能够造成真实的痛苦。

群体间的对立和仇恨并非什么新鲜事。而科技拉近了群体之间的距离，使它们的关系无法维持原本舒适的状态。俄国不再是一个位于遥远草原上的国度，它现在就在我们眼前。美国与旧世界间的距离也不再遥远，"第四点计划"、电影、可口可乐及其政治影响力使它变得近在咫尺。一度由山川河海阻隔的国家如今暴露在彼此面前。无线电、喷气式飞机、电视、伞兵、国际贷款、战后移民、原子弹轰炸、电影、观光产业——

所有现代社会的产物——都将人类群体之间的距离前所未有地拉近了。我们还未学会如何调整自身的心智和道德以适应这种彼此接近的关系。

然而，目前的状况并非毫无希望。希望主要来自这一事实，即人类本性似乎整体而言倾向于友爱和善意而非残忍。无论是就原则而言，还是就偏好而言，所有的普通人都不想走向战争和毁灭。人们想要与邻里和平共处，发展友谊；他们想要去爱与被爱，而不是被憎恨或憎恨别人。残忍绝非受欢迎的人类特质。即使是纽伦堡审判中的纳粹首领，也假装他们对集中营里的非人行径一无所知。他们不愿承认自己的所作所为，而是胆怯地否认，是因为他们竭力希望能被当作正常人类看待。即使在战争白热化的时期，我们也希冀和平，即使在敌意盛行的时期，我们也期待获得同类的赞许。只要这类的道德两难仍然存在，我们就有一丝希望消除人们之间的敌意，并重新让友善的价值占据上风。

近年来的一些现象尤为鼓舞人心，大量人群认可科学在解决争端中所起到的作用。神学往往将人类的破坏本性与其理想之间的冲突视为原罪对救赎的抗拒。这种论断可能是有效而意味深远的，但是，近来人们开始相信自己能够运用知识对此进行补救。人们说，"让我们对文化与产业中不同种族、肤色的人类群体之间产生的冲突进行客观研究；让我们探寻偏见的根源，想办法稳固地建立起人类友善的价值观"。第二次世界大战结束以来，许多国家的大学都给予了这种方式新的重视，并赋予其不同的学术名称：社会科学、人类发展、社会心理学、人类关系、社会关系。即使尚未得到正式命名，但是这门新兴的科学正在蓬勃发展。它不仅仅受到大学的重视，还受到公立学校、教会、进步产业、政府机构、国际组织的欢迎。

在过去的一二十年内，在这一领域的研究要比之前十几个世纪以来成果的总和，都更具启发性，也更为坚实有力。诚然，人类行为的伦理准则在数千年之前的人类各宗教的教义系统中就得到了反复陈述——所有这些信条都确立了在地球上所有居民间建立兄弟情谊的需要及其理论基础。但是，这些信条形成于游牧生活，牧羊人和部落王国的年代。要使这些信条在这个技术化、原子化的时代里生效，我们需要对造成仇恨与宽容的因素得到进一步理解。人们曾错误地认为，科学应该专注于实现物质的进步，而人类本性与社会关系则只需交给道德感处理就好，不需要任何科学的指导。我们现在认识到，科技进步所带来的问题远远多于其解决的问题。

社会科学无法在一夜之间突飞猛进，也无法瞬间修复没有得到引导的科技所造成的灾难。科学界需要多年的辛苦钻研与数以十亿美元计的投入才能获取原子的秘密，而要想获取关于人类非理性本质的秘密，则需要的投入就更多了。有人曾说过，打破一个偏见，要比崩解一个原子还难。人类关系的主题极为宽泛。研究者需要从人类组织的许多领域着手：家庭生活，精神健康，业界关系，国际谈判，公民训练——这只是其中的一小部分。

本书并不夸口自己能够解决人类关系科学中的所有问题。它仅仅着力澄清一个问题——人类偏见的本质。但这是一个基本的问题，只有了解了敌意的根源，我们才能够有效地应用我们的知识以控制其破坏性。

当我们谈论偏见的时候，我们往往会想到"种族偏见"。这是一种令人遗憾的联想，因为在古往今来的所有人类偏见中，种族偏见所占的比例很小。种族是一个晚近的概念，最多有一百年历史。大多数时候，偏见和迫害是基于其他的因素，往往是宗教。直至不久前，犹太人依旧主要由于其宗教信仰而遭到迫害，而非他们的种族。黑人被奴役也主要因为他们被当作一种经济资产，其背后的逻辑是宗教式的：他们生来就是异教徒，是挪亚（Noah）的儿子含（Ham）的后代，他们因受到挪亚的诅咒而"永世为奴"。把今天流行的种族概念应用于过去是一种时代上的误置。即使这个概念一度是适用的，但是不同种族间不断的通婚繁衍很快就使其界限变得模糊了。

那么为什么种族的概念会如此盛行呢？首先，由于信徒信仰的转变，人们对宗教的热情不如以往，也不再以宗教决定每个人的群体归属。并且，"种族"这个概念比较简洁明了，能够让人方便地通过可识别的标志分辨对象，并能够以此作为划分被厌恶的受害者的依据。人们虚构出来的"劣等种族"为偏见的合理化提供了看似无可争辩的理由。它以其标志性的生物决定论色彩，将人们从检视群体关系中复杂的经济、文化、政治、心理条件这一麻烦中解放出来。

相较于"种族"（race）而言，"族裔的"（ethnic）这一学术名词在大多数场合都更为恰当。"族裔的"指群体以不同比例所具有的各种特性，诸如样貌、国籍、文化、语言、宗教、意识形态等。与"种族"不同的是，"族裔"不暗含生物学上的同质性。在现实中，偏见的受害者们往往也并非生物学上同质的群体。当然，"族裔"概念也无法轻易涵盖职业、阶级、政治团体或性别等方面的特质——这些都是偏见多发的领域。

不幸的是，人类群体的词汇是匮乏的。除非社会科学能够为我们提供一套更好的分类法，在此之前我们就无法像我们所欲求的那样精确地讲话。但是，我们有可能避免因为错误地应用"种族"一词而产生的谬误。阿什利·蒙塔古（Ashley Montagu）坚称，"种族"是社会科学中的一个落后而带有恶意的名词。即使我们要使用这个词，也应该非常小心地，只在得到恰当限定的语境下使用它。在指代以任何形式的文化凝聚性为标志的群体时，我们都应该采用"族裔"一词。但有时我们也许会犯过度扩展已然很笼统的"族裔"一词含义的错误。

将偏见和歧视归咎于任何单一的因素，如经济剥削、社会结构、风气民俗、恐惧、进攻性、性别冲突等，都是严重的错误。我们将会看到，所有这些因素，以及其他许多因素都可能成为滋生偏见的温床。

我们的目的是要教导读者认识到偏见和歧视具有多种诱因。然而读者完全可能合情合理地提出这个问题：作者本人是否也会流露出心理偏见？他是否能在复杂的经济、文化、历史、场景因素中保持公正？他是否会出于职业习惯，强调学习、认知过程、人格组成等因素的影响？

的确，我相信只有在人格内核中，我们才能发现历史、文化、经济因素的作用。由于只有个体才能够感到敌意并实施歧视，所以除非习俗和风气以某种方式融入了个体的生活脉络，不然它们就无法发挥其能动性。然而"因果关联"是一个宽泛的概念，我们能够（并应该）认识到个体所持的态度背后，既有长期的社会文化原因，也有即时的诱因。尽管我将本书的论述重点置于心理层面的因素之上，我仍然尝试（尤其在

第13章中）对不同层面上的因素给出一个平衡的观点。如果我在这番努力之后得到的结果仍然是片面的，那么我也希望批评家们能够指出这一缺陷。

尽管本书中的研究和解释主要基于美国的状况，但我相信我们对偏见的动力学分析是普遍有效的。诚然，偏见在不同国家的具体表现形式有着很大的差异：所选取的受害者不同；对与被歧视群体发生身体接触的态度不同；社会文化的指控与刻板印象也有所差异。但是，来自其他国家的证据表明，偏见背后的基本因素与关联因素在本质上是相同的。加德纳·墨菲（Gardner Murphy）通过对印度各群体之间紧张关系的调查得出了这样的结论。在著作《在人的脑海中》（In the Minds of Men）里，他详细说明了这些联系。美国国家机构所赞助的其他研究也同样支持这一观点。人类学方面的文献，无论是专注于巫术、宗族忠诚还是战争的，都表明这一点：尽管偏见的攻击对象与表达方式各有不同，但所有国家和地区的偏见背后的动力学过程都是相同的。虽然这一指导性的假设貌似颇为稳固，但我们也不应该将其视作盖棺定论。未来的跨文化研究一定会揭示出各种偏见诱因的模式及其各自的权重在不同地区有着很大差异，也许人们还会发现偏见的其他重要诱因，以对目前的考量范围加以补充。

在本书的写作过程中，我主要考虑的是两类读者，他们都对这一主题极为感兴趣，其中一类是海内外大学里的学生，他们对人类行为的社会与心理基础怀有与日俱增的兴趣，想在改善群体关系方面寻求科学的指导。另一类读者包括社会中数量越来越多的关心这一话题的年长读者和普通读者，但他们对这一主题的兴趣可能不是理论性的，而更多地关注对即时的实践加以指导。我始终将这两组读者作为我的受众，并以十分朴实基本的风格写作。因而我不可避免地要简化一些问题，但是我希望并没有简化到会在科学意义上造成误导的程度。

这一领域如今已经吸引了大量研究者的探索热情，因此我们现有的研究和理论将很快就会过时，这是一件好事。新的实验会取代旧的，各种理论的架构也会得到改进。然而我相信本书的一个特点，即其组织材料的原则是具有持久价值的。我尝试为读者提供一个可以妥帖地将未来的新成果、新理论纳入其中的框架。

虽然我的目的主要是在整体上阐明这个领域，但我同时也尝试（特别是在第八部分）展示我们可以如何应用已有的知识以减轻族群之间的紧张关系。几年前，美国种族关系理事会发起的调查显示，美国有1350个社会组织明确地表示了自身致力于改善群体间关系的态度。这些组织运作的成效如何本身就需要科学的衡量，我们在第30章中对此进行了详细的讨论。仅仅用一种学术的视角看问题，而忽略在实际操作中对理论加以检验是错误的。与此同时，实践者在没有科学支持的情况下，将时间和金钱贸然投入到未必有效的补救计划里也是一种浪费行为。一门人类关系科学的成功发展需要将基础研究与积极实践结合在一起。

本书的逐步成形，离不开两方面动力的善意鞭策和鼎力相助——一个是哈佛大学社会关系系长期举办的系列学术研讨会，另外就是在本书写作过程中给予我经济支持与鼓励的机构。波士顿的摩西·金博尔基金会（Moses Kimball Fund）、美国犹太人大会的社区关系委员会以及大会中其他友好成员、全国基督徒与犹太教徒大会、哈佛大学社会关系实验室，以及由我的同事索罗金（P. A. Sorokin）教授所指导的研究中心都为本书提供了意义重大的帮助。是他们的资助促成了本书中所报道的一些研究及对这一领域的综述报告。我对他们的慷慨解囊与鼓励深表感激。

"群体冲突与偏见"研讨会上学生们兴趣盎然而勤奋的努力，最终决定了本书的内容与架构。我常与我的同事塔尔科特·帕森斯（Talcott Parsons）、奥斯卡·汉德林（Oscar Handlin）、丹尼尔·莱文森（Daniel J. Levinson）共同主持班上的讨论。我相信，他们的影响也是显著的。我还得益于我的研究助理伯纳德·克莱默（Bernard M. Kramer）、杰奎琳·萨顿（Jacqueline Y. Sutton）、赫伯特·卡隆（Herbert S. Caron）、里昂·卡明（Leon J. Kamin）和内森·阿特舒勒（Nathan Altshuler）。他们为本书提供了有益的材料与重要的建议。这一领域的美国权威，斯图尔特·库克（Stuart W. Cook）阅读了本书的部分手稿，并做出了意义非凡的批评。乔治·科埃略（George V. Coelho）和休·菲利普（Hugh W. S. Philip）在遥远的国度为本书的手稿提供了宝贵的建议。在此，我向所有不吝施助的人表达我的感激之情,尤其是在本书写作的各阶段为我持续提供指导的埃莉诺·斯普雷格(Eleanor D. Sprague)女士。

戈登·奥尔波特

1953年9月

目 录

中文版序   1
前　言   6

第一部分　偏向性思维

第1章　问题出在哪？   3
第2章　预先判断是一种常态   19
第3章　内群体的组成   32
第4章　对外群体的排斥   54
第5章　偏见的样式和广度   75

第二部分　群体间差异

第6章　关于群体之间差异的科学研究   93
第7章　人种和民族差异   116
第8章　可识别度和疏离感   139
第9章　由受害而造成的特质   153

第三部分　对群体间差异的感知和思考

第10章　认知过程　　　　　　　　　179
第11章　语言因素　　　　　　　　　193
第12章　我们文化中的刻板印象　　　205
第13章　偏见的理论　　　　　　　　226

第四部分　社会文化因素

第14章　社会结构与文化格局　　　243
第15章　替罪羊的选择　　　　　　266
第16章　接触所带来的影响　　　　285

第五部分　偏见的习得

第17章　顺　应　　　　　　　　　311
第18章　幼　童　　　　　　　　　325
第19章　后续学习　　　　　　　　342
第20章　内在冲突　　　　　　　　357

第六部分　偏见的动态

第21章　挫败感　　　　　　　　　375
第22章　侵略和仇恨　　　　　　　387
第23章　焦虑、性、内疚　　　　　401
第24章　投　射　　　　　　　　　417

第七部分　性格结构

第25章　偏见人格　　　　　　　　　431
第26章　煽　动　　　　　　　　　　447
第27章　宽容人格　　　　　　　　　462
第28章　宗教与偏见　　　　　　　　482

第八部分　缓解群体间的紧张态势

第29章　是否必须制定法律？　　　　499
第30章　方案评估　　　　　　　　　516
第31章　局限与展望　　　　　　　　538

出版后记　　　　　　　　　　　　　557

第一部分

偏向性思维

第1章

问题出在哪？

在罗得西亚*，一名白人卡车司机正开着车，路过一群无所事事的当地人，他嘴里咕囔道："懒惰的畜生。"几个小时后，他又看见一群当地人一边有节奏地喊着号子，一边将120磅重的谷物袋子搬上卡车，他又开始发牢骚："一群野蛮人，你还能指望他们点什么？"

在西印度群岛的某处，当地人在街上遇见美国人时，一度会夸张地把自己的鼻子捏住。而在"二战"期间的英格兰，曾流传过这样的话，"美国人唯一的问题在于他们赚得太多、性欲过剩、出现在这（over-paid, over-sexed, and over here）"。

波兰人常称乌克兰人为"爬行动物"，以此来表达对这些被认为是忘恩负义、满腹仇恨、诡计多端、阴险狡诈的乌克兰人的蔑视。同时，德国人也将他们东边的邻居称为"波兰牛"。而波兰人则用"普鲁士猪"反击，这是在讽刺德国人被认为是粗俗和缺乏幽默感的个性。

据说，在南非，英国人排斥阿非利卡人；但两者都反对犹太人；而以上三者都与印度人对立；同时，所有四者都在联合排斥本土黑人。

在波士顿，罗马天主教会中的一位显要人物正坐在车上驶过城市郊区的一条幽静道路。这时他看到一个黑人小男孩在路上吃力地行走，就让司机停下来载那男孩一段。这位要人和小男孩一起坐在豪华轿车的后排，他开口问小男孩："孩子，你是天主教徒吗？"男孩把眼睛瞪得像铜铃一

---

* 译者注：津巴布韦的旧称。（本书脚注均为译者注。）

样大，惊恐地回答说："我不是，先生，拥有深色的皮肤已经够糟了，更别提要当什么天主教徒了。"

当中国学生被问及中国人到底如何看待美国人的时候，他们不情愿地回答说："我们认为他们是所有洋鬼子中最好的。"这个回答是在中国的共产主义革命发生之前。如今中国年轻人所接受的教育是，美国人是所有洋鬼子中最坏的。

在匈牙利有过一个说法，"反犹太主义者是指对犹太人的憎恨超过了绝对必要的程度的人"。

世界上没有一处角落完全不存在群体性的歧视。我们受到各自文化的束缚，就像查尔斯·兰姆一样，是"一束偏见的集合体"。

两个案例

一位三十几岁的人类学家有两个年幼的孩子，苏珊和汤姆。他的工作需要他与一个美洲印第安部落中一户热情好客的印第安家庭同住。然而他坚持让他的家人住在一处距离印第安人保留地几英里远的白人社区。即使汤姆和苏珊恳求他破例，他也很少会允许他们来部落的村庄里玩。在他们被允许来访的极少数情况下，他也严厉禁止他们和友好的印第安孩子一起玩。

有些人（其中包括几个印第安人）抱怨这位人类学家的做法不符合他的职业道德——他表现出了种族偏见。

然而事实是，这个科学家知道结核病正在这个部落村庄中肆虐，他所寄宿的家庭中已经有四个孩子死于这种疾病。如果他允许自己的孩子与土著们密切接触，那么，他的孩子们感染结核病的概率也很高。他的明智判断使他决定让孩子们远离这一风险。在这个案例中，他对印第安部落的回避是基于理性和现实的基础之上的，并没有任何感情上的敌意。人类学家对印第安人没有一般性的负面态度。事实上，他非常喜欢他们。

由于这个案例无法说明我们说的种族或族裔偏见究竟是什么，让我们再看看另一个案例。

在初夏季节，多伦多的两家报纸共刊登了来自约100个不同度假村的假日广告。一位加拿大社会科学家瓦克丝（S. L. Wax）就此做了一个有趣的实验。[1] 他给每个酒店和度假村都写了两封信，将它们同时寄出，并在信中要求预订日期完全相同的房间。在一封信上，他签署的名字是"格林伯格先生"（Mr. Greenberg），而另一封信则署名"洛克伍德先生"（Mr. Lockwood）。实验结果如下：

格林伯格先生：
得到了52%的度假村答复；
36%愿意向他提供住宿。

洛克伍德先生：
得到了95%的度假村答复；
93%愿意向他提供住宿。

几乎所有的度假村都欢迎洛克伍德先生的到来，但接近一半的度假村甚至都没有给格林伯格先生一个礼貌的回复，只有略多于三分之一愿意接待他。

没有任何一家酒店认识"洛克伍德先生"或"格林伯格先生"。"格林伯格先生"说不定是一位安静的、守规矩的绅士，而"洛克伍德先生"说不定总是醉醺醺的、粗暴吵闹。但这些酒店做决定的依据显然并非个人特质，而是依照"格林伯格先生"被认为是特定群体成员的假设。格林伯格先生仅仅因为他的姓氏，就遭受了无理的对待和排斥，在酒店经理的眼中，"格林伯格"这几个字就足以使他不欢迎此人。

与我们的第一个案例不同的是，这起事件包含了族裔偏见的两个基本元素：

（1）明确的敌意和拒绝。大多数酒店都不愿与"格林伯格先生"打交道。

（2）这种排斥是基于一种类别化的思维方式的。"格林伯格先生"并非作为个体受到评判。相反，人们基于对其姓氏所属群体的刻板印象而冷落他。

此时，一个思维严谨的人可能会问：人类学家和酒店在"类别排斥"这件事上的根本差异是什么？难道人类学家不是从病毒有很大可能传染这一点出发，来判断出于安全考虑，他的孩子最好不要冒险接触印第安人吗？而酒店管理者难道不是从格林伯格先生姓氏所属的群体有很大可能是他们不喜欢的客人这一点出发，而选择不接待他的吗？人类学家了解当地结核传染是猖獗的，但难道酒店管理人员不也知道"犹太人的恶习"是相当普遍的，所以他们应该规避这个风险吗？

这是一个正当的问题。如果酒店管理人员基于事实而拒绝一些客人入住（更准确地说，基于犹太人有很高概率品行不端而拒绝他们入住），他们的做法就将与人类学家的行为一样合情合理。但我们可以肯定的是，情况并非如此。

一些经理可能从来没有与犹太客人发生过任何摩擦——这是很可能的，因为在大多数情况下，犹太人都从未得到过酒店的入住许可。或者，即使他们曾与犹太客人有过不愉快的经历，他们也没有留下记录，证明相较于其他非犹太客人而言，与犹太客人间发生冲突的频率更高。他们也肯定并未查阅过关于犹太人较之非犹太人所具有的优良特质与糟糕特质概率有何异同的科学研究。如果他们查阅过科学研究，就会发现自身的排斥政策毫无根据可言。我们将在第6章中介绍相关的研究。

当然，可能经理本人对犹太人并无个人偏见。在这种情况下，他的做法反映的就是旅馆内其他非犹太客人的反犹主义态度。无论如何，我们的论点已经很清楚了。

定 义

偏见（prejudice），来自拉丁语名词praejudicium，和大多数词语一样，自古典时代以来，其意义已经经历了很大转变。该转变有三个阶段。[2]

（1）对于古代人来说，praejudicium意味着先例（precedent）——基

于之前的决定和经验做出的判断。

（2）后来，该词语在英语里获得了新的含义，即在尚未仔细审查并考虑事实时就仓促做出的不成熟的判断。

（3）最后，该词语又获得了今天我们使用它时所附带的感情色彩，即伴随这样一个无根据的预先判断而出现的，"喜爱"或"厌恶"的感情。

也许在对偏见的所有定义之中，最简明的是"没有足够的依据，就把别人往坏处想"。[3] 这一清晰扼要的措辞包含了所有定义都包含的两个基本成分——毫无依据的判断和由此而来的情绪基调。然而，这样的表述实在是太短了，无法将偏见的含义完全表达清楚。

首先，它只提及了**负面**（negative）的偏见。人们可能出于偏见而偏袒别人；他们可能在没有足够的依据时，就将别人想得很好。依据《新英语词典》（New English Dictionary）给出的定义，偏见既包括正面的，也包括负面的：

> 在实际经验前，或不根据实际经验，对人或事物产生的对其有利或不利的情绪。

虽然我们需要意识到偏见有正面的也有负面的，但是大多数种族偏见的确都是负面的。一组学生曾被要求描述他们对一系列族群的态度。即使在没有任何可能引导他们做出负面报告的提示的情况下，他们所报告的反感态度也是好感的八倍。因此，在本书中，我们将主要关注针对其他族群的敌对性偏见，而非偏爱。

"把别人往坏处想"这个措辞显然是一种含蓄的表达，我们需要明白，其中实际上包含了蔑视、反对、恐惧、厌恶，以及各种各样由反感所导致的行为；例如说别人的坏话，区别对待他人，或使用暴力攻击他们。

同样，我们也需要拓宽"没有足够的依据"这个表述的内涵。但凡缺乏事实基础的判断，都是没有根据的。因此就有了对偏见的一种俏皮话式定义，"吃不到葡萄说葡萄酸"。

到底需要多少证据才能证成一个判断？这很难讲。一个抱有成见的人总是会宣称他有足够的证据支撑其观点。他会讲述在他与难民、天主教徒或东方人之间发生的不愉快经历。但在大多数情况下，他的证据显然是不足而牵强的。他往往是在将自己选择性的记忆与传闻相混合，并对其做了过度泛化。没有人能了解所有的难民、天主教徒，或是东方人。所以，将这些群体作为一个整体所做出的任何负面判断，严格来说，都是缺乏证据就谬下结论的例证。

有时，持有负面偏见的人根本没有能够支持其判断的第一手经验。在几年前，大多数美国人都将土耳其人想得极其不堪——但他们中很少有人见过土耳其人，他们甚至都不认识哪个见过土耳其人的人。他们会这样想，仅仅是因为他们听说过亚美尼亚人大屠杀和传奇的十字军东征，然后他们就假定这个国家的所有人都应该受到谴责。

通常，偏见的对象都是受排斥群体中的个体成员。在回避一位黑人邻居，或回应"格林伯格先生想预订一个房间"的请求时，我们的做法所遵循的，是我们将其他群体作为一个整体而武断地贴上的标签。在这样做时我们很少，甚至从不去关注个体之间的差异，我们都忽略了一个重要事实，即我们的邻居——黑人甲，并不是我们已有充分的理由去讨厌的黑人乙；格林伯格先生可能是位很体面的绅士，一点都不像我们有理由不喜欢的布卢姆先生。

这个心理过程是如此普遍，以至于我们也许可以将偏见定义为：

> 对属于某群体的个体持有一种厌恶或敌对的态度，仅仅因为他属于该群体，就被推定具有人们归于该群体的那些令人反感的特性。

该定义强调了一个事实，即尽管日常生活中的种族偏见通常体现在对待个体的态度上，但它也暗含着将群体作为一个整体贴上了没有根据的标签。

回到多少证据才算是"足够的依据"这个问题，我们必须承认，很少，甚至没有人能够基于绝对的确定性做出判断。我们有理由相信，但并不能完全确保太阳明天依旧会升起，或者死亡和税收终将降临。对于支撑任何判断而言，所谓足够的依据终究只是一个概率问题。通常，我们对于自然事件的判断，相较于我们对人的判断，都是基于更坚实也更高的概率之上的。我们给国家或民族贴上的类别化标签鲜少基于高概率特征。

第二次世界大战期间，大多数美国人对纳粹首领都怀有敌意。这是否能算作偏见？答案是否定的。因为大量现存证据表明，纳粹集团将邪恶的政策和做法作为政党的官方指导思想。诚然，纳粹党内的确可能存在正直的人，他们从心底里排斥这些可憎的计划；但是，邪恶的纳粹分子所占的比例是如此之高，以至于纳粹集团对世界和平和人类权益构成了实际的威胁，是我们合理的、现实的斗争对象。纳粹的高危性使我们的敌意脱离了偏见的范畴，而变成了一种实际存在的社会斗争。

在关于歹徒的案例中，我们的敌对心理不属于偏见，因为他们的反社会行为为我们的判断提供了决定性的依据。但两者的界限难以划定。我们该如何对待一名有犯罪前科的人？众所周知，一个有前科的人很难获得一份能维持生计和尊严的稳定工作。如果雇主知道了他的犯罪记录，自然就会对他心生嫌隙。然而，雇主们怀疑和提防的程度之深，经常超过了证据所能确立的合理限度。如果他们有耐心进一步考察这个人的话，可能会发现面前的人已经洗心革面了，甚至他还可能从来都没有犯过罪，而是被人冤枉的。仅仅因为一个人有过犯罪记录，就将他拒之门外，从概率上说的确有其合理性——毕竟许多罪犯本性难移——但其中也包含一定程度上没有依据的预判。这是一个真实的临界个案。

我们永远都无法在"足够"和"不足"的依据之间画出明确的分界线。因此，我们往往也无法确定眼前的案例是否属于偏见的范畴。然而，没有人会否认，我们常常基于不充足，甚至根本不存在的可能性来形成判断。

过度分类（Overcategorization）也许是人类最常见的思维谬误。我们急于依照极少的事实就进行大规模的归纳。一个小男孩对北欧神话《萨迦》中的巨人伊密尔（Ymir）印象深刻，继而形成了挪威人都是些巨人的概念，于是在很多年里他都惧怕在生活中遇到挪威人。一个人碰巧认识三个英国人，就继而声称所有英国人都具有他在这三人身上所观察到的共同属性。

  人类的这个倾向是有其自然基础的。生命是如此短暂，而我们在实践生活中所需要做出的调整又如此之大，以至于我们无法以信息不充分为由停止开展每天的日常交涉。我们必须对面前的新事物定性，判断孰善孰恶。我们无法对世上所有的事物都单独衡量，再做出判断，因而不得不依赖这种粗略而笼统的反应机制。

  并不是每种过分的概括都是一种偏见。有些只是**误解**（misconception），是我们对信息进行了错误的组织。一个孩子认为所有居住在明尼阿波利斯的人都是"垄断者"*，而从他的父亲那里，他了解到垄断者是些坏人。长大后，当他发现了其中的矛盾，他对明尼阿波利斯人的厌恶也就消失了。

  现在我们有一个测试，以帮助我们区分普通的错误预判和偏见。如果一个人能够根据新的证据修正他自己之前错误的判断，他就是个没有偏见的人。**只有在面对新知识时依旧不改变原先的想法的情况下，这种预先判断才算得上偏见**。与简单的误解不同的是，偏见会积极抗拒所有可能撼动它的证据。当我们的偏见与现实发生冲突时，我们倾向于意气用事。所以，普通的预先判断和偏见之间的区别是，人们可以不带抵触情绪地去讨论和纠正前者，而非后者。

  考虑过以上种种因素之后，我们现在可以尝试对负面的族裔偏见做出最终的定义。在本书中，我们将始终使用这个定义。定义中的每个表述都凝缩了我们前面讨论中的某个关键点：

> 族裔偏见是一种基于有缺陷且僵化的概括而产生的反感。它可能是被感觉到的，也可能是被表达出来的。它可能是针对整个群体，也可能是针对作为群体一员的个体的。

  根据这个定义，偏见的实际效果是，将本身没有不当行为却遭受偏见的对象，置于某种不利的位置。

---

* 英文中"明尼阿波利斯"（Minneapolis）与"垄断者"（monopolists）词形和发音相近，因此学童会错以为"垄断者"就是"住在明尼阿波利斯的人"的意思。

偏见是一个价值概念吗？

一些作者在他们对偏见的定义中还引入了一个附加成分。他们声称，只有当一种态度违反了为其所在的文化认可的重要规范或价值时，才能被称为是带有偏见的。[4] 他们坚称，偏见只是被社会伦理所谴责的那类预先判断。

一个实验表明，对"偏见"一词的日常使用的确带有这种色彩。几名成年人被要求为九年级孩子们所做的许多陈述做出判断，并根据它们所表现出的"偏见"程度分组。实验结果表明，一个男孩将女孩们作为一个群体所发表的任何负面言论都不会被认为是偏见，因为人们认为，一个处于青春期早期的少年对异性表现得不屑一顾是正常的。同样，针对老师的负面言论也不会被认为是偏见，因为这种敌对情绪在这个年龄似乎很自然，而且没有什么重要的社会影响。但当孩子们对工会、社会阶级、种族或民族表达敌意时，这些成年人就更倾向于将其判定为"偏见"。[5]

简而言之，不公正的态度是否具有重大的社会意义，在判定者眼中是是否将其认定为偏见的关键标准。他们认为，一名十五岁的男孩对女孩的"排斥"，与他对其他民族的"排斥"，这两种态度的偏狭程度是有很大差异的。

如果我们在这个意义上使用"偏见"一词，那如今已不复存在的印度种姓制度就并未涉及任何偏见。它仅仅是社会结构中的一种便利的层级划分，明确了劳动分工，定义了各阶层的特权，并因此被几乎所有公民接受。千百年来，即使地位最低的贱民阶层（"不可接触者"）也接受这种划分，因为印度教中关于转世的教义使这种社会分工安排看起来全然公正。一个贱民之所以会被主流社会唾弃，是因为他在前世的行为恶劣，不配转世到更高的种姓，或成为超越凡人的存在。他现在所遭受的待遇是他分内应得的，并且他也有机会通过一种顺从、由宗教精神指引的生活来换取来世的阶层提升。假设这种和谐稳定的种姓制度的确曾一度作为印度社会的标志性特征存在，那么这里就没有任何偏见的问题了吗？

或者我们以种族隔离制度为例。历史上很长一段时期，犹太人都被隔离在某些居民区里，有时甚至还有锁链专门将该地区分隔出来。他们只被允许在聚集区内部自由活动。这样就能够有效防止不愉快的冲突，同时犹太人也接受自己低等公民的地位，并能够以此为前提为自己规划一种相对稳定而舒适的生活。可以说，对犹太人划区而治的时期相较于现代世界，对所有人都更安全，而且一切也都更容易掌控。在历史上的某些时期，犹太人和非犹太人也都没有对这样的安排感到多么不满。那么，在这个例子中，就没有偏见了吗？

古希腊人（或早期的美国种植园主）是否对他们生而为奴的奴隶阶层怀有偏见？他们毫无疑问是看不起奴隶的，并持有奴隶们生来下等、只有"动物一般"心智的谬论，但一切在他们看起来都那么自然、那么正确，丝毫没有伦理上的困境。

即使在今天，一些国家里的白人和有色人种之间也已经形成了某种不成文的习惯安排。这样的安排一旦得到确立，大多数人就会不假思索地遵循实存的社会结构而行动。由于他们只是按照习俗行事，他们不承认自己持有偏见。无论是黑人还是白人，都明确自己在社会中所处的位置。那么，我们是不是应该同意某些作者的看法，即只有当行为比文化中所限定的规范**更为出格、更为负面**的时候，才能说存在偏见？偏见是否仅仅指那些偏离了人们普遍做法的行为？[6]

纳瓦霍印第安人，与世界上的其他许多部落一样，都相信巫术。根据部落中盛行的有关巫师具有黑暗力量的谬误观念，人们会想方设法回避，甚至严惩被指控为巫师的人。他们的行为满足我们之前阐释的每一条偏见的定义——但在纳瓦霍社会中，很少有人会认为这是一个道德问题。由于对巫师的排斥是一种既成的习俗，并得到了社会的认可，那么这样的排斥是否还可以被称为偏见？

我们该如何评价这种观点呢？有些批评家极为服膺这一立场，进而认为整个偏见问题不过是一种"自由派知识分子"发明出来的价值判断。当自由主义者不赞成某种社会习俗时，**他们就武断地称之为偏见**。他们不应将自己道德上的愤怒感作为唯一的评判标准，而应该去参考所在文化的习俗风气。如果文化本身存在冲突，并规定了相较于大多数成员的行为更为严苛的行事标准,则我们可以称这种文化内部存在偏见。偏见是一种文化对身在其中的成员的行为所做出的**道德评价**,是对那些不被赞同的态度的指称。

这些批评者似乎混淆了两个独立的问题。偏见,在其心理学意义上仅仅意味着过度概括的负面判断,无论在种姓社会、奴隶社会、相信巫术的部落,还是在对伦理道德问题更为敏感的社会之中都有偏见的存在。第二个问题——我们对偏见是否有道德上的愤怒之感——则完全是另一个问题。

诚然,相较于没有这种道德传统的国家而言,信仰基督教义并拥有民主传统的国家更常对种族偏见怀有反感。而且,相较于大多数人而言,"自由派知识分子"可能更容易对这个问题产生情绪反应。

即便如此,我们也没有任何理由将偏见的客观事实,与人们对这些事实做的文化或伦理判断相混淆。我们不应该被一个词语带有的贬斥意味误导,就认为它仅是一种价值判断。比如说"流行病"(epidemic)这个词,它意指的是一种不愉快的事物。毫无疑问,流行病的伟大征服者巴斯德(Pasteur)憎恨它们。但他的价值判断完全不影响任何关于病毒的事实——他在对付这些事实方面做得很出色。在我们的文化中,梅毒(syphilis)带有耻辱的意味。但情感倾向与梅毒螺旋体在人体内的活动毫无关系。

某些文化,比如我们自己的文化,会提倡摒弃偏见;有一些文化则不。然而,无论我们谈论的是印度教徒、纳瓦霍人、古希腊还是美国的米德尔顿,对偏见的基本心理分析都是相同的。每当出现对他人持有的,由充满谬误的过度泛化所支持的负面态度,我们就可以判断其为偏见的症状。人们是否谴责它并不重要。它在每个国家的各个时代都广泛存在,并构成了一种真正的心理问题。至于人们是否对它怀有道德义愤,是与此全不相关的。

功能意义

某些对于偏见的定义还包括另一个元素。例如：

> 偏见是针对整个群体，或其中的个体成员在人际交往中的敌意模式；它为其持有者行使一种特定的非理性功能。[7]

这个定义的最后一部分指出，负面态度未必属于偏见，除非这种态度是出于个人的、自我满足的目的。

在后面的章节中，我们将会非常清楚地看到，许多偏见确实是出于自我满足的考虑并以此驱动维持的。在大多数情况下，偏见似乎对其持有者具有一些"功能意义"，但也并不总是如此。许多偏见仅仅是盲目追随当下主流社会风俗的产物。正如第17章将讨论的那样，其中一些与个体的生活经济无关。因此，坚持将偏见的"非理性功能"纳入偏见的基本定义中似乎是不明智的。

态度和信念

我们已经谈到，一个对偏见的充足定义需要包含两个基本要素。它必须包含喜爱或厌恶的**态度**（attitude）；必须与过度泛化的（因此是错误的）**信念**（belief）有关。带有偏见的陈述有时表露出的是态度这一要素，有时则是信念这一要素。在以下例子中，前一条表述是在抒发态度，后一条则是在表达信念：

> 我不能忍受黑人。
> 黑人身上都有味道。

> 我不会住在里面有犹太人的公寓里。
> 虽然有一些例外，但总体来说犹太人都是一个样。

我不想要日裔美国人住在我所在的镇里。

日裔美国人狡猾又棘手。

区分偏见是出于态度还是信念很重要吗？对于某些目的来说，这个问题的答案是否定的。当我们找到一个要素时，我们往往也会找到另一个。如果没有针对整个群体的泛化信念，敌对态度就无法长久地持续下去。如今研究人员已经证明了，在偏见测试中表现出高度对立态度的人，也同时高度确信其偏见所针对的群体具有很多令人反感的品质。[8]

然而，将态度与信念进行区分对于实现另一些目的则是有帮助的。例如，我们将在第30章中看到，一些旨在减少偏见的方案能够成功改变人们的信念，但不能改变态度。信念在一定程度上可以被理性地反驳并改变。但更常见的情况是，人们会倾向于形成和保持那些与自己的负面态度相一致的信念来自圆其说，而态度要改变起来通常更难。以下的对话说明了这一点：

X先生：犹太人的问题是，他们只关心自己的小团体。

Y先生：但是公益基金会的记录显示，犹太人比非犹太人向社会慈善机构慷慨解囊的比例更大。

X先生：这表明他们总是试图收买人心，插手基督教徒的事务。他们除了金钱别的什么都不想，这就是为什么我们有这么多犹太银行家。

Y先生：但最近的一项研究显示，犹太人在银行业中所占的百分比是微不足道的，比非犹太人的比例要小得多。

X先生：所以说，他们就没兴趣从事正当行业；他们只做演艺圈的生意或者开夜总会。

就像这样，人们的信念系统有一套自我调整的把戏，去配合和维持更为永久性的偏见态度。这个过程被称作**合理化**（rationalization）——修改信念并使得它与态度相适应。

我们应该谨记偏见的这两项要素，因为之后的讨论将再次涉及它们的区别。但如果我们在使用"偏见"这一术语时，没有指明说的具体是哪一要素，读者就可以认为这里的偏见同时包含了态度和信念两项要素。

在行为中表现偏见

人们针对所厌恶群体的实际行为，并不总是与他们的所想所感存在直接关联。例如，有两名雇主，他们可能同样反感犹太人。但其中一个可能会掩饰自己的想法，像雇用其他工人一样雇用犹太人——也许是因为他想让他的工厂或商店在犹太社区中赢得更多好感。而另一个则可能会将他的厌恶体现在招聘方针之中，拒绝雇用犹太人。这两个人都对犹太人持有偏见，但其中只有一个人的行为构成了**歧视**（discrimination）。一般来说，歧视比偏见有着更为直接和严重的社会后果。

确实，任何负面态度都会以某种方式、在某个地方，表现为某种行为。几乎没有人能在心里怀有敌意却从不流露出来。厌恶之情越强烈，就越有可能导致激烈的敌对行为。

我们可以尝试将负面行为按照程度从轻微到严重做个排序。

1. **仇恨言论**　大部分人会谈论他们的偏见。人们在与志同道合的朋友聊天，甚至偶尔会在与陌生人交往的时候，无所顾忌地表达自己对其他群体的反感。但许多人表达厌恶的方式从未超出这种相对温和的行为范畴。

2. **回避**　如果偏见的程度更为激烈的话，那么就会导致个体对受偏见群体中成员的回避，甚至可能会以造成自己的极大不便为代价。在这种情况下，持有偏见者并不直接对他所厌恶的群体造成伤害。反之，他完全是自己在承受这些不适应和回避行为的负面后果。

3. **歧视**　在这种情况下，持有偏见的人开始积极地区别对待其偏见的对象，并对该群体造成伤害。他将遭受偏见群体的所有成员都排除在一些社会权益之外，例如从事特定职业，入住特定街区，自由地去教堂、医院，等等。种族隔离就是通过法律或者惯例所贯彻的，对特定群体的制度化歧视。[9]
4. **身体攻击**　在情绪激化的情况下，偏见可能导致暴力行为或准暴力行为。一个不受欢迎的黑人家庭可能被强迫从一个街区搬走，或受到了严重威胁而不得不离开。犹太人公墓里的墓碑可能被亵渎。城北的意大利帮派可能会埋伏在路边，静待城南爱尔兰帮派的到来。
5. **种族清洗**　私刑、杀戮、屠杀和希特勒的种族灭绝计划标志着偏见之暴力表达的终极程度。

以上的五个层级并非基于严谨的数学推导。然而，它使我们注意到，偏见的态度与信念可能导致范围极广的不同程度的仇恨行为。虽然许多人的偏见行为都一直停留在仇恨言论或是回避的层面上，并没有更上一个层级，但一旦上了一个层级，再过渡到下一个更为激烈的层级就容易得多了。希特勒的仇恨言论使得德国人开始回避他们的犹太邻居和昔日的朋友。这使得后来的歧视性的《纽伦堡法案》更容易就被颁布实施，并进一步使之后的焚烧犹太会堂、对犹太人的街头袭击等一系列事件看起来理所当然。最终，愈演愈烈的仇恨行为将犹太人一步步推进了奥斯维辛集中营的焚烧炉。

从对社会所造成的后果来看，许多"礼貌的偏见"都是相对无害的——因为它只局限在人们的闲谈之中。但令人遗憾的是，20世纪以来，偏见变得日渐密集且造成了越来越深远的影响。它所带来的威胁，有使人类大家庭分崩离析的风险。随着地球上的人们越来越相互依赖，我们对彼此间不断升级的摩擦的耐性也变得越来越少。

参考文献

1. S. L. WAX. A survey of restrictive advertising and discrimination by summer resorts in the Province of Ontario. Canadian Jewish Congress. *Information and*

comment, 1948, 7, 10-13.
2. Cf. *A New English Dictionary* (SIR JAMES A. H. MURRAY, ED.), Oxford: Clarendon Press, 1909, Vol. VII, Pt II, 1275.
3. 这一定义源自托马斯派（Thomistic）道德主义者，他们将偏见视为"鲁莽的判断"（rash judgment）。作者受惠于Rev. J. H. Fichter, S. J.，他让作者注意到这种处理。关于这一定义更全面的讨论见Rev. JOHN LAFARGE, S. J., in *The Race Question and the Negro*, New York: Longmans, Green, 1945, 174ff。
4. Cf. R. M. WILLIAMS, JR., *The reduction of intergroup tensions,* New York: Social Science Research Council, 1947, Bulletin 57, 37.
5. H. S. DYER. The usability of the concept of "Prejudice." *Psychometrika*, 1945, 10, 219-224.
6. 以下定义就是从这个相对主义观点出发而写就的："偏见是一种泛化的反对态度，并伴随着/或伴有针对特定类别或群组成员的反对行为，这种态度或行为或两者被其所处的社区视作未能达到该社区所通常接受的标准。" P. BLACK And R. D. ATKINS. Conformity versus prejudice as exemplified in white-Negro relations in the South some methodological considerations. *Journal of Psychology*, 1950, 30, 109-121.
7. N. W. ACKERMAN AND MARIE JAHODA. *Anti-Semitism and Emotional Disorder.* New York: Harper, 1950, 4.
8. 并非所有测量偏见的量表都包含了能够同时反映态度与信念的题目。能够测量这两点的量表的相关性报告见于80. Cf. BABETTE SAMELSON, *The patterning of attitudes and beliefs regarding the American Negro* (Unpublished), Radcliffe College Library, 1945. Also, A. Rose, *Studies in reduction of prejudice* (Mimeograaph) , Chicago: American Council on Race Relations, 1947, 11-14.
9. 对于世界范围内的歧视问题，联合国人权委员会将其分析整理为 *The main types and causes of discrimination*, United Nations Publications, 1949, XIV, 3。

第 2 章

预先判断是一种常态

为什么人类如此容易陷入族裔偏见？因为我们之前所讨论的偏见的两大基本要素——**错误的泛化**（erroneous generalization）和**敌意**（hostility）——都是人类心理自然而普遍的本能。现在让我们暂时将敌意以及与其相关的问题置于一旁，只考虑人类生活与思考所需的某些基本条件，是这些基本条件引导着我们形成错误的类型化预判，使我们深陷不同族裔与群体之间的对立。

读者需要明白，偏见问题的全貌无法在本书的任何一个单独章节中得到完整的阐述。每个章节，如果被抽离出来看的话，都是片面的。这是对一个主题所进行的任何分析处理都不可避免的必然缺陷。我们所提出的问题包含多个方面，读者在考察其中任何一个方面时，都要牢记问题同时存在着许多其他的方面。本章将从认知角度分析预判的机制。除此之外，还有很多涉及自我、情感、文化和个人的因素都会同时在预判行为中起作用，但目前我们还没有讨论到那些方面。

人类群体的疏离

在地球上的任何地方，都存在着群体之间互相疏离的情况。人们与和自己相似的人交配，以具有同质性的小群体形式住在一起，一同吃喝玩乐。小群体中的成员相互拜访，更倾向于崇拜共同的神明。这种自然产生的内聚力很大程度上仅仅是因为这种安排比较便捷。它使人们不必在小群体之外寻求陪伴，因为在群体内部就已经有很多人可供选择，为什么要平白制造麻烦，去适应新的语言、新的饮食习惯、新的文化，或者与不同教育程度的人相处？与背景相似的人打交道显然更容易。大学同学聚会总是让人愉快，其中一个原因就是所有人都是同龄人，有着相同的文化记忆（甚至有共同喜爱的怀旧流行歌曲），以及相同的教育背景。

因此，如果我们始终与和自己相似的人打交道，生活中的大部分事务处理起来都会顺利得多。与外国人相处会带来压力，与不同社会经济阶层的人相处也是如此。我们从不与看门人打桥牌。为什么？也许他更喜欢打扑克，而且他几乎一定很难理解我和我的朋友们所享受的那种玩笑和闲谈，看门人和我所在的群体之间习惯的差异会造成我们双方的尴尬。我们并不是抱持着阶级偏见，但我们觉得只有在自己的阶级内部才能找到舒适和乐趣。而通常人们都能找到足够多的同一阶级、种族、信仰的人，可以与他们一起玩耍、居住、吃饭、结婚。

在工作中，我们更容易面临不得不与自己的小群体之外的个体打交道的情况。在存在等级的行业或生意中，管理层需要和工人交流，行政人员需要接触看门人，销售需要与办公室文员对接。在生产线上，不同种族的成员可能会并肩工作，但在闲暇时间，他们几乎一定会待在让自己感觉更为舒适的群体之中。工作中的联结很难让人熟悉到能够跨越心理上的疏离的程度。有时工作中的层级使得疏离感进一步激化。墨西哥工人可能会嫉妒他的白人雇主享受着更为舒适的生活。白人工人可能会担心黑人助手虎视眈眈，随时准备抢走自己的职位。国家引进外国劳工是为了让他们在建筑工地做苦力，而当他们在职业上有所发展并在社会中占有一席之地的时候，就会引起主流群体的恐慌和嫉妒。

少数群体与主流群体保持疏离，也不总是由于后者的强迫。他们往往也更愿意维持他们的群体身份认同，这样他们就无须勉强自己讲一门外语，或是时刻注意自己的举止。就像毕业聚会中的老同学们一样，他们可以与那些有着相同背景的人一起"放轻松"。

一项有启发性的研究表明，美国少数族裔高中生比美国本地白人高中生表现出更为显著的族裔中心主义。比如非裔、华裔和日本裔年轻人在选择朋友、同事、约会对象时，比白人学生更看重对方的族裔。的确，他们不会从自己所在的族裔中选择出"领袖"，而是更多地选择非犹太裔的主流白人。然而即使他们认可从主导群体中挑选出班级"领袖"，他们在寻求亲密关系时，依然将族裔限制在自己所在的群体之中，这样能让他们感到更为舒适。[1]

因此，初始的事实是人类群体倾向于彼此疏离。我们不需要将这种倾向归结为一种群居本能，或者一种"同类意识"，或者偏见。人们在自己的文化中总是最放松、和睦、自豪的，这个原则就能够充分解释我们所观察到的现实。

然而，这种分裂主义一旦存在，就为各式心理上的扩大化效应提供了基础。保持区隔的人们几乎没有沟通的渠道。他们很容易夸大群体之间差异的程度，并对造成差异的原因产生误解。而且，也许最重要的是，疏离可能会导致真实的利益冲突以及许多假想出来的冲突。

让我们来举一个例子。得克萨斯州的墨西哥裔工人与他的白人雇主是完全隔离的。他们住在不同的地方，使用不同的语言，拥有大相径庭的文化传统，信仰的宗教也不一样。他们的孩子几乎不可能在同一所学校上学，也不会一起玩耍。雇主所知的一切仅仅是胡安（Juan）来上班、拿钱、走人。他还注意到这位胡安的工作时间并不规律，看起来既懒惰又难以沟通。雇主很容易就假定胡安的行为与他所在群体的特性有关。他形成了墨西哥人懒惰、缺乏远见、不可靠的刻板印象。接着，如果雇主发现自己的生意由于胡安的不尽职而产生了经济上的损失，他就有了敌视墨西哥人的理由——尤其是在他认为自己的高税负或经济困难是由墨西哥人造成的情况下。

现在，胡安的雇主认为"所有墨西哥人都很懒"。当他遇到一位素未谋面的墨西哥人时，他也会想到这个刻板印象。这个预判是错误的，因为（1）并不是所有的墨西哥人都一样；（2）胡安并非懒惰成性，而是他的很多私人价值观使他表现得如此。他喜欢和他的孩子在一起，他需要庆祝宗教节日，他自己的房子也需要做很多修理工作。雇主对这些事实全都一无所知。按照逻辑，这位雇主应该说："我不知道胡安这些行为背后的原因，因为我既不了解他这个人，也不了解他的文化。"但这位雇主以一种过度简化的方式处置了一个复杂的问题，他将一切都归结于胡安和他的民族的人民的"懒惰"。

然而，雇主的刻板印象也的确源自某种"真实的核心"（kernel of truth）。胡安的确是墨西哥人，他在工作上的确不够可靠，这些都确有其事。事实很可能是，雇主在雇用其他墨西哥工人时，也有过类似的经历。

在有充分根据的泛化与错误的泛化之间做出区分是很难的，对于那些持有泛化观念的个体来说尤其如此。让我们更仔细地检视一下这个问题。

分类的过程

人脑必须借助分类（category，这个术语在这里等同于泛化）来进行思考。分类一旦形成，这些类别就成了正常预判的基础。我们无法避免这个过程，因为有秩序的生活正系于此。

我们可以说，分类的过程具有五个重要特征。

（1）它会将事物分成不同的大类，以指导我们适应日常生活。在我们醒着的大部分时间，我们都靠调用预先形成的类别来维持日常生活。当天空变暗，气温下降时，我们预测将会下雨。我们通过带把伞以适应这类事件。当一只看上去狂躁的狗在街道上横冲直撞，我们会将其归类为"疯狗"，并远远避开。当我们去看病，我们会对医生对待我们的方式有所预期。在这些，和其他无数场合，我们会将单一的事件"类型化"，放置到一个自己熟悉的框架中，并相应地采取行动。有时我们会出错，因为这项事件并不符合这个类别。天没有下雨；狗没有疯；医生表现得不够专业。然而我们的行为是理性的，它们遵循基于高概率的判断。即使我们会将事件分错类别，我们也没法做得比这更好了。

所有这一切都意味着我们的生活经验倾向于形成集群（概念、类别），而我们可能在错误的时间采用了正确的分类，或者在正确的时间采用了错误的分类，但无论如何，这个过程都占据了我们的整个精神生活。每天都有上百万个事件在我们周围发生。我们不可能处理得了那么多事件。如果我们想要考虑它们，就只能将它们分类处理。

开放的态度被认为是一种美德。但严格来说，开放的态度并不存在。新的经验必须被编订进已有的类别之中。我们无法将每一件事情都视为新鲜的、独一无二的来处理。如果我们这样做，那过往的经验还有什么用处？哲学家伯特兰·罗素（Bertrand Russell）曾用一句话总结过这个问题："永远保持开放的心灵是一颗永远空虚茫然的心灵。"

（2）**分类的过程会尽可能多地将事物归入某个集群**。我们的思维中存在一种奇怪的惰性。我们喜欢轻松地解决问题，而解决问题最轻松的方式，就是将问题迅速归到合适的类别之下，并以此方式预先判断其解决途径。人们常说，海军医务兵只会把所有向他求助的病人分成两类：如果对方身上能发现伤口，就涂些碘酒；如果没有伤口，就给病人一些盐。生活对于这位医务兵来说很简单；他的整个职业生活都围绕着这两个类别展开。

这一观点也可以用这种方式阐释：即我们的大脑倾向于在不影响完成所需行动的前提下，选择最为"粗略"的方式对事物加以分类。如果医务兵因为在医学实践中过于草率地做出诊断而遭责备，那他在接下来的诊断中，可能就会针对不同的病人，做出更为细致的分类。但如果我们即使使用粗略的过度概括处理事务，也能说得过去，我们就会倾向于这样做。（为什么？因为这样做更轻松。除非我们对该领域充满强烈的兴趣，不然耗费额外的心力让人不快。）

这一倾向对我们目前探讨的问题所产生的影响已经很清楚了。白人雇主下意识地将胡安的日常行为泛化为"墨西哥人都很懒惰"，而不是根据员工的个人情况做出判断，并探究他们行为背后的真实原因。如果我用一个简单的公式就能把自己祖国的一千三百万公民概括到一起，即"黑人是愚蠢的、肮脏的、低劣的"，那么我的生活就可以大大简化了。我只需要避开每一个黑人。有什么比这更容易呢？

（3）**分类使我们能够快速识别相关的对象**。每个事件都有一些标志，我们根据这些标志来选择应用哪一类预先判断。当我们看到一只鸟的胸口长着红色羽毛，我们会告诉自己"这是知更鸟"。当我们看到一辆汽车疯狂地左摇右晃着冲过来，我们就会想到"司机喝醉了"，并据此做出反应。一位深棕色皮肤的人会触发我们脑海中对于黑人所形成的任何主导印象。如果主导的印象分类是由消极的态度和信念所组成的，我们将不自觉地回避他，或对他采取其他任何一种可行的拒绝手段（参见第1章）。

因此，我们所做出的分类与我们看到的东西、我们做判断的方式以及我们的反应有着密切而即时的联系。事实上，这一机制的目的似乎就是为了调节感知与行为的联系——换句话说，是为了加速我们调整自己以适应生活的速度，使我们可以顺利、连贯地生活。即使我们在将事件归入分类时经常出错，从而使自己陷入困境，这一原则仍然是成立的。

（4）**类别会给被归类到其中的事物浸染上相同的概念意义和感情色彩**。某些类别几乎全然是智力性质的。我们称这样的类别为概念。"树"，是由我们对数百个树木的种类和数千棵单独的树的印象所组成的概念，但它本质上只有唯一的观念意义。然而我们的许多概念（甚至包括"树"）在具有"意义"之外，还具有一种独特的"感觉"。我们不仅知道树是什么，而且还可能喜欢它。族裔类别也是如此。我们不仅知道"中国人""墨西哥人""伦敦人"这些词语的意思，而且我们会对这些概念产生喜爱或不悦的感觉。

（5）**某些分类比另一些分类更理性**。我们前面提到，在一般情况下，分类的形成往往始于某个"真实的核心"。这是理性分类的特征，它会随着相关经验的增加而不断巩固和扩大。科学原理就是理性分类的例子，它们是被人类经验所支撑的，所有适用这些原理的事例都将以特定的方式发生。即使原理并不百分之百完美，但只要它能对事件的发生做出高准确率的预测，我们就认为它是理性的。

我们对不同族裔的一些分类是十分理性的。黑人很可能有深色的皮肤（虽然这并不总是对的）。法国人讲的法语很可能比德国人要好（虽然这一情况也有例外）。但是，黑人真的都很迷信，而法国人的确在道德上都很随便吗？如果我们将他们与其他民族进行比较，就会发现这种说法可信的概率比我们所预测的小得多，甚至可能为零。然而我们的大脑在分类的形成过程中似乎是不做区分的：非理性的分类与理性的分类同样易于形成。

要对群体中的个体做出理性的预判，需要对群体的特征有充分透彻的了解。似乎没有人能够得到充足的证据，来证明苏格兰人比挪威人更易怒，或是东方人比白种人更愚昧，然而这些信念与更为理性的观点一样能够被我们轻易地接受。

在危地马拉的某个社区，当地居民对犹太人有着强烈的仇恨。然而他们从未见过任何犹太人。那么"犹太人是可恨的"这个分类是如何形成并发展的呢？首先，这是一个天主教社区，老师教导居民们犹太人是杀死基督的凶手。同时，在当地的文化中碰巧流传着一个关于魔鬼杀害神灵的古老异教神话。因此，两种有力的情感观念融合在一起，造成了对犹太人充满敌意的预判。

我们已经讨论了非理性的分类与理性的分类同样易于形成。也许是由于强烈的情绪会像海绵吸水一样，加速观念的集聚。被激烈的情感所支配的观念，更倾向于臣服于当下的情感，而非遵循客观证据。

非理性分类的形成缺乏足够证据。在第1章中，我们就阐述了误解的形成，一个人可能在不了解事实的情况下就做出了判断。因为他的许多概念都来源于坊间传闻、二手叙述，所以基于错误信息的分类是难以避免的。在学校，孩子们被要求对一些名词（如"西藏人"）形成大致的概念。他的老师的说法和教科书上给出的信息就是他唯一的知识来源。由此形成的概念图景可能包含了错误的信息，但孩子们无法辨别。

程度更深、更令人困惑的非理性预判是无视事实依据的。据说有位牛津大学的学生曾说过这样的话："我鄙夷所有的美国人，但就遇到过的美国人而言，他们中的每个我都挺喜欢的。"在这个案例中，他的分类甚至与他自己的第一手经验相矛盾。我们明明已经了解了更多信息，却依旧不改变先前的预判，这是偏见最奇怪的地方。神学家告诉我们，在基于无知的预先判断中，不存在罪的问题，但故意无视证据的预先判断就涉及罪了。

当分类与事实依据冲突时

就我们的论述目的而言,我们需要了解当分类与证据冲突时会发生什么。一个显著的事实是,分类在大多数情况下都顽固地拒绝改变。毕竟,我们之所以形成了现有的分类,是因为它们之前一直用起来相当顺手,那又何苦要每当新的事实出现就去调整它们呢?如果我们的大脑已经习惯了一种自动分类的模式,并对此颇为满意,那为什么要承认另一种模式的长处呢?这样只会扰乱我们业已满足的习惯而已。

如果新的事实依据和我们先前的信念相符,我们会选择性地将其纳入分类标签之下。如果我们发现一个苏格兰人很吝啬,就会感到高兴,因为他证明了我们的预断。有机会说出"我早就告诉过你",是多么让人开心啊。但如果事实依据与我们的预断相悖,我们则更倾向于抵触并抗拒。

一种常见的心理机制,可以让人面对与观念相悖的事实依据,还依旧坚持之前的观念。这种机制叫作"允许特例的出现"。"的确有一部分黑人是很好的,但是……"或者"我的一些好朋友就是犹太人,但是……"这是一种令人放松戒备的机制。通过剔除一些正面个例,偏见持有者得以保留其对此类别之下其他事例的负面态度。简而言之,与之相悖的事实并没能改变错误的泛化,它尽管被认可,但却在分类过程中被排除在外。

让我们称这种机制为"二次防御"(re-fencing)。当现实与大脑中的分类不相符时,眼前的事实被当作例外得到承认,而分类本身则迅速被再次封闭起来,防止它被危险地暴露在外。

在许多关于黑人的讨论中,都存在一个有趣的"二次防御"案例。当一位对黑人持有强烈偏见的人,在面对有利于黑人的事实依据时,他往往会脱口而出那个著名的婚姻问题:"你想要你的姐妹和黑人结婚吗?"这是一次狡猾的二次防御。一旦对方回答"不",或在回答中有所犹豫,偏见的持有者就会说,"看到了吧,黑人和我们就是不一样的,有些事对黑人来说是不可能的",或者,"我说得没错吧——黑人的本性中就是有那么些让人厌恶的东西"。

只有在两种情况下,一个人不会试图在头脑中启动二次防御机制来维持原有的过度泛化。第一种情况很少见，即**习惯性的开放态度**（habitual open-mindedness）。有些人在生活中相对较少地应用固定类别框架去评价他人。他们对所有的标签、分类、笼统的说法保持怀疑。他们习惯去了解每种泛化背后的事实依据。在意识到人性的复杂性和多样性后，他们对针对族裔的泛化尤其保持警惕。如果他们坚持某种观念，也是以一种不那么确定的方式，任何与该观念相悖的经验都会修正他们之前的族裔观念。

另一种情况，是出于纯粹的**自身利益**（self-interest）对概念进行修正。一个人可能从惨痛的失败中明白他的分类是错误的，必须被修正。例如，他可能不知道食用菌的正确分类，并因此中毒。他不会再犯同样的错误；而是会纠正他的分类方式。或者可能他开始认为意大利人都是原始愚昧、咋咋呼呼的，直到他爱上了一个出身书香门第的意大利女孩。于是他发现，修正先前的分类方式对自己有好处，之后就建立了更为正确的假设，即世上有各种类型的意大利人。

然而在通常情况下，我们都自以为有充分的理由维持自己的预断。这样做显然更轻松。更重要的是，我们的预断往往能够得到朋友和熟人们的支持。一个住在郊区的人，在是否让犹太人加入乡村俱乐部的问题上与邻居起争执显然不太礼貌。我们的分类方式与邻人相似，这一点能让人得到抚慰，因为我们自己的身份感取决于邻人怎么看待我们。只要我们自己和周围的人都对此满意，我们总是去重新思考那些构成我们生活之根基的信念就是毫无必要的。

将个人价值观作为分类标准

我们已经论述过了分类框架对精神生活是至关重要的，而框架的运行会不可避免地导致预先判断，进而落入偏见。

对于一个人来说，最重要的类别就是他的个人价值体系。价值观是人们生活的目的和指引。他们很少会反思，或是掂量自己的价值观，而更多地是去感受、肯认、捍卫它。我们的价值类别是如此重要，以至于证据和理性都常常要被强迫去与它们相符。在某个尘土飞扬的乡间，一位农民听到了游客对此的抱怨。他为了维护他所爱的土地，回避对它的攻击，说："你知道的，我喜欢灰尘；它能让空气变得更纯净。"他的推理毫无逻辑，但能够帮助他捍卫自己的价值观。

作为自己生活方式的坚定拥护者，我们的思考方式也不可避免地会偏心。在我们的所有推理中，只有一小部分是心理学家所谓的"定向思考"，即完全由外部依据所决定，着重解决客观问题。每当涉及感觉、情绪、价值观时，我们都容易掉进"无拘无束""一厢情愿"或"幻想"思维中。[2] 这种具偏向性的思考方式是完全自然的，因为我们在这个世界上的使命，就是在价值观的指引下，过一种协调而一贯的生活，而正是由价值观驱使所做出的预判使我们能够坚持这样做。

个人价值观和偏见

很显然的是，我们对自己价值观的肯认往往使我们陷入偏见。哲学家斯宾诺莎（Spinoza）将"爱的偏见"（love-prejudice）定义为"出于喜爱而对某人做出超过其应得的评价"。陷入爱河的人会过度泛化其爱人身上的美德，她的所作所为都被视为是完美的。同样，对信仰、组织、国家的爱也会让人们对它们做出过高评价。

我们有充分的理由认为，这种爱的偏见要比与之对立的"恨的偏见"（用斯宾诺莎的话说，就是"出于憎恨而对某人做出低于其应得的评价"）在一个人的生命中更为基础。一个人必须首先高估自己的所爱，之后才能去贬损其对立面。我们建造起防御，主要是为了守护内心所珍视的东西。

积极的依恋关系对我们的生活至关重要。年幼的孩子不能离开对照料者的依附而独自生活。他必须先通过喜爱和认同某人或某事学会爱，之后才能够学会憎恨。年幼的孩子们必须先获得被亲人与友情所围绕的体验，而后才能去定义哪些人是会造成威胁的"外人"。[3]

为什么爱的偏见——对依恋和喜爱之物所在的类别做出泛化——没有得到多少关注呢？原因之一是，因为这种偏见不会造成社会问题。如果我严重偏袒我的孩子们，没有人会反对——除非我因此而明显地敌视邻居家的孩子。当一个人捍卫自己珍视的价值类别时，他可能会做出危害他人利益或安全的事情。如果是这样的话，我们就只会注意到他表现出恨的偏见那部分，而没有意识到这种恨的偏见实际上源于与其相对应的一种爱的偏见。

以对美国的偏见为例。许多教养良好的欧洲人都怀有这种根深蒂固的偏见。早在1854年，就有一位欧洲人轻蔑地将美国描述为"一个巨大的疯人院，里面满是欧洲的流浪汉与社会渣滓"。[4] 像这样对美国的侮辱在当时很常见，于是1869年，詹姆斯·罗素·洛威尔（James Russell Lowell）有感于此，写了一篇"论外国人纡尊降贵的态度"斥责欧洲评论家。然而时至今日，此类评论文章依旧在欧洲盛行。

问题的根源在哪里？首先，我们可以肯定的是，在批判产生之前就存在的，是一种对自己国家、祖先、文化的爱与骄傲。这些积极的价值是欧洲评论家们安身立命的根基。然而到了美国之后，他们感到自己的地位隐隐受到了某种威胁。他们通过贬低美国获得安全感。这并不是因为他们从一开始就讨厌美国，而是他们太爱自己和自己本来的生活方式了。这个分析对旅居海外的美国人来说同样适用。

一名来自马萨诸塞州的学生自以为是"宽容"的虔诚信徒，他这样写道："黑人问题永远不会解决，除非我们真能往那些愚蠢的南方白人的榆木脑袋里灌进一点东西。"学生怀有的积极价值是理想主义的。但反讽的是，这种剑拔弩张的"宽容"造成了他对那些被他判定会威胁到宽容价值的人群带有偏见的谴责。

无独有偶，在另一件相似的案例中，一位女士说："我当然没有偏见。我有一位关系亲密的黑人奶妈。我在南方出生并且一辈子都住在那里，因此我了解这个问题。如果黑人们只在我们许可的范围内生活，他们会更幸福。北方那些寻衅滋事的人根本不了解黑人。"从这位女士的话语中，我们可以看到她试图（在心理层面上）捍卫她的特权、地位和闲适的生活。她并不是不喜欢黑人或北方人，而只是钟情于现状。

相信某个类别的事物完全是好的，而另一个类别则全然是坏的，是一件相当方便省心的事——如果你能这么相信的话。一个在工厂里受欢迎的工人有机会被提拔为公司的管理人员，坐进办公室工作。某个工会行政人员告诉他："别去管理岗，因为你去了，就会变得跟其他那些混蛋一个样。"在这位行政人员心目中，只有两种人：工人和"混蛋"。

这些例子都说明那些消极的偏见其实是我们自身价值体系的反射。我们珍视自身的存在模式，并且相应地贬低（或主动攻击）那些看上去会威胁到我们的价值观的事物。西格蒙德·弗洛伊德（Sigmund Freud）是这样表述的："在对自己不得不与之接触的陌生人不加掩饰的厌恶与反感之中，我们能辨认出对自己的爱，或曰自恋的表达。"

这一过程在战争时期表现得尤为明显。当我们几乎所有的正面价值都受到敌人的威胁时，我们就会加强自己的防御，并夸大自己立场的优点。我们感觉——这是一个过度概括的案例——自己彻底、绝对地正确。（如果我们没有这样的信仰，就无法集中所有精力用来抵抗。）然而如果我们绝对正确，那敌人就一定是全然错误的。但即使在战时，我们也能清楚地发现，爱的偏见是先在的，而恨的偏见只是其衍生现象而已。

即使可能存在"正义的战争"，即某人的价值体系的的确确受到了威胁，并且必须被捍卫，但战争总是会涉及不同程度的偏见。严重的威胁使人们将敌对国家视为十恶不赦的魔鬼，而敌国的每个国民都对自己构成危险。公平与区分成为无稽之谈。[5]

结　论

本章论证的观点是，人有一种产生偏见的倾向。人性中自然而正常的本能使他们易于做出泛化、概念和分类，这些都是对经验世界的过度简化。理性的分类会始终与第一手经验保持同步，但人们也同样容易形成非理性的分类。即使在没有事实根据的情况下，他们依旧能够根据传闻、情感投射和幻想形成偏见。

个人价值体系是一种尤为使我们倾向于作出毫无依据的预判的分类，这些价值是我们所有人类存在的基础，因此非常易于带来爱的偏见。而恨的偏见是由此衍生出来的附带产物，它可能，也经常是正面价值的一种反射。

为了更好地了解爱的偏见的本质——因为恨的偏见根本上还是由它而产生的——我们接下来将关注内群体忠诚（in-group loyalties）的形成。

参考文献

1. A. LUNDBERG AND LEOMORE DICKSON. Selective association among ethnic groups in a high school population. *American Sociological Review*, 1952, 17, 23-34.
2. 过去，在心理学中，"直接思维"和"自由思维"的过程是两种分类。通常所谓的"实验学派"专注于前者，而"动力学派"（如弗洛伊德派）则对后者进行研究。关于前者的一部颇具可读性的著作是 GEORGE HUMPHREY, *Directed Thinking*, New York: Dodd, Mead, 1948。关于后者的资料则可参见 SIGMUND FREUD, *The Psychopathology of Everyday Life,* New York: Macmillan, transl. 1914。

   近年来，"实验学派"和"动力学派"之间的研究和理论（见本书第10章）不断趋向一致。这是一个良好的标志，因为偏见思维毕竟不是反常紊乱的思维。直接思维和一厢情愿的思维产生了融合。
3. See G. W. ALLPORT, A psychological approach to love and hate, Chapter 5 in P. A. SOROKIN (ED.), *Explorations in Altruistic Love and Behavior,* Boston: Beacon Press, 1950. Also, M. F. ASHLEY-MONTAGU, *On Being Human,* New York: Henry Schumann, 1950.
4. MERLE CURTI. The reputation of America overseas (1776-1860). *American Quarterly*, 1949, 1, 58-82.
5. 有关战争和偏见之间的重要联系的讨论见 H. CANTRIL (ED.), *Tensions That Cause Wars,* Urbana: Univ. of Illinois Press, 1950。

第3章

内群体的组成

"熟稔易生轻蔑之心"（familiarity breeds contempt）这句谚语几乎没有什么道理可言。尽管我们常会对循规蹈矩的生活和日常见到的老面孔感到无聊，但我们生活中所贯彻的价值正是从自己熟稔的环境中汲取而来的。更重要的是，我们所熟知的事物往往会潜移默化地成为一种价值。我们会逐渐爱上陪伴自己成长的烹饪方式、习俗和人。

在心理层面，这个问题的症结在于，熟悉的事物为我们的存在提供了不可或缺的根基。因为存在是可欲的，所以构成其基础的事物似乎也是正确可取的。一个孩子的父母、邻里、居住地、国籍都是生来被赋予的，他的宗教信仰、种族和社会传统也是如此。在他看来，自己身上附带着的这些关联都是天经地义的。他是周遭万物的一部分，周遭事物也成了他的一部分，所以这一切都是好的、正确的。

早在只有五岁的时候，孩子就能够理解自己是许多不同群体的成员。比如，他能够产生族裔认同感。但直到九岁或十岁，他才能理解这些身份的意义，例如犹太人与外邦人有什么区别，或者贵格会和循道宗有什么不同，但在他理解这一切之前，就已经形成了强烈的群体忠诚感。

一些心理学家认为，孩子会因为自己身为某个特定群体的成员而"得到奖励"，这种奖励激发了他对群体的忠诚。也就是说，他的家人喂养他、照顾他，他从邻里与同胞的礼物和关怀中获得了快乐，于是他也学会了去爱他们。他的忠诚源于这种奖励机制。但我们有理由怀疑这种解释的充足性。黑人孩子很少或从来没有因为身为黑人而得到优待——甚至事实经常恰恰相反。然而他们在成长过程中也会怀有族裔忠诚。一个来自印第安纳州的人，一想到他的家乡心中就涌起一阵暖流——这并不必然是因为他曾在那里度过了快乐的童年，有时仅仅是因为他来自那里。在某种程度上，这依然是他存在之根基的一部分。

当然，奖励可以在这个过程中起到积极作用。一个在家庭聚会中玩得非常开心的孩子，之后可能会因为这一经历而更多地依恋自己的家族。然而，通常来说，他无论如何都会依恋自己的家族，因为这本就是他生活中不可摆脱的一部分。

快乐（即"奖励"）并不是我们维持忠诚的唯一原因。很少有人是因为某个群体能给他带来愉悦感而留在该群体中的，除非这个群体本身就是娱乐性质的。而且对群体的忠诚一旦形成了，要使我们再脱离这个群体，至少需要经历一段长久的、痛苦的时期，或一次严重的不愉快经历才能做到。并且，有时即使是再严酷的惩罚也无法使我们背弃对群体的忠诚。

人类学习中的这个"根基"原则是很重要的。我们不需要假设一种"群居本能"，来解释为什么人们喜爱与彼此相处，我们只是发现，人之间的相互联结是嵌入人类存在方式的肌理之中的。既然他们认可自己的存在方式，他们也就会肯定社会性的生活。于是我们也不需要假设一种"同类意识"，来解释为什么人们会依附自己的家庭、氏族、族裔群体。没有这些，自我就不成其为自我。

很少有人想成为自己以外的人。即使当他认为自己有缺陷、过得不快乐时，他也不会愿意与幸运儿们交换身份。他抱怨他的不幸，并希望境遇能变得好一些，但前提是变好的首先得是**他**的境遇和**他**这个人，而不是别人。这种对自己身份同一性的执着是人们生活的基础。我可能会说我羡慕你，但我不会想要成为你；我只想让我自己拥有你的部分特质和所有物。而每个人所珍视的自我也必然伴有其作为其所属群体一分子的身份。一个人无法改变他的家庭、他的传统、他的国籍，或者他的母语，我们只能选择接受。而这些事物的影响不仅体现在我们的谈吐中，更深深印刻在我们心里。

有一点很奇怪，即群组中的个体并不需要与其中所有成员都发生直接的联系。诚然，通常我们都认识自己的直系亲属。（不过一个孤儿也可能充满激情地眷恋他从未谋面的父母。）某些群体，比如俱乐部、学校、社区中，个体间也都会有密切的交往，然而在很多其他群体里信息主要以符号或者传闻的形式传播。没有人能够认识他所在族裔的每个人，也无法熟识他的所有同姓兄弟或者全部与他有着共同信仰的教徒。年幼的孩子可能会为曾祖父作为船长、前线拓荒者或是贵族的传奇经历而着迷，因为他能利用这个传统来建立自己的身份认同。他所听到的这些故事，与他生活中的日常经历一起，共同为他提供了坚实的身份根基。通过这些符号，人可以习得家族传统、爱国主义和民族自豪感。因此，尽管有些内群体仅仅是通过言语定义的，它们也可以是牢固的纽带。

什么是内群体？

在一个静态社会中，我们能够很容易地预测某个个体将会忠于什么样的地区、语言、社会阶层。在这样的静态社会中，连亲属关系、地位甚至居住地，都可能是被严格规定的。

在中国古代，住宅的排列一度与现实中的社会等级相吻合。根据居住地址，我们可以判断出一个人所处的阶层。只有政府官员才能被允许居住在城市的内圈，即纳贡地区。再往外的一圈居住着贵族。城市的外圈居住着文职人员和其他有身份的市民，他们居住的区域受到保护，这片区域也称作和平地区。更远离中心的地方居住着外国人和罪犯，那里是一片禁区。而最外圈的法外之地，只有野蛮人和被驱逐的重罪之人才会住在那里。[1]

在一个像我们当下这样的、流动性更强的科技社会，已经不存在这样硬性的规定了。

有一个法则普遍存在于所有人类社会——且能够协助我们做出重要的预测，即**在地球上的每一个社会中，孩子都会被视为其父母所在群体的成员**。他与他的父母同属于一个种族、家庭传统、宗教、种姓和职业地位。无可否认的是，在我们的社会里，当他长大后，可能会摆脱其中的一些身份，但他无法摆脱所有的群体。这个孩子常被认为承袭了父母的所有忠诚和偏见，如果他的父母由于其群体身份而成为偏见的对象，那么他自然也会受其所累。

虽然这一法则在我们的社会中也成立，但相较于许多"家族主义"传统更浓厚的地区，它在美国的效力要小一些。尽管美国的孩子常对家庭有着强烈的归属感，并对父母的原籍国家、种族和宗教信仰产生不同程度的忠诚，但他在身份认同方面有比较大的选择空间。每个人形成的偏好和归属模式都会有所不同。一个美国孩子有自由去选择加入其父母所在的一部分群体，而拒斥另外一些。

给内群体下一个准确的定义是很困难的。也许最好的说法是，同一个内群体的成员在使用"我们"这个代词时，可以在本质上表达同一个意思。家庭成员符合这一定义，同理，校友、室友也同样符合。工会、俱乐部、城市、国家，都是如此。如果条件放宽一些，国际机构中的成员可能也符合这个定义。一些会形成"我们"的组织可能存在时间很短（例如一场晚宴），而另一些可能是永久性的（例如一个家庭或氏族）。

山姆（Sam），一位爱交际的程度处于平均水平的中年男子，将自己所属的群体列举如下：

他的父系亲属

他的母系亲属

原生家庭（他所成长于其中的家庭）

次生家庭（他的妻子和孩子）

他的童年圈子（现在仅留下一个模糊的记忆）

他的中小学（仅留存在记忆中）

他的高中（仅留存在记忆中）

他的大学（偶尔会回去拜访）

他的大学班级（通过聚会加固）

他目前的教会（在二十岁的时候转入）

他的专业领域（牢固地组织并维系着）

他的公司（尤其是他所在的部门）

"那个小团伙"（共同消遣娱乐的四对夫妇）

第一次世界大战中某步兵连的幸存者（记忆渐渐变得模糊）

他出生的国家（较薄弱的归属）

目前居住的城镇（积极的公民精神）

新英格兰（对地区的忠诚）

美国（爱国精神处于平均水平）

联合国（他坚定地相信其原则，但在心理层面并没有多少感情，因为他对这种情况下"我们"的定义并不清楚）

苏格兰-爱尔兰血统（与拥有此血统的人有模糊的亲近感）

共和党（在初选时他登记为共和党员，但除此以外对这个党几乎没有其他的归属感）

山姆的列表可能还不完整，但是我们已经能够从中很好地了解到构成他生活的群体基础。

  在他的列表中，山姆提到了一个童年圈子。他回忆说，这个群体一度对他来说非常重要。他十岁时搬到了一个新的社区，身边没有任何一个同自己年龄相仿的同伴，他渴望伙伴。而其他的男孩对他既不信任又很好奇。他们会认可他吗？山姆为人处世的方式是否能被这伙孩子所接受？拳脚相加的考验在这种男孩的小帮派里是一种惯例——通常一点微不足道的小事就能激发，用来快速测试新人的性格和斗志。山姆遵守男孩们所设的规矩吗？他有足够的勇气、毅力和自制力，能和其他男孩和谐共处吗？山姆很幸运地通过了考验，并直接被组织接纳了。也许是他运气够好，在种族、信仰、社会地位方面没有遇到额外的障碍。否则，他的考验期会更长，对他的要求也会更加苛刻，甚至这群孩子可能会永远将他拒于千里之外。

  由此可见，加入特定群体的资格必须靠争取得来。然而许多组织成员的身份是伴随着个体的出生和家庭传统而自动被赋予的。用现代社会科学的术语来说的话，前者是**自致地位**（achieved status），而后者则属于**先赋地位**（ascribed status）。

作为内群体的性别

山姆没有提及他身为男性这一先赋地位。这一身份可能一度对他很重要——现在也有可能仍旧很重要。

将性别作为一个内群体来研究会很有意思。对一个两岁的孩子来说，小伙伴的性别并不重要。一个小女孩和一个小男孩在他眼里是相同的。即使到了一年级，他们对性别群体的意识也相对较弱。在被问到想和谁一起玩耍的时候，平均而言，一年级的孩子至少四分之一都会选择异性玩伴。而到了四年级时，这种跨性别的选择就几乎完全消失了：只有2%的孩子想和异性玩耍。到八年级时，男孩和女孩之间的友谊又开始重新萌芽，但即使如此，也只有八分之一会不受自己性别的束缚，选择异性的伙伴。[2]

某些人——其中包括厌女者——终其一生都会以性别作为区分人的重要标签。女性被认为是与男性完全不同的物种，而且往往是更劣等的物种。像这样严重夸大，乃至臆想出不存在的第一性和第二性之间差别的观念，为歧视行为提供了合理性。作为一名男性，他或许感到与全世界一半的人类（其他男性）间存在一种内群体的凝聚力，而与另一半的人类，即女性群体之间，则有着不可调和的冲突。

切斯特菲尔德勋爵（Lord Chesterfield）在信中经常劝告他的儿子以理性而非偏见来指导他的生活，然而对于女性，他说：

> 女人，只是稍微长大了一点的孩子；她们的闲言碎语或许令人愉悦，偶有灵光一现的巧智；但我从未见过哪位女性拥有扎实的推理、良好的判断力，或保持理性超过二十四个小时。
>
> 懂事理的男人只与女性打情骂俏、调笑玩乐，用赞美哄着她们，就像对待一个机灵活泼的孩子一样。但他从不会向女性讨教，也不会把任何严肃的事务交付给她们，即使他往往会使她们相信他这样

做了，这是使她们再自豪不过的事了……[3]

比起男人，女人之间的相似之处要多得多；她们只对两件事有热情，虚荣与爱情：这是她们的普遍特征。[4]

叔本华（Schopenhauer）的观点与切斯特菲尔德很相似。他写道，女人终生都是些大孩子。女性的一个基本缺陷就是毫无正义感。叔本华坚持认为这是基于女性在推理和思辨能力方面存在不足的客观事实。[5]

这种反女性主义的思想囊括了偏见的两个基本要素——诋毁和过度泛化。这些以智力卓绝见长的名人既不承认女性间的个体差异，也不去探寻事实是否真的如他们所断言的那样，某些缺点的确在女性中比在男性中更为常见。

这种反女性主义反映的是男性对自己所属的性别群体所感到的安全与满足。对切斯特菲尔德和叔本华来说，两性之间的罅隙，就是得到接受的内群体和被拒斥的外群体之间的界线。但对更多人而言，这样的"两性之战"是全然虚假的。他们无法找到可以支持类似偏见的依据。

内群体的变化本质

关于哪些群体身份对自己来说最重要，每个人都有自己的判断，但他们的判断也常常会受时代风潮所影响。在过去的一个世纪里，国家和种族的概念日益深入人心，而家庭和宗教信仰的地位逐步下降（即使如此，它们的影响依旧非同小可）。苏格兰内部出于对各自部族的忠诚进行的激烈对抗已经过去，但"优等民族"的概念渐渐成了更大的威胁。而随着西方国家的女性开始担当起一度专属男性的角色，切斯特菲尔德和叔本华的反女性主义也成了抱残守缺的旧思想。

在美国人对移民的态度转变中，我们也能看到作为内群体的国家观念的变化。如今，美国人对待移民的态度已经不再是理想主义的了。他们不觉得自己的国家有义务、有荣幸为受压迫的人们提供一个家园——将这些人纳入自己的国家群体之中。八十年前镌刻在自由女神像上的铭文似乎已经过时了：

> 送给我，你受穷受累的人们，你那拥挤着渴望呼吸自由的大众，所有遗弃在你海滩上的悲惨众生，送给我，这些风浪中颠簸的无家之人，我在金色的大门口高举明灯！

1918年至1924年通过的反移民法实际上已经将她手里的明灯熄灭了。在第二次世界大战之后，想要移民美国、颠沛流离的人们比以往更多，而诗句中所表达的、还萦绕在美国人心头的情怀并不足以使他们向难民敞开怀抱。从经济学和人道主义两方面来看，都有足够的理由支持放宽移民限制。然而人们的恐惧情绪越发普遍。许多保守主义者担心激进思潮流入；许多新教徒担忧自身岌岌可危的多数派地位会被进一步削弱；一些天主教徒害怕共产党人的到来；反犹太主义者不想让更多的犹太人进入他们的国家；一些工人也会恐惧新移民抢走他们的工作，威胁到他们的安全。

在有数据记载的124年中，总共约有四千万移民来到美国，其中有一年的移民人数甚至多达一百万。所有移民中85%来自欧洲。直到几十年前，都很少有人对此表示反对。但如今，几乎所有移民申请都被拒绝了，社会上为"流离失所"者代言的声音也寥寥无几。时代发生了变化，大环境越是每况愈下，内群体的边界就越是趋于收紧。陌生人是可疑的，需要被排斥。

在特定文化中，不仅群体的强度和定义会随着时间的推移而变化，而且个体也会在不同的群体忠诚之间来回摇摆。在特定场合，个体可能会对某个群体产生强烈坚定的忠诚感，而时过境迁后，一切都会发生变化。威尔斯（H. G. Wells）的《现代乌托邦》（*A Modern Utopia*）中有一个段落叙述过这一情感的灵活性。这个段落描写了一个势利者——他只认同一个狭小的圈子。但即使是一个势利者，他的群体忠诚也是有弹性的，因为他在不同时刻觉得最符合自己当下利益的群体也是不同的。

这个故事说明了重要的一点：群体成员身份并不是永久固定的。个体会由于某些目的去认同某一个群体类别，也会出于其他的原因，认同另一个范围略大的类别。这取决于他对自我强化的实际需要。

威尔斯这样描述某位植物学家对不同群体的忠诚感：

> 他欣赏植物分类学家，厌恶植物生理学家，他认为植物生理学家都是淫荡邪恶的混蛋。但他同时又觉得，所有植物学家，乃至于所有生物学家，和物理学家以及所有被他认为是研究纯粹科学的专业人士比起来都要好得多，后者全都乏味、机械、思想龌龊。但到了将所有科学家与心理学家、社会学家、哲学家以及文学家们相比时，他又认为前者是好的，而后者是鲁莽、愚蠢、毫无道德感的人。而如果将所有受过教育的人与工人相比，他会认为工人们是满口谎言、懒散肮脏、终日买醉的无能之人。要是将工人纳入其他群体，比如说英国来考虑，那他们的地位又是高于所有欧洲大陆人的，他认为欧洲人都……[6]

因此，归属感是一个非常主观的事情。即使两人隶属于同一群体，他们也会产生观点上的分歧。比如说，两个美国人对自己的国家就会有不同的看法。

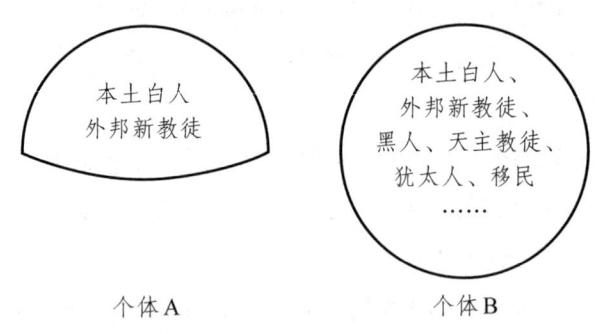

图1　在两个美国人眼里，他们的国家内群体分别由什么构成

个体A的狭隘格局是武断分类的产物，因为他认为这样分类（在功能意义上）对他很方便。而立足于更广泛认知范围的个体B对国家里存在

哪些内群体的认知则全然不同。如果认为他们同属于同一内群体，就是一种误解。从心理层面来说，他们并不属于同一团体。

每个人都倾向于在他所在的内群体中，找到自己所需安全感的确切模式。近日南卡罗来纳州民主党大会上达成的一项决议给我们提供了一个具有建设性的案例。对于参会者来说，党派是一个重要的内群体。然而党派的定义（如其在全国平台上所陈述的那样）对他们来说是不可接受的。因此，为了重新划定这个内群体，达到使每位成员都能满意的程度，"民主党"被重新定义为"包含信奉地方自治，反对中央集权、家长式的政府的人；排斥受外国观念或领导方针，如共产主义、纳粹主义、法西斯主义、国家主义、极权主义或公平就业委员会等影响的人"。

就这样，内群体经常被重新组织以适应个人的需求，当需求十分强烈时（比如在这个案例中），内群体可能主要通过它们所仇恨的外群体而得到重新定义。

内群体和参照群体

我们将内群体宽泛地定义为，在使用"我们"一词时，可以为其赋予相同的本质含义的人。但读者已经注意到，群体中的个体可能对群体身份各自持有不同的看法。第一代意大利移民可能会认为自己的意大利背景和文化对他的自我认同非常重要，而他们的孩子——第二代意大利裔美国人则未必会这样认为。青少年可能视邻里伙伴所构成的内群体比学校同学更重要。在一些情况下，即使个体无法逃脱某种群体身份，他依然会尽其所能拒斥这个群体。

为了澄清这种情况，现代社会科学引入了参照群体（reference group）的概念。谢里夫夫妇（Sherif and Sherif）将参照群体定义为"个体将自己作为这个群体的一部分，或者在心理层面上希冀与其相关联的群体"。[7] 因此，参照群体是一个被欣然接受的内群体，或者是个体希望被纳入的群体。

一个内群体经常也会是参照群体，但也并不尽然。黑人可能会希自己是主流白人的一员。他想享有该群体成员的特权，并被纳入其中。他可能因此非常排斥自己所在的黑人群体，拒绝成为其中的一员。他逐步发展出了库尔特·莱温（Kurt Lewin）命名为"自我憎恨"（self-hate）（例如，对自己所在内群体的憎恨）的心理状态。然而，社群的习俗将他归于黑人群体，迫使他与这个群体共同生活、工作。在这种情况下，他所属的内群体与他的参照群体就是不同的。

我们再来看一个住在新英格兰小镇上的亚美尼亚裔牧师的例子。他有一个外国人的名字，而镇上的人也将他归到亚美尼亚人一类。虽然他很少会想到他的渊源，但他也并不刻意排斥自己的背景。他的参照群体（也是他的主要关注所在）是他所属的教会、他的家庭和他所居住的社区。但不幸的是，镇上的人坚持认定他是一个亚美尼亚人；他们将他的族裔群体身份看得比他自己的所作所为更重要。

黑人牧师和亚美尼亚牧师在社区中处于边缘地位。他们很难与其参照群体产生关联，因为来自社区的压力会强行将他们与他们在心理上并不看重的群体捆绑在一起。

在很大程度上，所有少数群体都处于同样的边缘状态，这使他们始终被不安全感、冲突和恼怒所萦绕。所有少数群体都会发现自己身处一个拥有许多被规定好的规矩与价值的社会之中。于是，少数群体的成员们不得不在某种程度上参照主流群体所使用的语言、所讲究的礼貌、所遵循的道德与法律。一个人可能完全忠于他所属的少数群体，但同时他也需要适应主流群体的标准和期望。在黑人的例子中这一点表现得很明显。黑人的文化与美国白人文化几乎完全相同。因为黑人必须去认同白人的文化。然而，无论何时当他试图融入白人文化，他都很可能遭受拒绝。在这样的情况中，黑人由生物学所定义的种族内群体与由文化所定义的参照群体产生了不可避免的冲突。如果我们遵循这一思路，我们将会看到为什么所有少数群体都或多或少地在社会中处于边缘状态，而这种状态会滋生忧虑和怨恨。

内群体和参照群体的概念有助于我们区分归属感的两个层级。前者表明的是成员身份这个纯粹事实；后者则表达了个体是否重视这个成员身份，或者个体是否企图与这个群体产生认同。正如我们之前所讨论的那样，在许多情况下，内群体与参照群体实际上是重合的，但事实也并不总是如此。也有一些个体总是有意无意地将其自身与他们所不属于的群体进行比较。

社会距离

内群体与参照群体的区别在社会距离的研究中得到了很好的体现。由博加斯（E. S. Bogardus）所发明的常用研究方法要求受访者回答，他们在面对不同族裔和国家的人时愿意接纳他们到哪一步：

1. 结为姻亲
2. 成为同一个俱乐部的私人朋友
3. 成为居住在同一街道的邻居
4. 从事同一个职业
5. 成为本国公民
6. 来访自己的国家
7. 必须被驱逐出境

目前，通过这套方法得出的最惊人的发现，就是存在一个跨越国家、收入、信仰、教育、职业甚至族裔的相似的偏好模式。大多数人，无论自己是何种身份，都可以接受英国人和加拿大人作为自己国家的公民、邻居、社交伙伴，甚至是亲戚。来自这两个国家的人享受着最小的社会距离。而在另一个极端的则是印度人、土耳其人和黑人。不同人群在对各组别的具体排序上可能存在一些细微差异，但总体来说排序是基本稳定的。[8]

虽然不受欢迎群体中的成员倾向于在排序时将自己所属的团体列在较高位置，但在所有其他方面，他们的排序都与普遍的选择并无二致。例如，在一项关于犹太儿童的研究中，研究者发现大多数犹太儿童除了将犹太人置于高度接纳的范围内这点，其他的排序和普遍标准都相同。[9] 在类似调查中的结论也证明,一般来说,黑人和外邦白人一样会将犹太人排得很靠后,而犹太人通常也会将黑人排得很靠后。

从这样的结果中,我们只能得出结论,即少数族裔的成员倾向于形成与主流观念相一致的态度。也就是说,主流群体成了一个**参照群体**,对少数族裔的成员施加了强烈的影响力,迫使他们采取与其一致的观念。然而,这样的一致性很少能强到使他们拒斥自己内群体的程度。黑人、犹太人或墨西哥人通常强烈接纳自身所处的群体,但另一方面,他也会按照参照群体的规范来行事。因此,内群体和参照群体在观念形成的过程中是至关重要的。

偏见的群体规范理论

我们现在就来到去理解并思考一种主要的偏见理论的时候了。这种理论认为,所有群体(无论是内群体还是参照群体)都会逐渐发展出一套具有自己典型符码、信念、规范与"敌人"的生活方式,以满足他们自己的适应性需求。这一理论也认为,存在或沉重、或微妙的压力约束着所有成员。个体必须与群体拥有相同的喜好与敌人。推崇这一理论的谢里夫写道:

> 通常,导致个人形成偏见态度的因素并不是零散的。相反,它们的形成在功能上与成为群体的成员相关——人会将群体及其价值观(规范)作为调节经验与行为的主要锚定点。[10]

支持这一观点的强力论据之一,就是通过直接影响个体来影响其态度的尝试,往往是相对无效的。假设有个孩子在学校里上一门有关跨文化教育的课程。然而相较于他在课堂上所学到的东西,他的家人、伙伴、邻里所持有的规范与态度很可能对这个孩子的影响更大。要改变孩子的观念,我们有必要改变对他来说更为重要的这些群体观念中的文化均衡。在孩子能够实践新的观念前,首先需要他的家人、伙伴、邻里对这些观念有所包容。

从这个思路就延伸出了这样一个道理:"改变群体的态度比改变个体的态度更容易。"近期的研究也支持这一观点。在一些研究中,整个社区、住宅区、工厂或学校系统都成了实施改变的目标群体。通过让社群中从领袖到普通群众的每一个人都参与到研究中,并且在政策层面也做出改变,一旦这些改变得到实现,个体态度就会倾向于与新的群体观念规范保持一致。[11]

尽管我们无法质疑这些结果,但这个理论带有一些并非必要的"集体主义"色彩。偏见绝不仅仅是一个群体现象。请读者扪心自问,自己的观念是否确实与自己的家庭、社会阶层、工作伙伴或教会成员完全一致。答案或许是肯定的,但更有可能的情况是,读者会说,他所处的不同参照群体所持有的普遍偏见是相互矛盾的,所以他的偏见模式是独一无二的,与任何一个群体都不相同。

意识到态度具有这个独特性特征之后,理论的倡导者提出了一个概念,即"可忍受的行为范围"。从而指出任何群体规范系统都只会要求个体与其保持模糊的一致。人们的态度可能会产生一定程度的偏离,但不会偏离太多。

然而,一旦我们允许一系列"可以忍受的行为"的存在,这就代表了我们正趋向于一个更为个体主义的视角。我们无须否认群体规范和群体压力的存在,就能认可群体中的每个个体都是独一无二的这一事实。我们中的一些人是群体规范的积极遵守者。而另一些人则只是在被动服从这些条条框框。还有一些人拒不遵守这些规范。我们所展现出的群体一致性是个体学习、需求和生活方式的产物。

在涉及观念形成的问题时,要平衡从群体出发和从个体出发的两种取向是很困难的。本书认为,偏见根本上是一个有关个性形成与发展的问题;没有任何两种偏见的情况是完全一样的。任何人都不会像镜子一般原原本本地反映他所在群体的一切观念,除非他有个人需求,或者有一些个人的习惯,使他这样去做。但同样地,偏见的常见来源之一,也许是最常见的偏见来源,就在于内群体成员身份对每个个体人格在需求和习惯上的影响。一个人可以同时既认可个人主义，也不否定群体对个体的巨大影响。

如果没有外群体，内群体还会存在吗？

每一条线、围栏或边界都将"内部"和"外部"分隔开来。因此，在严格的逻辑上，每个内群体都必然对应着一些外群体。但这个逻辑陈述并不重要。我们所需要知道的是，个体对群体的忠诚感是否自然而然地意味着对外群体的不忠、敌意或其他形式的否定。

法国生物学家菲利克斯·当泰克（Felix le Dantec）坚持认为，只有通过分享"共同的敌人"，各个社会单位——小到家庭、大到民族——才得以存在。家庭单位会与每个威胁家庭成员的力量做斗争。独家俱乐部、美国退伍军人总会、国家本身都以打击共同敌人为目标。有一个人尽皆知的马基雅维利式诡计也为当泰克的观点提供了支持——通过创造一个共同的敌人，来提高群体的凝聚力。希特勒使德国人认为犹太人是一种威胁，与其说是为了消灭犹太人，不如说主要是为了巩固纳粹对德国的控制。在世纪之交，加利福尼亚工人党煽动反东亚情绪，以巩固自己的队伍。如果没有一个共同的敌人，其成员本来已经心思涣散，意志动摇了。学校的凝聚力，会在本校球队与其"宿敌"打比赛的时候达到巅峰。由于这样的例子有很多，人们都倾向于接受这一观点。研究陌生人的出现对托儿所孩子们的影响时，苏珊·艾萨克斯（Susan Isaacs）写道："外人的存在是促成群体凝聚力的基本条件。"[12]

威廉·詹姆斯（William James）深受这一观点的影响，即社会团结似乎需要一个共同的敌人，他就此发表了一篇著名论文。在《战争的道德等价物》中，他提出竞争、攻击性和冒险是人类关系中的必要因素，这一点在处于适合上战场的年龄段的年轻人身上尤为显著。为了维持和平的生活，他建议年轻人去寻找一个不与他们对人类的忠诚相抵触的敌人，例如与大自然、疾病、贫穷抗争。

我们不能否认，共同敌人的存在能够巩固群体成员对群体的归属感。

一个家庭（如果还没有被严重破坏）在面对逆境时凝聚力会变得更强，一个国家在战争时期会变得空前团结。但是，在心理层面我们的重点必须是对安全的向往，而非敌对本身。

我们的家庭是一个内群体，而根据定义，外面大街上的所有其他家庭对于我们都是外群体；但家庭之间极少发生冲突。由一百个民族组成的美国，虽然偶尔会发生严重的冲突，但大多数人都能和平相处。一个人知道自己的小屋具备使其区别于其他所有房屋的特点，并不一定意味着他瞧不起别人的小屋。

对这种情况的最佳表述如下：虽然我们只能通过与外群体的对照感知到自己所在的群体，但我们所在的群体依旧在心理层面占首要地位。我们的生活围绕着我们所属的群体展开，我们的生活也需要我们所属群体的支持，有时候，我们甚至为我们所属的群体而生活。针对外群体的敌意有助于增强我们的归属感，然而这样的敌意并不是必需的。

由于自身基本的生存和自尊本能，我们倾向于围绕内群体发展出一种党派偏向和民族中心主义。当住在镇上的七岁孩子们被问道："你觉得是你们镇上的孩子更好，还是史密斯菲尔德（邻近城镇）的孩子更好？"几乎所有的孩子都回答说，"我们镇上的孩子"。当被问及为什么，孩子们通常回答说："因为我不认识史密斯菲尔德的孩子。"这个情境展现了人们对内群体和外群体的第一反应。熟悉的总是人们首选的。陌生的事物会被认为是差一些的，不那么"好"，但人们并不一定对它们有敌意。

内群体成员之间不可避免会产生偏爱，但不同群体对待外群体的态度可能会有很大差异。在一个极端上，外群体可能被视为需要被打败的共同敌人，以保护群体成员并强化其内部忠诚。在另一个极端上，外群体也是能够被宽容并欣赏的，甚至因其多样化而被偏爱。教宗庇护十二世在他题为《人类团结》(*Unity of the People*)的宗座信函中认可了现存的不同文化群体的价值。他呼吁保留人群的多样性，不同群体之间不要互相为敌，人类团结是建立在宽容与爱基础上的统一，而不是毫无差异的整齐划一。

人类能够构成一个内群体吗?

一个人的家庭通常构成了他最小、最稳固的内群体。可能是出于这个原因,我们通常认为群体所涵盖的范围越广,凝聚力就越弱。图2体现的是我们都曾有过的一种感觉,群体越大,其群体成员身份的内涵越稀薄。图中仅包含几种典型的群体身份,以免使问题复杂化。

从图中我们可以得出结论,对全世界的忠诚是最难达成的。这样的结论是部分正确的。要将"全人类"这样宏大的整体构建成一个内群体,似乎有着特别的困难之处,即使是对这一信念满怀热情的人也无法做到。假设一名外交官正在会议上与其他国家的代表进行会谈,他们的语言、礼仪和意识形态都与他全然不同。即使这位外交官怀着对"同一个世界"的热切信念,他依旧无法逃脱对周遭的疏离感。他对得体和正确的理解是基于他自己的文化的。在他眼里,其他语言和习俗不可避免地是荒唐的,即使不是更低劣的,也看起来有些荒谬和多余。

假设这位代表是个心胸开阔的人,能够看到自己国家的诸多不足,也诚挚地想要建立一个融合各种文化优秀特质的理想社会。但即使是如此高蹈的理想主义愿景也只会让他做出有限的让步。他会发现自己在无比真诚地为自己的语言、宗教、意识形态、法律、礼仪形式而战。毕竟,他所属的国家的生活方式就是他的生活方式,他不能够轻易地抛弃他整个存在的根基。

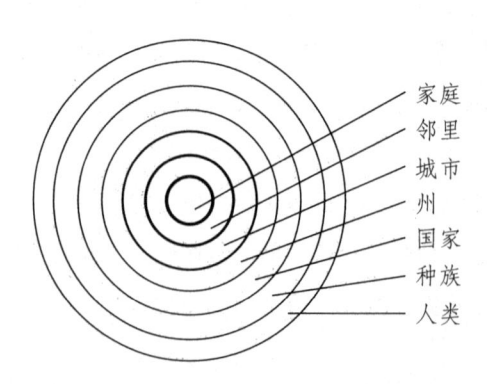

图2 假设中随着内群体纳入的成员范围增广,群体效能也逐渐缩减

我们都能够理解上述假设中对自己国家近乎条件反射的偏袒。当然，一个经常旅行的人，或者具备国际品味的人，相对来说会对其他国家更友好。他能够认识到文化上的差异并不必然意味着劣等。但对于缺乏想象力的人，或并不经常旅行的人来说，他们需要一些象征符号（symbols）才能直观地感知到人类内群体的存在，而如今这些符号已经很少见了。国家有旗帜、公园、学校、国会大厦、货币、报纸、公共假期、军队、历史文件。而在国际层面上，只是近期才渐渐有只在小范围内传播的标志符号出现，能够为人们发展出"世界忠诚"提供锚定点。

并不存在什么内在的理由规定，规模最大的群体必然是强度最弱的。事实上，对于许多人来说，种族才是他们最高忠诚的对象，在"雅利安主义"的狂热倡导者与一些受压迫民族的例子中尤其如此。今天看来，种族主义和"同一个世界"的思想（两个范围最大的群体）之间的冲突，可能正在成为人类历史上最具决定性的问题。有一个重要的考验摆在我们面前，在种族战争爆发之前，我们能够建立起一种对全人类的忠诚吗？

理论上这是可行的，因为存在一种可以拯救我们的心理原则，如果我们最终能够学着唤起它的话。这一原则认为，**"同心忠诚"之间没有必要产生冲突。投身于一个更大的群体并不意味着要破坏对小规模群体的忠诚。**[13] 互不相容的忠诚往往出现在**两个规模和范畴相当的群体中**。重婚者建立了两个家庭，就会对自己和社会都造成灾难性的麻烦。叛徒为两个国家服务（一个是名义上的，另一个是实际上的），不但脑中有如一团乱麻，一旦暴露，更是一项重罪。几乎没人会归属于超过一所母校、一种宗教或一个兄弟会。而另一方面，世界联邦主义者可以是一个忠于家庭的人、一位热心的校友、一个真诚的爱国者。事实上，当一些狂热的民族主义者企图质疑对全人类的忠诚与爱国主义是否兼容时，这条心理学的法则并没有改变，温德尔·威尔基（Wendell Willkie）和富兰克林·罗斯福（Franklin Roosevelt）出于对同一个世界的信仰，设想并推行了联合国，这完全无损于他们对其祖国的忠诚。

"同心忠诚"需要时间来发展，当然，也并不总是能成功发展出来。在一项针对瑞士儿童的有趣研究中，皮亚杰（Piaget）和韦伊（Weil）发现，孩子们对一种忠诚可以包含在另一种之中这一观点存在不理解与抵触。以下记录的是一个典型的七岁孩子的回答：

你听说过瑞士吗？——嗯。
它是什么？——一个行政区。
日内瓦又是什么？——一个城镇。
日内瓦在哪里？——在瑞士。（但孩子们画了两个并列的圆圈。）
你是瑞士人吗？——不，我是日内瓦人。

年龄更大一点（八到十岁）的孩子们能够把握到日内瓦在空间上位于瑞士的领土内部，并把两者画成一个圆包含了另一个圆的关系。但"同心忠诚"的观念依然还很模糊。

你的国籍是什么？——我是瑞士人。
为什么呢？——因为我住在瑞士。
你也是日内瓦人吧？——不，这不可能。
为什么不呢？——我现在是瑞士人，就不可能也是日内瓦人了。

到了十岁或十一岁，孩子们就能解决这个问题了。

你的国籍是什么？——我是瑞士人。
为什么呢？——因为我的父母是瑞士人。
你是否也是日内瓦人？——当然，因为日内瓦在瑞士。

相似地，十岁或十一岁的孩子已经能够在情感上对自己的祖国做出评价了。

——我喜爱瑞士因为它是一个自由的国家。
——我喜爱瑞士因为它是"红十字国家"。

——在瑞士，保持中立使我们仁慈慷慨。

显然，这些感性的评判都是孩子们从老师与父母那里学到的、未经思考的现成评价。通常，老师与父母的传授模式就止步于此，不会进一步扩大孩子忠诚的范围了。一旦出了其祖国的边界，便只有"外国人"——而不再是同胞。九岁半的米歇尔（Michel）受访时的回答如下：

你听说过外国人吗？——嗯，有法国人，美国人，俄罗斯人，英国人。

对，那这些人之间有什么区别吗？——有，他们的语言不同。

还有呢？告诉我越多越好。——法国人不怎么严肃，他们对什么都不担心，还有法国很脏。

那你怎么看待美国人呢？——他们又富有又聪明。他们发明了原子弹。

那么你觉得俄罗斯人怎么样呢？——他们很糟，总是想要发动战争。

现在我们来聊聊，你是如何了解到你所告诉我的这些事的呢？——我不知道……我只是听说……人们都这样讲。

大多数孩子从来没有将他们的归属感扩展到家庭、城市、民族关系之外的范围。其中的原因可能在与孩子生活在一起的人身上，孩子会亦步亦趋地模仿他们的判断。皮亚杰和韦伊写道："一切征兆都表明，在认识到他周围亲近圈子所接受的价值之后，孩子就觉得自己必须去接受这个圈子对其他国家的人的看法。"[14]

虽然大多数孩子所能习得的最大范围的忠诚感就是对国家群体的忠诚，但也并非必然如此。在一些十二三岁的孩子身上，研究人员发现了高度的"交互"（reciprocity）意识。例如他们认可所有人都有同等的价值和优点，尽管每个人都有自己偏好的生活方式。当这种交互感被牢固地建立起来后，年轻人就能够接受更为宽泛的人类群体的概念，能够忠于其他更大范围的群体而不脱离原来所属的群体。只有当他习得了这种交互性的态度，他才能够忠于自己所属的群体并同时将其他国家也纳入自己的忠诚范围之内。

总之，内群体成员身份对个人的生存至关重要。这些内群体构成了我们生活习惯的网络。当我们遇到一位和自己所遵守的习俗有所不同的群体外人员时，我们会不自觉地说："他打破了我的习惯。"被打破生活习惯是不愉快的。我们更喜欢熟悉的东西。当别人似乎威胁到了，甚至质疑我们的生活方式时，我们不禁要对其设防。对内群体或参照群体的偏袒并不一定建立在对其他群体的对立态度之上——尽管敌意往往有助于加强群体内部的凝聚力。少数人构成的小群体可以顺利纳入更大的群体之中，并形成对其的忠诚。并不是所有群体都具备理想的条件来顺利地完成过渡，然而从心理学观点出发，这一切都还是充满希望的。

参考文献

1. W. G. OLD. *The Shu King, or the Chinese Historical Classic*. New York: J. Lane, 1904, 50-51. See also J. Legge (Transl.), Texts of Confucianism, in *The Sacred Books of the East,* Oxford: Clarendon Press, 1879, Vol. III, 75-76.

2. J. L. Moreno. *Who shall survive*? Washington: Nervous & Mental Disease Pub Co, 1934, 24. 这些数据有些陈旧了。现阶段有证据表明，儿童之间的性别鸿沟已经不像之前那么显著了。

3. C. Strachery (Ed.). *The Letters of the Earl of Chesterfield to his Son*. New York: G. P. Putnam's Sons, 1925, Vol. I, 261.

4. Ibid., Vol. II, 5.

5. E. B. Bax (Ed.). *Selected Essays of Schopenhauer*. London: G. Bell & Sons, 1914, 340.

6. 选自 *A Modern Utopia,* London, 1905, 322，由 Chapman & Hall, Ltd. 授权重印。

7. M. AND CAROLYN W. SHERIF. *Groups in Harmony and Tension*. New York: Harper, 1953, 161.

8. 这个于1928年被Bogardus（E. S. BOGARDUS, *Immigration and Race Attitudes*, Boston: D. C. HEATH, 1928）发现的次序，曾在1946年被HARTLEY，以及1951年被SPOERL分别印证（Cf. E. L. HARTLEY, *Problems in Prejudice*, New

York: Kings Crown Press, 1946, and DOROTHY T. SPOREL, Some aspects of prejudice as affected by religion and education, *Journal of Social Psychology*, 1951, 33, 69-76)。

9. ROSE ZELIGS. Racial attitudes of Jewish children. *Jewish Education*, 1937, 9, 148-152.
10. M. AND CAROLYN W. SHERIF. Op. cit., 218.
11. 在此类的诸多研究中，或许值得特别提到的有 A. Morrow and J. French, Changing a stereotype in industry, *Journal of Social Issues*, 1945, I, 33-37; R. LIPPITT, *Training in Community Relations,* New York: Harper, 1949; MARGOT H. WORMSER AND CLAIRE SELLTIZ, *How to Conduct a Community Self-survey of Civil Rights*, New York: Association Press, 1951; K. LEWIN, Group decision and social change in T. M. NEWCOMBO AND E. L. HARTLEY(EDS.), *Readings in Social Psychology*, New York: Holt, 1947.
12. SUSAN ISAACS. *Social Development in Young Children*. New York: Harcourt, Brace, 1933, 250.
13. 这种空间的比喻存在局限性。读者们可能会问，是否人们对最内部的圈子最为忠诚呢？最内部的圈子绝非如图2所示总是家庭。我们在第2章中所提到的对自我最原始的爱是否会在圈子的核心呢？如果我们将自身置于圈子的最中心，那么就心理层面而言，扩展我们的忠诚就只是扩展自我而已。但是，随着自我的扩展，我们可能需要重新划定这个圈子，也就是说最开始处于外圈的群体可能在个人心理上不断获得重视。例如，拥有宗教信仰的人可能会认为人类是按照上帝的形象制造而成的，所以他对人与上帝的爱可能处于最内部的圈子中。忠诚和偏见都是人格组织的特点，在上一个分析中，每种组织都是截然不同的。虽然这种批判全然有效，但是我们采用图2的目的在于使用一种大致的表现方式，以表达许多人在更大的社会体系内，更难以投入理解与爱。
14. J. PIAGET and ANNE-MARIE WEIL. The development in children of the idea of the homeland and of relations with other countries. *International Social Science Bulletin*, 1951, 3, 570.

第4章

对外群体的排斥

我们已经看到，对内群体的忠诚并不一定意味着对外群体的敌意，甚至可能并不意味着存在与之相对立的外群体。

在一项未发表的研究中，大量成年人在接受采访时被要求列出自己所能想到的全部所属群体。每个成年人的所属群体列表都很长，家庭被提及的次数最多，人们提起的时候也最富有感情。紧随其后的是由地理区域、职业、社交（俱乐部或朋友圈）、宗教、种族、意识形态所定义的群体。

在完成所属群体的列表之后，被试们被要求罗列"你认为与你所认同的群体直接对立的，或让你的群体感受到威胁的群体"。只有21%的被试在回答中提及了一些外群体。而剩下的79%无法列出任何符合条件的群体。那些被列出的外群体主要是以民族、宗教和意识形态为定义范围的。

被提及的外群体有各种各样的形式。来自美国南部的一名女子将新英格兰人、没有大学教育经历的人、有色人种、外国人、中西部人和天主教徒并称为不友好的外群体。一位通识图书管理员认为，专项图书管理员们是外群体。营养实验室的一名员工认为楼上实验室的血液学家们是不受欢迎的外人。

因此，很显然，我们对内群体的忠诚有可能，但并不必然涉及针对与之对立的群体的敌意。在第2章中，我们认为爱的偏见（尤其是当其受挫的时候）会构成相对应的仇恨偏见的根基。然而，尽管这个推理思路是有效的，但显而易见的是，正面的偏向并不一定会诱发负面的偏向。

然而许多人的确会依据对外群体的敌视来确认自己对内群体的忠诚。

他们经常因为外群体而忧心忡忡、如负重轭。对外群体的拒斥对他们来说是一种很必要的心理需求，民族中心主义倾向是很重要的。

对外群体负面态度显著的人，他们的行为能够根据不同强度而分级。在第1章中，我们按照程度，将拒斥行为分为五类：

1. 仇恨言论
2. 回避
3. 歧视
4. 身体攻击
5. 种族清洗

在本章中，我们将详细讨论对外群体不同程度的拒斥行为，并将其简化为三类：

1. 言语拒斥（仇恨言论）
2. 实质歧视（包括隔离）
3. 身体攻击（包括各种强度）

我们从之前的列表中去掉了回避和后撤行为，因为这些是对偏见的受害者伤害最小的拒斥性行为。我们还将少见的人身威胁和攻击与有组织的暴力活动及种族清洗合到了一起。正如我们在第1章中所指出的，大多数人在自己的朋友面前口头表达敌意就足够了，从未做出过进一步的行动。然而，有一些人则到达了积极歧视这一步。少数人会参与破坏行动、骚乱与暴动。[1]

言语拒斥

在言语中流露对立情绪是很容易的。

两位有教养的中年女士正在讨论鲜切花的花费高昂。其中一位提到某场犹太婚礼上奢华的插花装饰，另一位补充道："我不明白他们如何负担得起。他们一定在所得税退税表上动了手脚。"她的朋友回答道："是啊，一定是这样。"

在这场琐碎的闲聊中，我们可以发现三个重要的心理现象：

（1）第一位发言者主动提及了犹太人，这本不是她们谈话的主题。她的偏见如此显著以至于不自觉地侵入了这场谈话。她对外群体的厌恶亟待宣泄，通过这种方式，她可能会从中得到满足。

（2）这场谈话完全是为维系两位女士之间的良好关系而服务的。因为她们想要维持友情。为此，她们对每一个话题都尽力达成共识。为了巩固这个属于二人的内群体，她们贬低同一个外群体。正如我们刚才所看到的那样，针对外群体的敌对态度虽然不是维持群体内部团结的必要条件，但它的确能够加强集体的凝聚力。

（3）两位女士的发言都反映了她们所在阶级的态度。通过这种方式，她们也是在表达一种阶级团结感。她们在不断告诉彼此，我们都是上层中产阶级的模范成员，有着一致的行事方式与观念想法。无须多言，她们并不会在头脑中有意识地觉察到这些心理机制。更重要的是，她们都不是积极的反犹太主义者。两人都有许多犹太人朋友。她们都不能容忍积极的歧视，更不会接受暴力。她们的偏见行为只是最温和的那种（仇恨言论）。但是即使是最温和的偏见形式也能透露出问题的某些复杂性。

轻微的敌意往往表现为插科打诨。一些玩笑话所隐含的偏见是如此隐晦，以至于我们将其与朋友间的幽默逗趣混为一谈。当我在讲一个关于苏格兰人一毛不拔的笑话时，并不一定是在表达对苏格兰人的敌意（苏格兰人也喜欢这样的故事）。但是，即使这些笑话貌似很友善，它们有时候却掩盖了真正的敌意，成了一种贬低外群体、拔高所属群体的方式。一个人会被笑话中黑人奴仆的愚蠢、犹太人的狡猾、爱尔兰人的好斗逗乐。故事本身的确很有趣，但故事将这些负面特质作为黑人、犹太人、爱尔兰人等的典型特质呈现，是意图证明外群体比自己所属的集体更劣等的论据。

敌意在蔑称中表现得更为强烈。像"kike*"（犹太佬）、"nigger**"（黑鬼）、"wop****"（意呆利人）这样的外号，都是基于长期、深刻的敌意所形成的。然而有两个显著的例外。孩子们常出于天真而使用这些词汇，他们隐约了解这些词中蕴含着一种力量，但并不明白它们的适用范围。此外，当更"高层次"的人使用这些词时，其中所包含的意蕴比更"低层次"的人使用这些词时要多得多。因为"高层次"的人拥有更大的词汇量，他们完全可以避免使用这些词。

如前所述，仇恨言论越是与主题无关、越是自发产生，其背后所蕴含的敌意就越强烈。

一位造访缅因州某村庄的人正与他的理发师谈论当地的家禽业，他想要多了解一些关于这个行业的事情，于是他没有多想，就向理发师打听，农民平均会将用来产蛋的母鸡留下多久。理发师用剪刀比了一个恶毒的手势，回答说："留到它们落到犹太人手里为止。"

理发师的情绪爆发得很突然、很强烈，同时也与正在讨论的话题无关。当地家禽业的实际状况与犹太经销商唯一合理的联系仅仅是一些犹太商人会来收购家禽产品，再贩卖到市场上去。没有人强制农民们将产品卖给犹太人。理发师的答复与问题本身并不相关。

在下面这个相似的例子中，敌意表现得也非常明显。马萨诸塞州的一位虔诚的罗马天主教徒正在派发反对放宽生育控制条例法案的传单。一位路过的行人拿了一张传单，随即将它扔在地上说："我不会投票反对生育控制。这样做只会让那些犹太佬医生的生意更好。"

这种毫无必要、突然爆发的偏见情绪，能够体现出敌意的强度。这样的例子反映出了外群体对个体精神生活的复杂影响。个体甚至都等不到

---

* （美国）对东欧犹太人（Ashkenazi Jews）的蔑称，源自kikel，意第绪语（Yiddish，中东欧犹太人使用的一种土语）意为"圆圈"，因犹太移民在法律文件中签"O"（同"X"相似）而来。
** （国际通用）最初是美国英语对肤色黝黑的人的蔑称，但在20世纪初发展出双重含义。
*** （北美和英国）对任何意大利后裔的种族性词语，衍生自意大利语方言的"guappo"，同"帅哥"（dude）、"大摇大摆行走的人"（swaggerer）和其他非正式名称相近，是那不勒斯男子打招呼的方式。尽管以上是该词的最初来源，"wop"还是在20世纪演变为对意大利人和意大利裔美国人的种族性蔑称，其最常见的用法是贬损性的首字母缩写（backronym）"WithOut Papers"（没有文件——即偷渡来的黑户）。

恰当的场合就宣泄自己的敌意。这种情绪是如此强烈以至于毫不相关的刺激就能够使它一触即发。

当仇恨言论到达一个很高的强度时，就很有可能演变为公开的、积极的歧视。一位参议员在国会中就反对一项补贴学校午餐的联邦法案发表讲话。在讲话过程中，他大叫道，"我们让白人和黑人在一起上学，当然会饿死"。[2] 几乎可以肯定，在他如此激烈的仇恨言论背后一定会有歧视的行为存在。

歧 视

我们经常会远离与自己合不来的人。我们这样做并不涉及歧视，只要是我们主动远离别人。**歧视是指我们拒绝让特定个体或群体享有他们可能希冀的平等对待**。[3] 当我们采取措施，从邻里、学校、行业、国家中驱逐外群体成员时，就涉及了歧视行为。限制性约定、抵制、社区压力、某些国家的法定隔离、"绅士之间的协定"等其实都是歧视的手段。

让我们进一步扩展歧视的定义。当罪犯、精神病患者、肮脏下流的人想要被"平等对待"时，我们可能会毫无歉疚地拒绝他们。基于个体特质的差别待遇不应被归类为歧视。在这里，我们只对基于种族分类的歧视进行讨论。联合国的正式备忘录这样界定歧视："歧视包含任何基于出身或社会分类而做出的区别对待，且这样的评判与个人能力或优点无关，或与个人的具体行为无关。"[4] 这种区别对待是有害的，它没有考虑到个体的特殊性。

联合国将世界各地所存在的、由官方公开实行的歧视形式整理列举如下：

法律认可上的不平等（否认特定群体的权利）

人身保障上的不平等（出于其所属群体而对他人进行的干预、逮捕、蔑视）

居住和行动权利上的不平等（犹太区、禁止出行、禁止进入、宵禁

限制）

针对思想、意识形态、宗教信仰等的保护不平等

针对交流自由的不平等限制

针对和平集会的不平等限制

非婚生子女的待遇不平等

自由择业权利不平等

所有权规制和处理上的不平等

产权保护上的不平等

教育、能力发展、天赋培养机会上的不平等

分享文化福利方面的不平等

社会服务（健康保护、娱乐设施、住房）方面的不平等

获得国籍权方面的不平等

参与治理权利的不平等

得到公职机会的不平等

强迫劳动、奴役、特殊税收、强制穿着差异化服饰、限制开销的法律及针对群体的公开诽谤

除了上面罗列的公开和官方的侮辱性行为，个体所可能采取的歧视行为更为广泛。就业、升职和申请贷款的过程中都可能存在歧视行为。拒绝提供平等的居住机会，或是酒店、咖啡馆、餐厅、剧院或娱乐场所将某类人拒之门外的行为也很普遍。在媒体呈现方面，对不同群体区别对待的事例常有发生。教会、俱乐部、社会组织拒绝为外群体成员提供平等的服务机会的情况也很常见。这些都会大大拉长歧视行为的清单。[5]

隔离（Segregation）是歧视行为的一种形式。这种行为设置了某种空间边界，以强化外群体成员的不利境况。

某位黑人女孩申请了一个美国联邦政府办公室的职位。而在求职的每个阶段，她都遭遇了针对她的歧视：一位工作人员告诉她这份工作已经找到了合适的人选，另一个则称她一定不会乐意在一个满是白人的办公室里工作。通过她的不懈努力，她最终得到了这份工作。然而，她的上级却

将她的办公桌置于办公室的一角，并用屏风将她的桌子围了起来。她努力克服了各种**歧视**，最后却还是陷入了**隔离**。⁶

针对特定群体居住权的歧视非常广泛。在美国的城市中，黑人总是居住在特定的隔离区域中。这并不是出于自愿，或低廉房租的考虑。一般来说，"白人社区"的房租更便宜，住宿条件也往往更好。但社会压力将黑人限定在了特定的居住区域。黑人并不是唯一的受害者。住房合同中有时也会包含这样的表述：

>……此外，任何一部分土地都不得出售、租赁给非白种人，或让非白种人住在里面。
>
>……另外，中介公司不得将房屋出售、租赁或提供给黑人使用，除非该黑人作为家庭帮佣寄居在里面。
>
>……不得允许黑人、印度人、叙利亚人、希腊人或其经营的公司使用该套房产。
>
>……该地区房产不允许出售、租赁或提供给任何有黑人血统或超过四分之一闪族血统的人，包括亚美尼亚人、犹太人、希伯来人、土耳其人、波斯人、叙利亚人和阿拉伯人……⁷

美国最高法院在1948年的一项历史性决议中裁定，这些合同条款均无法律效力。但这却无法阻止人们实际上将其作为"绅士之间的协定"来实施。对公共舆论的各项问卷调查都显示，约四分之三的白人反对与黑人做邻居。也就是说，人们对这项歧视已经达成了普遍共识。

教育中的歧视，与许多其他领域的歧视一样，大都是隐秘的。然而在南部的一些州，大多数的学校和学院（这个数字正在减少）却公然实行100%的隔离。在北部各州，歧视的形式就变得更为微妙和多样。许多大学，尤其是依靠税收支持的公立大学，在录取时不会考虑学生的种族、肤色、宗教或国籍。但是，有些大学会限制某些群体在录取总人数中的比例，甚至拒绝录取所有该群体的成员。关于上述情况的调查很难开展，但我们可以通过一项反映该州情况的研究一窥究竟。

最近，康涅狄格州的1300名高中毕业生就大学入学申请情况填写了反馈问卷。

在这里，我们只将优秀学生的案例纳入研究，即考试成绩处于前30%的高中毕业生。

私立大学（非教会学校）接受了70%的新教和天主教申请者（不含意大利裔）的入学申请，而只有41%的犹太人申请者的申请被接受了。这个比例在意大利裔申请者中仅有30%（黑人和移民群体由于案例不足，没有被纳入研究）。

被拒绝的申请者会做什么？

（1）他们会通过申请多所大学来增加被录取的几率。一般来说，他们最终总是会被某所大学录取。意大利人似乎不太明白这个道理，然而犹太人深谙此道。后者所申请的大学数量是平均数的2.8倍。天主教和新教徒平均申请18所大学，意大利人认为申请15所大学就足够了。因此许多意大利人无法进入私立大学就读。

（2）他们可以申请公立大学。（至少在康涅狄格州）公立大学是不存在入学歧视的。这也是为什么在州（市）立大学里，犹太裔和移民学生数量如此之多。因为他们在私立大学的入学申请中受到了不公平的对待。[8]

职业歧视也是很隐秘的。通过研究日报上的招聘启事，就能发现雇主对外群体的歧视，比如"非犹太人""仅限新教教徒""仅限基督教徒""非有色人种"等。一项持续了65年的研究表明，带有歧视性的广告随着少数族裔在总人口中比例的增加而呈上升趋势。另一个研究显示，带有歧视性的广告是个敏感度很高的时局晴雨表：当经济不景气时，歧视就有了上升的趋势，反映出人们对外界的普遍恐惧；而当局势不那么紧张时，歧视便慢慢平息。[9]但是在未来，这个晴雨表将不太可能继续为社会科学家们所用。因为一些媒体已经开始主动禁止刊登带有歧视色彩的广告，许多州也开始着手起草法案反对这种形式的歧视。

我们没有必要为美国所存在的职业歧视进行概述。梅德尔（Myrdal）、戴维（Davie）、森格尔（Saenger）等人都已经将这个问题阐述得很清楚了。[10]歧视对经济效益上的损害也已经被讨论明白了。例如，我们都知道南方铁路公司为运载黑人乘客而单开了一节车厢，这样白人乘客就不必有意或无意地与黑人乘客共处好几个小时。即使应聘者是某个职位上最合适的人选，许多公司也会因为他肤色黑，或恰好是犹太人、天主教徒、外国人而放弃雇佣他。有时候，哪怕这名应聘者的工作效率是与他竞争同一岗位者的两倍，他也无法被录用。歧视者要么为了隔离而将学校、等候室、医院都设成一式两套；要么强行剥夺某个群体的权利，使其无法消费，从而也无法刺激生产。所以，歧视最严重的州的人民生活水平往往也最低，而最宽容的州所对应的生活水平也最高。[11]

歧视会导致各种有趣的行为模式。在我旅行时，我可能很乐意坐在犹太人身旁；如果我是一个北方人，我也可能很乐意坐在黑人身边，但同时将底线画在"不与犹太人或黑人比邻而居"上。作为一名雇主，我可能愿意让犹太人，而不是黑人进入我的办公室。然而在家中，我愿意让黑人为我在厨房里工作，而不是犹太人。然后，我更情愿让犹太人而不是黑人作为客人坐进我家的客厅。在学校里，我可以欢迎所有群体，但在学校舞会上我会回避一些人。

红十字会是凭借科学知识的帮助从事人道主义活动的组织。然而，在第二次世界大战期间，许多地方的红十字会将黑人与白人捐献的血液分开保存。科学无法分辨不同人种的血液，但社会神话却会。无论这是否正确，红十字会的某些领导显然觉得在战时维持神话、搁置科学和效率以尊重偏见更好。[12]

不同形式的歧视很普遍，而仇恨言论就更加常见了。有两个例子，能够说明人们的言语（仇恨言论）经常能比实际的歧视行为造成更恶劣的影响。因为雇员们的强烈反对，雇主对想要加入工厂、商店、办公室工作的黑人或其他少数族裔所产生的恐惧就是一个常见的例子。然而即使有了法律的保障（针对就业机会公平的立法），反对少数族裔就业的雇员无法继续叫嚣后，他们依旧感到恐惧。人们不断重申，歧视做法一旦停止，就会发生严重的后果——也许会发生罢工或者骚乱。但是实际情况很少照此发展，只是人们更常通过语言表达抗议，而不是做出带有歧视意味的实际行为。

拉皮耶（La Piere）设计了一个巧妙的实验，用以研究这种言语上强烈排斥，行为上却要温和得多的现象。这位美国研究人员与一对中国夫妇遍访美国各地。他们曾一同在66个旅馆过夜，在184个饭店就餐，总共只有一次被拒绝服务的经历。之后，他给这些地方的经营者都邮寄了一份问卷，调查他们"是否会接待中国人"。结果93%的饭店与92%的旅馆表示不愿意为中国人提供服务。他们并未造访之处的对照组也给出了相似的答案。提出语言和行动中哪一组表达了他们的"真实"态度这个问题，当然是愚蠢的。拉皮耶的高明之处在于他表明了两者都是"真实"的态度，分别适合两种不同的情况。"纸面"的情境会比真实情境更强烈地唤起被试的敌意。威胁要实施歧视行为的人实际上可能并不会这样做。[13]

拉皮耶的研究成果已经得到库特纳（Kutner）、威尔金斯（Wilkins）和雅罗（Yarrow）的证实。[14] 这些研究人员在纽约郊区预订了11家餐厅和酒吧。两位白人女孩先进入餐厅并坐到一个三人位上，随后一个黑人女孩过来加入她们，没有任何一家餐厅提出异议，她也完全没有遭到任何服务上的怠慢。过了几天，这些餐厅的经营者收到了一封要求订位的信，信中写道"一些客人是有色人种，不知你们是否欢迎他们的到来"。所有经营者都没有答复这封信。当接到跟进的咨询电话时，其中8家餐厅都否认收到了信，所有餐厅的经营者都在找借口推托掉这个订位要求。这样的情形是广泛存在的。第二项研究的作者们总结道："歧视行为在面对面的情境下会降到最低。"很显然，经营者们（与其他许多人）在面对直接挑战时并不会实施歧视，但如果不用直面对方或能够逃避实际交锋，他们就会尝试将歧视付诸行动。通过这两项实验，我们可以发现在歧视已被法律禁止的西方的州和北方的州，情况可以概括为在存在明确冲突的地区，当法律与良知位于一边，而习俗与偏见位于另一边时，歧视会由直接的形式转化为间接形式，以避免面对面所造成的尴尬。

引发身体攻击的条件

暴力永远是从更温和的心态中生长发展出来的。虽然大多数言语（仇恨言论）不会造成身体伤害，但身体攻击不会脱离先前的言语伤害而存在。在希特勒政权通过歧视性的《纽伦堡法案》之前，德国就有长达整整70年的在政治层面言语攻击犹太人的历史。在这项法案通过之后不久，暴力的种族清洗计划就开始了。[15] 这个转变和升级的路线是很常见的，仇恨言论—歧视—身体攻击。在俾斯麦时期，针对犹太人的言语攻击相对来说较为温和。而在希特勒的统治下，仇恨言论越发猖狂：人们将一切能够想到的罪行都冠以犹太人之名，从性欲倒错到颠覆世界。人们开始正式批判犹太人。

然而即使是这场批判犹太人运动的支持者们，也会为后来产生的结果感到惊愕。在纽伦堡审判中，罗森堡（Rosenberg）和施特莱歇尔（Streicher，纳粹运动的思想领袖和宣传头目）都拒绝承认自己对奥斯维辛集中营屠杀了250万犹太人负有责任，因为他们"不知道"他们的所作所为会导致这样的一场浩劫。而在奥斯维辛集中营中负责大屠杀的纳粹军官霍斯上校（Colonel Hoess）则明确表示连续不断的言语洗脑使他和他的同僚们坚信，犹太人所犯下的过错使他们必须被赶尽杀绝。[16] 显而易见的是，在特定情境下，从仇恨性的言语表达到诉诸暴力，从谣言到暴动，从流言蜚语到种族清洗，只有一步之遥。

而我们可以肯定的是，在暴力事件发生之前，人们已经经历了以下的步骤：

（1）在经历了长期的明确预判后，受害群体早已被打上烙印。人们开始丧失将外群体成员作为独立个体看待的能力。

（2）针对受害的少数族裔群体长期的言语抱怨、怀疑与批判早已在人们心中扎根。

（3）与日倍增的歧视行为（例如《纽伦堡法案》）。

（4）受害群体成员受到外部的限制。他们可能长期遭受经济匮乏、社会地位感低，易于受到政治格局如战时限制影响，或担心失业。

（5）人们早已受够了压抑，对抗情绪一触即发。他们不再认为自己能够，或者应该去忍受失业、通货膨胀、羞辱和迷茫。反理性主义有着强烈的吸引力。人们不再相信科学、民主、自由。他们认可"加增知识的，就加增忧伤"（he who increaseth knowledge increaseth sorrow）。再见吧知识分子！再见吧少数族裔！

（6）有组织的运动吸引了这些心怀愤恨的人。他们加入了纳粹、三K党、党卫军，或者一个不太正式的组织——作为一名暴徒——即使没有正式的组织存在，他们也会设法达成目的。

（7）个体能够从这样的正式或非正式组织获取勇气和支持。他看到他的愤慨是被认可的，他一时冲动诉诸暴力的行为也会能够被他所在的组织合理化——至少他是这样认为的。

（8）一些突发事件发生。零碎的挑衅已经成了过去式，如今风声鹤唳。任何可能是完全虚构的，或者刻意夸大的谣言都可能导致爆炸性的后果。（对于许多参与过底特律种族骚乱的人来说，这场突如其来的暴动源于一个四处疯传的谣言，有黑人劫持了一名白人母亲的婴儿，并将其扔进了底特律河。）

（9）当暴力活动发生时，"社会催化"在助长破坏性活动中起到重要的作用。在看到其他情绪激昂的人群后，个体也会受到交互影响，提高自己的兴奋水平，进一步投身于暴动之中。通常来说，当个体冲动提高时，他的压力会得到释放。

这些都是从言语上的冒犯过渡到公开的暴力之间所要消除的壁垒，也是针对受害者进行身体攻击所需的条件。在两个对立群体不得不密切接触的场所，这些条件很容易被满足。例如能够照日光浴的海滩、公园或住宅区的交界。这些地方都是容易产生突发事件的地点。

炎热的天气会助长暴力，这既因为炎热会造成身体上的不适和心理上的易怒，也由于在夏天人们更倾向于走出家门，来到易于发生接触与冲突的户外。慵懒的星期日下午几乎是一个现成的擂台。事实上，灾难性的骚乱似乎频繁地发生在炎热的星期日下午。夏季也是私刑的高发时期。[17]

在上述情况下，言语敌意可能导致暴力，这一事实提出了一个关于言论自由的问题。在言论自由受到高度重视的地方，如美国，法律当局普遍认为试图控制针对任何外部群体的口头甚至书面诽谤是不明智和不切实际的。这样做意味着限制人们的批评权。美国的原则是允许完全的言论自由，只有当有人通过实际煽动暴力而对公共安全构成"明显的和现实的"威胁时才会干涉。但是这条法律界线很难划定。如果条件成熟，那么即使是相对温和的言语攻击也可能开始不受阻碍地走向暴力。在"正常"时期，人们可以容忍更多的仇恨言论，因为其受到的阻力不仅来自外部的驳斥，还有人们内心的抑制。一般来说，大部分人很少关注针对外群体的谣言诽谤。正如我们所看到的那样，在通常的情况下，即使是谣言制造者也仅会止于积极的歧视行为，更不用说诉诸暴力了。但是一旦态势变得紧张，人们的歧视行为也会逐步升级。为此，一些州，例如新泽西州和马萨诸塞州就颁布了反对"种族诽谤"的法律，但直至目前，这些法律都难以适用，其合宪性也没有明确确立。[18]

人们注意到，参与肉搏、帮派火并、暴乱、私刑、屠杀的主要是年轻人。[19] 人们很难想象年轻人在生活中受到的挫折竟然比更年长的人还多，但也许，他们社会化的程度更为薄弱，无法抑制他们亟待释放的冲动。年轻人缺乏长期的社会抑制，对他们来说，重拾婴儿时期的愤怒，通过释放暴力冲动寻求快感更为简单。年轻人的敏捷、精力和冒险精神也使他们倾向于暴力。

在美国，最严重的两种种族冲突形式是暴动和私刑。两者的主要区别在于，暴动中，受害者会反击；而私刑的受害者则是束手无策的。

暴动和私刑

大多数暴动发生在社会态势会在当下发生极速变化的地区。黑人"入侵"了某个住宅区，某个种族的成员在破坏罢工，或者移民人口的快速增长导致特定区域的犯罪率上升。以上任何一个条件都无法单独造成暴动。长久以来的敌意与既成的、包含"威胁论"的借口混合在一起，就能够导致对特定群体的打击。接着，正如我们所提到的那样，长期激烈的言语敌意总是存在于暴动之前。

人们发现，暴徒通常来自较低的社会阶层，年纪尚轻。从某种程度上来说，这可能是由于低收入阶层家庭教育的缺失所导致的低自律性（较弱的自我控制），也可能是受教育程度低使他们对悲惨生活做了错误的归因。当然，拥挤、不安全感与对生计的剥夺也是直接的刺激来源。通常来说，暴徒是些被社会边缘化了的人。

如同任何形式的种族冲突一样，暴动可能是由现实的利益冲突导致的。当大量贫困的黑人与挣扎在温饱线的白人竞争有限的工作机会时，他们会将彼此视为竞争对手。不安全感和恐惧使他们变得烦躁又愤怒。但即使在这样的现实情况下，我们也可以发现仅仅将不同种族的人视为威胁是毫无逻辑的。另一个白人同样会抢走你的工作，这和黑人抢走你的工作并没有什么本质不同。因此，同一地区的族裔群体之间的利益冲突很可能不完全是现实的。在人们将其感知为种族竞争之前，集体之间的对抗就早已产生了。

因此，暴乱的根源在于本章所列举的这一连串由情境强化和释放的偏见的先行存在。[20] 暴动爆发后，随之而来的动荡是毫无逻辑可言的。1943年，发生在哈勒姆的一场暴动，其根源在于一位白人警察明显"不公平地"逮捕了一名黑人。然而，这场种族抗议采取了非种族形式。激烈、紧张、叛逆的黑人们像疯了一样地打砸抢烧，无论是黑人所经营的商店，还是白人所拥有的房产都遭到了洗劫与袭击。在所有形式的身体暴力中，暴动是最不直接、最不持久的，因此也是最不合逻辑的。暴动只能被比作一个愤怒的孩子乱发脾气。

暴动是美国北部和西部地区的主要暴力形式，而南部各州则以私刑为主。这个事实意义重大。它揭露了南方的黑人在遭遇歧视时，通常不会实施反击。当麻烦不断扩大时，他只能寻求庇护，直到暴风雨过去。这样的模式显然是出于"白人至上"的严格规范。人们希望黑人接受自己低人一等的设定，无论受到什么侮辱都不要寻求报复。要么是因为他自己接受了这种种姓角色，要么是因为他生活在恐惧中，总之黑人在被挑衅时不会反击。因此，当黑人群体受到的压迫太深时，暴动就不大可能发生。

与此形成对比的是，我们在1943年10月的几家伦敦报纸上找到了这样的一篇事件报道：

在康沃尔郡的一个小镇上，一群美国黑人士兵造访了"酒吧"。一队白人军警以一种蛮横的态度对他们的行为指手画脚。之后，黑人士兵们返回营地取枪，并回到酒吧质问军警为什么他们不能与白人士兵享有同样的权利。经过一系列争论和射击，黑人士兵被军警制服，但军警中也有两人受伤。

与其他暴动事件不同，这个案例被称为一场**反叛**会更为恰当。我们可以从事件中注意到下列情形：

（1）黑人深感自己受到了歧视，尤其是他们此刻身处英国，而英国是一个讲究人人平等的国家。

（2）与大多数少数群体的暴乱有所不同，此次事件以暴力开场。

（3）相较于反叛的焦点——巨大的歧视行为这一背景和不平等的对待，此次突发事件本身是微不足道的。

（4）军人身份加强了黑人士兵的权利意识，他们认为自己有权要求公正、不含歧视的待遇。

（5）白人士兵依据长期的预判行事：即使在国外，黑人也不应有与之平等的社会地位。

（6）军事理念使黑人士兵变得大胆无畏，并教给了他们一个信念，即武力是解决争端的恰当手段。我们再次看到，任何一次暴乱的发生都只能从争端双方的背景来理解。

正如我们所说的那样，私刑主要发生在歧视和隔离已经牢牢扎根的地区，受害者已经受到了严厉的恐吓。然而，私刑的发生还需要一个基本的额外条件——社区执法能力低下。私刑并不会被杜绝，实施私刑者也几乎不会受到惩罚。这样的情况反映了警察与法庭对私刑的默许，私刑成了"社会规范"的一部分——但这并不能完全解释实施私刑者的心理过程。

私刑有两种形式。一种是所谓的波本（Bourbon），或者可以称为**治安维持型私刑**。一位犯有或据称犯有罪行的黑人会在一小群有序的群众安静围观下，由一位显赫的大人物处以私刑。这种形式的私刑重申了黑人与白人之间所存在的阶级壁垒，也提醒着黑人群体必须对优于他们的白人群体完全服从、驯良温顺。美国相对孤立落后的黑带地区（Black Tie）长久以来都是这种"文雅的私刑"（polite lynching）的多发地，在这些地区，种族和阶级的差异已植根在当地人的心中。

与之相对的是**暴徒私刑**，这种情况更多地发生在社会结构不稳定的地区，例如那些白人与黑人需要为了同一份工作而竞争的地方。也许他们都是佃户，为生活所困。然而他们选择将现状视为一场残酷的竞争，而非谋求共同解决问题。而白人将自己的地位低下和不安全感怪罪到黑人身上。考虑到长期存在此类敌意，我们就不难理解，只需要一个无关紧要的借口就可以实施私刑。黑人对白人女性的性犯罪，或据称的性犯罪常被认为是私刑的最常见原因。然而，一项对之前65年中所有私刑所做的研究表明，在发生在南方的私刑中，只有四分之一涉及了这一指控。[21] 暴徒们如野兽般凶残。他们都想亲手"惩处一下"黑人冒犯者，于是他们集体折磨虐待受害者，并对受害者的遗体进行侮辱。

正如我们所说，整场虐杀很大程度上取决于文化习俗。在某些地方，在被社会边缘化的、未受教育的男人中，存在着一种狩猎人的传统（与猎取野兽的传统不无相似之处）。"狩猎黑人"是一种受到许可的活动，无形中成了一种使命。而执法部门对这种习俗宽大处理、消极处理的态度助长了这一趋势。在私刑实施过程中，人们的情绪高涨，他们甚至会掳掠、破坏黑人的住宅与商铺。他们用黑人的家具木材作为燃料，焚烧受害者，企图用这种方式在所有黑人面前杀鸡儆猴。

私刑发生的频率已经明显地下降了。自1890年起的十年间，每年平均发生154起私刑。而从1920年起的10年内，每年平均31起私刑，到了20世纪40年代，每年只会发生2到3起私刑事件。[22] 这一下降态势可能是由于公众舆论的力量给了执法部门压力。在过去30年中，国会始终在致力于通过联邦反私刑法。然而，南方地区的国会议员持续抵制立法通过，并认为这是北方议员对南方事务的无理干涉。他们主张州政府能够自行解决这个问题——事实上，看起来这的确成功了。私刑发生数量的减少其实也可以视作源于历史的变迁。在美国早期的殖民地时代，法院是鲜见的。社会稳定往往是通过宣告罪犯的恶性并处以公开惩罚来保障的。林奇法官（这个名字很不幸地被永久保存了下来）是一位弗吉尼亚州贵格会教徒。在革命期间，有保守党人由于偷窃马匹而被捕。作为治安官，他在自己的家中设立了法庭，并迅速将小偷判处鞭刑40。他的宗教信仰禁止他剥夺他人的生命。在美国的历史上，被处以私刑的白人数量其实多于被处以私刑的黑人人数。但近年来，由于黑人被处以私刑的案例被频繁曝光，人们因此对国家产生不满。

谣言的重要作用

有一条颠扑不破的法则，即任何暴乱或私刑的发生都离不开谣言的煽动。谣言参与了暴力模式的某个或全部四个阶段。[23]

（1）在暴力事件突发前，关于外群体的误导性言论会不断累积敌意。尤其是当人们听说少数群体有可能参与了阴谋策划、存储武器弹药等活动时。除此之外，种族谣言的爆发式传播往往能反映态势的日趋紧张。评估紧张程度的最佳指标就是收集并调查社区中流传的种族谣言。

（2）当第一批谣言广为流传后，新的谣言会成为暴徒和私刑者的行动指令。他们像是在集结军队一般，高呼"今晚在河边会有大事发生"，"他们今晚就能抓住那个黑人并杀了他"。如果警方能保持警惕，可能会利用这些谣言来预防暴力事件的发生。在1943年夏天的华盛顿哥伦比亚特区，谣言称大量黑人正在谋划在特定的游行节日上发动一场有组织的造反运动。我们几乎能够肯定，这样的谣言会造就一大批心存敌意的白人。然而警方在事件发生之前，就表达了坚定公开的立场，并为黑人游行者提供了充足的保护，从而消除了一场冲突的威胁。

（3）在较少的情况下，谣言也可能是引燃炸药桶的导火索。流传于大街小巷的流言蜚语，每一次转述后都会变得更为刻薄和扭曲。哈勒姆暴动是通过将一个白人警察从背后向一名黑人射击的故事夸大（事实远没有如此夸张），从而达到谣言的效果。底特律周围流传的大量传闻使整个城市的情绪如箭在弦。在那个有如注定要发生暴动的周日的前几个月中，底特律有关种族冲突的谣言就已经传得沸沸扬扬。广播中甚至还播放了关于一车车武装黑人正在从芝加哥向底特律进发的谣言。[24]

（4）在暴乱持续期间，谣言让人们保持兴奋状态。基于幻觉的谣言的传播，尤其令人费解。李（Lee）和汉弗莱（Humphrey）告诉我们在底特律暴力活动到达高峰的时期，警方接到一名女子的电话求助，声称自己亲眼目睹了一群黑人杀死了一个白人。而当警车到达现场时，警方却只发现一群女孩在那里玩跳房子，没有任何暴力活动的痕迹，也没有任何证据支持该名女子的陈述。然而其他的市民，像这名女子一样，不假思索地相信了这个故事，并开始向外传播。

让我们回顾一下这个假设，谣言是群体紧张程度的参照指标。对于群体成员来说，谣言只是仇恨言论、敌意的口头表达。所有针对天主教徒、黑人、难民、政府官员、大企业、工会、武装部队、犹太人、激进分子、外国政府等外群体的谣言，都毫无例外地表现出了敌意，并编造出了一些令人反感的特质，以作为产生敌意的缘由。这里有一个典型的例子：

> 在一家连锁餐厅里（据说是这样），站在柜台前的顾客点了一碗炖牛肉和一杯咖啡。店员将炖牛肉放在托盘上，然后开始做咖啡。当她回过头来时，发现炖肉里有一只死老鼠。与此同时，顾客也看到了这一幕，并引起了骚动。他离开了餐厅，很快就对这家经营良好的公司提起诉讼。不幸的是，在审判中，人们发现作为证物的老鼠并没有被煮熟，另一个顾客看见他从口袋里拿出动物的尸体，并在店员转过身去的时候放进炖肉中。故事的最后一句是这样的——"那人当然是个犹太人"。

在战争年代，类似的反犹太谣言有很多。列举其中一些如下：

> 西海岸征兵委员会拒绝征募任何人，直到被犹太征兵委员会所延迟入伍的那些在纽约、费城和华盛顿的犹太男孩被征完为止。
>
> 韦斯托弗的所有官员都是犹太人。外界人士几乎不可能在那里成

为一名高级官员。

美联社和联合出版社都受到犹太人的控制，所以我们无法得知任何关于德国或希特勒的真实消息。只有希特勒才知道究竟该怎么对待犹太人。

贬低黑人的谣言要少得多。在1942年的战争期间，研究者所收集和分析的1000个传言中，10%反犹太人，3%反黑人，7%反英国人，约2%反对商业界和劳工组织。20%是关于军方的，20%是关于行政系统的。大约三分之二的谣言都是针对外群体的。其他大多反映了人们对战争进程感到的深深恐惧。[25]

因此，谣言似乎成为集体性敌意之状态的敏感指标。辟谣作为一种手段——可能并不主流——被用以控制集体中的敌意。在战争期间，报纸上的"谣言诊所"尝试辟谣，并且成功地使人们意识到谣言可能导致的一些危险。然而，谣言的曝光是否能够改变任何根深蒂固的偏见，还有待考证。辟谣所能做到的不过是给予那些温和的，或是仅仅出于疏忽的偏见者一种警告，无论是在战争时期，还是和平年代，谣言的传播对国家利益而言都是百害无益的。

参考文献

1. 毫无疑问，根据古特曼的可接受姿态尺度标准，这种简单的三步尺度将具有很高的"再现系数"。没有人会在不表现出歧视性和口头拒绝的情况下参与人身攻击。该量表上层的步骤均预设了下层步骤为其基础。Cf. S. A. STOUFFER, Scaling concepts and scaling theory, Chapter 21 In MARIE JAHODA, M. DEUTSCH AND S. W. Cook (EDS.), *Research Methods in Social Relations*, New York: Dryden, 1951, Vol. 2.
2. Quoted from the Congressional Record as reported in the *New Republic*, March 4, 1946.
3. *The main types and causes of discrimination*. United Nations Publication, 1949, XIV, 3, 2.
4. Ibid., 9.

5. Ibid., 28-42.
6. 这个被记录的场景见于J. D. LOHMAN, *Segregation in the Nation's Capital*, Chicago: National Committee on Segregation in the nation's Capital, 1949。该报告是一个对华盛顿市住房、就业、公共卫生、教育和公共设施状况的全面记录。
7. ELMER GERTZ. American Ghettos. *Jewish Affairs*, 1947, Vol. II, No.1.
8. H. G. STETLER. *Summary and Conclusions of College Admission Practices with Respect to Race, Religion and National origin of Connecticut High School Graduates*. Hartford: Connecticut State Interracial Commission, 1949.
9. A. L. SEVERSON, Nationality and religious preferences as reflected in newspaper advertisements, *American Journal of Sociology*, 1939, 44, 540-545; J. X. COHEN, *Toward Fair Play for Jewish Workers*, New York: American Jewish Congress, 1938; D. STRONG, *Organized Anti-Semitism in America: the Rise of Group Prejudice During the Decade 1930-40*, Washington: American Council on Public Affairs, 1941.
10. See especially: G. MYRDAL, *An American Dilemma: the Negro Problem and Modern Democracy*, New York: Harper, 1944, 2 vols; M. R. DAVIE, *Negroes in American Society*, New York: McGraw-Hill, 1949; G. SAENGER, *The Social Psychology of Prejudice*, New York: Harper, 1953.
11. 有关偏见所带来的经济损失的讨论见FELIX S. Cohen, The people vs. discrimination, *Commentary*, 1946, 1, 17-22。在处于爆发式增长的1940年，歧视最为严重的各州的平均收入是300美元（密西西比、阿肯色、亚拉巴马、路易斯安那、佐治亚、田纳西、卡罗莱纳）。根据对多元化种族和信仰的移民的吸引力与记录在案的宽容立法的评价标准，拥有最为宽容的政策的各州在1940年的平均收入是800美元（罗得岛、康涅狄格、纽约、新泽西、特拉华、伊利诺伊、犹他、华盛顿）。

    统计报告没有表明不划算的歧视做法是否是造成低人均收入的因素，或各州由于其他原因所导致的相对贫困，使其受挫并继而导致歧视。第三种可能性使雇佣歧视和贫穷共同导致了一些深层次的条件。
12. Actions lie louder than words–Red-Cross's policy in regard to the blood bank. *Commonweal*, 1942, 35. 404-405.
13. R.T. LA PIERE. Attitudes versus actions. *Social Forces*, 1934, 13, 230-237.
14. B. KUTNER, CAROL WILKINS, PENNY R. YARROW. Verbal attitudes and overt behavior involving racial prejudice. *Journal of abnormal and Social Psychology*, 1952, 47, 649-652.
15. P. E. MASSING. *Rehearsal for Destruction: a Study of political Anti-Semitism in*

Imperial Germany. New York: Harper, 1949.
16. G. M. GILBERT. *Nuremberg Diary*. New York: Farrar, Straus, 1947, 72, 259, 305.
17. *Lynchings and What They Mean*. Atlanta Southern Commisson on the Study of Lynching, 1931. See also M. R. DAVIE, op. cit., 344.
18. 总统公民权利委员会认为这种补救办法太危险而不能被批准，因为审查一旦开始，可能会威胁到所有不被赞成的意见的表达。见委员会的报告 *To secure these rights,* Washington: Govt Printing Office, 1947。
19. See L. W. DOOB, *Social Psychology,* New York: Henry Holt, 1952, 266, 291.
20. O. H. DAHLKE给出了一份导致骚乱的类似情况清单，其中更强调历史和社会学因素，见O. H. DAHLKE, Race and minority riots—a study in the typology of violence, *Social Forces*, 1952, 30, 419-425。
21. M. R. DAVIE. Op. cit., 346.
22. 在B. Berry, *Race Relations: the Interaction of Ethnic and Racial Groups*, Boston: Houghton Mifflin, 1951, 166-171可以找到一份关于私刑事实的简要概述。
23. 此处的记述是对G. W. ALLPORT AND L. POSTMAN, *The Psychology of Rumor*. New York: Henry Holt, 1947, 193-198中内容的浓缩。
24. A. M. LEE AND N. D. HUMPHREY. *Race Riot*. New York: Dryden, 1943, 38.
25. G.W. ALLPORT AND L. POSTMAN. Op. cit., 12.

第5章

偏见的样式和广度

我们所能确定的一点是,排斥某一个外群体的人,也倾向于排斥其他外群体。如果一个人是反犹太主义者,他很可能也是反天主教、反黑人、反所有外群体者。

偏见作为一般性的态度

哈特利(E. L. Hartley)设计了一个巧妙的针对大学生的调查。[1] 通过使用在第3章中提到的博加斯社会距离量表(Bogardus Social Distance Scale),他测量了学生们对32个国家和种族的态度。另外,他设置的问卷中除了32个为人熟知的国家和种族,还包括3个虚构的族群,"Damereans""Pireneans"和"Wallonians"。学生被愚弄了,他们以为这些虚构的集体也是真实存在的。事实证明,学生们对熟悉群体的偏见同样也会展现在对虚构出来的群体的判断之中。学生们对32个真实群体的社会距离打分,与他们对虚构群体打分的相关性约为+0.80,即高度相关。[2]

一位对许多真实群体无法容忍的学生,在问卷中这样表达他对虚构群体的态度:"我对他们一无所知,所以我会将他们驱逐出我的国家。"与此同时,另一位总体上没有什么偏见的学生则写道:"我不了解他们,所以我对他们没有什么负面看法。"

这两位学生的评论都很具有启发意义。对前者来说,任何陌生的集体都可能隐含着威胁，所以第一位学生在没有经验或证据的情况下就预先拒绝了他们。而第二位学生出于没有那么多担忧的乐观天性，暂时搁置了对陌生集体的评判，直至得到确凿的负面证据为止。例如，他会暂且相信"Damereans"是清白的（并欢迎他们的到来），直到有证据能够使他推翻原先的假设。显然，学生本身的思维倾向会导致他们对他人持总体上或偏见或宽容的态度。

从哈特利的另外一些研究结果来看，我们发现各种负面态度之间的相关性如下：

黑人——犹太人	0.68
黑人——天主教徒	0.53
天主教徒——犹太人	0.52
虚构群体——犹太人	0.63
虚构群体——共产党人	0.68
虚构群体——工会成员	0.58

为什么一个不信任工会的人也会对"Pireneans"产生不信任感呢？这的确是心理学的一个难解之谜。

在煽动家们挑动民众情绪的演讲中，也有同样的趋势存在。一位慷慨陈词的人声称："什么时候我们这些朴实、平凡、真诚、温顺如羔羊一般的美国同胞才能意识到，国家的大小事务已经由外国人、社会主义者、歹徒、难民、渣滓、叛徒们接管了，整个国家正落在他们的手中？"[3]

在1952年的德国选举中也浮现出了类似的例子。法西斯社会主义帝国党发行了一本小册子，敦促选民投弃选票，声称：

> 犹太人已经成了一切民主国家，布尔什维主义和梵蒂冈的实际独裁者，正在统治着你们所有人。你们还没意识到这点吗？要坚定你的立场，德国人。不要投票，稍等片刻，我们很快就会夺回政权。

对这些狂热的德国人来说，所有外群体合在一起，构成了同一个巨大的威胁。

既厌恶黑人又反感联邦政府的人有时会将他们的敌意汇聚到"偏爱黑人的官僚"（nigger-loving bureaucrats）这个概念上。这种表达与"犹太国际银行家"有着异曲同工之妙，人们将两种负面的表达融合在同一个念头上，而罔顾这一事实：没有多少犹太人是国际银行家，而国际银行家也很少是犹太人。在拉丁美洲，天主教是当地的主要宗教信仰，于是他们认为"犹太人–新教徒联盟"是一个对世界的威胁。但是在反天主教与反犹主义盛行的地区，他们谴责的对象就变成了作为一个整体的"梵蒂冈和犹太人"。人们会出于偏见将毫不相干的替罪羊牵扯在一起这一事实，表明整体性的偏见往往比针对单个群体的具体指责更为重要。

许多其他研究表明，偏见往往倾向于成为一种人格特征。[4] 在这里，我们仅列举一组来自加利福尼亚大学的研究人员的进一步研究来说明这个观点。他们的数据来自大学生，以及大学之外的各个社会群体。[5]

被试们被要求填写一份内涵广泛的问卷，并用数字表示他们对一系列陈述的赞同程度。问卷采用六点记分法：+1：轻微支持或同意；+2：比较支持；+3：强烈支持。同样地，表达反对：–1：轻微反对；–2：比较反对；–3：强烈反对。

被试们所需作答的量表如下。

民族中心主义量表

A. 犹太人

1. 犹太商人的问题是，他们总是抱团，排斥外部人员的参与，使人们无法拥有公平的竞争机会。
2. 我无法想象自己会和犹太人结婚。
3. 虽然会有一些例外，但总体来说，犹太人都大同小异。
4. 如果让犹太人住进一个好街区，将会产生的麻烦是，他们会慢慢让这个街区被一种典型的犹太氛围所笼罩。

5. 如果要人们停止对犹太人的偏见，犹太人自己必须先真诚地去尝试改正他们有害无益、惹人烦恼的缺点。

6. 犹太人总是与众不同，甚至有些古怪；你很难知道他们在设想或者策划着什么，什么会激怒他们。

B. 黑人

1. 我认可黑人的权利，但他们最好留在自己所属的地区和学校，并尽量避免与白人发生太多的接触。

2. 让黑人领导白人是一个错误。

3. 虽然有时，黑人音乐家可能与白人音乐家一样出色，但在一个乐队里让不同人种（黑人与白人）混合在一起是错误的。

4. 比起需要技术或者需要承担责任的工作，苦力和非技术性工种似乎更适合黑人的心智和能力。

5. 所有主张让黑人和白人获得相同地位的言论，都极有可能来自激进的煽动者，想要挑起冲突。

6. 如果我们不让他们好好待在自己应属的位置，大多数黑人都会变得霸道讨厌。

C. 其他少数族裔

1. 佐特套装暴动者们（zootesuiters）的行为证明了，一旦像他们这样的人拥有了太多金钱和自由，就会利用这些优势制造麻烦。

2. 如果特定宗教教派的信徒拒绝向国旗敬礼，应该强迫他们采取这样的爱国行为，否则他们的信仰就应该被取缔。

3. 菲律宾人如果只乖乖待在他们该在的位置上，并没有什么问题，但如果他们打扮浮夸，在白人女孩周围晃悠，就太过分了。

4. 每个人都认为自己的家庭比其他所有人的都好，这是人之常情。

D. 爱国主义

1. 过去50年来，对美国精神的最大威胁来自国外的观念和其煽动者。

2. 现在既然建立了一个新的世界性组织，美国作为一个主权国家，必须保留自己独立和完整的权力。

3. 美国可能并非尽善尽美，但"美国道路"是最能让我们接近达致一个完美社会的方式了。
4. 对于美国来说最好的安全保障就是拥有最强大的陆军和海军，以及拥有原子弹的秘密。

（改编自《威权人格》[*The Authoritarian Personality*] 第142页）

我们注意到，在加州施测的种族中心主义量表中还附有四个子量表。对我们来说，重要的是发现不同集体在同一项中所存在的高相关性。表1呈现了近似的结果。[6]

表1　E子量表与E总量表中的对应相关性

	黑人	少数群体	爱国主义者	E总数
犹太人	0.74	0.76	0.69	0.80
黑人		0.74	0.76	0.90
其他少数群体			0.83	0.91
爱国主义者				0.92

（改编自《威权人格》第113页和第122页）

在表中最突出的，仍然是我们之前强调过的，对外群体的排斥的广泛性。认为穿着佐特套装的人"制造了麻烦"者（C-1），通常也认为犹太人"古怪又不同"（A-6），或者黑人不应该当"白人的领袖"（B-2），这初看上去可能会让人感到有些奇怪。

更为奇怪，同时也更有说服力的一点，是"爱国主义"与对外群体排斥行为之间的高相关性。例如，认为黑人主要适合体力劳动的人（B-4），同时也很可能相信美国应该拥有世界上最大的陆军和海军，并独占原子弹的秘密（D-4）。

初看起来，这些高度相关的项目之间似乎不存在逻辑关系，尤其是在"爱国主义"与对外群体的排斥行为之间。然而，一定存在某种心理层面上的一致性，才能解释这些思想上的关联。这些特定项目所测试的"爱国主义"所指的，与其说是对美国立国信条的忠诚，不如说是一种"孤立主义"（或许这一标签要比"爱国主义"更准确）。对外群体持排斥态度的人很可能对其所属的国家集体抱有一个狭窄的定义（第40页图1），这是某种"安全岛"心态在作祟，怀有这种心态者，其整个世界观都在针对未来潜在的威胁而提早建立防御。"安全岛岛民"的世界里，威胁无处不在——外国人、犹太人、黑人、菲律宾人、穿佐特套装者、"特定宗教派别"，而在家庭关系中，他们坚持"每个人都认为自己的家庭比其他任何人的都好，这是人之常情"（C-4）。

加利福尼亚的研究还进一步发现，正如我们现在所预期的那样，这些"安全岛岛民"都对他们所属的教会、姐妹会、家庭和其他内群体怀有绝对的忠诚。他们对所有生活在其民族中心主义圈子之外的人都抱有怀疑与戒备。相似的限制性还体现在，民族中心主义与社会、政治上的"保守主义"之间的相关系数近+0.50。作者更倾向于将这种政治观定义为"伪保守主义"，因为这些外群体的排斥者并没有采取任何行动来保卫美利坚传统的重要核心。更准确地说，他们只是选择性的传统主义者。

他们特别强调"竞争"这种价值，但他们支持经济力量在大企业的集中——这是目前对商业上的个体竞争者来说最大的、唯一的威胁。他们强调经济流动性，推崇"小霍雷肖·阿尔杰"（Horatio Alger）式的传奇励志故事，但他们所支持的，层出不穷的歧视无形中对大部分人口的流动性形成了严重的阻碍。他们也可能支持扩大政府的经济功能，但不是出于人道主义原因，而是作为限制劳动力和其他群体之力量的手段。[7]

在其他的研究中，人们发现与之相对的另一种人：不满于现状的自由主义者其实更加宽容。[8] 第二次世界大战期间的一项调查报告得出了这样的结论："一个人对工会的态度越亲近，对黑人、宗教信仰、苏联的态度就越为宽容。"[9]

我们所读到的案例有力地论证了偏见根本上是一种**人格特征**。一旦偏见在某人的心里扎根，它就会发芽生长。偏见所针对的具体对象或多或少是无关紧要的，一旦偏见者的内心起了变化，就会形成系统性的敌意和恐惧。本书中的其他章节会具体阐明这一观点（尤其是第24章和第27章），不过，认为深层性格因素是偏见的唯一原因，也是偏颇的。

不完全的相关性意味着什么

比如说，让我们注意一下我们刚刚审视过的调查数据中所存在的矛盾。表1显示，反犹主义与反黑人感情的相关系数是+0.74。这个系数虽然很高，但这两种不同形式的偏见之间依旧存在清晰可见的独立性空间。也就是说，至少肯定存在一些人是反犹太主义者，但不是反黑人主义者。[10]

因此，我们绝不能假定偏见仅仅是一种一般性的精神障碍特征。不同地区会基于本区域特有的原因，发展出不同形态的种族中心主义倾向来。

普洛斯罗（Prothro）做的一项研究中，他对将近400位路易斯安那州的成年人对黑人与犹太人的态度进行分析，发现二者的相关系数为+0.49。[11]而正如我们已经看到的，在加利福尼亚州这一系数为+0.74。在许多南部以外地区的研究中，相关系数也是很高的。

因此，在路易斯安那州的样本中，显著的反黑人主义只有较小的一部分可以被归结到一般性的种族中心主义（厌恶所有少数族裔）上。在整整1/3的样本中，受访者对犹太人表现出友好的感情态度，但对黑人却持负面态度。在这些案例中，我们不得不得出结论，偏见现象无法完全在一般性的人格结构或动力学的层面上得到解释。情境、历史和文化因素也很重要。

这个事实很重要，它使得种族敌意的图景变得更为复杂。如果所有偏见都完全相关（即相关度均为+1.00），那么我们就无须再寻找其他的解释了。将会有一个关于人格特质之于偏见的齐次矩阵：每个人都总是对所有外群体采取统一程度的宽容或偏见。对其偏见程度的解释将完全基于人格特质的结构及运行。

在这里，又出现了另一个人格特质之外的因素。即使是一个天性容易产生偏见的人，他也更有可能敌视犹太人，而非贵格会——尽管这两者都是少数群体，而且在商业世界和政府中似乎都施加了超过其人口所占比例的影响。一个顽固偏狭的人并不会对所有外群体抱有同样程度的厌恶。例如，他可能对北方的邻国加拿大没有太多成见，但对于南方的邻国墨西哥却持有偏见。这种选择性的偏见无法仅通过人格结构的运作来解释。

尽管问题的核心可能在于个人的心理构造，但要想对偏见问题得到一个更完整的理解，引入社会分析也是必不可少的，而这就是我们在第6～9章将要探讨的问题。

偏见究竟有多广泛

关于这个问题，可能并没有一个简单的类型化的答案；但是我们可以看到不少启发性的现象。

问题的关键在于该如何划定偏见和无偏见的分界线。第2章提到，很可能我们每个人都无法避免偏见。我们都倾向于做出偏向我们自己生活方式的预判。因为从一个更深的意义上来说，我们就是我们的价值观，我们不可避免地带着骄傲和爱意为自己的价值观辩护，排斥每一个反对它们的群体。

但是，就此得出"每个人都有偏见"的结论是没什么意义的。而且，这个论断严格意义上也不正确，如果我们考虑到存在一些对他人的排斥在其心灵中占据主要位置的人的话。那么，有可能统计出这类人的数量么？

一种方式是梳理民意调查的结果。尽管对大部分人来说，偏见都是一个令人尴尬的话题，但主持民意调查的研究人员依然克服了困难，成功收集到了有价值的数据。[12]

调查中包含了各种类型的问题。举个例子：

你认为犹太人在美国拥有了过大的权力和影响力吗？

这个问题被多次向美国的不同人群提出过，并且在各个人群中都相当一致地得到了约50%的肯定答复。那么我们是不是可以说，半数人都是反犹主义者呢？

显然，这是一个带有引导性的问题，它会诱导人们产生本来不存在于他们脑海中的想法，如果换一种暗示性不那么强的问法的话，可以改成：

在你看来，哪些宗教、国家或种族群体对美国构成了威胁？

在这种情况下，"威胁"一词用得很重，令人生畏，且并没有直接提及犹太群体。在这种情况下，只有10%的受访者自发提及犹太人。那么，是不是反犹太主义者就占总人口的10%呢？

让我们来看看第三种方法。这次，研究人员给受访者发了一张卡片，上面列出了以下群体的名称：新教徒、天主教徒、犹太人、黑人。然后他们向受访者提问：

你认为卡片上的任何一个群体在美国所取得的经济影响力，大于他们对这个国家的贡献吗？

约35%的人会选择犹太人（12%的人选择了天主教徒）。

下一次，给出同样的卡片并提问如下：

你认为卡片上的任何一个群体在美国所取得的政治影响力过大了，以至于会对这个国家不利吗？

这次有约20%的人只选择了犹太人。

因此，不同的研究方法测出的反犹主义者比例从10%到50%不等。如果使用更强烈或更温和的提问方式，也可能会取到更极端的结果。

我们从这种研究方法中可以得知，大量受访者会对给到眼前的关于犹太人群体的负面陈述表示赞同，就像在上文的第一个问题中一样；而当犹太人群体仅仅作为多个群体之一被提及时，就不会有那么多人对其做负面评价；当研究人员要求受访者**自发**提名相关群体时，并没有多少人会主动提到犹太人。我们可以确定地认为，对于自发提名犹太人群体者，仇恨犹太人确实是其情感生活的重要部分。他们的反对情绪十分活跃，每遇到一个机会就要释放出来。约有10%的人会自发地唤起对犹太人的强烈憎恶，这一数据也得到了其他研究结果的支持。例如，在战争期间，有相同比例的人口赞同希特勒对犹太人的处置。在第二次世界大战后，驻扎在德国的美军士兵中22%认为德国人有理由"对犹太人不满"，还有10%的人态度摇摆不定。[13]

对仇视黑人之感情广泛程度的估算，情况也与此类似——随着提问方式的变化，得到的结果也出现很大差异。大多数民意调查显示，人群中认为黑人和白人间应该存在某种方式的隔离者比例颇高。在第二次世界大战期间，美军中约五分之四的白人士兵认为白人和黑人士兵应该在各自专用的陆军商店买东西。同样地，很大比例的白人士兵赞成不同种族应该进不同的俱乐部，最好也不要编入同一个军事单位。[14]

在平民中做的调查结论和程度也与之类似。[15]

1942年：你认为黑人应该在城镇中单独的区域居住吗？有84%的人给出了肯定回答。

1944年：如果一个黑人家庭搬到了你家隔壁，对你的生活会有影响吗？69%的人做出肯定回答。

在职业活动方面的歧视就没有那么严苛了：

1942年：你认为你的雇主应该雇佣黑人吗？31%的人回答"不"。

1946年：你认为黑人应该与白人有同等的机会得到任何工作，还是你认为白人应该拥有工作的优先权？46%的人认为应该白人优先。

在问到教育机会相关的问题时，人们对黑人的态度明显变得更友好了：

1944年：你认为镇上的黑人应该和白人一样，拥有获得良好教育的公平机会吗？89%的人选择了"是"。

我们能在表2中看到从高中生到成年人、从态度到信念的转变。大约有三分之一的人群对黑人群体表现出明显的厌恶。[16]

虽然民调数据是很有启发性的，但我们能清楚地看到，数据结果会根据提问方式的不同而变。

表2 问卷的对象是3300名来自全美各地区的高中生

"黑人是更劣等的种族吗？"

	是	否
男孩	31	69
女孩	27	73

"你认为黑人能够像其他群体一样为社会作出相同的贡献吗？"

	是	否
男孩	65	35
女孩	72	28

通过针对生活在芝加哥的150名退伍军人的一项深入研究，我们得以更好地对偏见的程度进行估计。研究人员贝特尔海姆（Bettelheim）和贾诺威茨（Janowitz）对退伍军人进行了长时间的访谈。在直接探究退伍军人关于种族的态度之前，研究人员提供了充分的机会让他们自由表达其观点。这一过程使得研究人员能够更准确地就这一群体对黑人和犹太人的反感程度进行估计。表3为统计结果。[17]

表3　针对两个少数群体的态度类型

表达出的态度类型	占答复者的百分比（样本数量=150）	
	针对犹太人	针对黑人
强烈反对（自发表达）	4	16
公开反对（被问及时）	27	49
刻板印象	28	27
宽容	41	8
总数	100	100

很显然，针对黑人的敌意要比针对犹太人的更强烈。这里，对外群体的敌意被分成了四个等级。被列入"激烈"（intense）一级的被试指那些会主动提及并贬斥少数群体的人。他们会自发提出"犹太人问题"或者"黑人问题"，他们也赞成一些强烈的敌对行为（"将他们赶出我们的国家""使用希特勒的解决方法"）。我们注意到，以此为评判标准时，贝特尔海姆和贾诺威茨发现的反犹太主义者数量，相较于我们之前提到的许多研究所显示出的，都大大减少了。

公开的偏见者是指受访者中对该少数群体表现出发自内心的敌意，并在被直接问到对该群体的态度问题时，支持限制性举措的人。**刻板印象者**指的是，受访者中当被询问到，或得到合适的机会时，就会针对少数群体发表社会刻板印象式看法的人。他们会认为犹太人是排外的或者金钱至上的——虽然没有直接表现出任何敌意。黑人被他们认为是肮脏或者愚昧的——但也没有任何限制方案被直接提及。最后，**宽容的个体**是指那些在整个受访过程中没有表达出针对任何人的刻板印象或敌意的人。

目前为止，我们的证据只涉及黑人和犹太人。在本章之前的部分，我们证明了一个对特定群体存在偏见的人很有可能对其他群体也持有偏见，反之亦然。然而，很可能有些人的偏见并没有被这些问题覆盖到。如果要将这些人的信息也囊括进我们的"偏见普查"之中，我们还应该就天主教徒、波兰人、英国人、政党、劳工组织、资本家等群体进行提问。这样才能够对社会中存有偏见态度的人数比例做出更精确的估计。

在一篇未发表的研究中，大学生就"我关于少数群体的经验和态度"这个题目，写作了数百篇文章。对这些文本的分析显示，其中有高达80%的样本包含明确的群体偏见。

在一个相似的调查中，超过四百名大学生被要求提名他们"反感"的群体。只有22%的学生没有提到任何少数群体。被他们反感的群体包括华尔街、劳工组织、农民、资本家、黑人、犹太人、爱尔兰人、墨西哥人、日裔移民、意大利人、天主教徒、新教徒、基督教科学会、共产主义者、新政拥护者、军官、保守派、激进分子、瑞典人、印度教徒、格林威治村民、南方人、北方人、大学教授和得克萨斯州人。虽然"反感"和偏见还不是一回事，但它是走向偏见的第一步。通过这一研究方法，人们测试出，约有78%的被试流露出排斥态度。[18]

这些后来的研究使我们倾向于估计，全美国人口中有五分之四都对少数群体怀有足以在他们的日常行为中表现出来的偏见。这一估计与本章中前文所报告的拥护黑人隔离政策者的比例也相符。

偏见目标的多样性有着重要的社会意涵。仇恨的广泛分布可能会减少针对某一特定少数群体"联合抵制"的可能性。诚然，由前文可知，偏见具有广泛性——我们证明了，一个针对某一特定群体产生了偏见的人很有可能对其他群体也持有偏见。即使如此，在涉及错综复杂的利益关系的情况下，有组织地针对某一少数群体进行迫害似乎是不大可能发生的。比方说，反天主教的黑人无法与反天主教的三K党结盟，因为后者也反对黑人。在盎格鲁-撒克逊人聚居的郊区，他们可能出于对犹太人搬进来这一前景的厌恶，而容忍意大利人作为邻居。所以，各群体间最终总是能保持一种其下暗流涌动，却不足以爆发大冲突的休战状态。

如果群体偏见在80%（哪怕更少）民众的内心世界中占有一席之地，我们就有理由为生活竟能如此平稳地继续下去表示惊异。毫无疑问，美国的平等信念和民族融合传统有助于制约排斥的态度（参见第20章）。纵横交织的敌意暗流一定程度上抵消了彼此的影响，而对民主信仰的终极服从是对敌视行为进一步的限制。

偏见中的人口学变量

我们一直在谈论广义上的平均值,几乎没有根据美国人所在的地理区域、教育程度、宗教信仰、年龄或社会阶层对其偏见程度做出细分。

针对这个主题有过大量研究,但它们得出的结论往往是相互矛盾的。一个研究可能得出女人比男人更容易产生偏见的结论。然而另一个研究——用同样充分的证据,基于完全不同的样本——却认为男人比女人更容易产生偏见。一个研究发现天主教徒比新教徒更容易产生偏见,而另一个研究则得出了恰恰相反的结果。似乎目前最谨慎的看法应该是,任一研究都不足以成为一般性结论的坚实基础。

也许我们可以试着提出三个由最广泛证据支持的一般性结论。首先,平均来说,相较于北部州和西部州,黑人在南部州更不受欢迎。同样地,虽然没有太确凿的证据,但相较于南部或西部,反犹太主义在东北部和中西部更为显著。

在教育方面,根据研究者的分析,普遍来说接受过大学教育的人比只完成了小学或中学教育的人容忍度略高(至少他们会以更宽容的方式回答问题)。

最后,获得了相当多证据支持的一点是,平均而言,社会经济水准较低的白人比社会经济水准较高的白人对黑人更不友善。而在反犹太主义的案例中,不同社会经济地位所关联的态度则是恰恰相反的。

除了以上几个初步结论,宗教、性别、年龄、地区或经济状况与偏见之间的关系似乎都没有定论。我们将在后面的几章中看到,每个变量在特定条件下,都可能与或高或低程度的偏见相关。而目前来看,似乎最可靠的结论是,在这个国家,人口学变量和偏见之间还未发现存在关系恒定的证据。

参考文献

1. E. L. HARTLEY. *Problems in Prejudice*. New York: Kings Crown Press, 1946.

2. 在本书中某些地方，我们会借助相关效度表达两者之间的关系紧密度。对于对基本统计手段不熟悉的读者而言，只需要知道相关系数范围在+1.00到-1.00就足够了。前一个数字表示完美的正向关系，后一个数字则是完美的负向关系。相关系数越是接近极端，关系越是显著。如果相关系数为零（或接近于零）则说明两者关系并不显著。

3. 这位煽动者的言论引自 LEO LOWENTHAL and NORMAN GUTERMAN in *Prophets of Deceit*, New York: Harper, 1949, 1。

4. 在许多已发表的研究中，都有确凿证据表明偏见之间是正相关的，这些研究如下：G.W. ALLPORT and B. M. KRAMER, Some roots of prejudice, *Journal of Psychology*,1946, 22, 9-39; E. L. THORNDIKE, On the strength of certain beliefs and the nature of credulity, *Character and Personality*, 1943, 12, 1-14; G. MURPHY and R. LIKERT, *Public Opinion and the Individual*, New York: Harper, 1938; G. RAZRAN, Ethnic dislikes and stereotypes a laboratory study, *Journal of Abnormal and Social Psychology*, 1950, 45, 7-27。

5. T. W. ADORNO, E. FRENKEL-BRUNSWIK, D. J. LEVINSON and R. N. Sanford. *The Authoritarian Personality*. New York: Harper, 1950.

6. 结论是"近似的"，是因为这是基于早期的种族中心主义和反犹太主义量表之上。此处的题目是经由作者修改的简短版"终极形式"。但是其互相之间的相关性是未知的。它们不太可能与早期相关性差别太大。

7. Ibid., 182.

8. G. MURPHY and R. LIKERT. *Public Opinion and the Individual*. New York: Harper, 1938.

9. F. L. MARCUSE. Attitudes and their relationships—a demonstrational technique. *Journal of Abnormal and Social Psychology*, 1945, 40, 408-410.

10. 例如，有一些证据显示，犹太人本身就反犹太人（这种现象并不少见），却很少对其他群体抱有偏见。他们的心理问题是他们自己的成员群体特有的。Cf. N. ACKERMAN and M. JAHODA, *Anti-Semitism and Emotional Disorder*, New York: Harper, 1950.

11. E. T. PROTHRO. Ethnocentrism and anti-Negro attitudes in the deep south. *Journal of Abnormal and Social Psychology*, 1952, 47, 105-108.

12. 这里引用的调查数据参见 E. ROPER 在 *Fortune*, February 1946, October 1947, September Supplement 1949 的研究，也见 B. M. KRAMER, Dimensions of prejudice, *Journal of Psychology*, 1949, 27, 389-451; G. SAENGER, *Social Psychology of Prejudice*, New York: Harper, 1953。

13. S. A. STOUFFER et al. *The American Soldier*. Princeton: Princeton Univ. Press, Vol. II, 571.

14. Ibid., Vol. I. 566.
15. 这些调查数据来自 H. CANTRIL (ED.), *Public opinion*, 1935-1946. Princeton: Princeton Univ. Press, 1951。
16. World Opinion. *International Journal of Opinion and Attitude Research*, 1950, 4, 462.
17. B. BETTELHEIM and M. JANOWITZ. *Dynamics of Prejudice*. New York: Harper, 1950, 16 and 26.
18. G. W. ALLPORT and B. M. KRAMER. Op. cit., 9-39.

第二部分

群体间差异

第6章

关于群体之间差异的科学研究

> 先生：……没有人比我更想见见你所展示的证据，即自然赋予我们的黑人兄弟与所有人种同样的天赋，他们的糟糕处境只是恶劣生存环境的产物，无论在非洲还是美国……
>
> ——托马斯·杰斐逊（Thomas Jefferson）
> 致本杰明·班纳克（Benjamin Banneker）的信
> 1791年8月

持有偏见的人几乎总是将其负面态度归结于他们鄙夷的群体具有某种标志性的负面特质。人们断言其所歧视的整个群体本性都是体味浓烈的、智力低下的、狡猾的、好斗的、懒惰的。相比之下，那些宽容的人（例如托马斯·杰斐逊）则**希望**看到可以证明群体间差异其实微乎其微，甚至根本不存在的证据。偏狭者和宽容者双方都需要暂时保留自己的判断，克制自己的欲望，直到他们得到关于这方面的科学事实。

即使是对于学者而言，在研究国家和种族差异时保持严格的客观性也是很难做到的。他有自己的偏见——偏爱或者歧视——需要克服。他不知道自己的偏见对于证据的解读产生了多大的影响。然而，如今的社会科学家比以往更能意识到研究中的偏见所造成的危害，这无疑是一个给人以希望的信号。

在不久之前，一位德高望重的社会学家，还可以信口发表一些包含不可靠的泛化与不成熟的偏见的言论，而不招致批评。例如，在1898年出版的一本书中，作者对波士顿黑人群体的描述如下：

> 有些黑人的确有成为绅士的潜质……但绝大多数黑人所表现出的，是属于他们种族的普遍特征：聒噪粗暴，遵循的更多是动物本能，而不受精神层面的东西控制。不过，即使是他们也本性善良，温和顺从，而且还经常以他们自己那种原始粗鲁的方式虔信宗教。[1]

虽然这位社会学家认可黑人群体中可能存在一些例外，他依旧公然在当下社会，以一种普遍认为是冒犯人的方式，宣扬"黑人种族的普遍特征"。

无独有偶，在世纪之交，杰出的政治科学家詹姆斯·布莱斯（James Bryce）在牛津大学发表了题为"人类先进和落后种族之间的关系"（The Relations of the Advanced and Backward Race of Mankind）的演讲，他援引了达尔文的进化论，来论证强大、"适应环境"的种族对弱者的侵略天经地义。他斥责美国印第安人冥顽不化，拒绝遵循白人的标准，使大屠杀成了不可避免的结局（他暗示这是可以得到辩护的）。他很欣慰地看到黑人天性顺从，黑人"能够生存下来是因为他们服从（白人的体系）"。他们明白自己是劣等民族，当然我们要确保黑人能够获得良好的工作与教育机会，但由于他们"智力上的缺陷"，与他们能力相符的合适工作只有那些体力活。他认为大多数黑人不适合拥有投票权，不仅仅因为他们无知，还因为他们有"突然的、不理智的冲动"，这使他们容易被贿赂。布莱斯觉得跨种族婚姻简直令人惊骇。除了对这种做法天然的排斥，他认为自己有足够的证据证明"种族混血儿即使没有生理缺陷，也有性格上的缺失"这一未被证实的主张。[2]

布莱斯由衷地希望"优等"和"劣等"种族能更和睦地相处。但是他的所作所为对此根本毫无助益。虽然他没有意识到是自己的预判，而不是事实本身导致了他的言行。

我们并不需要回到半个世纪前那么早，就能找到一个科学受偏见的影响而解体的例子。离我们最近的例子是德国的心理学家和社会学家在希特勒主义的影响下所发表的"新发现"与"新理论"。他们严肃地宣称："针对人类的每一项调查都发现种族是判别优劣的重要依据。"例如，在调查中他们发现，1940年德国学校里14岁的儿童身体素质比1926年要好得多。他们将这一结果完全归因于"应用了元首所颁布的准则"。他们全然无视了一个事实，即在所有应用了现代营养和卫生标准的文明国家，孩子们的身体状况都有了相应的改善，无论这些国家有没有元首。同样是这些"科学家"，将少年犯的违法行为归结于种族本性，并宣称"贫民窟里的人所具有的犯罪基因正是造成他们窘境的原因，而不是反过来"。[3] 但非种族主义国家的社会科学家恰恰证明了与此相反的观点。

与之形成对照的是，我们也发现有些科学家会过于草率地否认种族、国家和群体之间存在任何可察觉或根本性的差异。其中有些人是出于好心，但他们所提供的证据通常是零碎的，不成体系的。

如果我们在群体之间的确发现了差异，就能正当地进行排斥了吗？

答案是：**并不一定**。在家庭中，每个个体的外貌、天赋、气质也往往有着显著的差异。泰德（Ted）开朗帅气；他的弟弟吉姆（Jim）内向而相貌平平；他的姐姐梅（May）外向但懒惰；他的妹妹黛博拉（Deborah）"性情古怪"。虽然兄弟姐妹之间各有不同，但是他们也可以接纳彼此、相亲相爱。差异并不意味着敌对。

然而，持有偏见的人几乎总是声称是一些所谓的差异促成了他的态度。他们似乎从来没有考虑过去包容，更不用说去爱这些不同之处了。（他认为）外群体是愚蠢的、阴险的、好斗的，甚至是体味难闻的，尽管他可能同时深爱着他的家人和朋友，即便他们身上也有这些缺点也不介意。

与此同时，现实的利益冲突也是存在的。一个群体可能确实在谋划着攻击或者胜过另一个群体，他们意图限制另一个群体成员的自由，或直接伤害他们。此外，我们可以设想这样一种情况：某个特定群体可能具有极危险的攻击倾向，在这种情况下恐怕只有圣人才会觉得不应回避和批评该群体。更准确地说，我们可以设想，当某个特定群体表现出极高的危险性和攻击倾向时，其中的一个个体就有很大概率也具有这种倾向。

一个关于"应得的名声"的理论

一个普通的偏见者，当被问及持有这些负面态度有何根据时，会这样回答："**看看**他们。你难道**看不出**他们是如此格格不入，以至于令人反感吗？我没有偏见。他们不受欢迎，完全是他们自己应得的。"[4]

正如上文所说，我们可以设想"应得的名声"理论可能是正确的，但这个理论的缺陷在于它并没有回答两个问题：（1）该名声是否是基于不争的事实（或至少相当高的概率）之上？（2）如果是这样，那么该特性所引起的为什么更多的是厌恶或敌意，而不是冷漠、同情或慈悲之心呢？除非这两个问题能够得到令人满意、逻辑合理的回答，否则我们就可以肯定，"应得的名声"这个理论实质上只是对偏见的掩饰。

以反犹主义为例。反犹主义者总是声称，是犹太人所具有的某些特性招致了针对他们的敌意。为了检验这一论断，我们必须（1）确立犹太人与非犹太人之间存在他们所声称的显著差异这一事实，以及（2）证明这种差异能够成为排斥犹太人的合理解释。

如果存在这样的证据，那我们就必须得出结论，反犹主义代表着现实存在的社会冲突，不符合我们对偏见的定义。在第1章中我们指出，人们对德国纳粹集团、任何国家的流氓和歹徒以及社会上其他明显反社会因素的反感，都不应被视为偏见，而应被视为现实的价值冲突。我们也指出可能存在这样的情况：的确应得的名声与偏见在某个案例中兼而有之。大家会歧视有犯罪前科的人就是这样一个例子，战争时期的很多歧视性行为也是。尽管战争很可能是由真实的价值冲突引发的，但战争爆发后四起的流言、关于暴行的故事、焚书、对敌国的强烈仇恨，以及针对美籍公民中敌对国家后裔的报复行为，这些向我们展示了哪怕事实的内核是理性的，也可能会有众多偏见被加诸其上。

当下世界舞台上的状况，其实就是个很好的例子。毋庸置疑的是，共产主义国家和西方民主国家之间存在着很多真实的价值对立。如何化解这样的冲突是我们所处的时代最至关重要的问题。然而，在这一核心实际周围，存在着积重难返的偏见。在铁幕的另一边，人们被教导，并广泛相信，美国是那个侵略的国家，美国教授在课堂上宣讲的内容都是华尔街为他们准备的。在美国，人们常常认为，自由派和知识分子，特别是那些致力于促进国际理解或种族平等的人是共产主义者，因此也是叛国者。这种非理性的倾向严重地影响了整个过程，以至于人们很难分清什么是真正亟待解决的问题，什么是谣言和偏见。

研究群体间差异的方法

由于人们几乎总是用群体差异来为他们的敌意辩解，所以了解在差异中哪些是**真实存在**的，哪些又是**仅仅存在于想象之中**的就变得至关重要。用更技术性的阐述方式就是，除非刺激域（群体特质）是已知的，否则我们就不可能估计出其中包含的非理性歪曲的性质和程度。[5]

现在，我们不妨在一开始就坦率地承认：社会心理学关于差异性的研究还很落后。现阶段我们还不能对此给出一个积极的答案。当然，如今有数以千计针对群体差异的研究正在进行，然而目前取得的发现并不尽如人意。[6] 研究的一大难点在于，存在大量的可以被拿来互相比较的群体。因此我们的研究精力被分散得很稀薄。研究的另一大难点，则是目前的研究方法不够令人满意。在许多案例中，针对同一群体做研究时，不同的研究人员也会得出截然相反的结果。最后，对结果做出解释也是非常困难的，因为我们很难理清我们发现的这些群体间差异是应该归因于原生（先天）因素还是早期训练、文化压力，或是以上所有原因兼而有之。

开启一项研究的方法之一，就是探讨哪些类型的群体可以被有效地比较。可能的答案似乎是无穷无尽的。来看看已知的，人们对其存在偏见的一些集体类型吧，它们至少能被分成几十种：

种族	意识形态
性别	种姓
年龄	社会阶级
民族	职业
语言	教育程度
地区	无穷尽的利益集体（如美国矿工协会、美
宗教	国医学协会、扶轮社、兄弟会等）
国家	

以上的每一项都能成为大量比较研究的主题：法律学生与医学生有什么不同，佛教徒与浸信会教徒有什么不同，说芬兰语的人与说法语的人又有什么不同？

但这种社会学式的罗列并不能令人满意。一方面，我们注意到，最常持有偏见的人倾向于交叉使用不同标准进行分类。例如：犹太人这个群体标签可能综合了民族、语言、宗教几个分类；黑人可能会同时以种族、种姓、阶级和职业差异作为其特征；共产主义者这个标签可能横跨了意识形态、阶级、民族、语言、宗教和特殊利益群体等类别。

任何群体都不大可能单单由于其种族、民族、意识形态等任何某个单一标签而招致偏见。虽然我们经常谈及"民族偏见"，但我们一旦意识到，比方说犹太人并不是一个民族，或黑白混血儿中黑人的血统和白人血统一样多时，这个概念本身在科学上就站不住脚。"民族"（Ethnic）是一个定义更为宽泛的词——它能很好地涵盖文化、语言、传统方面的区别性特征，但使用在对性别、职业和利益群体的描述中则很糟糕。

让我们先将这个困境置于一边，现在让我们来探究一下，我们在这个群体差异研究中实际采用了哪些**方法**。很显然，这种方法必须是通过**比较**达成目的。研究这个问题，需要将相同的研究方法应用到至少两组被试中。一些已被证明切实有效的方法如下：

1. 旅行者报告（包括人类学家、记者、传教士的记录）。纵观历史，这是最常见的信息来源。**基于旅行者自身的文化背景，他感受、解释并报**

告他在旅途上发现的值得注意的事情。这位观察者可能训练有素、细致审慎，也可能是一个天真的、易被欺骗的人，容易相信"自己想象出来的东西"。高质量的报告在目前，乃至将来，都会是我们关于外群体大部分知识的来源。虽然有时这些报告本身就有意将文化进行比较，[7] 但更多的时候，"比较"元素仅仅体现于报告的写作者会隐含地将自己的文化假设作为背景。游记作家作为信息源的缺陷是显而易见的：他所报告的差异并不能被量化，在他所拜访的群体中也未必典型。他自己的兴趣、道德标准和所受的训练都会对他的印象产生影响。给他留下的印象最深刻，最值得大书特书的特点，可能对他人来说是微不足道的。

2. **重要的（和其他的）统计数据**。近年来，国际组织（如国际联盟、国际劳工局、联合国及其专门机构）从成员国收集了大量的数据。[8] 他们并没有收集类似于各国的相对智商水平、种族气质或是直接与民族性格挂钩的数据。然而，他们所取得的一些数据对解决我们的问题依然是在有限的程度上有用处的。例如，了解到瑞典人、荷兰人、意大利人的平均受教育水平后，我们就不用依靠想象来猜测哪个才是受教育程度最高的国家。联合国教科文组织的其中一项职责就是撰写关于各国各自不同的生活方式的报告。联合国所发布的比较数据对研究很有帮助。国家发布的数据也有类似的作用。美国的人口普查和国家税务局采集了许多有用的数据。例如，在了解到官方发布的有关外科医生平均收入的报告后，对此持有预判的人就可以对自己原来的观念做出有益的更正了。

3. **测试**。每一个美国学生都很熟悉心理测试。在理想情况下，这些测试能够被用来解决一些让我们最为困惑的问题。我们能够使用心理测试来比较原始社群和文明化社群的感官敏锐度；比较不同群体之间的相对智商；或者是探寻从事不同职业的人群抽象思考能力的差异。简而言之，心理测试能够给出"所有答案"。虽然我们有时会依赖这些针对不同群体实施的测试所得到的结果，但我们也很有必要关注它们的局限性。

（1）一些人很熟悉这种测试的体例（例如美国大学生）；而另一些人可能从未见过测试。被试个体对测试情境熟悉程度不同，会使他们在测试中的表现大相径庭。

（2）测试经常含有一种关于竞争的心理预设。在一些文化中，是不存在这种竞争心态的。被试无法理解为什么不能够让家人或朋友以合作团体的方式一起参与这个测试。或者他无法理解测试中对答题速度的要求。

（3）某些群体参与测试的积极性容易调动起来，某些群体则兴趣不高。

（4）测试环境往往不可比较。纳瓦霍村落中儿童所处的喧嚣环境就与其他一些文化中孩子所处的安静的测试环境不同。

（5）不同组别的识字水平存在差异。因此无法保证每个群体都能同等容易地理解问题。

（6）测试内容几乎总是受到文化的制约。即使是美国的农村儿童，也无法回答一些偏重于城市儿童生活经验的问题。

（7）大多数测试都是由美国心理学家设计并进行标准化的。测试所使用的工具也由他们制定，后面反映的是整个美国文化的综合影响。关于测试的一切，对于那些与心理学家持有不同文化预设、受到不同影响的人来说，都是疏离、不公平、存有误导的。如果一位美国心理学家在非洲南部的班图人（Bantus）所设计制定的智力、人格、观念测试中表现很差，他也会对此充满怨气。

幸运的是，社会科学界也充分认识到了这些局限性。而且，至少在近几年，来自不同群体的测试结果都在被谨慎解读——经常是极为谨慎以至于没有人能够确切阐述出结果的意义。也许，关于智力测试的主要发现是，**测试的手段越无关文化背景，得到的群体之间的差异就越小**。例如，一个要求孩子画出一位男性的简单测试，比起直接的口头智力测试，在跨文化比较研究中会更为公平。前者在白人儿童和印度儿童中的测试结果只显示出两个群体之间轻微的差异，有时印度儿童的测试结果更佳。[9] 这一发现并不能够证明人类群体之间不存在智力方面的差异；这只说明我们需要**绝对**不包含文化因素的测试来测量它。

4. 观点和态度研究。近年来，民意调查这种研究方法已经跨越了国界。通过这种相当精确的方式，我们可以将不同国家具有代表性的观点样本进行比较：无论是关于政治问题、宗教观念，还是达成和平的方式。[10]

当然，这种方式只能在拥有可靠计票组织的国家中使用。民意调查还需要组织间的合作。并且，不同文化背景的人对同一个调查问题的解读也会存在差异。语言间的翻译常常会改变一些细微的意思，从而影响了得到的答复。

民意调查方法的一个不大严谨的变体，在杰姆斯·M.吉莱斯皮（James M. Gillespie）的一项研究中得到了更详尽的例释。[11]

这位研究人员从来自10个国家的大量年轻人样本中收集了两份数据报告。其中一份调查要求他们撰写一份未来的自传，"从我当前直到公元2000年间的生活"。另一份数据来自统一的问卷，被试需要回答50个以上的直接问题。

结果表明，国家之间的差异是显著的。例如，美国的年轻人比其他国家的年轻人更关注自己的个人生活，对政治和社会发展兴趣较小。（在被研究的国家中）最接近美国年轻人的是新西兰人。然而，与美国人不同的是，新西兰年轻人认为自己的职业前景会和公务员系统联系在一起，他们很可能要为国家效力。美国年轻人则整体上没有意识到自己的命运需要依赖国家的盛衰，也不会想到自己可以为国家贡献些什么。公共和国际事务对他们来说是相对不重要的。

只有采用这种跨国的比较方法，才能够发现美国年轻人是如此"私人主义"（privatism）。该如何解释这一发现？美国的年轻人成长于个人主义传统之中，信奉"人人为己"。幅员辽阔、财力雄厚、实力不容小觑的祖国使年轻人能够理所应当地对未来满怀安全感。对物质财富的重视使他们在制定职业生涯的规划时，更倾向于以最大程度地提高自己的生活水平为目标。因此，一种对公共生活的淡漠，或者说是"私人主义"，主宰了他们对未来的展望。

然而，我们也不能武断地认为，当国家陷入危机时，美国的年轻人也不会表现出爱国主义精神，或者不愿意牺牲个人物质享受。美国年轻人在报告中反映出的独特的自我中心倾向，在危难时期会让位于更深层的意识形态，这也是美国人"国家性格"的标志。

5. 官方意识形态的比较研究。 以信仰划分的集体（国家、宗教、哲学、政治）总会有一部纲领性文献。共产主义的主要精神信仰是从马克思、列宁、斯大林的著作中精炼升华而来的，我们可以将其与美国（其"宪法""独立宣言"等一系列立国文件中）的信仰相对照。从这种对比中我们可能会得出部分结论，即：

共产党是唯物论的，通过与敌对力量的斗争而进步（辩证唯物主义）；他们视一致的行动为美德，并反映在所建立的威权政府之上，用目的证成手段。个体的道德感是不被需要的，生产和实践都与其本身的理论一致。

美国人将犹太-基督宗教传统与英国法系作为价值取向的基础；以建立理想社会为目标进行非线性的演化；在理性的作用（使真相显现）与在两个（或多个）党派的制度下，人们交换彼此的观点，自由地在两党（或多党）之间投票；政府是不同利益集团之间的仲裁员；个体的道德感能够得到保障。

意识形态的研究在比较宗教的领域中得到了更为清晰的执行，在这个领域中有更多具有权威的神圣教义，信徒对其表示崇敬并将其作为自身的约束。

我们切不可忘记，在对这些教义进行解读时，要明白书本上的文字并不总与信徒的观念与实践相一致。文本描述的是其所欲达致的理想，而非实际达致的成果。然而，这些教义在信徒的心理层面起到重要的作用，因为它们不可避免地为群体成员指明了一个共同的目标，并为他们从幼童起就制定了行为准则。

6. 内容分析。为了适应现代社会科学对精确性的需求，新的量化技术渐渐发展了出来。这些技术不仅适用于官方文件，也适用于社会中的任何通信流程。比如说，我们可以记录和分析无线电节目以发现哪些消息正在被传播。电影、报纸、杂志、戏剧、广告、段子和小说，都可以用同样的方式进行研究。我们可以记录下给定主题重复出现的情况。其他研究人员的独立分析可以确认记录情况的准确性，从而确定单个研究人员工作的可靠性。使用这种方法主要的难度在于初始决定环节：哪些对象需要被计入统计？我们应该将讨论到的话题分类，还是仅仅处理在某一个话题的讨论中涉及了多少情绪化的词语？我们应该只考虑话语的字面意思，还是探寻语言背后的表达意图？我们应该将一次完整的传播行为整体视作一个单位，还是将每个短语、句子或思想作为一个单位？这些不同的可能性对应着不同形式的内容分析，[12] 每一种都有其独特的用途。在第126页，我们具体描述了一种国家性格分析方法的应用。

7. **其他方法**。以上六种方法远未穷尽所有探讨群组差异的方法。我们列举出这些只是为了说明目的。特殊的问题，需要特殊的解决技巧。例如，在他的实验室，一个物理人类学家可能会比较来自不同种族的人类骨骼。生理学家可能会研究血型。在精神病院工作的精神病理学家可能会将不同种族、国家或社会经济层面的差异作为精神障碍的分类方式。

差异的类型和程度

正如我们所说，有关各种群体差异的研究数以千计。研究结果可以根据以下方案分类：

解剖学差异
生理差异
能力差异
特定群体中的成员的"基本个性"
文化习俗和信仰

这样的列表不是特别有价值，因为虽然它会产出很多互不相关的信息碎片，但它并没有遵循一个理论上合理的方案来帮助我们理解群体差异的问题。

我们将使用另外的模型。这个模型的优点是，将所有现存群组差异都概括在四个类型之中。这有助于我们把握群体差异的根本逻辑。在该模型中，人类群体之间的所有已知差异都属于以下四种类型之一：

1. 与J曲线效应相一致的行为模式
2. 稀有零差
3. 拟合正态曲线
4. 分类差异

每种类型都需要解释：

1. 与J曲线效应相一致的行为模式。许多团体的主要特征是规定每个成员（因为他的成员身份）从事某种特定形式的行为。美国规定的语言是英语，几乎每个美国公民都接受这一规定。极少数人不这样做（也许保留他们祖先的语言）。符合这一独特群体属性的人的分布可能如图3。实际上，插在方框中的百分比只是估计数，但足以用于说明目的。绘制到直方图的频率曲线看起来近似字母"J"。

我们立刻就想到，许多群体差异的确如此。天主教徒每个周日都要做礼拜，大多数天主教徒都这样做，但也有不做礼拜的天主教徒。美国的司机在看到红灯时应该停车，大部分人都会照做，但也有少部分人仅仅是减速，还有个别人根本无视了红灯。如果为了使人们遵守这项规定而采取更多措施（红灯，加上停车标志，加上在十字路口执勤的交警），那么遵

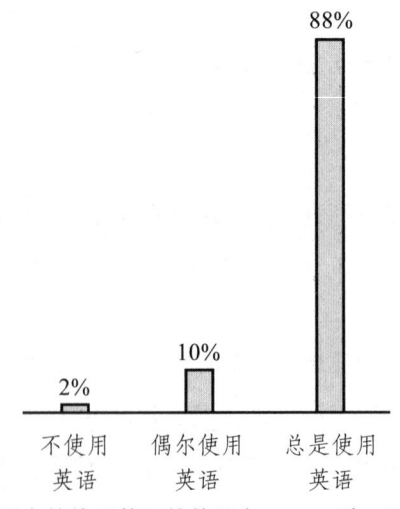

图3　假设中的使用英语的美国人——一种一致性的特征

守规定的人数比例就会上升（J曲线相应变陡）。在我们的文化中，雇员应该按时上班，守时是美国人的特质。让我们来看看实例研究中的数据。[13]

美国被认为是一个守时的国家，这意味着比起其他国家，更高比例的人群会遵照J曲线的规定行事。

当一位德国游客被问及在美国生活使他印象最深的一点时，他回答道，"如果一位女主人邀请十二位客人在七点钟吃晚饭，他们都会在七点前后五分钟之内如约而至"。

在这个国家，剧院和音乐厅基本都是按时开演的，火车和飞机也按照时刻表穿梭于城市之间，人们也严格按照约定与牙医会面。美国人对准时性的重视，可能是任何其他文化（甚至西欧）都比不上的。

图4不仅显示出人们的准时性，还能看出人们对此过度严格的现象。很多人都比约定时间到达得要早。他们过于严格地遵循了规则。但是分布

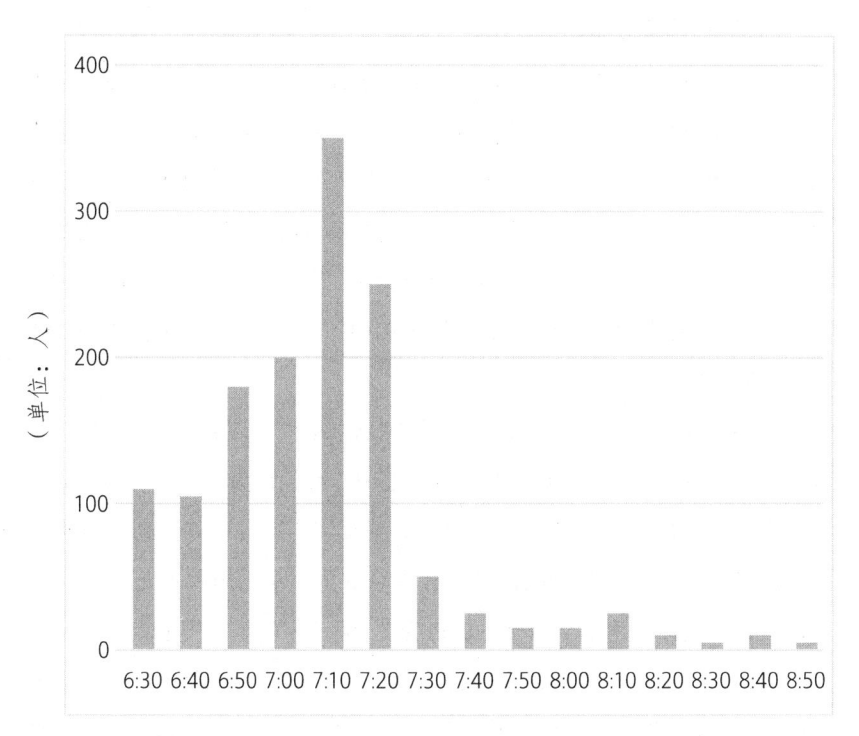

图4　每个10分钟间隔中出现的员工数量——J曲线上的变量

（改编自 F. H. Allport, *Journal of Social Psychology*, 1934, 5, 141-183）

的众数（最高点）落在了文化对他们的要求（准时到达）上。

J曲线的特征是，只适用于给定群组的成员行为模式。对于非该群组的成员来说，J曲线是无效的。一个特定工厂的员工会按照工厂规定行事，但他们的妻子就不一定会遵守工厂的规定，因为她们不是工厂的员工。天主教徒出席弥撒的几率符合J曲线，但是对于非天主教徒来说J曲线没有意义。大多数美国男士都会在进门时遵守女士优先的规则，而在特定的文化中，这样的情况就不存在。

J曲线的规律如下：当一个群体中存在严格规定时，成员作为群体中的一分子，都倾向于去遵守规定。

群组之间显而易见的差别就在于它们的规定不同。荷兰人说荷兰语；西方的男士穿裤子，女士穿裙子（也有少数例外）；犹太人过犹太人的节日（其他人不会这样做）；大部分学生每天上学。这样的例子无穷无尽。但规律是：**能够定义一个群组的重要特性，倾向于遵循J曲线的分布。**

在遵循J曲线分布的例子中，可能也存在差异，因为美国人是遵纪守法的，而很多其他文化中的人并不一定愿意遵守自己文化中的规定。这种对群体规范的漠视是一种不祥的预兆。当一个群体分崩离析之际，它的成员也不会再遵守它的规范。在犹太教中，犹太人应该每周都聚集在一起进行礼拜。如果他们没有这样去做（许多犹太人都是叛教者），团体的凝聚力就被削弱了，或者至少它的本质就改变了。与J曲线的重合会越来越少（Decay）。当越来越多的成员不再遵守群体中的规定时，这个群体的特性也就消失殆尽了。

2. 稀有零差。针对特定群体的某些特性描述，实际上是极少存在于该群体的，但更不可能存在于其他群体之中。我们认为土耳其人遵循的是一夫多妻制，但实际上即使在旧时代的土耳其，一夫多妻的情况也很少见。然而，土耳其是整个欧洲唯一存在合法的一夫多妻制的地方。有一种方言，我们称之为"缅因州下城口音"。缅因州的少数当地人会以这样的方式说话，但除此之外，全国再没有一个地方能遇到说这种口音的人（除了来自缅因州的移民）。有些（但不是全部）贵格会成员以"汝"代替"你"，以作为群体成员的表示。由于其他人从来不会这样做，这样的语言习惯被称为"贵格会特质"。有一些美国人是亿万富豪。其他国家的人们有时会误认为"美国是亿万富豪之地",因为其他国家没有这样的富翁。

显而易见,这些对稀有零差的描述所反映出的假设是建立在一种罕见的特性之上,而其危险之处在于,外部群体认为这些特性是该群体成员的普遍特性。没有多少荷兰儿童会穿木鞋;很少有苏格兰高地男人穿着格子裙;只有少数印第安人还在使用弓箭狩猎;几乎没有婆罗洲人依旧以猎头为生;没有多少爱斯基摩人会交换妻子;也很少有中国人会留辫子;没有多少匈牙利农民会身着当地盛装。虽然每一项例子中被提出的都是这个群体所具备的独有特征,但即使在该群体之中,这项特征也是罕见的。

在一些情况下,我们正在处理的 J 曲线所代表的群体特性可能已经走向了没落。可能曾经有一段时间,迫于严格的制度和文化压力,所有高地苏格兰男人都不得不穿格子裙,所有的中国男人都不得不留辫子。如今,关于这项特征的假设分布可能如图 5 所示。然而,在任何情况下,将这种类型的群组差异视为 J 曲线效应的例外都是不可靠的。实际上,群组内部文化所塑造的一些特性的影响不可能完全消失(例如土耳其人的一夫多妻

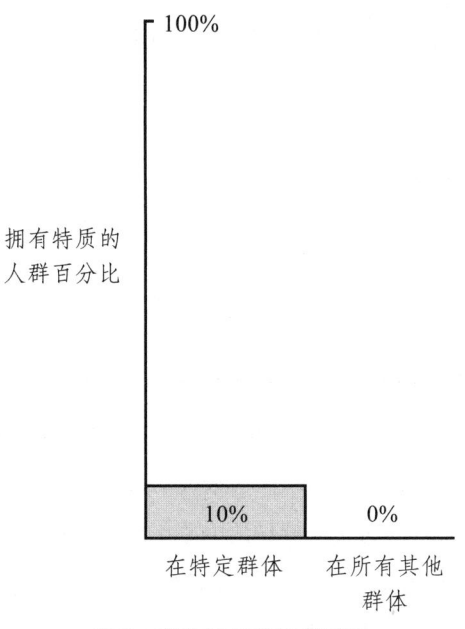

图 5 稀有零差的近似情况

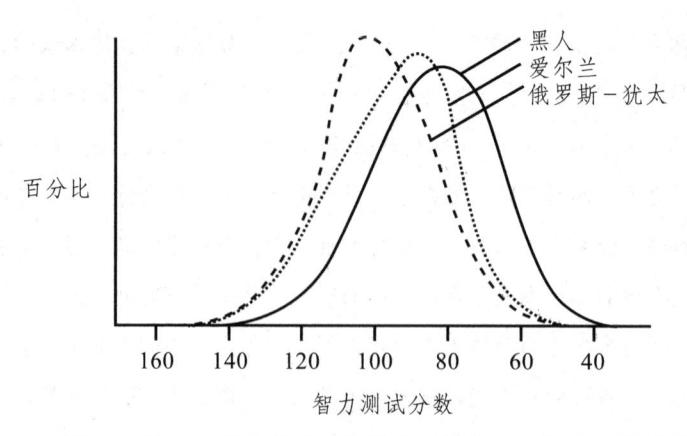

[图示：三条曲线分布图，横轴为智力测试分数（160至40），纵轴为百分比，标注"黑人""爱尔兰""俄罗斯-犹太"]

图6　爱尔兰、俄裔犹太人和黑人后裔儿童智力测试成绩分布

制，"缅因州下城口音"）。

3. 拟合正态曲线。一些群体差异能很好地拟合我们所熟知的"正态分布"。以下是给定特性在两个群体中发生率的情况。以智力测验为例，赫希（Hirsch）对马萨诸塞州的多所学校中由外国父母抚养的孩子，与田纳西州的一组黑人学生进行了相同的测试。[14] 三组选定组的成绩分布如图6所示。从图6中，我们可以读到俄罗斯-犹太后裔的平均智力测验得分要轻微高于爱尔兰后裔；而这两者的得分都高于田纳西的黑人孩子。平均成绩为：

俄罗斯-犹太	99.5
爱尔兰	95.9
黑人	84.6

问题出在哪里，分数的差异是由于先天的能力？还是学习的机会？还是完成测试的动机？在本章的前面部分，我们指出了测试所存在的风险。作为确定群体差异的一种方法，其最大的风险在于文化和语言所带来的影响，甚至在针对美国人群的测试之中也存在这一风险。

让我们先放下这些差异的含义，我们至少可以说，通过所采取的方法，我们确实找到了群体均值的差异。与正态曲线的拟合能够使我们得到两个或更多群体之中，将人们从低到高排序后呈现出的任何特征。

正态分布之所以被称为"正态"，是因为在这种对称分布的模式中，我们能发现很多人群所有的特征。极少部分人会出现在极低或极高的位置，大部分人都处于一个中间的位置。"正态分布"在生理特点（身高、体重、力量）和大多数能力（智力能力、学习能力、音乐能力等）中也很普遍，它也适用于大多数人格特质。在一个群体中，很少有人会远远超过其他人（占主导地位）；也很少有人会远远不及其他人（处于屈从地位）；大多数人都是中等的，或"处于平均水平"。[15]

有许多拟合正态曲线的类型。图7展示了三种形式，指出了三个类型。拟合可能相当直观如图（a），轻微如图（b），或者是一般拟合如图（c）。图7（a）与研究人员在两个种族或文化群体之间实施智力测试所得到的结果很相似；图（b）表现了特定群组之间的相关性状。例如，它可以描述俾格米人和英国人的身材情况。图7（c）可能是描述黑人和白人鼻孔宽度的曲线。

如果将拟合曲线拆分为单个分布的形式，我们就能得到一个双峰曲线。双峰曲线分布中很可能隐藏着一项群体差异。例如图8中智力测试的成绩分布曲线。起先，我们可能会混淆两项众数，直到我们了解到有两组全然不同的人群被测量（绘制）在一起。[16]

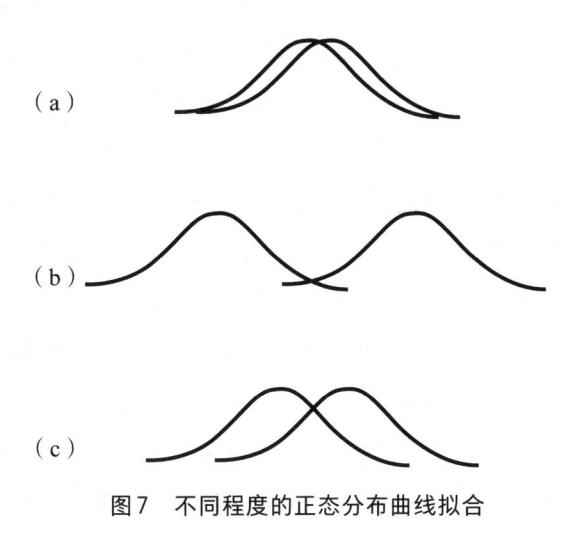

（a）

（b）

（c）

图7　不同程度的正态分布曲线拟合

110　偏见的本质

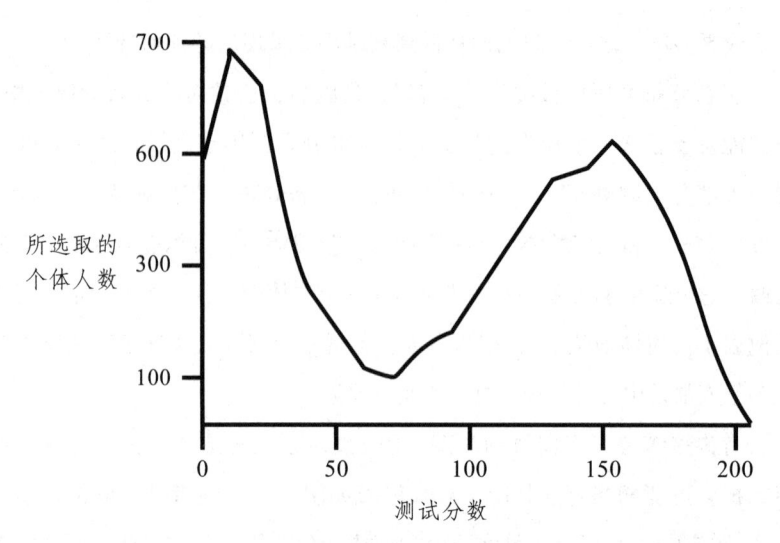

图8 将极端群体合并在一起所得到的一个双峰分布；约2770位受过四年级教育的士兵的智力测试成绩与接近4000名接受了四年大学教育的军官的智力测试成绩

（改编自Anasitasi and Foley, *Differential Psychology*, p.69）

目前在图7（a）中，我们只能观察到轻微的拟合。一组样本中只有51%的人高于另一组样本的平均值。这种微小的差异实际与图6的情况相同，而图6是比较俄罗斯-犹太后裔与爱尔兰后裔的智力测试成绩的图表。

图7（c）差异较大，关于拟合群组之间的差异，我们注意到一项普遍的规律，即同一组内的差异比两者均值之间的差异更大（也就是说，全距更大）。在图6中，我们可以发现，有许多犹太儿童的智力测试得分比黑人儿童的得分均值要低一些，也有一些黑人儿童的得分比犹太儿童智力测试得分均值更高。我们不可能就此得出结论，所有的犹太人都智力非凡，所有的黑人都愚笨不堪。即便将犹太人"作为一个群体"，说他们是高智力的，而黑人"作为一个群体"是低智力的，甚至都是错误的。

4. 分类差异。还有一种将差异量化的方法。它出现于在各个群组中发现单个特质的频率有差异时。以酒精中毒为例。比起犹太美国人，爱尔兰裔美国人酗酒的现象更普遍。这是一种真正的群体差异，虽然这并不意味着爱尔兰裔美国人都是酒鬼。就像稀有零差一样，这个特质是不常见的；但与稀有零差不同的是，实际上两者都存在酗酒的情况。

在研究二战期间士兵应征入伍后被拒绝的原因之后，我们发现，被招募的犹太士兵精神障碍比例相对较高，而黑人士兵这个比例相对较低。在黑人中，仅有7%是以精神障碍为由被拒绝的，但在白人中，这个比例占22%。[17]

在研究21~28岁未婚男子保持童贞的比例时，霍曼（Hohman）和沙夫纳（Schaffner）报告称：[18]

新教徒中	27%
天主教徒中	19%
犹太人中	16%
黑人中	1%

自杀率也是不连续的变量，[19] 无法通过拟合正态曲线来测量。在1930年，每十万死亡人口中，自杀所占的比例：

在日本	21.6
在美国	15.6
在爱尔兰	2.8

单独来看美国的死亡人口，对应的自杀比例：

白人	15.0
中国人	54.6
日本人	27.2
黑人	4.1

在这种特殊情况下，我们所面对的是非常罕见的群体倾向。然而，这并不能被归入稀有零差，因为在所有群体中都存在自杀身亡的现象。

让我们从民族性格的角度来看最后一个例子。[20] 一群美国和英国的保险业务员被要求完成一个句子："我最欣赏的人类品质，是……"答复是多种多样的，其中大部分回答都没有反映出任何国家间的差异。比如说，幽默感在两个国家之间所被提及的频率是相同的。但是，31%的美国人提到了与控制并利用周遭环境的能力相关的品质（"积极进取"），而英国人只有7%提到了相关品质。另一方面，30%的英国人提到了控制自己冲动的能力，而只有8%的美国人对此有所提及。现在，我们似乎得到了一些有关于美国的**自信**（assertiveness）和英国的**含蓄**（reticence）。但是，同样重要的是，这样的差异还不到25%，我们需要保持警惕，不要对此进行过度泛化。并不是所有英国人都以含蓄为美德，也不是所有的美国人都重视自信。

关于差异的解释

群体差异究竟需要多显著，才能称之为一项真正的差异呢？在大多数样本结果中，我们只能得到相当微小的差异。**也许没有一个例子能够说明群体的差异能够被应用到每一位群体成员之上**。即使我们说，"白人是白的，黑人是黑的"，这种泛化都是错误的。许多白人的肤色比黑人更深，也有白化的黑人完全没有色素沉着。如果你说："每位天主教徒都具有同样的信仰。"这并不是事实，而我们发现许多非天主教徒很赞同天主教的教义。你说："好吧，至少基本的性功能能够区别男性与女性。"但是，即使是这种非黑即白的问题也有例外：雌雄同体。可能没有一个实例，能使群体中的每位成员都能具备这个群体所具有的特性，也没有一个特性只存在于一个群体中的所有成员之中，而无法成立于其他群体。

在使用J曲线进行处理时，所比较的群组特性**大概率**是存在的。在使用正态曲线拟合时，群组差异就不那么明显了，差异成了一种普遍规律。在稀有零差和分类差异中，群组差异是显著的，但是数量级通常都很小。所以，严格来说，每种关于"群体差异"（除非被确凿证实）的言论都是一种夸大。

也许日常生活中这种错误言论的主要源头在于，人们倾向于认为所有群体差异都遵循J曲线效应。因此，人们提到美国人时，都会认为他们是雄心勃勃的、好胜的、物质主义的、富有的，以及过度重视浪漫爱情的。其中所提到的一些特质纯属幻想出来的（这些特质在其他国家更为普遍）；另一些特质可能是稀有零差，或者是分类差异。但是这反映了人们都很依赖J曲线效应所带来的假设。人们认为这些特质是美国气质的精髓，是整个群体的独特之处。对于任何人的任何刻板印象都通常会被认为是整个群体的特质，这与J曲线有所相似，但是它的归因无疑夸大了事实，甚至是完全错误的。

事实是一回事，人们赋予这些事实的意义则是另一回事。一个爱好多元文化的人也会热爱群体差异，他会认为差异增添了生活的乐趣。一个不信任外群体的人会将差异视为威胁。在1890年的一场普鲁士人会议中，一名成员就以下事实大做文章，在普鲁士男性中，1.29%是犹太人，9.58%的大学生是犹太人。[21] 群体差异是存在的，但其意义完全取决于对其的解读。

读者可能已经注意到，我们所讨论的实际差异很少涉及恶劣的特性（那些可能证成敌意的特性）。原因是我们无法取得数据。对人格和道德差异的研究比起调查其他类型的差异更为困难。但是针对这些差异的研究依旧会不断深入，因为我们需要了解所有的事实，才能够确认那些承受了许多敌意的群体是否的确与他们的名声一样糟糕。

追寻群体差异的真相是很重要的。只有在了解事实之后，我们才能够将错误的泛化与理性判断，"应得的名声"与偏见区分开来。本章确定了进行科学研究任务时可以参照的原则。

参考文献

1. R. A. WOOD. *The City Wilderness*. Boston: Houghton Mifflin, 1898, 44 ff.
2. *The Relations of the Advanced and Backward Races of Mankind*. Oxford: Clarendon Press, 1903.

3. E. LERNER. Pathological Nazi stereotypes found in recent German technical journals. *Journal of Psychology*, 1942, 13, 79-192.
4. Cf. B. ZAWADSKI. Limitations of the scapegoat theory of prejudice. *Journal of Abnormal and Social Psychology*, 1948, 43, 127-141.
5. 一些心理学家不愿探讨对自身信仰感知的扭曲。同样地，他们也不愿意讨论幻觉。如果一个人感知到了一些东西，那么他就是感知到了。认为他的感知是错误的、不正确的都是基于真实与非真实作出的判断。

    但是，至少在这两大领域的应用心理学中，心理学家必须判断个体观念是否正确。例如，在精神病理学中，了解患者是否的确听到了邻居在说他坏话，或患者是否在经受着幻觉的折磨，是很重要的。所以，在群体偏见的领域中，了解个体是否出于"应得的名声"或其他更微不足道的、自身不理解的功能原因而对一个群体采取偏见是很重要的。
6. 在所有资料来源中，对处理群体差异的研究进行过简要回顾的有以下几种：L. E. TYLER, *The Psychology of Human Differences*, New York: D Appletoncentury, 1947; ANNE ANASTASI AND J. P. FOLEY, *Differential Psychology*, New York: Macmillan, 1949; T. R. GARTH, *Race Psychology*, New York: McGraw-Hill, 1931; O. KLINEBERG, *Race Differences*, New York: Harper, 1935; G. MURPHY, LOIS MURPHY, AND T. NEWCOMB, *Experimental Social Psychology*, New York: Harper, 1937。
7. Cf. A. INKELES AND D. J. LEVINSON. *National character: a study of modal personality and sociocultural systems*. In G. LINDZEY(ED.), *Handbook of Social Psychology*. Cambridge: Addison-Wesley, 1954.
8. *Preliminary report on the world situation*. New York: United Nations, Department of Social Affairs, 1952.
9. Cf. C. KLUCKHOIN AND DOROTHEA LEIGHTON. *Children of the People*. Cambridge: Harvard Univ. Press, 1947.
10. See H. CANTRIL (ED.) *Public Opinion 1935-1946*, Princeton: Princeton Univ. Press, 1951.
11. J. M. GILLESPIE, unpublished investigation.
12. Cf. B. BERELSON. *Content analysis*. In G. LINDZEY (ED.), op. cit.
13. F. H. ALLPORT. The *J*-curve hypothesis of conforming behavior. *Journal of Social Psychology*, 1934, 5, 141-183.
14. N. D. M. HIRSCH. A study of natio-racial mental differences. *Genetic Psychological Monographs*, 1926, 1, 231-406. 数据自 p290f。
15. Cf. G. W. ALLPORT, *Personality: A Psychological Interpretation*, New York: Henry Holt, 1937, 332-337.

16. ANNE ANASTASI AND J. P. FOLEY. Op. cit., 69.
17. W. A. HUNT. The relative incidence of psychoneuroses among Negroes. *Journal of Consulting Psychology*, 1947, 11, 133-136.
18. L. B. HOHMAN AND B. SCHAFFNER. The sex lives of unmarried men. *American Journal of Sociology*, 1947, 52, 501-507.
19. L. I. DUBLIN AND B. BUNZEL. *To be or not to be–a Study of Suicide*. New York: Harrison Smith & Robert Haas, 1933.
20. M. L. FARBER. English and Americans: a study in national character. *Journal of Psychology*, 1951, 32, 241-249.
21. P. W. MASSING. *Rehearsal for Destruction*. New York: Harper, 1949, 293.

第 7 章

人种和民族差异

人类学家克莱德·克卢肯霍恩（Clyde Kluckhohn）曾写道：

虽然民族的概念本身是真实的，但是也许再也没有其他的科学领域，会像人种研究这样——即使是受过教育的人，（对它）的误解依旧是如此的频繁和严重。

克卢肯霍恩所提到的误解之一，就是**人种**（racial）和**民族**（ethnic）两种划分人群的概念之间的混淆。前者指的是基因层面的遗传，后者则是指社会和文化层面的联系。

为什么这样的概念混淆会导致严重的后果？因为"人种"这个术语似乎包含了一种盖棺论定式的确定感。人们认为遗传特质是无法更改的，它是一个群体无法逃脱的**本质**（essence）。这导致了一系列扭曲的观念，如：东方人骨子里就是狡猾奸诈的；犹太人作为一个种族，每个成员从生到死都难以摆脱某些"犹太人特质"；黑人受其进化路径的影响，必然与他们的猿猴祖先能力相近。每个人种的后裔都会终生带有该人种的特质，即使是混合了不同人种的混血儿也不例外。因此，一名只有一小部分黑人血统的男性，如果与一名白人女性结婚，生下的孩子也会像炭一样黑，并天然具有黑人的"心智模式"。所有这些可怕的现象都是人种与民族概念的混淆所导致的。

为什么人种被强调

有几个原因,能够解释为什么"人种"成了对人类进行差异性分类思想的核心,尤其是在过去的一百年中。

原因1:达尔文主义提供了将物种以不同种类或种族(例如狗、牛、男人)进行分类这一行为的蓝本。虽然存在杂交的狗、母牛或混血儿,但是"纯种的才是最好的"这种思想始终对一般大众有着很强的吸引力。

有些作家自称在达尔文主义中窥见了某种神圣的法则,一种对种族对立主义最普世最绝对的认可。例如,阿瑟·基思爵士(Sir Arthur Keith)认为,对自己所属人种的偏爱是与生俱来的,"部族主义精神……天经地义,自古有之"。大自然为了阻止种族融合,花费了不少心思:"为了确保他们(人类)能够按照她的设计,进行生命这场伟大的游戏……她把他们(人种)以不同的颜色区分。"基思继续写道:

> 大自然在各个部族成员的心中埋下了对彼此的爱恨,是出于什么目的?让我们暂时假定,如果她只赋予他们爱的能力,会发生什么事?全世界各个人种都会将彼此视为手足,相亲相爱地融合在一起。人类可能根本就不会分裂成各个部落,而部落才是自然进化的摇篮……没有进化——人类也就不会有今天的成就。[1]

这些言论都将达尔文主义作为支持种族主义的论据,以及为偏见辩护的借口。虽然基思的推论必然不被大多数社会学家所认可,但依旧有少部分社会学家会被其吸引。

原因2:家族遗传令人印象深刻。如果身体、生理、心理和气质方面的特质都会在一个家族中代代相传,那为什么人种中就不会传承这些特质呢?人种也是以共同血统为特征的群体。此类观点忽略了一个事实,即家庭成员中的许多相似特质并不是遗传的结果,而是后天习得的产物。此类观点还忽略了另一个事实,即在一个生物学意义上的家系中,基因是能够得到直接延续的(当然,每一代都会有新的基因通过婚姻加入进来,造成改变）。然而同一个人种之中，有许多不同的家系，于是他们在基因上的同一性就要小很多了。

原因3：具有某些原始血统的人种在外形上与其他人种的区别是显而易见的，例如黑人、蒙古人种和白种人等。所以，在儿童教科书中，存在以白色、棕色、黄色、红色和黑色来区分人种的做法也很寻常。肤色似乎成了人种之间的基本差异。

然而专家的意见认为，只有非常少量的基因参与肤色的遗传。尽管肤色和其他一些生理表征能够帮助我们很好地区分不同人种，但它们并不能给出特定个体的全部遗传特征。据说，只有不超过1%的基因参与到与人种相关的遗传中。[2] 肤色的确与人种息息相关，但没有证据能够证明决定肤色的基因与决定智力或道德品质的基因确实有关联。

原因4：即使只有一个碎片式的可见特点，也会让人们开始关注这样一种可能性，即是否一切都和这个特点有关。人们会觉得，某人斜眼看人的方式就说明了他的性格，或者深肤色的人会被认为带有恶意的侵略性。这是一个常见的例子，我们倾向于夸大吸引我们注意的特征，并基于先前的经验进行归类。

在性别分类中我们也能看到同样的倾向。人的特性中只有很小的一部分是由性别决定的，即由基因造成的男女第一和第二性征。人的很大一部分身体、生理、心理特征都与性别无关。尽管如此，在大多数文化中，女性的地位与男性的地位之间存在巨大的鸿沟。女性被认为是劣等的，她们被迫只能留在家中，穿着与男性全然不同的服饰，许多男性专属的权利和优待也向她们关闭。男女角色的差异已经远远超出了基因所能解释的性别差异。因此，性别问题与人种问题相似。社会差异远甚于基因导致的差异。生理上的差异有如磁石一般，使各种假想都附着到其上。

原因5：大多数人不了解人种与民族、人种和种姓之间，人工培育与自然之间的区别。他们武断地将外表、习俗、价值观上的个性化特征都归因于人种。毕竟，将差异归因于遗传要比对引发差异的复杂社会因素逐一做出辨析简单得多。

让我们回顾一下美国黑人的情况，就能更好地看清这个错误。表面上看，没有什么能比判断一个人是不是黑人更简单了。然而，根据一位人类学家的推测，美国的黑人可能只有不到四分之一拥有纯种的黑人血统，而在所谓的黑人体征方面，一般美国黑人的身体特征与纯种黑人的差别，和他与纯种白人的差别一样大。[3] 简而言之，美国黑人平均而言与白人和黑人血统的亲近度是一样的。因此，我们给他们贴上的标签，至少有一半纯属社会偏见。甚至有很多时候，被我们贴上黑人标签的人，其实在血统上大部分属于白人。

犹太人的案例也与之类似。将这一群体庞大复杂的民族文化、宗教、历史、心理层面的影响，统统简化为一个"人种"的标签，是一种简便但错误的做法。人类学家都同意，犹太人不能算作一个人种。

原因6："血统"这个概念极为微妙而富有吸引力。尽管围绕着它的整套观念陈腐过时，但它周围附着了某种确定性、亲密感和象征上的重要意义。家族与人种的荣耀都聚焦在"血统"之上。这种象征意义并没有科学依据。严格来说，所有的血液类型在所有人种中都有分布。然而，鼓吹"血统"的人不知道他们所说的东西只是一个比喻，而会认为其背后有科学事实在支持。贡纳·梅德尔（Gunnar Myrdal）在写美国的黑人–白人关系时，正确地呈现了血统这个被神化的象征所引起的切实而显著的后果。[4]

原因7：人种是危言耸听者和煽动家进行宣传时流行的焦点。这是那些试图从中渔利，或怀有无可名状的恐惧者最喜欢打出来的幌子。种族主义者似乎是那些从自己的个人焦虑中，制造出了"人种"这个恶魔的人。沿着这条思路，我们会想到戈比诺（Gobineau）、张伯伦（Chamberlain）、格兰特（Grant）、洛特罗普（Lothrop）等人。这些，以及其他许多作家，成功地警醒了世人，并将世人的注意引导到一个不切实际的用来解决世界上弊病的方案之上。其他人，例如希特勒，则发现种族主义有助于将人们的注意力从他们自己的问题上分散开来，并为他们提供了一个近在眼前的替罪羊。意在蛊惑人心的民粹主义政客一般会通过制造一些"共同的敌人"而使他的支持者们团结一致（参见第46页）。一个模糊的"敌对种族"尤其适用。

富有想象力的人几乎可以以任何他想要的方式扭曲人种的概念，并使其形态恰好能够"解释"他的偏见。例如，在美国内战爆发时，一位肯塔基州编辑出于对党派的热情，在报道中将时局向他所希望的方向解释，称这是一场两个互不相容的种族之间有关生死存亡的战争：纯粹、理性的盎格鲁人（南方人）和堕落、浪漫主义的诺曼人（北方人）。

真正的人种差异

虽然人种这个概念受到了严重的滥用和夸大，但人种之间的确存在确实的差异。然而，我们的科学研究还远没有达到能够精确地告诉我们这些差异的程度。调查和解读的困难都十分巨大。在第99页上我们提到，心理测试是无法解决辨别人种遗传特质的问题的，除非社会和经济机会实现平等；人们克服语言差异、放弃种族隔离、教育水平相当、关系良好；人们对在测试中表现出色怀有同等强烈的动机，并且都能克服对测试者的恐惧，其他的条件变量也都变为常量。因此，目前针对这方面的心理测试价值不大。

也许最好的方法是实验。如果我们可以从蒙古人种中（从纯蒙古种族血统的父母那里）将几名（比方说十名）新生儿放在恒温箱里带到美国，并将他们分派到十个正常的美国家庭中，得到尽可能与美国白人儿童一致的养育，那么我们可能会得到有关人种差异的有价值的结论。或者让十名来自挪威的纯种"北欧婴儿"在出生时就与十名血统纯正的"非洲婴儿"进行交换。继续以这种方式进行实验设计，直到几个主要人种都互相暴露在彼此的种族环境中。最后，对他们进行心理测量，以确定是否他们身上仍然遗留有显著的种族特质，被交换的个体的心智能力是否高于或低于其同龄人的平均值。诚然，这个实验并不完美，因为光是异族的外表就预示着这些被收养的孩子永远不会与周围的本土孩子得到相同的待遇。但是，尽管不完美，这样的研究也会揭露比现在我们所知的更多的事实。

在我们确定存在怎样的人种差异之前，必须对人种的数量与身份达成一致。不幸的是，人类学家对此持有形形色色的不同观点。他们将人种分为两个到二百个不等。通常至少有三个人种会被提到：蒙古人种、高加索人种、黑人。库恩（Coon），加恩（Garn）和博塞尔（Birdsell）更愿意将这三个人种称为"基本人种"，并将其视为因为气候条件形成的群组。蒙古人种的体质适合生活在极度寒冷的地区，黑人的体质适应极度炎热的天气，而高加索人的体质对两种极端气候都不适应。[5]

这些人类学家还在人种列表中添加了三个非常古老、各具特色的人种：澳大利亚人种、美洲印第安人、波利尼西亚人。他们接下来又进一步推测，基于区域分离，总共大约存在30个"人种"，他们的外形都具备不同的明显特征。他们据此定义，又在列表中增添了阿尔卑斯人、地中海人、印度人、北美黑人、南非黑人、北方汉人、印尼蒙古人、拉迪诺人（具有拉丁美洲人体格的亚型）。我们注意到，即使在这样细致的人种分类中，也不存在犹太人这个单项。犹太人几乎存在于所有种族类别中。

林顿（Linton）更喜欢称血统的分支为"类型"而非"人种"。因此，我们完全可以像通常所做的那样，将高加索血统细分为北欧人、阿尔卑斯人、地中海人等，这都完全取决于所需的精度。林顿还提出了第三个遗传分类，一种比起其他分类更为纯粹的方法。经由此类方法分出的人类品种"是一个同质的人类群体。通常很小，他们的成员彼此非常相似。我们可以假定他们在临近的过去拥有一个共同的祖先"。[6] 针对人类品种的研究比起血统或类型的研究要少得多。在针对人类品种的研究中，对血缘单纯性的要求可能仅在世界上某些与外界隔绝的地区才得以实现，例如某个爱斯基摩人部落。

现在，人类学家主要按照体貌特征区分人类的血统、类型、种族和品种，例如肤色、头发质地、胫骨平坦程度等。实际上，人类学家从未声称存在内在于"种族"中的气质、心理特征或是道德特性，无论我们如何定义这些。

在针对美国男性大学生的一项研究中，人类学家经过仔细的测量，将学生们分为下列几种"类型"：北欧人、阿尔卑斯人、地中海人、凯尔特人、第拿里人。随后，人类学家们借助大量的评估量表来测试这些学生的能力和性格特征。几乎所有的结果都是不显著的。不同"类型"群体的能力与性格都处于同一范围。即使是少数异常值也可以通过统计差异解释，既不一贯又不清晰。[7]

人类学家没有获得任何结论性的证据，以支持白种人比其他任何人种"进化得更完全"这一观点。如果颅脑容量是"脑力"的指征的话（然而事实并不是这样），那么有一些群体的颅脑容量平均值是超过白人的，例如日本人、波利尼西亚人，甚至尼安德特人。[8]虽然乍一看，黑人和猿的面部特征可能看起来相似，然而实际上，白人的薄唇和茂盛的体毛要比黑人与猿类更为相近。而在大多数猴子的毛发之下，它们的皮肤是白色的。即使是大型猿类的肤色，也比黑人的肤色更浅，更接近白种人。[9]

一些研究人员试图通过对新生婴儿做比较研究，以排除环境和文化的干扰，解决人类中所存在的天生的"种族"差异问题。

帕萨马尼克（Pasamanick）使用耶鲁发育时间表（Yale Development Schedule）在纽黑文市对50名黑人婴儿和50名白人婴儿进行了研究。他发现，"在这项研究中，纽黑文市的黑人婴儿在行为发展上的平均水平与白人婴儿的平均水平完全一致"。如果一定要找出一些显著差异的话，那么黑人婴儿在总的运动行为中比白人婴儿表现得要更好一些（这一点也是值得怀疑的）。[10]

在针对稍大一些的学龄前儿童的研究中，其他的研究人员也发现了一个有趣的现象：在语言发展方面，居住在隔离区内的黑人儿童比白人儿童发展更迟缓，而不同族裔杂居区里的黑人儿童与白人儿童的语言发展程度几乎相同。同一研究还表明，基于画人测试（Goodenough Draw-a-Man Test）的结果，黑人儿童与白人儿童的智力水平是相当的。显然，在非语言智力方面，不同人种的学龄前儿童之间并没有表现出差异，但早期的语言能力受到社会因素的影响：隔离区内儿童的父母可能是受教育水平偏低的黑人，或者他们可能缺乏社交自由，因此不能灵活全面地发展语言能力。[11]

在黑人儿童与白人儿童混合入学的托儿所，古德曼（Goodman）发现，黑人儿童一般要比白人儿童更为活泼好动。她还发现，黑人儿童在这个年纪，已经表现出比白人儿童更强的种族意识了。他们为自己所模糊地意识到的种种障碍困扰。虽然他们还太年幼，无法理解这些困扰的本质，然而这种模糊的不利感已经导致一些黑人儿童以各种各样的方式进行自我防御、对外界过度反应和紧张。[12]

显然，黑人儿童不可能是生来冷漠、散漫或懒惰的。如果年长的黑人显著地比白人更为冷漠，那必然也不是因为种族所导致的先天缺陷。更有可能的是，黑人的健康状况更差、精神状态更颓丧，或正在以一种疏离的姿态对抗歧视。

当人们将人种与种族特质混为一谈时，他们混淆的是自然所赋予的特性和在后天学习中获得的东西。正如我们所提到的那样，这一概念的混淆导致了严重的后果，因为它夸大了人类特征的固有性。遗传是可以被逐渐改变的。而至少在理论上，学习能够使我们在一代人的时间内完成彻底的改变。

在种族研究方面，人类学取得的最明确的结论有二。

（1）除了在地球上的偏远地区，很少有人能够拥有纯净的血统；大多数人都是（人种意义上的）混血，所以这个概念的意义不大。

（2）大多数被归因于种族的人类特征实际上是由于文化的多样性而产生的，因此这些差异应被视为民族，而非种族之间的差异。

即使有着单一祖先的黑人也是一个属于许多不同民族的人种。波兰人和捷克人的血统和人种相同，但明显属于不同的民族，使用着不同的语言。而另一方面，不同人种的人群可以属于同一民族（瑞士）。不同的民族可能属于同一个国家（美国）。

一个民族的特质总是被习得的，我们通常在童年时期就能够习得这些民族特质，它们就此终生牢牢扎根在我们的心中（例如，一个人的母语口音会体现在其日后对其他的语言的学习中）。这些特质的传承者几乎是无意识地将其教给他的后代。

如今，一些人类学家（尤其是受弗洛伊德影响的那些）已经发展出了"基本人格结构"的理论体系，用以解释族裔之间的差异。[13] 这一体系着重强调了幼童学习如何满足生活基本要求的方式。如果一个婴儿在襁褓中被束缚得很厉害，那他的心理习惯可能会永久地受到这一事实的影响。如果像某些东方人那样，我们对孩子的如厕训练过度看重，那这个孩子可能会成长为一个极为严苛、禁欲而残酷的人。如果一个孩子总是被母亲嘲笑，并被拿来与他的弟弟妹妹比较，就像巴勒斯坦人的文化所倡导的那样，他可能会发展出高度的"沮丧容忍"，并且学会从不表现自己的愤怒或真实的感受。虽然英国和美国社会中，民族方面的相似度很高，但是有一个不同点引起了很大的关注。我们认为美国人总是夸夸其谈、自吹自擂；而相比之下，英国人则以沉默寡言和低调而闻名。根据基本人格理论，造成如此差异的原因可能要被追溯到儿童时期。美国儿童常被鼓励畅所欲言，他们常常因为取得的成就而被表扬，得到父母的奖赏；而英国家庭教育则压抑孩子的自我表现欲，强调小孩子"只能被看见，不能被听见"这条规矩，并且英国父母会奖励孩子的低调而非夸耀言论。

人们认为"基本人格"是一个民族群体中普遍实行的育儿模式所造成的普遍特性。没有人能够否定这个概念的价值。但这一概念高估了给定群体中该模式的普遍性，过分强调了这样的育儿模式对孩子一生的影响。

许多种族特征实际上都是惊人地灵活可变的。一个人能够在出国旅行的过程中快速地入乡随俗。有一个著名的研究就不同民族的手势对个人性格造成的影响进行了观察：

埃夫隆（Efron）研究了纽约市内的意大利人和犹太人。他发现，当这些群体的成员们生活在人口密集的本民族聚居区内时，他们说话时的手臂运动幅度显示出显著的一致性。然而，同一群体的成员，一旦搬离聚居区域，与其他美国人混杂地居住在一起时，他们会丧失之前的手势习惯，并开始像其他美国人一样耸肩。[14]

无论民族特性是一成不变的还是灵活可变的，民族之间习俗和价值观的区别往往会非常微妙，以至于无法用量化的形式进行研究。

美国的社会工作者经常遭遇不同民族价值观的挑战。例如，对于希腊客户来说，*philotimo* 是一个至关重要的概念——它是个关涉个人品格的概念，使希腊人拒绝向外族人求助。生活在新墨西哥西班牙语区的民族更倾向于考虑当下的享受，而非为未来着想。墨西哥西南部的年轻人在完成法律要求的义务教育后，往往会选择放弃继续受教育的机会。对他们来讲，"为未来做准备"所带来的价值似乎是相对较小的。有的民族不倡导奖励表现良好的孩子。对这些民族，尤其是对于中国人和生活在东欧的犹太人来说，这样的奖励行为是一种贿赂。做一个好孩子是因为本来就应该如此，美德的奖赏就是美德本身。[15]

文化相对性

民族之间的差异是如此之多，如此难以捉摸，以至于有些人认为世界上的文化之间不存在统一性。"文化相对论"这一主张可能还要更进一步。这种理论认为，"习俗可以让任何事物变得合理"。所有的行为准则其实都完全是习惯问题。评价对错的标准都是习得的。良知只是群体声音的内化形态。在一种文化中，杀死自己的祖母可能是恰当的；而在另一种文化中，人们可以随心所欲地折磨动物。然而人类学家警告我们，不应用这种泛泛的解释来说明群体差异。实际上，所有的人类群体都已经发展出了"功能相当"的行为活动。尽管细节上可能会有所不同，每个群体的成员们都赞许某些共同的目的与做法。

根据默多克（Murdock）的说法，每一种在历史或民族志上留存的文化都拥有一系列共同的习俗。他将这些习俗罗列如下：

> 年龄分级、体育运动、身体装饰、日历、清洁训练、社群组织、烹饪、合作劳动、宇宙学、求爱、舞蹈、装饰艺术、占卜、解梦、教育、末世论、伦理学、民族植物学、礼仪、信仰治疗、家庭宴会、生火、民间传说、饮食禁忌、葬礼、游戏、手势、送礼、政府、问候、发型、招待、住房、卫生、乱伦禁忌、继承规则、开玩笑、亲属团体、亲属关系、命名学、语言、法律、关于幸运的迷信、魔法、婚姻、用餐时间、医药、对生理机能感到羞耻、悼念、音乐、神话、数字、产科、惩罚与制裁、姓名、人口政策、产后护理、怀孕、财产权、与超自然事物交流、成年礼、宗教仪式、居住规则、性方面的限制、灵魂的概念、地位差异、手术、工具制作、贸易、访问、

断奶和气候控制。[16]

这样的罗列太过繁杂，无法为我们提供进一步的帮助。然而，这表明社会科学家在世界历史上的这个时刻，对民族同质性与差异性的研究成果斐然。把研究重点放在差异性上，会导致分裂。而强调同质性，则能让人们更好地注意到不同民族之间合作共赢的基石。

国家性格

国家与民族所指代的群体往往是不同的，尽管在某些情况下（例如芬兰、希腊、法国），这两者的概念可能非常接近。通常，一种特定的语言（塑造民族身份的一种方式）会被几个国家同时使用，而有时，同一个国家也会使用多种语言（如俄罗斯、瑞士）。

虽然国家和民族的概念往往不是一一对应的，但是将国家和民族作为依据，划分出不同的群体并研究他们之间的差异是可行的。"国家性格"的概念意味着，尽管民族、种族、宗教或个人之间存在差异，一个国家的成员在某些基本的信仰和行为方式上，依旧存在高于不同国家成员之间的相似性。

例如，美国的国家形象。根据里斯曼（Riesman）的观点，外界的观察者倾向于认为它是友好、慷慨而肤浅的，而且在价值方面存在一些不确定性，这导致了美国人想去寻求和要求外界的认可。[17]

无论这样的描述是否正确，这都是对美国的国家性格相当典型的概括。尤其是近年来，随着世界范围内民族主义的兴起，人们逐渐对不同的国家形成了确定的印象，与此同时，社会科学家们也对此类问题愈发关心。[18]

上一章所提到的所有方法都适用于对国家性格的科学研究。我们在此仅引用一个使用内容分析方法进行的研究作为说明。

麦格拉纳汉（McGranahan）和韦恩（Wayne）分析了国家艺术产出的一个微小方面，即在1920年代至1930年代中期在德国和美国展演的成功戏剧。[19] 事实证明，德国戏剧中的典型主人公（几乎全是男性，很少有女性）是一位居于普通社会之上或之外的人；一位高瞻远瞩的理想主义者；一位比他的子民更有远见、更自由开明的君主；或是一个被社会遗弃的人。而美国戏剧中的主人公（经常会是女性）更有可能是社会中的普通百姓。

德国戏剧比美国戏剧更多地就哲学、意识形态、历史等主题进行探讨，而美国戏剧的主题往往是私人生活（主要是爱情）。

德国戏剧的悲剧结局是美国戏剧的三倍。在美国戏剧中，最后善的一方获得胜利往往是因为一个关键角色改变了主意。他经历了内心的改变或"突然明白了过来"。触动他的往往是一些小事，如被打了一个耳光、妻子的离去、孩子的出生、一次突然的好运，改变了整个戏剧的走向。美国人信奉个人的努力、性格的改变和好运气。相比之下，德国戏剧认为人类是本性难移的、不会妥协的，他们不会做出改变。主角们实现目标的唯一途径就是通过强力甚至是不择手段的暴力。

两国的戏剧都会讨论对社会的反抗，但美国戏剧中的反抗是个人主义的，以每个人追求幸福的权利为名义。而德国戏剧中的反对（被假定为）不是利己的，而是主角致力于某个理想追求，继而遭到某些当权者的阻挠。由于主角无法在此类情形下获得胜利，而他又不会就此屈服，德国的主人公往往会以死亡谢幕。而一些反转则往往会出现在美国式主人公的危难之际，当帷幕落下时，美国的叛逆者得以获得美满结局。

尽管材料有限，这项研究仍然意义深远。这项研究说明了，报纸新闻、电台节目、幽默、广告和其他形式的内容，可以成为有效的研究对象，用以对国家性格的差异性进行更广泛的分析。

国家性格的实质应由一些客观的研究方法（内容分析、民意调查、谨慎进行的测试等）所确定。国家之间的差异将会与前一章所提出的体系相吻合。将会出现J曲线效应（对各自国王、旗帜、传统的忠诚），与稀有零差（皇室头衔、农民服饰、一夫多妻的习俗）。如果存在合适的测量方法，可能会发现许多特征分布是重叠的（竞争力、对音乐的兴趣、道德观念），最后也存在一些类型化的差异（自杀率、民意调查中做出不同答复的比例、年轻人受过高等教育的比例等）。

但客观研究结论是一回事。人们对国家性格所产生的既定印象很可能是另一回事。

在第二次世界大战期间，人们注意到美军士兵欣赏英国人民的友善、好客、勇气和责任心。同时，他们不喜欢英国人的拘谨、自负、落后的生活水准、性放纵和他们的等级制度。

首先要注意的是，这种带有偏见的、针对英国人的特殊判断显然是依据士兵们自己的参照框架所产生的。美国士兵们很大程度上是按照美国的标准在做出评判。例如，他们习惯于浴室和集中供暖，所以他们认为英国在这些方面是"落后的"。但是，意大利或中国士兵是否会就此做出同样的判断，是值得怀疑的。

据我们所知，日本人往往认为美国人是伪君子（经常讲一些漂亮话却不去履行它们）、骄奢淫逸、物质至上且粗俗。要理解这些负面的判断，我们必须从日本人对"真诚"的重视入手。他们认为一个人必须忠于自己的承诺，如果有必要的话，为之付出生命都在所不惜。一个人可能会以与自己的价值观相矛盾的态度生活（因此显得虚伪），这样的生活方式对日本人的日常守则与思维模式来说是陌生的。美国人相较于日本人是散漫的、随心所欲的，对于一个看重正统、自我压抑、守规矩、知耻等品质的社会的成员来说，美国人的行为无疑是粗野而自我放纵的。

综上所述，研究者们对国家性格问题的兴趣与日俱增。国家性格差异与民族差异问题之间有重叠的部分，但并不尽然相同。两者都可以运用相同的研究方法；所发现的差异也可以按照相同的方法归类。迄今为止，针对这一问题的客观研究数量很少，但在不久的将来这方面研究可能会有飞快的进展。将国家的真实性格与民众对其的印象区分开来是至关重要的。与所有的感知和记忆现象一样，这些印象融合了客观事实和每个人自己的价值观与持有的参照框架。研究这些印象也很重要，因为人们会根据这些印象行事。还有一个紧迫的问题，就是需要发现纠正错误印象的方法。即使没有附加的误解火上浇油，大量的冲突也在由于国家性格的真实差异而时刻上演。

谁是犹太人？

许多受偏见之害的群体都无法单纯用种族、民族、宗教，或其他单一的社会分类来概括。犹太人就是一个很好的例子。在世界上有大约1100万犹太人。他们遍布各地，其中70%的犹太人居住在俄国、以色列和美国。虽然"犹太人"这个概念有着悠长的历史，但我们很难清楚界定它。就此，伊奇瑟（Ichheiser）已经做出了以下尝试。

> 我们大体上（也存在许多例外）可以通过某些体貌特征或类体貌特征（如手势、语言、礼仪、体态、面部表情）对犹太人进行社会定义。成长于犹太家庭的人会有一种特别的"犹太人气质"，在大多数情况下，这意味着某些尽管常常难以捉摸，却具体存在的情感和智力特征；被认为是"犹太人"的个体是具有所有犹太人特征的人，他的性格也会被"别人将其视为一个犹太人"这一事实所塑造。但奇怪的是，即使是他自己也不清楚自己作为犹太人是意味着归属于特定宗教，还是特定国家、种族，或者是文化分类。[20]

这个复杂的定义更多地侧重于"犹太性"的社会概念。一些体貌特征或类体貌特征存在于某些个体身上，也经常存在于一些家庭的遗传特征之中；满足这些条件中的一条或两条的人就会被称作犹太人，正是这些标签塑造了这个群体，并给予了他们这一身份。根据伊奇瑟的观点，一旦人们开始称之为犹太人，个体就会因为这种差别对待，进而发展出其他的犹太人特质。

另一个更简单的定义来源于历史：犹太人就是犹太教信徒的后裔。最初，这是一个宗教派别，然而由于他们同时在生活上的关联也很紧密，他们自发地发展出了文化（种族）上的同质性。认为犹太人是一个"种族"，这样的想法是错误的，他们甚至无法在高加索人种中构成"亚型"。犹太人所具有的体貌识别度是由于犹太教发源的地区也是类亚美尼亚人（Armenoid）的常见地区。但是，这一类型还包括许多非犹太人。早期的基督教徒（由犹太教徒转变而来）也与犹太人外形相似。即使在今天，（如果忽略服装和习俗）我们根本无法基于体貌特征将犹太人与亚美尼亚人和类亚美尼亚人区分开。

也有拥有其他体貌特征的人（包括黑人）信奉犹太教。同时犹太人和非犹太人之间的通婚现象历来都相当普遍，以至于仅根据外表很难辨别出谁是犹太人。然而我们许多人自以为能够仅凭外貌做出辨识的原因（见第8章），是因为有着类亚美尼亚特征的犹太人之间通婚的现象更为普遍。当人们看到这些具有类亚美尼亚人特征的面孔时，就会猜测对方是"犹太人"。认为如果对方不是亚美尼亚人或叙利亚人，那么他很有可能是犹太人，那么这个判断有时就是正确的。

除了具有共同的宗教起源、主要与信仰相关的民族传统和偶尔会倾向于相近的外貌，犹太人在一定程度上也曾经是一个使用专属语言的群体。希伯来语是他们的语言。但是到了现代只有相对较少的犹太人了解这种语言，也几乎没有人专门使用它。意第绪语是希伯来语与德语混合的衍生物，现在的世界上也只有少部分犹太人能够使用它了。

最后，犹太人曾经组建过一个国家，并且时至今日在某种程度上依旧是一个国家。国家需要建立在一片土地之上。犹太人历史上所发生的最大悲剧就是失去了国土——在"巴比伦之囚"后，犹太人就过上了流离失所的日子，这最终导致"流散的犹太人"散布到了世界上几乎任何一个国家。一些反犹太主义理论认为，正因为几个世纪以来，犹太人始终没有自己的国土，所以无论身在何处，他们都感觉自己是"异乡人"。犹太复国主义者渴望重建一个真正的民族国家，设立自己的政府。近年来——在渴望了几个世纪之后——他们在犹太人最初的故乡巴勒斯坦实现了这个梦想。但并不是世界上所有的犹太人都希望搬到以色列。他们中的大多数不认为自己属于一个犹太民族国家，而将自己视为当下居住国的公民。

从心理层面上来说，大多数个体犹太人的生活从未被这些历史渊源所影响。犹太教日益式微，除了相对较少的正统派犹太人，对大多数犹太人群体来说，其身份是否主要由宗教信仰得到定义，这一点也是存疑的。犹太复国主义尽管原则上获得了犹太人群体的赞同，但对于大多数犹太人来说，实际上犹太复国主义所倡导的信仰也并不那么有吸引力。语言上的一致性也不复存在。

随着犹太教的信仰凝聚力不断下降，《圣经》传统中犹太人是上帝拣选的"选民"这个观念也日渐被削弱。一种反犹主义理论认为，正是所谓的"选民"说，赋予了犹太人群体共同的感情基础，同时也必然使犹太人自觉荣耀，发展出了一种"被宠坏的孩子"情结。犹太人认为自己是被全能的神所偏爱的，这引发了其他群体的怨恨。正如这一理论的一位主张者所说的那样，"作为独子，他自觉高人一等而拒绝与人来往，这终将使自己不受欢迎，从而被排挤出良好的社交圈子之外"。[21] 这种理论——即使有它的适用性——有两个纰漏：（1）它忽视了一个普遍的趋势，即许多群体都认为自己是"被选中的"，或认为自己获得了唯一的宗教启示。而并不必然存在针对这些群体的偏见。（2）它忽视了一个事实，即很少有现代犹太人还会声称他们受神的偏爱。

借由以上这个对犹太群体简短而又不充分的讨论，现在让我们来看看问题的核心——犹太人的特质。关于这一问题，也存在错综复杂、令人迷惑的一大堆证据和观点。

很多据传为犹太人特有的品质，其实在非犹太人群体中也是存在的。我们要做的是尽可能多地提供关于这些所谓的群体差异的**证据**。为了简单起见，同时也因为美国的数据资料更易于获得，我们在此仅讨论生活在美国的犹太人。

1. 犹太人大多住在城市之中。 这种说法很容易就能够通过分类鉴别的方法被证实（第102～103页）。犹太人约占美国总人口的3.5%，但在拥有两万五千人以上的城市中，有8.5%的人口都是犹太人。40%的犹太人居住在纽约，另外大部分的犹太人居住在其他大城市中。许多因素促成了这个城市化的趋势，例如：（a）大部分来自中欧和东欧的移民都选择在工厂工作，于是也便于在城市生活，而且犹太人选择城市生活的比例还要更大。[22]（b）由于犹太人很少能在他们之前居住的国家里被允许拥有自己的土地，所以他们往往不从事农业工作。（c）犹太教的教义不允许在礼拜日长途跋涉，因此严守教规的正统派犹太教徒不得不住在犹太会堂附近。

2. 犹太人往往聚集在某些行业。这种说法同样可以采用分类鉴别的方法来验证。在1900年，城市中60%的犹太人从事制造业（大多数在工厂里做工——主要聚集在服装行业）。但到了1934年，只有约12%的犹太人受雇于工厂。同时，做买卖（包括小店主）的百分比从大约20%跃升至约43%。之前的工厂工人后来拥有了自己的生意（通常是剪裁或零售服装）。[23]

如今，犹太人似乎在贸易和文职类工作中占比较大，而非制造行业和交通运输行业。大约14%犹太人是专业人士，而这个行业在总人口中占6%。在纽约，28%的人口是犹太人，而医生中犹太人的比例占到近56%。同样地，牙医中的64%，律师中的66%都是犹太人。然而，与普遍观点相反，犹太人在金融行业中并没有占到很大的比例。犹太人占美国人口的3.5%，但在银行家中，只有0.6%是犹太人。他们对金融业的控制较为微小，而能被称作"国际银行家"的犹太人几乎是不存在的。

犹太人的就业趋势一直在改变。其中一些趋势才刚刚兴起，因而无法准确记录。但是，近年来犹太人在政府部门中的崛起有目共睹（部分是因为私营企业中的歧视），这样的趋势在各娱乐行业（剧院、影院、电台）中也同样有所体现。

由于犹太人在高风险的私营行业（如贸易、娱乐行业、专业人士）中所占的比例之高，他们进入了公众的视野。而他们在一些位于后台、不显眼的、保守的职业（如农业、金融）中所占的比例是低于平均值的。

反犹太主义的一个理论就是基于犹太人倾向于聚集在上升性强、显眼高调的职业中。在这一理论之中，这些职业代表着"对保守价值体系的破坏"，谨慎的人不会参与风险如此之高的行业，尤其是那些新兴产业。这种"破坏价值体系"理论还认为，在历史的长河中，犹太人始终处于一个与此类似的位置。他们曾一度被迫成为放债人（因为基督徒认为放高利贷是犯罪），他们总是处于宗教价值观的边缘，并且至今如此——根据这种理论——犹太人显著地偏离了可靠的保守主义道路，从而也相应地不被信任。

3. 犹太人野心勃勃，工作勤奋。我们没有能够直接测量这一特质的方法。针对野心的测试目前尚不存在,所以要在不同人群、不同工时、不同职业之间证明犹太人比普罗大众更为勤奋是很困难的。尽管我们能举出一系列犹太天才的例子,实际上却没有任何确凿证据表明,犹太人的成就比非犹太人的成就更突出。

4. **犹太人智商过人**。以智力测验作为标准,我们可以说有些犹太人的确智商过人,但也有些犹太人并非如此。我们也可以说,犹太儿童在智力测试中的平均表现略好于非犹太儿童(参见第108页)。然而,这些差异并不够一致,也不够显著,无法证明犹太人与非犹太人之间存在任何智商上的先天差异。所显示出的微小差异可以用犹太文化传统中对学识和学业表现的重视来解释。

5. **犹太人热爱学习,尊重知识**。人们普遍的观察似乎证实了这一说法,尽管许多来自其他族裔的移民家庭也对子女的教育十分重视。在这一方面,最相关的统计数字是大学的录取率。即使有证据显示某些私立学校对犹太学生存有歧视,犹太学生的大学入学率也很高。[24] 在第113页中,我们提到1890年的普鲁士也曾有类似的趋势。了解犹太传统的人都会同意一点,即许多世纪以来,犹太人始终对其子女的学习教育给予极大的重视。

6. **犹太人非常顾家**。针对这一点,有少量证据表明,犹太家庭比起其他家庭更有凝聚力。尽管如今无论是犹太人群体还是非犹太人群体,都感受到家庭成员之间的联结正在逐渐转弱。[25] 据说在诊所中因为哺乳问题而求诊的犹太家庭更为常见。这一事实表明,犹太母亲往往对自己的养育问题担忧更多——或许这也是顾家的一种表现形式。

7. **与此相关的是,我们往往认为犹太人拉帮结派**。这个说法可能意味着很多东西。如果它指的是犹太人群体的慈善组织运转良好,无论是身在美国还是其他国家的犹太人,只要有需求就能够得到犹太人群体的慷慨援助,那么这一说法就是可被证实的。但是如果这个说法意味着犹太人群体不愿与外邦人交往,那就是无稽之谈了。[26]

在一所著名的男子预备学校中进行的一项社会学研究,要求男孩们提出自己所想要的住宿安排。研究发现犹太男孩比起非犹太裔男孩,更喜欢独自住一间房。尽管他们有选择其他人作为室友的机会,他们也并没有选择其他的犹太男孩做室友。就此而言,我们无法证明犹太人之间存在拉帮结派的现象,我们看到的是犹太男孩对外邦人谴责他们拉帮结派的恐惧。[27]

8. **犹太人同情被压迫者**。犹太人和非犹太人在偏见量表测试中的得分结果可以证明群体之间容忍度的差异。在一项针对黑人偏见的态度调查中,400名大学生被试中有63名犹太学生。在更反对黑人的一半学生中,犹太学生只有22%在此行列;而在不那么反对黑人的一半学生中,则有全体犹太学生中的78%。[28] 同样地,其他偏见研究也表明,犹太人的普遍态度似乎比天主教徒或新教徒更为宽容。

9. **犹太人很有经济头脑**。这一论断很难测量,尤其是在美国这样大多数国民都看重竞争和金钱的国家。不过,有一项研究报告指出,犹太学生并不比新教徒或天主教背景的学生显著具有更多"经济头脑"。[29] 可以肯定的是,仅凭一项研究,我们并不足以对此或对任何假设下定论。

10. **其他差异**。所谓的犹太人特质能够列得很长。但我们会发现,证据会越发地不足。[30] 原则上,没有任何理由能够说明为什么直接调查不适用于考察下列论断:

> 犹太人很情绪化,非常冲动。
> 他们自命不凡,喜爱炫富。
> 他们易于激怒,对歧视很敏感。
> 他们在商业中喜欢铤而走险且不讲诚信。

但是,在获得可靠的证据证实这些论断之前,我们只能认为这些所谓的犹太人特质都是不可信的。

我们已经通过对犹太人群体进行的一些讨论,展现出了在定义一个少数群体和确定其客观特质(区别于他们在其他群体眼中具有的特质)时所存在的复杂性。我们之所以选择犹太人群体,是因为这是一个长久以来一直受到敌意和偏见的群体。迄今为止我们的研究根本没有发现任何能够支撑这些敌对行为的证据。即使存在轻度的种族差异,这也绝对不足以证明所有犹太人都拥有这样的特质。

结　论

　　正如我们在第6章和第7章所论述的那样，群体之间的差异能够且值得被更加深入地研究。迄今为止，我们的研究结果只揭露了很少数的一些关于"刺激对象的本质"的事实。我们的确能够感受到不同群体之间的一些真实的差异。简而言之，有时人们对不同群体所形成的看法，的确反映了一部分的真相。

　　同时我们发现，除了为数不多的J曲线差异，我们永远不应该高估某些特质在特定群体成员中的普遍性。我们也发现，J曲线差异和任何其他类型的差异都无法被证明是本质上可反对的。

　　道德素养和个人品质是最难以衡量的，但从我们所掌握的信息来看，我们经常拥有的颇为强烈的，对某个群体整体的厌恶感极不可能通过证据得到客观的证成。换言之，几乎没有证据能表明某群体中的所有人都具有我们所强烈反感的任何特质。

　　换句话说，针对群体的研究使我们明白，任何基于"应得的坏名声"所产生的敌对行为都是不恰当的。即使存在这样的名声，正如第1章所述，我们也应该着重于现实存在的价值冲突。但事实证明，我们所认识到的群体差异基本上无法证实任何我们所持有的偏见。我们的固有印象和感受大大超越了我们所拥有的证据。

　　下一步，我们应该测量可见度和异质感两者对感知产生的影响。因为我们现在已经了解到，偏见是一种复杂的主观感受，其中差异所带来的感受占主导地位，即使差异本身可能是不存在的。

　　之后，我们将以一种全新的方式回到对群体差异的探讨之中。受偏见所害的群体也会做出反应；他们也有思想、感受和回应。所有人际交往都是相互的。每一个侵犯者都对应着一个受害者；每一个傲慢的人背后都有一个憎恶他的人；而对于每一个压迫者来说，都有一个时刻准备着反抗的人。因此，我们可以预期受害者对歧视的反应将会发展为他们的某些特质。

参考文献

1. SIR ARTHUR KEITH. *The Place of Prejudice in Modern Civilization*. New York: John Day, 1931, 41.

    意识到采纳肤浅的种族主义观点——无论是像基思那样温文尔雅的，还是像希特勒那样庸俗不堪的——有多么危险，联合国教科文组织近期召集了一个由有能力的人类学家组成的国际小组来考虑这个问题。他们的讨论——没有为种族主义推理找到科学支持——已经广为发表。Cf. A. M. ROSE, *Race Prejudice and Discrimination*, New York: Knopf, 1951, Chapter 41 (Race: What it is and what it is not). 对这个问题的一个更通行的分析见联合国教科文组织的手册 *What is race? evidence from scientists*, Paris: UNESCO House, 1952。

2. C. M. KLUCKHOHN. *Mirror for Man*. New York: McGraw-Hill, 1949, 122 and 125.

3. M. J. HERSKOVITZ. *Anthropometry of the American Negro*. New York: Columbia Univ. Press, 1930.

4. G. MYRDAL. *An American Dilemma*. New York: Harper, 1944, Vol. I, Chapter 4.

5. C. S. Coon, S. M. GARN, J. B. BIRDSELL. *Races: A Study of the Problems of Race Formation in Man*. Springfield, Ill: Charles C. Thomas, 1950.

6. R. LINTON. The personality of peoples. *Scientific American*, 1949, 181, 11.

7. C. C. SELTZER. Phenotype patterns of racial reference and outstanding personality traits. *Journal of Genetic Psychology*, 1948, 72, 221-245.

8. M. F. ASHLEY-MONTAGU. *Race: Man's Most Dangerous Myth*. New York: Columbia Univ. Press, 1942.

9. 关于不同人种的相对"原始"程度这个问题，O. KLINEBERG在*Race Differences*, New York: Harper, 1935, 32-36这本书中给出了详尽的讨论。

10. B. PASAMANICK. A comparative study of the behavorial development of Negro Infants. *Journal of Genetic Psychology*, 1946, 69, 3-44.

11. ANNE ANASTASI AND RITA D'ANGELO. A comparison of Negro and white preschool children in language development and Goodenough Draw-a-man IQ. *Journal of Genetic Psychology*, 1952, 81, 147-165.

12. MARY E. GOODMAN. *Race Awareness in Young Children*. Cambridge: Addison-Wesley, 1952.

13. A. KARDINER. The concept of basic personality structure as an operational tool in the social sciences. In R. LINTON (ED.), *The Science of Man in the World Crisis*. New York: Columbia Univ. Press, 1945. See also A. INKELES AND D.

J. LEVINSON, National character, in G. LINDZEY (ED.), *Handbook of Social Psychology*, Cambridge: Addison-Wesley, 1954.

14. D. EFRON. *Gesture and Environment.* New York: Kings Crown Press, 1941.
15. DOROTHY LEE. Some Implications of culture for interpersonal relations. *Social Casework*, 1950, 31, 355-360.
16. G. P. MURDOCK. The common denominator of cultures. In R. LINTON (ED.), op. cit., 124. 关于不同文化间的共通习俗，这里有一个特别有价值的讨论：C. M. KLUCKHOHN, Universal categories of culture, in A. L. KROEBER (ED.) *Anthropology Today*, Chicago: Chicago Univ. Press, 1953, 507-523。
17. D. RIESMAN. *The Lonely Crowd.* New Haven: Yale Univ. Press, 1950, 19.
18. See O. KLINEBERG. *Tensions affecting international understanding.* Social Science Research Council, Bulletin No. 62, 1950; also W. Buchanan and H. Cantril. *How Nations See Each Other*. Urbana: University Press, 1953.
19. D. V. MCGRANAHAN AND I. WAYNE. German and American traits reflected in popular drama. *Human Relations*, 1948, 1, 429-455.
20. G. ICHHEISER. Diagnosis of anti-Semitism: two essays. *Sociometry Monographs*, 1946, 8, 21.
21. A. A. BRILL. The adjustment of the Jew to the American environment. *Mental Hygiene*, 1918, 2, 219-281.

   某些罗马天主教学者提出了一种与此不同的，关于反犹主义源头的神学理论。他们承认，如《圣经》所言，犹太人是上帝的选民。而正是因为这个原因，他们当被应许的弥赛亚最终出现的时候却拒绝了他一事，才应该得到尤为严厉的惩罚。除非他们接受上帝关于以色列命运的新启示，不然他们就注定生活在动荡和痛苦之中。这些神学家还补充说，他们的这个解释并不能合理化基督徒有意做出的反犹主义行为。

22. F. J. BROWN AND J. S. ROUCEK. *One America*. New York: Prentice-hall, rev. ed., 1945, 282.
23. N. GOLDBERG. Economic trends among American Jews. *Jewish Affairs*, 1946, 1, No 9. See also W. M. KEPHART, What Is known about the occupations of Jews, Chapter 13 in A. M. ROSE (ED.) *Race Prejudice and Discrimination*, New York: A. A. Knopf, 1951.
24. Cf. E. C. MCDONAGH AND E. S. RICHARDS, *Ethnic Relations in the United States*, New York: Appleton-Century-Crofts, 1953, 162-167.
25. Cf. G. E. SIMPSON AND J. M. YINGER, *Racial and Cultural Minorities: An Analysis of Prejudice and Discrimination*, New York: Harper, 1953, 478 ff.
26. A. HARRIS AND G. WATSON. Are Jewish or gentile children more clannish?

Journal of Social Psychology, 1946, 24, 71-76.
27. R. E. GOODNOW AND R. TAGIURI. Religious ethnocentrism and its recognition among adolescent boys. *Journal of Abnormal and Social Psychology*, 1952, 47, 316-320.
28. G. W. ALLPORT AND B. M. KRAMER. Some roots of prejudice. *Journal of Psychology*, 1946, 22, 9-39.
29. DOROTHY T. SPOREL. The Jewish stereotype, the Jewish personality, and Jewish prejudice. *Yivo Annual of Jewish Social Science*, 1952, 7, 268-276. 这项研究同样也包含了关于其他所谓犹太人特征的有益证据。
30. 对传言中犹太人特质的调查见 H. ORLANSKY, Jewish personality traits, *Commentary*, 1946, 2, 377-383。这个作者也发现，其实可以毫无疑问地将犹太人和非犹太人区分开来的证据极少，特别是在城市居民中更是这样。

第 8 章

可识别度和疏离感

之前我们考虑的始终是群体之间所存在的真正差异——无论是种族、民族还是国籍。现在，让我们切换视角，来思考这些差异是如何被注意到的。我们已经发现，人们对于种族差异的印象很少会完全对应真实存在的差异。

这样的误解之所以会发生，是因为某些（不多的）显著的群体差异。一名黑人、东方人、女性、穿制服的警察，都很容易被我们划分到某个我们对其有预判的类别之中。因为他们身上有足够显著的标志激活我们关于特定群体的标签。

换句话讲：只有某个群体显示出了某种可见而显著的特征，我们才能够对其形成整体性的判断。可见性和可识别性帮助我们将对象分类。

当我们第一次遇见一个陌生人时，除非他显示出显著可见的特征，否则我们并不能立即将他分类。在这种情况下，我们常常倾向于谨慎地控制与他做接触。

有个这样的故事，一群农民站在乡间的小卖部前时，一位陌生的年轻人走进了店里。"看起来要下点儿雨，"陌生人率先打开话匣子。没有人附和。过了一会，一个农民问道："你叫什么名字？""吉姆·古德温（Jim Goodwin），我的祖父以前就住在这条路边，离这儿一英里远的地方。""哦，埃兹拉·古德温（Ezra Goodwin）——对，好像是要下场雨。"在某种意义上，陌生感本身就是一个可见的标记。它意味着,"谨慎判断,直到这个陌生人可以被纳入一个熟悉的分类框架之中"。

对于陌生人的接纳似乎遵循着一个普遍规律:他所受到的待遇取决于他对于内群体所要实现的价值来说,是一项资产,还是一个累赘。[1] 有时,他的功能不过是提供还算愉快的陪伴。在田纳西州的山岭地带,有一条不成文的约束陌生人行为的准则。在路过人家之前,他必须大声呼喊,除非这家的狗已经发出了警告。进门前,他应该将枪放在门廊上。如果他照做,就能够受到热情的接待,因为山里的人们也欢迎能够帮他们打发无聊生活的陌生人。

如果一个内群体需要吸纳新成员,而陌生人正好具备相应的素质,那他就可能受到永久性的欢迎。但在这之前,通常会有一个观察和适应的阶段。在一些联系紧密的社群中,可能需要数年,甚至需要一代人或更长的时间,新成员才能得到完全的接纳。

幼 童

如果说人类的群体偏见存在任何本能方面的基础,那就是遇见陌生事物时的犹豫。我们注意到婴儿经常对陌生人表现出受惊吓的反应。新生儿出生6到8个月时,如果一个陌生人企图抱起或靠近他们,他们通常会哭泣。即使对方毫无恶意,一个陌生人过于唐突的靠近也会使两三岁的孩子退缩哭泣。面对陌生人时所产生的羞怯经常会持续到青春期。在某种意义上,对陌生人的排斥反应从来不会消失。因为我们保持安全的关键在于对环境中变化的注意,我们对陌生人的出现十分敏感。当我们走进自己的家中,我们甚至可能不会注意到坐在那里的家庭成员,但是一旦有陌生人在场,我们会立刻注意到他,并保持警惕。

但是,这种"本能"的恐惧和迟疑并不会持续太久。反应通常是短暂的。

在一个针对11至21个月大新生儿的实验中,每个新生儿都离开了自己熟悉的育婴室环境，并被单独放置在一个陌生的房间里。研究人员通过单向透明的玻璃观察新生儿们的表现。虽然他们被各种触手可及的玩具所包围，但他们一开始都会大哭不止，显然由于周围环境的变化而感到恐惧。他们被放置在那里五分钟，然后回到了育婴室。隔了一天，他们再次被放进了新房间。这次他们的哭泣锐减。经过几次反复试验，婴儿们对新房间的陌生感就消失了，他们都玩得很高兴，没有表现出不满。[2]

在第3章中，我们明白了熟悉会产生一种"好感"。如果熟悉的事物是好的，那陌生事物就是坏的。然而随着时间的流逝，所有陌生都会自动变为熟悉。因此，随着逐渐熟识，原本陌生的人往往由"坏"变"好"。既然如此，我们就不能过分依赖"对陌生人的本能恐惧"这个论据，来对偏见做出解释。即使是几分钟的适应都能够减轻幼童对外来者的恐惧反应。

可见的差异暗示着真正的差异

回到可见度的问题。我们的生活经验告诉我们，当事物看上去不一样时，实质上通常也不一样。天空中的乌云与白云意味着不同的天气状况。臭鼬与猫不同。我们的舒适，甚至有时包括我们的生命都依赖于学习针对不同的对象采取不同行动。

所有人的外表都有差异。我们对孩子行为的期待，与对成人行为的期待不同；对女性的期待与对男性的期待不同；对外国人的期待也与对本地人的期待不同。所以，仅仅是期待黑人会和白人很不一样，或长着眯眯眼、黄皮肤的人会和圆眼睛白皮肤的人不一样，是完全正常的，并不构成偏见。[3]

第二次世界大战期间，黑人士兵有时会抱怨说，比他们早进入欧洲的美国白人部队在当地进行了反黑人士兵的宣传。当被问及为什么会产生这样的想法时，他们答复说，当他们登陆欧洲时，人们盯着他们看，像是觉得他们很怪异似的。而更合理的解释是，欧洲白人之前很少或者根本没有见过黑人，因此他们才会仔细观察这些人，想看看对方与自己究竟有没有肤色的巨大差异所显示出来的那么不同。

虽然人与人之间的某些差异是独特而个人化的（每张脸都有自己独特的形状和表情），但还有一些差异是类型化的。性别和年龄的差异就是很显著的例子。许多用来区分外群体的差异也是如此。例如：

肤色

五官特征手势

普遍的面部表情

言语或口音

穿着

宗教

言谈举止

食物偏好

姓名

住址

徽章（例如，标识着所属群体的制服或纽扣）

其中的一些差异是存在于身体上的，是天生的，而另一些则是习得的，或者干脆是为了获得群体成员身份的表演。没有人被强制要求在领子上别着老兵勋章或戴上兄弟会胸针和戒指。虽然有时，一些群体的成员会试图减少自己群体身份的"可见性"（一些黑人将脸涂白，或使用直发器），但另一些群体的成员却会想方设法地突出所在群体与其他群体之间的差异（通过穿着特有的制服或佩戴徽章）。无论如何很重要的一点是，看起来（或听起来）不同的群体，往往会显得比实际上的情况更为不同。

从这条规律衍生出了一个有趣的推论：那些貌似不同的群体就会被认为（或被强制规定）需要看上去不同。在纳粹德国，人们并不能够依靠可见的差异分辨出犹太人，因此犹太人被强制要求佩戴黄色臂章。教宗英诺森三世（Pope Innocent III）因为无法区分基督徒和异端而倍感困扰，下令所有的不信者都必须以一种特殊的方式着装，以示区分。同样，许多白人也试图通过声称黑人有特殊的气味和外形来增强黑人的"可见性"。

总而言之：在将内群体与外群体的成员相区分时，可感知的差异是一个基础的要素。可见的标记对分类是如此关键，以至于人们甚至会幻想出实际上并不存在的差异。许多东方人通过肤色辨别出白人之后也会认为他们具有一种可识别的独特体味。多年来，美国人想象中的布尔什维克党员都蓄着山羊胡。但近来，共产党人（被惧怕的外群体）内部缺乏一致的可识别度，这使得国家和国家立法机关深感担忧，大量的资金被用于"把他们揪出来"。例如，通过识别他们的姓名来让他们变得更可见。

当可见性确实存在时，它几乎总是被认为与更深层次的特质相关联，而事实往往并非这样。

不同程度的可识别性

人类学家基思（Keith）根据不同群体成员中可被即时识别的比例，为不同种族（种群、种类、品种）的可识别性提供了分类体系。[4]

筛选区别（Pandiacritic）= 每个个体都可被识别
宏观区别（Macrodiacritic）= 80%或更多个体可以被识别
交叉区别（Mesodiacritic）= 30%~80%个体可被识别
微观区别（Microdiacritic）= 30%或更少个体可被识别

根据这一体系，犹太人属于交叉区别型。（使用照片的）实验表明，约有55%的犹太人可以仅通过外表被辨认。[5] 亚美尼亚血统呈现出的可识别特征，或种族特有的面部表情习惯，能够大致准确地区分犹太人与非犹太人。但毫无疑问的是，如果被试得到的指令是区分犹太人和叙利亚人的面孔的话，正确率就不会这么高了。

很显著的一点是，持有偏见的人能够比不持有偏见的人更好地识别不受欢迎的外群体成员。上文引用的研究就证明了这一点。从心理层面来说，这个事实并不难解释。持有偏见的人很在意学习如何识别他的"敌人"。他变得目光敏锐，疑神疑鬼，他对任何可能指向对方是犹太人的细节都很敏感，因为他面前所有可能是犹太人的对象都对他具有潜在的威胁。相反，一个不带偏见的人很少会关心群体认同的问题。当被问及他的某个朋友是否是犹太人时，他会真诚地感到惊讶："啊？我不知道。我从来没有想过这件事情。"一个人不太会观察到或是发现一些区别性的细节，除非他特意去想这些事。

大多数拥有东方人或黑人血统的人都是能够通过外表被识别的，但也并不必然如此。因此，这些人种应该被归类到宏观区别，而不是筛选区别之中。有的黑人"可以被当成"白人（当然，这实际上意味着他大部分的血统来自白人，但同时也有一些黑人祖先），是反对黑人的偏见者们主要的忧虑。肤色偏浅的黑人可能被当成西班牙人或意大利人，甚至是盎格鲁-撒克逊人后裔，他们可能已经完全没有了黑人的特征。据不同的估计，每年有两千到三万名黑人后裔从黑人群体中脱离出来，自此之后被视为白人。[6] 两千这个数字可能更接近实情。

区分同一人种中的两个群体通常是困难的，即使过往的经验和熟悉程度有助于完成这个任务。一名研究人员要求斯坦福大学和芝加哥大学的白人学生通过照片区分在美国留学的中国学生和日本学生。他们的成绩总体来说非常差，仅略好于随机猜测，不过因为斯坦福的学生与东方人接触更多，所以判断的正确率也稍高于芝加哥大学的学生。[7]

肤色对我们判断的影响是如此之大，以至于我们在脸部识别中并没有比肤色更进一步的辨析能力。无论是中国人还是日本人，东方人就是东方人。我们也无法分辨每张面孔的不同特色，虽然我们往往坦率地承认，所有东方人看起来都差不多，但当我们发现在东方人看来，"美国人也都长得很像"的时候，还是会感到惊讶。针对黑人和白人面孔记忆的一项实验表明，具有高度反黑人偏见的群体无法识别不同的黑人面孔，正如很多黑人也无法通过照片识别出不同白人的面孔。[8]

虽然我们对个人差异的感知通常无法穿透对不同肤色或种族群体的总体印象，但是当需要区分的对象在可见度区间里与我们自己较为接近的时候，这一趋势就会反转。虽然白人无法通过外表区分中国人和日本人，但毋庸置疑的是，中国人或日本人都知道如何从细节处分辨出彼此。弗洛伊德称之为"对细小差异的自我迷恋"。我们仔细地将自身和与我们相似的群体做比较——两者总是存在一些差异的。按照弗洛伊德的说法，这些微小的差异暗示着，或潜在地意味着对自身的不满。所以我们会小心地注意到彼此间的差异（就像两位参加桥牌派对的郊区妇女会仔细审视对方的梳妆打扮那样），并通常会以对我们自己有利的方式对差异做出评估。我们决定，和自身看起来相似的"双胞胎"并不如我们一般自然得体。在宗教派别内部所产生的分歧似乎也是"对细小差异的自我迷恋"的例子。对于一名非宗教人士来说，路德宗信徒就是路德宗信徒而已，但对于内部人士来说，路德宗内部的一个派系和另一个派系也有着很大差异。

一位在美国南方旅行的印度女士由于自己的深色皮肤而被旅店拒绝入住。于是她卸下头饰，展示了自己的直发，就顺利入住了旅店。对店员而言，肤色导致了他对这位印度女士下意识的第一判断。而对这位印度女士而言，她敏感地发觉了这其中涉及的"细小差异"，从而使店员改变了自己的认知而将她重新分类。

皮肤颜色、头发质地和面部特征都只是可识别特征中的一小部分。也有一些其他的可识别特征，例如，在犹太会堂做礼拜，过特定的节日，遵守一些特殊的仪式如实施割礼，进行隔离，家族姓氏。正如我们在第1章中指出的那样，仅是一个犹太姓名就能够被作为可识别的线索，从而带来一系列待遇上的差别。无论可被识别的线索多寡、是否可靠，都足以引起人们的关注，并改变人们进行预判时的情感倾向。

居住在美国的清教徒为可识别的"天主教"标志而饱受折磨。他们被弥撒曲和教堂尖顶上的十字架所震惊并倍感冒犯。直至今日，依旧有一些正统的清教徒禁止在圣诞树上挂蜡烛，因为这样看起来"很像天主教"。在这样的情况下，可被识别的标志与事情本身就混淆了起来。也就是说，可识别的标志会导致对整个类别的定义过于绝对。事实上，清教徒痛恨的是专制的教会主义。然而，这些可识别的标志成了他们迁怒和回避的对象。

态度会凝集在可识别的差异周围

将标记与其含义合并的这种趋势，我们称之为**凝集**。它有多种形式，也会导致多种后果。以肤色为例，尤其是在过去一个世纪以来，出现了越来越多关于"黄祸"的警示，以及对"白人的负担"的关注。一个理论认为，曾在中国、印度、马来西亚、非洲进行剥削掠夺的欧洲资本家和官僚良心不安。由于担心有色人种会因此报复，白人越发压抑恐惧。

无论是出于什么原因，白人的肤色都是一个显著的特征，如流星般闪耀显眼，具有深刻的象征意义。总体而言，有色人种并不像白人这么看重肤色。对他们来说，肤色似乎多少与生活的基本问题无关。在一个涉及限制性约束的案件中，一名黑人妇女是原告。辩护律师质疑她，"你的种族是什么？""人类，"她回答说。"你的皮肤是什么颜色的？""自然的颜色，"她回答。

深色皮肤本身并不令人反感。许多白人都想要拥有深色皮肤。所有正常人的表皮下层都含有黑色素（melanin），这个词在希腊语中指黑色。在度假和美黑乳液的帮助下，数百万来自北方国家的人们尽力获取这些黑色素。以拥有像"坚果般的棕色皮肤""印第安人般的红色皮肤"，甚至"黑人般的黑色皮肤"为荣，并将此视为一个充实的夏日假期的标志。日光浴者都幻想自己能够拥有黑人般的肤色。

那为什么有色人种并没有如意想之中那样受到人们的喜爱和羡慕，而是被厌恶？这与他们的肤色无关，而是由于他们较低的社会地位。他们的肤色所蕴含的意义比黑色素更丰富，深色皮肤意味着在社会上的劣势。有一些黑人意识到这个事实，并力求在表面进行弥补。他们认为，通过化妆让自己显得更像白人，可以帮助他们摆脱这份耻辱。也许从黑人所遇到的实际障碍中可以看出，他们不想要的并不是自己天生的肤色，而是社会因此施加给他们的屈辱。他们也是凝集（将标记与其含义混淆）的受害者。因此，对受害者与迫害者来说，可识别性都是一个非常重要的标志，它激发了与可识别性本身无关的经验类别。

感官厌恶

当视觉提示成了锚点，随之而来的是所有其他的联结。在这些联结中，还有一系列的感官体验。我们从视觉感知的内容迅速推导至一个观点：即不同肤色的人，其体内流淌着的"血液"也是不同的；他们的体味与激情所在也存在着天壤之别。因此，我们就所产生的负面态度展开了感官的、本能的、"动物学"的解释。

这一过程是自然而然的，因为我们所有人都体验过感官厌恶和烦扰。我们都有一些自己反感的，甚至是厌恶的感官体验——也许是对桃子的触感，大蒜的气味，粉笔在黑板上划过的吱吱声，人们油腻的头发，难以忍受的口臭，变质的食物，棉花糖的口感，或是对膝上的宠物狗发嗲的女人。一名研究人员调查了一千多人，让他们列举自己厌恶的东西，结果显示平均每个人都列出了21种感官厌恶的形式。此外，被提名的感官厌恶中约有40%与人们的身体特征、言谈举止、穿着打扮有关。[9]

这些感官厌恶的原因，有一部分是天性使然，但大部分是后天习得的。然而一旦习得了，它所带来的震动就会使我们下意识地远离刺激源，或以其他方式保护自己。这样的行为本身不是偏见，但是却为偏见准备了一个合理化的解释。这里再次出现了符号和态度的**凝集**。即使是出于其他原因而对外部群体产生的反感，都被我们归结为出于感官原因的反感。

大多数人都厌恶汗水的气味。现在让我们假设有传言黑人（或东方人，或外国人）有异味。这种口头"信息"（几乎一定没有得到验证）将感官厌恶与偏见联系了起来。当一个人想到黑人时，他会想到汗液，或者是当他想到了汗液时，他会想到黑人。与此相联结的观点组成了一种类别。不久之后，这个人就会得到关于他无法忍受黑人体味的动物学诊断——他会说，这是一种本能的、自然的厌恶，所以除了与黑人的强制隔离，没有任何办法能够解决这个问题。

"异味论"是非常普遍的，因此值得我们更进一步检验。[10] 心理学家们告诉我们嗅觉具备以下三个重要特性。

（1）高度情感化——气味很少是中性的。恶臭会引起反感和厌恶。香水之所以有销量，是因为它能给人营造一种浪漫的氛围。因此，从特定群体所散发出的独特体味很有可能会引起反感或是偏爱。东方人有时会说，白人所具有的不良体味是来自于他们对肉食的偏好。

在我们接受"异味论"中的偏见之前，我们必须证明这种让人不快的气味是真实存在的，而不是仅存于想象之中的。而且，这种气味必须是独特的，比如说，（使我们反感的）气味在外群体中比起我们所处的群体（吸引着我们的）中更为显著。虽然接下来的描述将呈现一些初步的、有启发性的尝试，但还是很难对无法捉摸的体味偏好进行研究。

（2）能够唤起丰富联想——某种香味可能会突然唤起我们在童年时到访过的老式花园的印象。一种麝香的气味可能会让我们想起祖母家的前厅。类似地，我们也曾将大蒜的气味与我们遇到的意大利人，或是移民的廉价香水联结起来，我们也将居住局促的租客的臭味与新近遇到的意大利人、移民、租户们联系起来。每当我们遇见一个意大利人时，我们都有可能会想起大蒜的气味，甚至"闻到"它。（由类似关联而引起的）嗅觉幻觉是常见的。正因为这样，形成嗅觉联结的人才会坚称他们能从所有的黑人或是所有的移民身上闻到这股气味。

（3）人们对气味的适应很快。即使对于（体育馆、物业单位、化工厂中）那些始终存在的浓烈气味，人们也能迅速适应。几分钟后，我们就不大能闻到这种气味了。这个事实本身就能够大大削弱一个观点，即我们针对特定群体的厌恶是存在于对气味的本能抗拒之上的。就像婴儿对陌生人的恐惧只存在于极短的时间内，以至于我们无法就此建立起偏见的理论基础一样。即使我们能够快速适应不同气味，但正如我们所提到的那样，气味具备将自己与对事物的观点长久联结的非凡能力。

那现在事实究竟如何呢？例如，黑人群体是否具有独特的体味？我们无法妄下定论。然而，莫兰（G. K. Morlan）的实验能够给我们一些提示。

研究人员邀请了五十多位被试，让他们就两名白人男性学生和两名黑人男性学生的身体气味分别进行判断。研究人员彻底掩盖了这些学生们的身份。在前半段实验中，四个男孩刚冲完澡；而在后半段实验中，他们完成了15分钟挥汗如雨的剧烈运动。绝大多数的被试无法辨别不同人的体味，或是无法做出正确的判断。几乎没有被试能够做出高于随机正确率的判断。[11]

这样的实验对于被试来说是非常不愉快的，但是两个种族的男孩大汗淋漓的身体对他们来说，气味令人反感的程度相同。

对气味的执念是一种有趣的心理层面上的障碍。虽然它绝大部分是受主观感受（和偏见）的影响，但其作用似乎主要是为过于私人以及过于无法被理解，或被分析的感受，找到一个"客观的"借口，或理性的解释。

讨 论

我们现在知道为什么"可识别度"（可识别的肤色差异会使人们连带着假想出气味和其他能被感知到的特质）能够成为一个中心象征。如果群体中的个体都拥有一些特殊的能被感知的特质，那这些特质就起到了"冷凝棒"的作用。它的存在能够使得群体本身更易于将自己与外群体分割开来。我们在第2章中就已经指出，一个分类会将任何能够被它吞并的特质纳入旗下。

让我们重提性别差异的问题。性别差异的可识别度很高。但是，在所有的文化中，这些可识别的差异都在扭曲人类对两性的思考。女性不仅在外表上与男性不同，还在生物学上被认为是不如男性聪明、理性、诚实、富有创造性的群体——在某些文化中，女性甚至被认为是缺少灵魂的。确实存在的物理差异变成了一种总体上的（根本上的）类别差异。黑人不仅仅只是拥有黑色皮肤而已，还被认为是没有良知的、劣等的、迟钝的——然而，以上没有一项特质是在基因层面上与肤色有关的。

总而言之：可见的差异极大地加深了民族中心主义的发展。但可见的差异起到的只是辅助作用，而非民族中心主义的核心。尽管当我们追溯自己为何对某一群体存在轻微的反感时，得出的结论可能是对方与我们之间可见的差异。然而，这只是我们将其合理化后给出的解释。

尤其是在困难时期，可识别的差异至关重要。在经济受到重挫时，俄国人和波兰人进入贫民窟，攻击一切能找到的、可识别的犹太"敌人"。在种族暴动时，任何黑人都可能被即刻视为虐待的目标。在1923年的地震中，恐惧的日本人歇斯底里地袭击了无冤无仇的韩国人。

明确区分冲突中的群体是必要的。只有能够识别出敌人，才能够展开攻击。低识别度会导致混乱。美国近年来由于"共产党人"的低识别度而造成的内部混乱就是一个例子。由于这个被痛恨的团体不存在明确的会员标识，国会和州立法机构花了大量经费和时间进行排查。教授、神职人员、政府雇员、自由主义者和艺术家都卷入了这场由麦卡锡主义发起的——企图识别"共产党人"的漩涡之中。

可识别差异所导致的微妙的心理变化仍有待观察。一位敏锐的自我观察者在下列陈述中这样概括可识别差异的本质。

> 最近，我在纽约街头散步时，一位年迈的有色人种女性从我身边路过。她的脸上长满痤疮，同时还吐着痰。在我遇到存在类似情况的白人时，我总是深表同情或遗憾。因为我自己也遭受了多年的严重痤疮感染。然而，看到这位有色人种女性处在同样的境遇中似乎令我厌恶……如果一个犹太人或黑人做出违反社会公约的行为，在相似的情况下，他将受到远比主流群体更严重的惩罚。

在这个案例中，我们看到的是，即使在"宽容"的人中，也存在一种微妙的倾向，即将**无关**的可见特征与造成反感的**真正**原因相合并。当我们所在群体中的一名成员犯了一个不重要的错误时，我们往往会选择忽视，然而，当外群体的成员犯了同样的错误时，我们却无法容忍。这也是**凝集**的一个例子。导致愤怒的真正原因与一个无关的视觉线索相关联，两股力量集结在一起。

如果我们能够通过视觉线索识别来自现实的威胁，那就再幸运不过了。社会上的某些人的确如同寄生虫、水蛭一般，对同胞产生威胁，但这样的个体很少见。我们无法仅从外表确认对方是敌是友。如果所有的敌人都有着绿色的皮肤或红色的眼睛，或一个塌鼻子，那事情就简单多了。我们就能够理性地将敌意与视觉线索一一对应。但至少目前而言，情况还不是这样。

参考文献

1. MARGARET M. WOOD. *The Stranger: A Study in Social relationships.* New York: Columbia Univ. Press, 1934.
2. JEAN M. ARSENIAN. Young children in an insecure situation. *Journal of Abnormal and Social Psychology*, 1943, 38, 225-249.
3. G. ICHHEISER. Sociopsychological and cultural factors in race relations. *American Journal of Sociology*, 1949, 54, 395-401.
4. A. KEITH. The evolution of the human races. *Journal of the Royal Anthropological Institute*, 1928, 58, 305-321.
5. G. W. ALLPORT AND B. M. KRAMER. Some roots of prejudice. *Journal of Psychology*, 1946, 22, 16 ff.
   由于识别面孔的实验结果不可避免地会因小组中包括多少和何种犹太面孔而有所不同，因此最好从一系列不同的实验中提取证据。案文中陈述的调查结果受到了卡特基于自己的调查提出的质疑。(The identification of "racial" membership, *Journal of Abnormal and Social Psychology*, 1948, 43, 279-286.) 然而，这一实验结果又被G. LINDZEY AND S. ROGOLSKY (Prejudice and identification of minority group membership, *Journal of Abnormal and Social Psychology*, 1950, 45, 37-53)确证了。之后进行的实验尽管并没有重复这里给出的精确百分比（55%），但在基思提出的范围内，犹太人很可能被认为是一个"中音区"群体。
6. J. H. BURMA. The measurement of Negro "passing". *American Journal of Sociology*, 1946-47, 52, 18-22. E. W. ECKARD, How many Negroes "pass"? *American Journal of Sociology*, 1946-47, 52, 498-500.
7. P. R. FARNSWORTH. Attempts to distinguish Chinese from Japanese college students through observations of face-photographs. *Journal of psychology*, 1943, 16, 99-106.
8. V. SEELEMAN. The influence of attitude upon the remembering of pictorial

material *Archives of Psychology*, 1940, No 258.
9. C. ALEXANDER. Antipathy and social behavior. *American Journal of Sociology*, 1946, 51, 288-298.
10. 两个世纪前,托马斯·布朗爵士觉得有必要与目前认为犹太人有特殊气味的观点做斗争。他补充道,我们最好认为,将固定的特质强加在任何民族之上都是不恰当的。*Pseudoxla Epidemica*, Book IV, Chapter 10.
11. G. K. MORLAN. An experiment on the identification of body odor. *Journal of Genetic Psychology*, 1950, 77, 257-265.

第9章

由受害而造成的特质

> 无论是自然发生的,或是偶然的,还是命中注定的苦难,都没有他人的随欲而为给我们造成的苦难更痛苦。
>
> ——叔本华

让我们扪心自问,如果你听到一个声音不断重复,"你懒惰,生来愚笨,你注定是个小偷,有着劣等的血统",你将会有何感受?如果这个评价是你的大多数同胞所强加给你的,而你并没有办法改变这个观点——只因为你的皮肤碰巧是深色的。

或者,假设你每天都被他人期待是一名精明、敏锐、成功的商人,你不受俱乐部和旅馆的欢迎,你被视为只与犹太人交往的人,但如果你遵循这些预设行事,你却还是会因此受到谴责。无论你做什么都不会改变他人对你的看法——只因为你是一个犹太人。

一种名声,无论是否属实,当它被这样一遍遍日复一日地捶打进你的脑海时,都不可能不对你的性情造成任何影响。

一个发现自己不断被排斥和攻击的小孩不可能拥有尊严和自信。相反,他会发展出防御。像生活在一个恶意巨人的世界里的小矮人一样,面对威胁,他无法进行一场公平的战斗。他被迫听任巨人们的嘲笑,屈服于他们的虐待。

这个如同小矮人般的孩子可能出于自我防御做出很多事。他可能变得孤僻沉默,抗拒与巨人们说话,而且从不对他们说实话。他可能会与其他小矮人们团结起来，彼此安慰，找到自尊。他可能一有机会就尝试戏弄巨人，体验甜美的报复。他也可能陷入绝望，孤注一掷地将某个巨人推下人行道，或者在确保自身安全的情况下向巨人扔石头。或者他可能会绝望地发现自己正在扮演巨人们期待他扮演的角色，逐渐开始分享巨人们对小矮人的成见。他天然的自爱之情可能在长期的蔑视下转而成为精神上的畏缩与自我仇恨。

自我防御

宽容的人，怀着对正义的激情，往往会否认少数群体身上有任何大多数人所不具备的特殊性质。他们认为少数群体"就像"其他人一样。在一个宽泛的意义上，这种判断是正确的：因为我们所观察到的群体差异，远不及我们假定存在的群体差异那么明显。群体内部的差异几乎总是大于群体之间的差异。

但是，由于没人可以对来自他人的**霸凌**和**期待**漠然处之，所以我们必须预期到，群体内部经常会存在自我防御，以抵挡嘲笑、蔑视和歧视。这一点不容置疑。

然而，在概括由迫害而产生的特质时，我们需谨记在心以下两点：（1）它们并不都是令人不快的特质——其中有一些是能够给人带来社交愉悦并具有建设性的。（2）发展出何种形态的自我防御，是因人而异的。每个受迫害群体的成员自我防御的形式都各不相同。有些人可以轻松地处理自己的少数群体身份，从他的人格中甚至看不出这个身份对他有任何影响。而有些人会表现为一种可欲与不可欲的补偿形式的混合体。有些人会由于他们所受到的挫折而生出强烈反抗，继而发展出许多不良的防御。这些不幸的人会不断地招来他们所憎恨的对待。

个体应对其群体身份的做法取决于他的生活环境、所受过的训练、他所遭受迫害的严重程度、他的生活理念。我们只能在一个很小的程度上认为，在某个不受欢迎的群体中，特定类型的自我防御形式会比在其他群体中更常见。在接下来的讨论中，我们将列举一些案例，在这些案例中，由于一些特殊情况，特定形式的自我防御会在某一受害群体中更为普遍。

过度忧虑

几乎在美国的任何一个地方，黑人公民都无法心安理得地进出所有商店、餐厅、电影院、酒店、游乐园、学校、电车、飞机或船，更不用说造访白人的家了，他时刻要担心遭受冒犯和羞辱。这种挥之不去的焦虑在黑人去外地旅行时会更为强烈，他不仅对当地路况不熟悉，他的肤色也使他感觉不安。他脑海中会日夜不停地萦绕着有关种族的担忧，无法逃避。

在第二次世界大战中，军队研究部门针对黑人与白人的一项调查结果很好地展示了种族这一思维框架在黑人之中的普遍程度。这项调查的问题是，"如果你能够和美国总统谈话，关于这场战争和你在其中的角色，你最想问的三个问题是什么？"一半的黑人都表示会就种族歧视进行提问，但几乎没有一个白人打算提出相似的问题。黑人的提问方式不尽相同，但主题都指向同一个："我作为黑人，能够在战后分享所谓的民主吗？""南方会人道地对待黑人吗？""为什么黑人士兵不被允许和白人士兵一样战斗？""如果白人和有色人种的士兵都是为了同样的事业而战斗和牺牲，那他们为什么不能一起训练？"[1]

作为受偏见所害的少数群体成员，他们的一个基本感受就是不安全感。三位犹太学生的陈述都以不同的方式表达了同一个观点：

> 我害怕听到反犹主义言论；确定无疑地存在一种生理上的不适：我始终感觉到无助、焦虑、恐惧。
>
> 反犹主义是犹太人生活中的一股持久力量……
>
> 我很少直接遇到别人公开表达其反犹主义观点。但是，我总是会意识到它的暗中存在，似乎已经蓄势待发，只是不知道什么时候会发生。我从来没有放松过警惕，任何一点这方面的迹象都仿佛预示着，某个模糊地笼罩在头上的灾难即将到来。

在一所东部大学中的犹太学生所写的一系列类似的文章中，超过一半的人都提到了这种悄然笼罩着的"厄运"，不知何时才能降临。

因此，这种警觉性就是自我开启防御机制的第一步。受到偏见的群体必须时刻防范于未然。有时，这种敏感性会发展成为一种过度的多疑，一旦有任何风吹草动，他们都会加以分析。例如，对"eu"这个音节的敏感在犹太人之中非常普遍。

在20世纪30年代末的某一天，一对刚刚抵达美国的难民夫妇在新英格兰的一所乡村杂货店内购物。丈夫想要买一些橘子。

"是为了榨汁吗（For juice）？"店员问道。

"你听到了吗，"女人低声对她的丈夫说，"他在问，是给犹太人（Jews）吗？你看，这里也要开始迫害我们了。"

作为一名少数群体的成员，他们不得不对照着主流群体不断地调整自己的地位。假设墨西哥裔美国人的数量在某个城市占到了二十分之一，那么日常生活中，他们遇见"本地美国白人"的几率是"本地美国白人"遇见他们的几率的二十倍。当然，这一比率会因为他们倾向于和自己族裔的人一起活动而产生很大的改变。但是，这一基本的现象依旧存在：少数群体成员的压力、敏感性和需要适应的程度都要比主流群体高很多。

因此，少数群体对这个问题的忧虑很容易超过应有的限度。继而，他们与主流群体的每一次交往都变得风声鹤唳，使双方产生了巨大的隔阂。少数群体的态度可能是："因为我们受够了你们的伤害，所以我们学会了事先保护自己。我们不会信任给我们造成过伤害的群体中的任何人。我们不相信他们的一切。"警惕心理和过分敏感都属于少数群体自我防御的形态。

对集体成员身份的否认

也许受害者所能做出的最简单的反应是否认自己作为被排斥群体一员的身份。在那些没有标志性肤色、外貌和口音的群体中，一位对群体没有依恋或忠诚的成员经常会采用这种方式。他们在群体中的身份可能是由血统决定的,某些人只有半数、四分之一或八分之一与这个身份有关的血统。一名黑人的肤色可能会浅到足以冒充白人的程度。从逻辑上来说,他完全可以自称白人。因为他的白人祖先可能比黑人祖先要更多一些。否认集体成员身份的人可能会认定自己是"同化主义者",并认为所有少数群体成员都想要磨灭自己所有的群体印记,越快越好。但是,否认自己少数群体身份的成员经常也饱受内心的折磨,他们可能会觉得自己是所属群体的叛徒。

一名犹太学生带着悔恨承认,为了不被人知道自己是犹太人,他有时会"在谈话中插进一些调侃犹太人的俏皮话,虽然并不恶毒,但这是为了掩饰身份,传达自己是一位外邦人的印象"。

另一位学生写道:

> 当我与反犹太主义者在一起时,我努力"缄口不言",并尽快离开。我通常不会在他们面前勇敢地亮出自己的犹太人身份。我经常为自己不敢于承认自己的犹太人身份而感到内疚。

当一个人皈依了另一种宗教,或者成功地被人当成主流群体的一员之后,他对原来所属集体成员身份的否定可能是永久性的。但这也可能是暂时和机会主义的。就像使徒彼得一样,在压力下他否认自己是基督的追随者。对集体成员身份的否认也可能只是部分的,比如一位移民会觉得将自己异国气息浓重的本名英语化对自己更有利。一位黑人可能会尝试弄直他的头发,这不是因为他想要"装成"什么,而是因为哪怕只是在一个小方面逃脱对自己不利的特征,都是在某种意义上令人满足的。

否认所属集体的成员身份来获得主流群体的认可的行为,有时很难与适应主流文化实践的正常努力区分开来。一位努力学习英语的波兰移民不一定就是否定自己波兰人身份的,但他一定会降低波兰语在他生活中的相对重要性。他离开原先的群体而转向另一个群体。即使他无意背弃之前的同伴,但依然在走向被主流群体同化的道路。从结果上讲,这就是一种"否认"。

回避与被动

从古老的奴隶时代开始，囚犯、被社会排斥的人就开始将自己的真实情感隐藏在被动与随波逐流的假面之后。他们有时会将自己的怨恨掩饰得很好，以至于初看上去别人会觉得他们对自己的境况感到完全满意。伪装心满意足是他们的生存手段。

第二次世界大战期间，军队研究部门针对白人士兵进行了一次调查，其中有这样的问题，"你认为生活在这个国家的大部分黑人对自己的现状满意吗？"只有十分之一的南方士兵和七分之一的北方士兵回答"大多数黑人对这个国家不满意"。[2]

这项结果显示出大部分白人都错误地相信了黑人这种出于自我保护的伪装行为，同时也显示出主流白人群体是多么心安理得。事实是，大多数黑人都对现状并不满意。他们中起码有四分之三认为，"白人试图压制黑人"。[3]

有时，被动地默默接受是受到严重威胁的少数群体想要生存下去的唯一方法。激进反叛的行为一定会遭到严厉的惩罚，个体自身也可能被由持续的焦虑和愤怒引起的精神疾病击垮。装作认同其对立面的意见能够使他逃离被作为靶子攻击的命运，这切断了恐惧的源头，并悄然将他之后的生活分割成了两个部分：一个在所属群体中（较为活跃）的自我，一个在外部世界中（较为被动）的自己。尽管两者是冲突的，但大多数黑人还能保持精神健康——也许因为默默接受现状是一种有益无害的自我防御模式。以一种回避的、消极的方式来对待偏见可能能够在一定程度上起到自我保护的作用。

被动回避的程度不尽相同。有尊严的沉默态度会给人留下可敬的印象，得到很多人的欣赏，这种类型常见于黑人群体与东方国家。

另一种回避的方式是沉浸幻想。在现实生活中，受害者可能毫无尊严。但他可以想象，也可以跟与他地位相同的人谈论一种比他现在的境况更好的生活，就像一个跛子假装自己没有任何身体缺陷一样。在他的幻想中，他是强壮的、英俊的、富有的。他拥有锦衣华服、令人仰望的地位、巨大的社会影响力，就连他驾驶的汽车也是最好的。白日梦是人们经历被剥夺后的普遍反应。

回避也可能以不良的形式存在，例如畏缩和谄媚。在主流群体面前，一些受偏见所害的人会试图彻底抹去自我。如果主人讲了一个笑话，奴隶就跟着大笑；如果主人发怒，奴隶就怯懦畏缩；如果主人想要听奉承话，奴隶就溜须拍马。

扮丑角

如果主人想要取乐，奴隶有时会被迫扮丑角。犹太人、黑人、爱尔兰或苏格兰裔的喜剧演员都可能会在舞台上嘲弄自己所属的群体以博取观众一笑。演员从掌声中获得满足。理查德·赖特（Richard Wright）在他的作品《黑人男孩》（*Black Boy*）中，描述了电梯操作员，一名黑人男性，通过夸张化自己的黑人口音和做出外界对黑人刻板印象的姿态——乞怜、懒惰、滑稽——来获得好处。乘坐电梯的人们施舍给他硬币，像看待宠物一般对待他。黑人孩子有时也会做出愚蠢的乞丐般的样子，因为如此一来，他们就能收获好心（但同时也喜欢表现出高人一等的优越感）的人士的注意，以及几个便士。

以扮丑角的方式保护自我的情况也会延伸到内群体本身之中。有时，黑人士兵会喜欢使用一种极端的"黑人方言"，追求尽可能的背离语法规则。蓄意捣毁语法规则似乎对他们来说是一种快乐，一种受挫后象征性的发泄通道。他们称自己为"幽灵"（spooks），这个幽默的称呼背后别有深意。幽灵不会受伤，也无法被打倒；幽灵不会还嘴，也无法被强迫。幽灵穿墙而过，沉默但坚不可摧。少数群体在开自己玩笑的时候往往带有一种悲情。他们好像在表达，如拜伦所说的那样，"如果我嘲笑任何有死之物，那都是为了让自己不致哭泣"。

加强内群体的联结

正如第3章所述,来自共同敌人的威胁并不是群体团结的唯一基础,但它的确是促使人们联合起来的强大推动力。一个处于战时的国家能够展现出前所未有的凝聚力。针对失业者家庭的研究表明,在经济衰退期间这些家庭的团体凝聚力往往更高。的确,危机会让有些根基已经不稳定的家庭摇摇欲坠,正如一些处于弱势的少数群体由于所遭受的迫害而分崩离析一样。有人可能会举出例子说,美国历史上很多理想主义的、激进的和宗教性质的团体都没能经受住外部力量的打击。也有一些族群——比如某些印第安部落——由于缺乏对抗迫害的力量而瓦解。

但是,在一般情况下,我们可能会说,苦难使受苦的人同仇敌忾。来自敌人的威胁使他们渴求与经历相同的人组成一个能够为彼此提供保护的团体。第二次世界大战期间,西海岸的人们普遍认为,"日本人就是日本人"这一信条使第一代移民北美的日本人(Issei)与出生在北美的日本二代移民(Nisei)之间建立了强大的联结,尽管在迫害发生之前,这两个群体之间常互相看不顺眼。

因此,"小团体主义"可能是受迫害的结果,尽管迫害者可能认为这种"小团体主义"是导致迫害的原因。在加利福尼亚州,很少有人会将日本人群体的凝聚力归因于歧视性的法律和做法。他们没有认清的是,日本人群体之所以会抱团,是因为在这片异域之上的法律中所存在的歧视,法律禁止异族通婚,将日裔排除在公民身份、许多特定职业、许多特定街区之外。搞小团体被认为是日本人的"本性",正如它也被认为是犹太人的"本性"一样。当少数群体被系统性地排除在职业、街区、酒店、度假场所之外时,究竟是谁在排外?

可能根本不存在一种本能的"小团体意识"。孩子们的群体意识都是被教会的。一个五岁的黑人孩子否认自己黑人身份的情况并不少见——即使他知道身边的很多人也属于这个被鄙视的群体。一名年幼的犹太儿童可能会用"肮脏的犹太人"称呼别人,但他不明白其中所涉及的反讽。少数群体的家长会常常探讨是否需要向自己尚处幼年的孩子解释他生来的群体身份使他所要蒙受的烦恼，还是让孩子享受几年无忧无虑的生活，即使再过几年——通常在8岁左右——他还是将受到现实的冲击。

无论孩子是否为接下来的打击做好了准备，他很快就能在这个无可逃避的现实中找到安慰。他的父母会传授他属于这个集体传统的荣耀。这些给人安慰的传奇故事有助于消除"劣等"标签对他所在群体的影响。"我们，而不是你。"孩子对自己说，"才是真正优越的人。"随着合理化程度增加，主流群体可能被认为是粗鄙的、庸俗的、野蛮的或充满"病态的"（例如，富有偏见的）人。遭受歧视的人可能会从被孤立之中获得内心的满足，被单独挑出来区别对待也是一种重要性的表现。因此骄傲和自负完全可能出现在受害者而非加害人身上，因为没有人会真的觉得自己天然就低人一等。

因此，少数群体可能会发展出特殊的凝聚力。在群体内部，他们可以大笑，嘲讽那些对他们持有偏见的人，颂扬群体之中的英雄，庆祝专属于这个群体成员的节日，并且安适地共同生活。只要他们能够保持这种凝聚力，他们并不会为针对他们的偏见而感到困扰。在第20—21页中，我们提到，少数群体的民族中心主义程度可能高于主流群体。现在我们明白了其中的原因。

从这里再往前一小步，就是对自己所属群体的优待了。由于一个人的安全感来自他所属的群体，他会越发青睐这个群体中的其他成员。犹太人可能会倾向于支持犹太同胞；如果是这样的话，对"小团体主义"的控诉就是有根据的了。黑人有句口号，叫作"不要在你无法在那里工作的地方消费"，这背后的原因是相似的，并不难理解。有不少黑人曾被问到，为什么他们不去"白人的教堂"做礼拜，他们将会在那里受到诚挚的欢迎。而他们通常回答说："我们完全愿意这样做，但是这些教堂愿意给一位黑人牧师公平的就业机会吗？"出于外界的偏见而产生对所属集体的偏爱，是人们的一种自然条件反射。

狡猾与奸诈

纵观历史和全球，针对外群体的最常见的指责之一，就是他们是不诚实的、狡猾的、奸诈的。埃及的穆斯林是如此谴责埃及的基督教徒的，欧洲人也是如此谴责犹太人的，土耳其人谴责亚美尼亚人狡猾奸诈，亚美尼亚人也这样谴责土耳其人。

促成这项谴责的根源在于人类团体自古以来就实行的道德层面的双重标准。人们总是被期待会更偏袒自己所属的群体。原始人对欺骗行为的制裁通常只适用于受骗者是自己部落成员的情况。而欺骗外人被认为是正常而值得称道的。即使在文明社会中，我们依然可以观察到双重标准。无论是面向游客的多收费，还是出口商向海外出口劣质商品都被认为是常规操作。

一旦牵涉到了生存问题，耍花招的情况会变得更为严重。在历史上的不同时期，许多犹太人都通过误导迫害者的方式才得以生存下来。这在沙皇时期的俄国，希特勒时代的德国，以及所有被纳粹统治过的国家都发生过。在亚美尼亚人，美洲的印第安人等许多受迫害的民族和宗教团体的历史中，我们也可以发现类似的事例。

"奸诈"的特质也可能会成为受害者在小处寻求报复的手段。较弱的那一方会倾向于占较强一方的小便宜：黑人厨师可能会从白人女主人家的厨房里"顺走"一些食物，这其中既有实际的物质原因，也有象征性的报复意味。狡猾的形式不仅限于偷窃。它囊括了不同形式的伪装。一个人降低自己的身份，去扮丑角或是讨好，通过谄媚对方获取小恩小惠的行为，既是为了生存，也是一种报复。

因此，偏见的受害者产生这种形式的反应完全不足为奇，可能更值得感到奇怪的是，为什么这样的反应没有更多些。

对主流群体的认同：自我憎恨

在上述情况中，还存在一个更为微妙的机制，即受害者是真正赞同迫害者的，而非假装认可那些地位更高的人。受害者实际上的确会以迫害者的视角审视自己所属的群体。这个过程可能是同化主义努力背后的隐含条件，也是导致个体在主流群体中完全失去自我的原因。他的财产水平、习俗和言论都将与主流群体无异。但是更为令人不解的是，在一些情况中，个体完全没有希望达成实质上的同化，但仍然在观念上与主流群体保持一致，包括做法、观点和偏见。

针对某些失业男性处境的调查可能有助于解释这样的情况。在20世纪30年代的大萧条期间，研究报告显示，这些失业的男性们感到深深的耻辱。他们把窘迫的境况归咎于自己。在大多数情况下，这些男性并不会因此被责怪。但他们依旧倍感羞耻。西方文化对个体责任的重视可能是主要的原因。我们认为是每一个个体塑造了世界，或者说，我们愿意这样相信。当事情出了差错，个体应该承担责任。所以，移民们会越发为他的口音、扭捏的体态、所缺少的社交礼仪和教育而感到羞耻。

犹太人可能讨厌自己的宗教信仰（因为如果犹太教不存在，他也不会成为偏见的对象）。或者他也可能会鄙夷某一类犹太人（正统保守派、那些个人卫生习惯不好的人或者是商人）。又或者，他也有可能会痛恨意第绪语。因为他无法逃脱自己所属的群体，所以在一种真实的意义上，他也憎恶他自己——至少他会憎恶自己作为犹太人的那一部分。让事情变得更糟的是，他可能同时也恨自己会有这样的感觉。他陷入了两难的境地。由于长久以来的不安全感和紧张，他割裂的自我可能会做出隐秘而自我意识过强的行为。他们将自己作为犹太人被赋予的恼人特质放大，继而自我憎恨，加剧了冲突。这构成了一个永无止境的恶性循环。[4]

一个多世纪以前，德·托克维尔（de Tocqueville）描绘了黑人奴隶的自我仇恨。虽然这段历史让人痛心，但将此局面完全归咎于黑人是错误的。实际上，这种自我防御的形式在奴隶群体中很可能并不普遍；在今天的黑人群体中也不常见。

> 一名黑人千方百计进入排斥他的人们之中，遵循压迫者的品味，采纳压迫者的意见，并希望通过模仿他们而成为对方群体的一分子，却徒劳无功。由于他从最初就被灌输了自己所属的民族是劣等于白人的这一观念，他不但对此深信不疑，而且为自己感到羞耻。在他所形成的每一项性格特征中，我们都能看到奴役所造成的影响。如

果他能够对此做出改变,他会不惜一切代价将自己整个回炉重造。[5]

对纳粹集中营中情况的研究表明,只有当其他所有的自我防御方法都失败后,受害者才会采取认同压迫者的方式来进行自我调整。起初,囚犯们试图维护自己的自尊心,在内心默默鄙视压迫者,并试图偷偷做小动作和耍花招,以保护自己的生命与健康。但是在极度的压迫中苟延残喘了两到三年后,他们中的许多人试图取悦看守者,进而在精神上做出了投降。他们模仿看守者:在衣着打扮(象征性的权力)上不断向其靠近,欺负新来的囚犯。他们自己也逐渐成了反犹太主义者。他们继承了压迫者的黑暗心态。[6]

每种人格都有其突破点。德·托克维尔笔下的奴隶和长期被关押在集中营的囚徒等案例表明,群体压迫可能会摧毁自我的完整性,并将自尊转化为自卑,塑造出卑躬屈膝的自我形象。

并不是所有的认同或自我憎恶都如此极端。北方黑人士兵经常会戏谑地嘲弄南方黑人士兵具有某些"低人一等"的特质。这是白人间流行的关于黑人的普遍价值判断,但黑人群体自己也常常分享这些判断。当他们不断被灌输自己是懒惰、无知、肮脏、迷信的,他们可能会开始接受这些指控。这些所谓的黑人特质在西方文化中是为人不齿的——所以,理所当然地,黑人们——也无可避免地在某种程度上对自己所属的群体心生怨恨。例如,一位无意识地接受了白人评判的黑人,可能会对比他肤色更深的弟弟冷眼相待。

对自己所属群体的攻击

自我憎恨指一个人为自己有着所属群体中为人鄙夷的特质而感到耻辱——无论这些特质是真实存在的还是无稽之谈。我们也将自我憎恨一词用于对自己所属群体中的其他成员的憎恶,因为他们"拥有"这些特质。这两种情况都属于自我憎恨的范畴。

当仇恨显然地限于所属群体中的其他成员时,我们能够预料到的是,纷至沓来的内部问题。一些犹太人称呼其他犹太人为"犹太佬"——将整个群体受到的反犹太主义压迫完全归咎于他们。群体内部的阶级差异往往源自逃避群体中较弱势部分的动机，例如"有蕾丝窗帘"的爱尔兰人会看不起"衣衫褴褛"的爱尔兰人；生活在西班牙和葡萄牙的富裕犹太人长期以来都将自己视为希伯来民族中的精英；而身处德国的犹太人，自恃丰富的文化底蕴，认为自己是贵族而常常看不起奥地利、匈牙利和巴尔干地区的犹太人，并认为波兰和俄国的犹太人是处于最底层的。毋需多言，并非所有的犹太人都认可这套理论，尤其对于生活在波兰和俄国的犹太人来说，这根本是一派胡言。

黑人群体内部的阶级差异十分显著。肤色、职业、受教育程度都成了判定阶级的依据。处于上层的黑人很容易将在外部受到的歧视怪责在底层的黑人身上。在军队里艰苦的服役条件下，人们观察到肤色深的黑人经常攻击肤色浅的黑人，因为对方看上去更像奴役他们的种族。而肤色浅的黑人之所以处处为难肤色深的黑人，是因为他们的"愚钝"和"无知"。

因此，群体成员内部的关系经常因群体本身的劣势地位而变得更为紧张。那些采取某种自我防卫方式的人常会对采取另一种自我防卫方式的人表示恼火。万般谄媚的黑人由于"汤姆大叔"般的作风而遭受鄙视。穿长袍、蓄长须的正统犹太人，可能会被现代派的犹太人所排斥，他们的感受有时与反犹太主义的外邦人并无二致。急切想要抹去劣势群体对他们的影响并向往融入主流群体的人，往往会受到群体中其他成员的敌视。他们会认为这样的人是"自命不凡的""马屁精"，甚至是叛徒。

的确，急迫的、致命的迫害可能驱使所有的团体成员凝聚在一起，让他们暂时放下群体内的矛盾。但是，如果偏见只是处于一个"正常"的水平，内部矛盾就可能被当作一种自我防御模式。

对外群体的偏见

当然，偏见的受害者可能会将自己所受到的不公平待遇强加到别人身上。被剥夺了权力和地位的人渴望得到拥有权力和地位的感受。按照弱肉强食的链条，一个被优越于自己者迫害的人就像在谷场上啄食的家禽，一步步侵吞那些威胁到自己、劣等于自己的人。

一个采用了博加斯社会距离量表的研究，对比了佐治亚州两所大学中白人学生和黑人学生的偏见。黑人学生对全部25个国家和族裔群体的平均友好程度都不及白人学生（除了对黑人群体自身）。[7]

另外的一些研究也支持了这一发现，即黑人的平均偏见程度大于白人。但是，会以偏见回应偏见的群体并非只有黑人。其他的少数群体之中也存在这样的情况，尤其对于那些自认为是受害者的人，更是如此。[8]

一位犹太学生这样描述他们的心态：

> 我无法做到宽容，因为在我早年性格形成的阶段，我就是不容异己观念的受害者。我所发展出的仇恨和偏见都是作为防御机制而存在的。如果所有人都讨厌我，我自然也会以牙还牙。[9]

虽然受害者的挫折和愤怒是导致他对其他群体敌意的主要原因，但他的偏见还有其他原因。他可能能够通过偏见而获取与主流群体的微弱联结，并因此得到安慰。一位外邦的白人可能会明说或暗示黑人，毕竟他们都不是犹太人。一名反犹太主义者以屈尊俯就的态度对黑人说："山姆，无论如何，比起那些该死的犹太人，你和我们白人们更为相似。"山姆感觉自己受到了夸奖，继而赞同并继续看不起犹太人，认为他们是劣等于自己的群体。或者，一位缺乏安全感的犹太人可能愿意加入到他的外邦邻居驱逐街区中黑人的活动中。共同的偏见创造了联结的纽带。

最后，还有一个有趣的数学概率问题。厌恨外邦人的犹太人可能会双倍憎恶同是外邦人，又是黑人的群体。厌恨白人的黑人可能会双倍憎恶同是白人，又是犹太人的群体。对于某些黑人来说，表达出对白人的厌恶并不明智，但是他会以双倍的力度谴责"下流的犹太人"（他这么说的时候，部分是在谴责"下流的白人"）。[10] 同样地，犹太人在说"肮脏的黑人"时，也会带有对外邦人的恶意。

同　情

对于许多偏见的受害者来说，上文描述的防御机制是完全不存在的。恰恰相反，一名犹太学生写道：

> 我很容易同情黑人，他们甚至比犹太人更容易招致恶意。我了解受歧视的感觉。我怎么会有偏见呢？

朱利叶斯·罗森瓦尔德（Julius Rosenwald）的慈善事业主要是为了惠及黑人。开明的犹太人认为，共情，对于和犹太人一样受到压迫的群体来说，是很自然的反应。他们自己所受到的折磨（以及他们的宗教信仰中所宣扬的普世主义）使他们对同受压迫的群体深感理解与同情。

有趣的是，西格蒙德·弗洛伊德本人出于他的犹太人身份，客观的心态，以及作为自由的先驱者，这样写道："即使我是一名犹太人，我并没有让偏见像阻碍他人那样，影响到我发挥自己的思辨；但作为犹太人，我时刻准备着放弃与'主流群体的紧密联结'，并与之对抗。"[11]

弗洛伊德所表达的逻辑中涵盖了证据。大部分大规模的研究结果都显示，犹太人对少数群体所持有的偏见程度平均而言，实际上比新教徒或天主教徒要低。但是，我们需要注意其中重要的一点：犹太人，或是其他为偏见所害的群体成员本身的偏见程度不是非常之高（如前几页所述），就是非常之低。他们很少处于一个"平均"的状态。简而言之，作为一名受害者，他可能会发展出对外群体的侵略性，也可能会发展出对他们的同情。[12]

这点非常重要。**受害者几乎不会处于一个"平均"的偏见水平**。普遍而言，他会走向两种极端。他要么以牙还牙，按照弱肉强食的规则对待弱者；要么就是有意识地避免这种情况的发生，他会颇有感悟地说："这些人是受害者，正如我也是受害者一样。我应该给予他们支持，而不是伤害他们。"

反击：交战状态

我们几乎没有提到一个简单的可能性，即少数群体成员拒绝"承受"这一切。他们随时随地可以反击。从心理层面而言，这是最简单的回应。斯宾诺莎写道："如果一个人认为自己被另一个人憎恨，并且相信对方没有任何理由憎恨自己，他就会反过来憎恨那个人。"用精神分析的话语来说，挫折滋生攻击性。

1943年夏天的哈勒姆骚乱（Harlem riot）之后的一项研究向大量的黑人居民调查了他们对骚乱的看法。事实证明，近三分之一的人赞成这场骚乱。他们说："我很赞同这种方式——希望骚乱能够再次发生。让我的同胞有个机会发泄。""这是黑人得到政府支持的唯一方式。""这是底特律的报复。"另一方面，百分之六十的受访者表示自己也遭受过同样的歧视，但认为这场骚乱是"可耻的""是一场退行""是可怕的、丢脸的"。这项研究无法确定为何受种族偏见之害的人们愿意宽恕并谴责这场暴动。但有一些迹象表明，这些对骚乱持反对态度的人往往是阅读量更大、更频繁参加礼拜、更年轻的群体（也许是因为他们受偏见之苦的时间相对来说比较短）。但是这些迹象都无法作为确定的依据。[13]

我们并不难理解部分少数群体成员抗议不止的原因。他们应对偏见的方法是反击。他们有时会不顾群体内部的反对而采取强硬的武力。然而，在这群狂热分子的努力之后，往往伴随着真正的改革。

我们能够观察到，偏见的受害者并不比主流群体更易于脱离偏见。"日本人就是日本人。""尽管可能有一些例外，但所有的黑人都是差不多的。""所有天主教徒都是法西斯的喉舌。"作为反击，受到偏见的暴力分子可能会诅咒所有的白人、所有的外邦人、所有的新教徒。他们会对整个主流群体进行最猛烈的报复。

一旦意识到暴力的徒劳，一些偏见的受害者会踏入政坛或加入社会运动的组织，力图改善现状。因此，移民群体往往在左翼政党中占有突出地位。近来，黑人已经感受到了政治措施所带来的改善，并普遍将投给共和党（林肯）的一票转而投给民主党（罗斯福）。还有部分人加入了共产党。少数群体往往是民主党派与激进政治行动的拥护者。犹太人有时会走到社会变革的前列，继而成为自由主义的领导者。这时，他们会比以往任何时候都更痛恨反犹主义者，谴责他们是"价值体系的破坏者"，"处于保守价值观的边缘"（第132页）。

进一步的努力

加倍努力是面临障碍时的健康反应。人们敬佩锲而不舍、克服障碍的跛子。在我们的文化中，这种面对困难不气馁并能够努力克服它的品质是被广为认可的。因此，有一些少数群体的成员在遭遇困境后，也会加倍努力去解决困难。在工作了一整天之后，一些移民会参加夜校学习美国人的语言和思维方式。在每一个少数群体中，都有很多人采取这种直接而正面的方式克服自己处境中的困难。

这似乎是许多犹太人的生活方式。由于认识到作为犹太人的困难，他们会鼓励自己的孩子加倍努力学习，以获得与竞争对手平等的地位。为了获取成功，他们认为，作为犹太人必须提前做好准备，必须比外邦人获取更高的学历及更丰富的经验。毫无疑问，犹太人热衷学问的传统加强了这一应对偏见的模式。

采用加倍努力的方式来应对困境的人值得我们敬佩。有时，他们也会由于过分的勤奋而招致霸凌。但是无论如何，他们踏上的是公开竞争的道路，他们会说："我接受你给我的这条充满荆棘的赛道。让我们来一决高下吧。"

为社会地位的象征而努力

与这种直接应对困难的努力相反，我们发现许多偏见的受害者会采取其他的方式来获取更高的社会地位。少数群体的成员会表现出对大场面的特殊偏爱。在军队中，一些黑人部队会致力于阅兵游行，精心制作的鞋子，穿着舒适的衣服，以及其他良好士气的标志。这些都是社会地位的象征性标识——而黑人的社会地位是稀缺的。有时，我们会注意到移民群体成群结队地举办一项盛大的仪式，这种仪式甚至可能是为了一场葬礼。而这些少数群体的成员可能在璀璨的珠宝与昂贵的汽车中获得一种自豪感，这是一种展示的方式，像是在说，"你们总是看不起我。现在请睁开眼看清楚。我有哪里值得被鄙视？"

类似的"代偿"可能会导致在性方面的强烈的征服欲。受到鄙视的少数群体成员可能会在性活动中找回自尊、骄傲与力量。他证实了自己与其他人是平等的——不用说是更好的——只要和看不起他的人一样好就够了。黑人似乎并不为有关自己所属群体性活跃的评价所困扰。他认为这是一种赞美，因为在许多其他方面他都感到自己处于弱势。对于一些黑人，或是一些少数群体的成员而言，被认为在性方面过分开放并不是个问题。这说明了群体名声也能够满足对社会地位的象征性需求。

另一种社会地位象征的实例是对浮夸语言的使用。意图掩盖自己少数群体身份的人会使用生僻的词汇，以抬高自己的社会地位。他们看似优雅的语法和丰富的词汇（即使存在一些荒唐的用法），都会轻易表露出他们并不具备自己所向往的教育背景。

神经过敏症

偏见的受害者需要经受如此之多的内心冲突，以至于我们对其精神健康产生担忧。有一些证据表明，犹太人的精神病发病率相对较高，而高血压在黑人群体中很常见。[14] 但总体而言，少数群体的精神健康与社会总体的平均水平并无显著差异。

如果一定要找出少数群体因长期受到偏见而产生的精神变化，那可能是这些受害者们学会了以一种温和的疏离态度应对生活。只要他们能够在所属群体内自由行动、做好自己，他们就能够设法忍受（或自我消化）外部的排斥。他们会渐渐习惯这种略微疏离的生活方式。

然而，偏见的受害者最好时刻保持警惕。由于他们不断受到外部刺激的挑衅，他们很有可能会选择本章中所提到的一种或多种防御性的行为模式来保护自己。在这些模式中，有一些是良好而成功的，而另一些则会将受害者推向神经质型的防御机制的方向。只有学会分辨这些陷阱，才能够在人生的航道中一帆风顺。

相应地，主流群体的成员也需要学习这些技能。每当个体自尊受到威胁，都可能会发展出自我防御的特质，在这些特质中，有一部分是令人生厌的。而这部分特质更应被视为歧视所导致的结果，而绝非歧视的缘由。

> 一个十二岁的男孩从学校回家后，痛骂一个被他称作"混蛋"的同学。他似乎对"混蛋"的吹嘘、谎言与懦弱充满厌恶。当这名男孩被问道："你觉得他为什么会这样做呢？"这个小伙子想了一会，慢条斯理地给出了一个有理有据的答案："他看起来很滑稽，不擅长运动，非常不起眼；没有人和他说话，所以我认为他就是想要惹人讨厌，好让自己更有自信一些。"

在给出这个答案后，这名男孩对"混蛋"越来越感兴趣。他开始客观地观察他，并逐渐与他交好。理解是为了宽恕，或至少为了使容忍变得更为容易。

如果"混蛋"自己能给出这个问题的答案就更好了。一旦他意识到自己的行为背后所蕴含的更深层次的原因，他可能会采取一些正面的方式来弥补他在关注度上的缺失。如果我们能够了解到这种神经质型的防御机制的本质和源头，它就能够被控制，或者至少不被表现出来。有时，受害者自己也需要学习这一技能。

然而，与其思考这种神经质型的补偿机制，不如多考虑一些受害者们的生活状态。他们往往生活在社会边缘——有时被接纳，有时被排斥。勒温（Lewin）将其比作一种处于青春期般的状态，他们生活在一种未知之中，不知道自己是否会被主流社会的成年人接纳。动荡与压力所导致的不安和紧张，偶尔会非理性地爆发。而想要变得更为成熟，必须先确认这个世界对自己的态度。许多少数群体成员从未被社会完全接纳，从未对社会充分参与，获得安全感。他们就像青少年一样，没有一个属于他们的容身之处。他们是边缘人。[15]

自我实现的预言

让我们回到本章一开始讨论的问题。人们对我们的看法会在一定程度上塑造我们。如果一个孩子被认为是"天生的小丑"，在众人的称赞和关爱之中，他会不断习得作为一名小丑的技能与诀窍，继而成为一名真正的小丑。如果一个人新进入群体时就认为自己受到了来自他人的恶意，他可能也会发展出带有侵略性与防御性的行为，并引发真正的矛盾。如果我们认为家中新来的女佣手脚不干净，即使事实起初并非如此，女佣最后可能也会出于受到侮辱后的报复心而真的偷窃。

鉴于人们有无数种微妙的方式能够导致某一特定行为的发生，罗伯特·默顿（Robert Merton）提出了"自我实现的预言"这个概念。[16]它引导人们去注意人与人之间的相互作用。我们常会将特定标签赋予外群体（第7章），而内群体往往会对这些标签存在一个错误的印象（第12章）。然而，事实是这两个条件会相互产生影响。我们对他人的感知并不会直接促成他人特质的形成，但却能够对其产生发生影响。我们针对被厌恶群体的印象，会导致这些群体最终展现出这些令人生厌的特质，并坐实了我们对他们最糟糕的期望。这也可能是这些群体针对我们的一些抵触言论所做出的反应。因此，除非双方决意终结这一切，不然这个恶性循环会不断加剧彼此的社会距离，丰实偏见滋生的土壤。

自我实现的预言既可能会促成良性的循环，也可能会导致恶性的循环。容忍、欣赏、赞美将育出善果。受到群体欢迎的外来者可能会对群体做出卓越的贡献，因为他将以诚待人，而不是倍加防备。在所有的人际关系——家庭、种族、国家——中预期效应的力量是巨大的。如果我们预见到了同胞的恶行，我们就倾向于挑起它；[17]如果我们预见到了同胞的善行，我们就倾向于滋养它。

结 论

并不是所有的少数群体成员——即使在受到了极端迫害的群体之中——都表现出可识别的自我防御形式。如果他们都表现出不同程度的自我防御，那就会引出一个值得思考的问题：为什么他会采取这种自我防御的形式，而不是另一种形式，来保护自己的安全与利益呢？在本章中，我们所描述的自我防御形式可以大致分为两类[18]：第一种自我防御机制是侵略性的、外向型的，是对造成迫害的群体的攻击。第二种机制则是更为内向型的。在第一种机制中，受害者所**谴责**的是阻碍他的外部原因；而在第二种机制中，他倾向于向内寻找解释，即使他不那么自责，他也感觉自己至少有责任去适应当下的情况。我们可以称采取第一种机制的个体（根据罗森茨威格，Rosenzweig）为外罚型人格（extropunitive），而采取第二种机制的个体为**内罚型人格**（intropunitive）。根据这种方法，我们可以借助图9来总结本章。

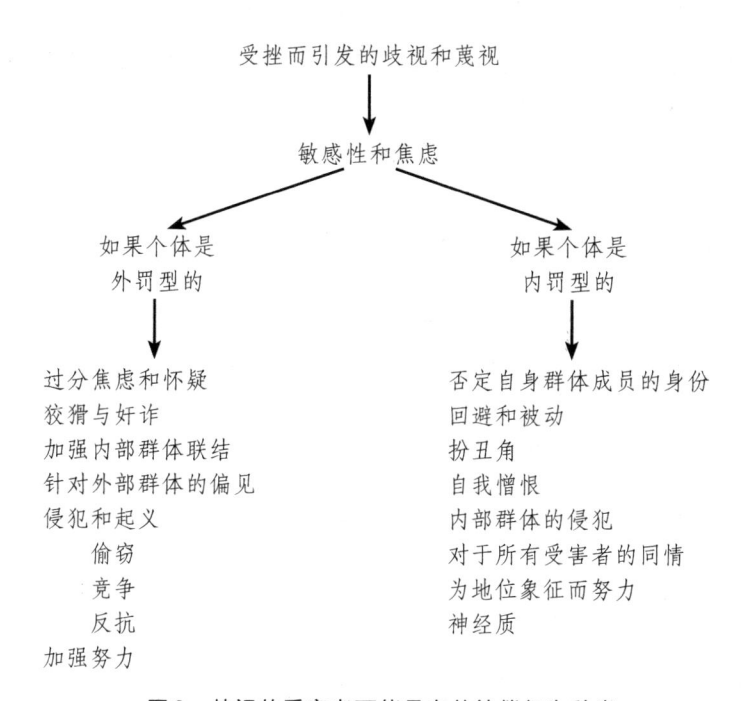

```
              受挫而引发的歧视和蔑视
                      ↓
                 敏感性和焦虑
                   ↙      ↘
          如果个体是        如果个体是
           外罚型的         内罚型的
              ↓               ↓
    过分焦虑和怀疑      否定自身群体成员的身份
    狡猾与奸诈          回避和被动
    加强内部群体联结    扮丑角
    针对外部群体的偏见  自我憎恨
    侵犯和起义          内部群体的侵犯
        偷窃            对于所有受害者的同情
        竞争            为地位象征而努力
        反抗            神经质
      加强努力
```

图9 歧视的受害者可能具有的补偿行为种类

这种分析的缺点是，它可能在我们的头脑中留下一系列无序的"机制"。实际上，每种人格都有自己的一种模式。一位偏见的受害者可能会展示出多项由受害造成的特质，其中一些是外向的，另一些是内向的。

　　为了说明这一点，让我们来描绘一种典型的受偏见所害的人。首先，他们认为自己被孤立的事实并不妨碍他们追求健康和愉快的生活。他们的基本价值观与我们是一致的，他们也知道在所有的群体中都有许多人赞同他们，并与他们有着同样的价值取向。所以，他们不会仅仅在主流群体中寻找伙伴，而是在所有的群体中寻找那些与他们能够达成一致的人。当他们的价值观不那么普适时，他们会遭遇歧视与偏见，然而他们会不卑不亢地求同存异。他们掷地有声，"每个人都会经历困苦与不公；我经受了很多，但我呼吁勇气和毅力"。他们会不断增加自己的竞争力，追寻自己的目标，包括努力减少社会歧视，并增强民主的实践。他们同情所有受压迫的人。总之，他们是悲天悯人、有勇知方、锲而不舍、不卑不亢的。虽然一定会存在社会化程度远低于此，也不那么成熟的个体。但正如我刚才所描述的那样，一个完全成熟的人格是能够以德报怨的。如此之多的偏见受害者能够做到这一点，我们在此应该为他们丰满成熟的人格而感到深深地敬佩。

参考文献

1. S. A. STOUFFER, et al. *The American Soldier: adjustment during Army Life*. Princeton: Princeton Univ. Press, 1949, Vol. I, Chapter 10.
2. Ibid., p. 506.
3. T. C. COTHRAN. Negro conceptions of white people. *American Journal of Sociology*, 1951, 56, 458-467.
4. Cf. K. LEWIN. Self-hatred among Jews. *Contemporary Jewish Record*, 1941, 4, 219-232.
5. A. DE TOCQUEVILLE. *Democracy in America*. New York: George Dearborn, 1838, I, 334.
6. B. BETTELHEIM. Individual and mass behavior in extreme situations. *Journal of Abnormal and Social Psychology*, 1943, 38, 417-452.

7. J. S. GRAY AND A. H. THOMPSON. The ethnic prejudices of white and Negro college students. *Journal of Abnormal and Social Psychology*, 1953, 48, 311-313.
8. G. W. ALLPORT AND B. M. KRAMER. Some roots of prejudice. *Journal of Psychology*, 1946, 22, 28.
9. DOROTHY T. SPOERL. The Jewish stereotype, the Jewish personality and Jewish prejudice. *Yivo Annual of Jewish Social Science*, 1952, 7, 276.
10. 关于黑人中反犹太主义的讨论见K. B. CLARK, *Candor about Negro-Jewish relations, Commentary*, 1946, 1,8-14。
11. S. FREUD. On being of the B'nai B'rith. *Commentary*, 1946, 1, 23.
12. G. W. ALLPORT AND B. M. KRAMER. Op. cit, 29.
13. K. B. CLARK. Group violence: a preliminary study of the attitudinal pattern of its acceptance and rejection: a study of the 1943 Harlem riot. *Journal of Social Psychology*, 1944, 19, 319-337.
14. HELEN V. MCLEAN. Psychodynamic factors in racial relations. *The Annals of the American Academy of Political and Social Science*, 1946, 244,159-166.
15. K. LEWIN. *Resolving Social Conflict*. New York: Harper, 1948, Chapter 11.
    在自身群体之中自尊和骄傲的重要性作为一种回避和毁灭性的效果在G. SAENGER, Minority personality and adjustment, *Transactions of the New York Academy of Sciences*, 1952, Series 2, 14, 204-208中被强调。
16. R. K. MERTON. The self-fulfilling prophecy. *The Antioch Review*, 1948, 8, 193-210. See also R. STAGNER, Homeostasis as a unifying concept in personality theory, *Psychological Review*, 1951, 58, 5-17.
17. G. W. ALLPORT. The role of expectancy. Chapter 2 in H. CANTRIL (ED.), *Tensions that Cause Wars*. Urbana: Univ. of Illinois Press, 1950.
18. I. L. Child提出了一种稍微不同的总结少数群体成员行为类型的方法，见*Italian or American?* New Haven: Yale Univ. Press, 1943。Child发现一些意大利血统的第二代年轻人强烈反抗他们自己的内群体。还有一些人巩固群体内的联系，甚至到了憎恨周围的美国文化的程度。还有一些人对此漠不关心，选择尽可能淡化和忽视种族冲突。所有这些形式的反应都在我们的分类中有所体现。我们与Child的分类的不同之处在于，我们列出了比Child在他对单一种族群体的更有限的研究中发现的更广泛的调整。

第三部分

对群体间差异的感知和思考

第10章

认知过程

内在的光与外界的光相遇。

—— 柏拉图

正如我们所说过的那样，群体差异是一回事；我们如何感知并思考它们则是另一回事。在第二部分中，我们检视了刺激对象本身，即外群体的自身特征。现在，我们转而关注我们与刺激对象相遇时的心理过程以及这些心理过程所导致的结果。

没有任何东西，是我们一看到或听到它的时候，就能直接明白其意义的。我们总是在**选择**和**解释**自己对周边世界的印象。一些信息是由"外界的光"（light without）为我们照亮的，但是我们赋予它的意义和重要性在很大程度上是"内在的光"（light within）加上去的。

当我向窗外望出去时，看到一片野樱花丛在微风中摇摆。叶片的背面露出来了。其中大部分的信息是通过我的感官传达的，花丛反射出的光波触发了这些感官。但是我自己会说"今晚可能要下雨"，因为我以前在某个地方听说过，当树丛或树叶以这种方式在风里摇摆，并露出叶片的背面时，这就说明要下雨了。

我所感受的、感知的、认为的一切都混合在一起，构成了一个单一的认知行为。当我遇到一个黑人时，感官将他的肤色传达给我。不过其他一系列事实，如：他是一个男人，属于某一种族，也相应地拥有该群组所有的其他特性（我认为我了解的那些特性），以上这些信息都是由我过往的知识和经验加上去的,这整个复杂的过程构成了一项信息丰富的认知行为。

很重要的一点是,我们不能犯这样的错误,即假定我们可以直接感知到群体间的差异。正如阿尔弗雷德·阿德勒(Alfred Adler)所写的那样:

> 感知与影像是永远无法直接比较的,因为感知者的个人特质和性格特征会与其感知到的信息不可分割地结合在一起。

感知不仅仅是一个简单的物理现象,而是一种心理功能,我们可以从中得出关于内心世界最深刻的结论。[1]

选择、强调、阐释

感知-认知过程的区别性特征在于对"外界的光"所执行的三项加工。意识对感觉信息选择接收、着重强调、进行解释。[2] 以下的例子能够解释这一过程:

> 我已经遇到了某位学生大概十次左右。每次遇到他,他交上来的作业或发表的评论都乏善可陈。因此,我认为他的能力不达标,无法继续进行学习,应该在学年结束时离校。

我**选择**了我的证据,将注意力集中在某些指向他能力不足的信号之上——当老师的常常会对这些信号敏感。我着重**强调**了这些能力不足的标志,而故意忽视这位学生的许多优秀品质和个人魅力,并将我与他的十次相遇作为对其智力做评估的重要依据。最后,我对这些证据做出**阐释**,将其概括为"学术能力不足"。这整个过程看起来颇为理性——作为判断过程来说,再理性不过了——针对这个例子中的老师,我们可能会说,"他做的判断都是有证据支持的"。事实上也的确如此。但是没有人知道,如果他与该学生如果有第十一次、第十二次相遇的话，会不会发现新的证据来否定这一判断。但是，总的来说，这位老师已经尽其所能，从自己丰富的经验出发进行选择、强调和解释的活动了。

让我们再来看另一个例子：

> 在南非的公务员考试中，报考者需要回答"你认为犹太人在南非总人口中所占的百分比是：1%、5%、10%、15%、20%、25%、还是30%"。报考者的答案往往在20%左右。然而，正确答案是仅略多于1%。[3]

在这个例子中，绝大多数报考者在考虑这个问题时，显然是首先在对过往的记忆进行选择，回想他们所认识的或见到过的犹太人。接着，他们对这部分经验进行了再次的强调（夸大）。最后，他们对这一经验的阐释使他们做出了错误的判断。很有可能，是对"犹太威胁"的恐惧使得人们潜意识中高估了犹太人的规模。

接下来的例子将阐释"内在的光"对"外界的光"所产生的更为显著的影响。

> 在暑期学校的一堂课上，一位中年女士怒气冲冲地走向教师说："我想这个班上有个姑娘是黑人。"面对教师不置可否的态度，这位女士坚持地说："但是你也并不想要个黑人在你班上，对吧？"第二天她又出现了，坚称："我知道她就是一个黑奴，因为我把一张纸掉在了地上，对她说'捡起来'。她就照做了，这证明了她只是一个想要往上爬的黑奴。"

这位女士的出发点仅仅是一个微小的感官线索。她选择的那名女孩有着深色的头发，但对大部分人来说，她并不能算作黑人。然而，指控者**选择**了这一线索，她认为这是确凿的证据，并在脑海中**强调**了这一点。最后她以一种与自己的偏见一致的方式**解释**了这一切。请注意，她武断的解释只是基于这名女孩捡起了她所掉落的纸片。

最后这个例子更为极端。在1942年，纽约市实行灯光管制。即使是交通信号灯也被部分覆盖，以减弱照明亮度。为了使其保持最大程度地可见，交通信号灯上只留下了两个十字形交叉的狭缝。客观的情况就是这样。以下是一位市民对其的感知：

> 大卫之星的追随者（即犹太人）看到这一幕一定会大为惊骇，在纽约五个自治市的所有交通信号灯，都从平平无奇的，直径约六英寸的圆形灯罩改成了红绿两色的十字架。这虽然是出于灯光管制而做出的改变，但纽约警察局工程部门的这项工作，能够让犹太人得到提醒，这是一个基督徒国家。[4]

在这个案例中，选择、强调、阐释的整个过程彻底偏离了现实。

指向性的和自闭的思维

思考根本上是一种预判现实的努力。通过思考，我们设法预见结果并制定行动计划，以规避威胁并实现目标。思考本身并没有什么被动之处。它从一开始就是一种活跃的功能，包含记忆－感知－判断－计划。

当我们有效运用这一机制来预见现实时，我们就称其为**推理**。如果这一机制以一种与客观事物的性质相符合的方式，使某人在分析后取得了生活中重要的目标，我们就说这个人进行了推理。当然，他可能会在推理过程中犯错误，但只要大体方向是基于现实的，我们就可以肯定他的思考在根本上是理性的。我们称这种正常的问题解决过程为"指向性"（directed）思考。[5]

与此形成对比的，我们可能会想到，就是充满幻想的、自说自话的，或称"发散性"（free）思维。在这种思维模式中，我们的思路信马由缰，想法会一个接着一个，但对于我们的目标来说，这一思考过程没有起到任何的推进作用。做白日梦就是一个典型的例子。在其中我们为自己描摹了一幅成功的图景，但对现实而言毫无用处。术语**自闭思维**（autistic thinking）是指一种非理性的精神活动形式。"自闭"的意思是"指涉自己"。那位"感知"到有黑人的女士，和"感知"到交通信号灯上十字架的人，他们的思维都是自闭的而非指向性的——因为他们的个人执念完全颠倒了客观现实。两者的阐释都是错误的，也无法对他们的行动有任何帮助。整个思考过程都仅仅是在满足自己的幻想，完全站不住脚。

让我们来引用一项实验来更好地说明问题。赛尔斯（S. B. Sells）希望研究人们使用三段论式演绎进行推理的能力。三段论式演绎推理是测试指向性思维的一种方式。在一系列测试题中，有一部分是关于黑人的。以下是其中的两个例子：

> 如果许多黑人都是著名运动员，并且如果许多著名运动员都是民族英雄；那么许多黑人都是民族英雄。
>
> 如果许多黑人是性犯罪者，并且如果许多性犯罪者都感染了梅毒；那么许多黑人都感染了梅毒。

赛尔斯要求他的被试——他们全都是大学生——对上述案例涉及的逻辑推理做出判断。这两个演绎推理同为无效推论（仅凭"许多"一词，我们并无法推导出有效结论）。无论是否接受过逻辑训练，一位公正的评判者都能够得出一个结论，即这两个推理的有效性是相同的。因为它们的陈述形式完全相同。

事实证明，虽然大多数被试都对两项推理给出了一致的判断——要么同为有效，要么同为无效——但还是有部分被试认为第一条推理成立，而第二条不成立。而在针对这些被试态度的测试中，我们发现做出这种判断的大部分被试都持有亲黑人态度。而认为第一条推理不成立，而第二条成立的被试，在态度测试中则主要对黑人持反对态度。[6]

这个实验显示了人们如何可能以一种自闭的方式来处理一个纯粹、客观的逻辑问题。采取这样的方式，会得出与自己利益、认知相符的结论。另一个实验也同样表明，对黑人的亲善态度会与反对黑人的态度一样，对推理产生先入为主的影响。

与自闭思维相关联的一个重要因素是合理化。人们都不想承认自己的思维是自闭的。

实际上，人们通常都不知道这一点。人们会特别拒斥自己的观点其实是出于偏见这个想法。他们通常会给出一个更正当的原因。一名抱有偏见的白人不太可能承认，他拒绝用黑人用过的酒杯喝酒是因为厌恶黑人，他会自我开脱，声称黑人"有传染病"。这听起来是一个合情合理的借口，尽管同一个人会毫不犹豫地用白人用过的酒杯——白人同样是可能患病的。许多人在1928年的总统大选中拒绝为史密斯（Al Smith）投票的原因是，他是天主教徒。然而，这些人给出的理由是"他没有教养"。同样地，这是个貌似合理的理由，但绝非造成当前的局面的真正原因。

我们不可能每次都做到精确地区分推理和合理化，特别是，将错误的推理与合理化进行区分尤为困难。我们应该谨慎使用合理化一词，使其仅适用于自闭思维造成的明显的错误判断。

合理化很难被测知的一个原因是，它总体上遵循以下规则：（1）它往往与某些被广为接受的社会规范相一致。一位总统候选人由于"缺乏教养"而被排斥是可以被接受的——即使这并不是人们排斥他的真正原因。（2）它往往与现存的逻辑相接近。即使不是真正的原因，但至少给出了**足够好**的理由。它**听起来**甚至是明智的，例如由于担心疾病的传播而不用同一个酒杯喝酒，即使这并不是当事人拒绝这样做的根本原因。

因果思维

无论是使用指向性的还是自闭的思维方式，我们都在尝试建立一个有序的、可管理的和简洁的世界观。外部现实本身是混乱的——充满着过多潜在可供解读的含义。为了生活的顺利开展，我们需要简化信息，使感知稳定下来。同时，我们对**解释**也有一种永不满足的渴求。我们不希望留下任何悬念，我们希望一切都尽在掌控之中。即使是孩子，也会发问："这是为什么呢，为什么呢，为什么呢？"

可能是为了回应对意义的渴求，世上的每一种文化都为每一个可被问出的问题准备了一个答案。没有一种文化最终会给出"我们也不知道答案"的回应。我们为创造提供了神话，为民族起源撰写了传奇，为知识编纂了百科全书。所有的困惑最后都会指向一个信仰。

这种基本需求对群体关系有着重要的影响。一方面，我们倾向于认为因果是人为的。全能的神创造了世界，并赋予其规则。而恶魔带来了罪恶与混乱。总统是导致国家萧条的罪魁祸首。朝鲜战争又被称为"杜鲁门的战争"（Truman's War）。希特勒认为，是**犹太人**造成了战争。这种将因果归于人性的倾向是十分显著的。是"摩根财团"（House of Morgan）在1929年引发股市崩盘；是"垄断者"导致通货膨胀；是"共产主义者"策划了火灾、爆炸和飞碟现象；是犹太人的阴谋导致了飞涨的物价。[7] 如果罪恶都是由某些人造成的，那么对其进行的人身攻击也变得理所当然了。这样的行为看起来似乎既无关歧视也无关侵略，而仅仅只是一种自卫行为。

因此，我们不断寻求挫折和困境的外部解释，并倾向于将其归罪于某个人类群体。除非经过严格训练，不然我们很难逃过类似的逻辑陷阱，免于陷入偏见。然而，我们所经受的挫折与困境往往是非人为因素所导致的——突变的经济环境，社会与历史的进程——只有完全意识到这一点，我们才能够走出习惯于将不幸归咎于特定人类群体（替罪羊）的陷阱。

类别的本质

我们经常提到类别。在第2章中，我们介绍了这一概念，并罗列了类别的一些特征。即类别将尽可能多的过往经验和新体验融于一体；它使我们能够迅速识别从属于某一类别下的任何对象，即这一类别下的所有对象都具有统一的情绪色彩。最后，我们指出，分类思维是人类思维过程中自然且不可避免的倾向，非理性的分类与理性的分类同样易于形成。

然而，我们并没有定义**类别**这个概念。类别是指**用于指导日常生活的观念集合**。当然，类别之间会产生重叠。我们将狗分为一类，将狼分为另一类。在这些类别之下，还存在着更为细分的子集：精细的分类如西班牙猎犬，或是粗略一些的分类如狗。所有的名词都指向分类（我们更愿意称其为概念），但是名词并不能穷尽所有的可能性。分类之间还存在组合、重叠、从属、相等的情况。我自己就为"看门狗""现代音乐""不道德的社会行为"等设立了分类。简而言之，任何分类都是基于认知过程的。

没有人知道为什么我们脑海中相关的想法会倾向于凝聚在一起并形成形形色色的类别。自亚里士多德时代以来，人们就已经提出了各种"联想法则"以解释这一重要的心理特质。聚合的概念无须对应外界现实。例如，世上并不存在精灵这样东西，但是，在我的脑海里确实为精灵设定了一个类别。同样地，我就人类群体也有着自己的分类，即使我的分类系统可能与现实情况不相符。

出于理性的类别必须是围绕全部可被合理地包含其中的对象的基本属性而构建的。因此，所有的房屋都具有以某种程度的可居住性（过去或现在）为特征的结构。每幢房子也会具有一些非必要的属性。有些房子大，有些房子小，有些房子是木头建的，有些房子是砖头建的，但无论房子的造价昂贵与否，房屋新旧与否，房子是被漆成了白色或是灰色，这些都并不属于房屋本身的"基本属性"，也并不那么重要。

相似地，要想被称作"犹太人"，一个人也必定要具备某个定义性特征。就像我们在第7章看到的那样，我们很难通过观察辨识犹太人，但我们可以通过他与犹太教徒群体之间的关系做出区分，他的血统（或宗教信仰）都能够帮助我们的判断。除此之外，犹太人没有任何其他重要的（基本的）属性。

不幸的是，自然没有给我们任何确定的方法来确定我们的类别是完全地，甚至是主要地，由定义属性组成的。因此，一个孩子可能会错误地以为所有的房屋都必定和他住的房子一样，有两层楼、一台冰箱和一台电视机。这些并非核心的属性并不是必须存在的。事实上，这些属性所形成的看似可靠的分类只会给人制造困惑，心理学家有时称它们为"嘈杂"（noisy）的属性。

让我们回到犹太人这个概念。正如我们所述，犹太人也可能只有一个核心基本属性。但是该分类下也会被归入很多其他的属性，由于不同的原因被归因至此，这些属性就或多或少是"嘈杂的"。的确，其中的一些属性存在一定的发生概率。这一属性发生的概率是可被感知的，某位给定的犹太人更可能拥有类亚美尼亚的外表，从事贸易活动或是一位专业人士，并受过较好的教育。正如我们在第7章中看到的那样，这些属性构成了真实的（但并不是必不可少的）群组特性。然而，分类中所存在的其他属性可能是完全虚假和嘈杂的，例如犹太人都是银行家、阴谋者和好战者。

但是同样不幸的是，大自然也没有留下暗示，告诉我们哪些属性是基本的，哪些属性只是偶然发生的，还有哪些属性是完全荒唐的。在我们看来，所有属性似乎都能成立。然而导致与现实产生落差的是，我们通常无法察觉到哪些构成分类的群组特性是J曲线分布上的，哪些是稀有零差，而哪些是纯属虚构的。然而，在心理层面，这些属性对我们的意义都是同等的，即使这在逻辑上并行不通。

如今，显而易见的是，一些类别比其他类别更为灵活（更容许差异）。在描述僵化的类别时，波斯曼（Postman）提出了"垄断"的说法。[8] 这些类别是如此强大和僵化，以至于它们的属性不会有任何变更，与此相矛盾的所有依据都会被排斥。在我们的脑海中，通向这一类别的修改路径是关闭的。并且，这些类别还能不断得到细微的、虚构的依据的"证实"。个体会选择并解释他所见所闻中能够加强这一垄断类别的证据。一名坚定的反犹太主义者会排斥或削弱对犹太人有利的事实（作为一种例外），并乐于接受任何对犹太人不利的小细节，以证实自己的观点。

并不是所有类别都具备这样的特性。有些类别是灵活并尊重差异的。很多人都发现，他们对一个群体了解得越多，他们就越不可能形成垄断类别。举个例子，大部分美国人都知道，有关美国人的"假说"在实际生活中并不适用。例如，并不是所有美国人都是拜金主义者、聒噪的或粗俗的。但也不是所有的美国人都是友善好客的。另一方面，对我们不太熟悉的欧洲人，常将我们视作一个具备所有这些特质的整体。

当我们在进行分类中，试图将该分类进行修改或细分时，我们称其为**类别差别化**。

与类别差别化相反的是刻板印象。我们可以通过下面这个例子来了解类别差别化：

> 我认识很多天主教徒。起初，当我还是个孩子的时候，我认为他们全都是无知迷信的人，他们的社会地位与智力水平远低于我。我对天主教会不屑一顾，也从不和信天主教的孩子一起玩耍，我甚至不在有"天主教"背景的商场内购物。如今，我了解到天主教徒之间只有少数的共同点。他们都会有特定的符合天主教信仰的做法。但随着我对他们的深入了解，我意识到除了这些有限的共通之处，天主教徒是多种多样的。我不能在我的观念中将拥有同一种宗教信仰的群体视作完全相同的个体。我发现，天主教徒中低收入人群、城市居民、外国人所占的比例比在新教徒中更高。我也发现很多教徒更愿意上教会学校，而不是公立学校。但是除此之外，他们在其他方面的表现与别的群体都近乎一致。所以，只在特定的一些少数方面，我才会将天主教徒视作一个整体。

最少努力原则

通常而言，垄断类别比差别化的类别更容易形成，也更容易为人所持有。即使我们中的大多数人已经从某些方面的经验中学到了保持批判的、开明的态度的重要性，然而，我们在另一些方面中，往往会掉入最少努力定律的陷阱之中。[9]医生不会相信关节炎和蛇咬伤的偏方，或阿司匹林妙用等而摒弃自己的专业知识。但是在政治、社会保障或墨西哥人的问题上，他可能会受到过度分类的影响。生命短暂，我们无法一一辨明所有的概念，我们需要捷径。当某一汽车品牌满足了我对购车的需求，我往往不会再去深入了解其他的品牌。我的生活因此得到简化，并更有效率。这一原则也适用于群体事务上。

并非所有的过度简化都是负面的。我可能会认为所有的瑞典人都是整洁、诚实、勤奋的。我可能会以这种偏爱的视角看待与之相关的所有问题（当然，我的生活经验可能会证实我对瑞典人的看法，他们中的一些人的确拥有这些特质）。我们没有细化或辨别这些分类的原因是为了简化生活。我们将群体中的所有成员作为一个整体处理，假定他们拥有相同的特质，比起我们一个个去了解这些成员，这要简单得多。

我们在群体分类中遵循最少努力原则所导致的后果之一，就是发展出了"本质信念"。每一个犹太人的内心都存在着"犹太人特质"。"东方人的灵魂""黑人血统""希特勒的雅利安主义""美国人的独特天赋""法国人的逻辑""拉丁人的激情"——这些都是本质信念。无论好坏，它们都是被某个群体所独有的神秘魔法，每一个成员都参与其中。吉卜林（Kipling）在以下的诗句中所展现出的本质信念，也许可以解释他为何坚信亚洲与非洲的土壤与劳力适合被英国殖民。

> 你们这些刚被逮住、郁郁寡欢的人们，
> 一半是魔鬼，一半是孩子。

吉卜林的思维方式在当时大大简化了他自己，以及许多接受了这一思想的英国人的生活。这一思想使得他们不必去适应殖民主义与其个人信念之间的差异，也无须思考复杂的伦理。近年来，大英帝国的解体很大程度上都可以归因于吉卜林式的错误，他使大量人口形成了一种缺乏类别化分类的思维方式。垄断类别在当下可能是可行的，但长远来看，势必会带来灾难。

最少努力原则的最终体现是在两极化的（two-valued）判断之中。

四到十岁之间的小男孩大概都会有一个习惯，他每天都会问他的父亲很多问题。比如说当广播或电视里报道了一条新闻，他就会问"这是好消息还是坏消息？"由于缺少自己的判断标准，他希望父母能够就每一件事情给出一个非黑即白的答案。

并不是每个人都能走出这位小男孩现在所处的阶段。毕竟，将所有周遭事物都纳入"好"或"坏"这两种类别的诱惑是巨大的。这大大地简化了我们为适应生活所需的努力。同样地，这样的简化也适用于其他两极化的命题：所有的事都有一个正确的做法和一个错误的做法；所有的女性都是纯洁的，或者都是恶毒的；黑白之间不存在灰色地带。

在第5章中我们提到，排挤一个外群体的人往往会倾向于排斥所有的外群体。这就是一个典型的两极化思维。内群体是好的，外群体是坏的。就是那么简单。

偏见人格中的认知动力学

现在，让我们来看看心理学研究在偏见领域最重要的发现。广义地说，持有偏见者与宽容者之间的认知过程存在差异。换句话说，一个人的偏见，不可能也不仅仅只针对某个特定群体；而更有可能是对他所处环境的反映。

一方面，研究表明，持有偏见的人通常会采取两极化的判断方式。他思考一切本质、规则、伦理、性别时都将其一分为二，自然而然地，他在思考一个民族群体时也会将其纳入非黑即白的框架之中。

另一方面，持有偏见的人会很不适应差别化的分类模式。他们更偏好垄断分类的思维模式。所以，他的思维习惯是僵硬的。他不会轻易改变自己固有的推断方式——无论这种推断是否与眼下的人类群体本身有关。他需要明确的判断，不能忍受任何的模糊性。当他形成自己的分类后，他就不再寻求和强调该类别真正的"基本属性"了。同时，他赋予了许多"嘈杂"的属性与基本属性同等重要的地位。

在第25章中，我们将讨论"偏见人格"，并更详细地阐述这些发现。我们将读到偏见的动力学，认知的动力学，情绪的动力学是如何构建一个单一、统一的人格的。

与之相对应的是，在第27章中，我们将研究"宽容人格"，拥有这一人格的人们在认知过程中能容纳更多细分的类别，更能够容忍模糊性，更易于承认自己的无知，并习惯性地用批判性的眼光看待垄断分类。

当然，我们并不是说只存在这样两类人格（这也是不正确的两极化思维)。偏见人格和宽容人格中也能够被细分出不同的程度。我们也并不是说不存在混合了偏见人格和宽容人格的个体，而是我们在讨论偏见时，不能脱离个体的整体认知过程和生活方式。

结 论

本章连同第2章共同介绍了基础心理学中的认知过程。我们得出了以下结论：

相似的、共同发生或被一并提起的印象，尤其是被贴上相同的标签的印象（见下一章），很容易被分到相同的类别（泛化、概念）之中。

所有的分类都包含了我们对世界的理解。它们就像森林中的小路，划出了我们的生活空间。

虽然当这一分类方式无法再很好地为我们服务之后，我们会依照经验对其进行修改。但是，根据最少努力原则，只要这些分类已经对我们达成目标起到了正向的作用，我们依旧会倾向于坚持早期的粗略分类。

通常来说，我们会尽可能将所有信息都简化到同一分类之中。

我们排斥变更我们的分类。将与分类不符者称作"例外"这个借口能够很好地帮助我们维持当下的分类（参照）。

类别能够帮助我们识别一个新的对象或个体，并使我们以先入为主的眼光看待它（他）的行为。

由于类别可能囊括了知识（真理）、错误的想法，以及感情色彩，所以类别也可能反映出思维方式是指向性的，还是自闭的。

当事实依据与类别属性冲突时，事实可能会被扭曲（通过选择、强调、解释），以维持我们的分类。

一个理性的分类应该围绕着对象的基本属性而展开。但是，类别中不重要的、"嘈杂的"属性削弱了类别与外部现实的对应关系。

种族偏见是将一群人归于同一种类别属性，而不是基于他们的基本特性。这种分类方式中存在各种"嘈杂"属性，并导致了将分类下的个体作为一个群体所进行的蔑视行为。

当我们思考因果关系，尤其是为我们自己所遇到的挫折和困境寻找原因时，我们倾向于将其归咎于人的错误之上。我们找到导致失败的替罪羊，而这个替罪羊通常是少数群体。

我们很容易接受两极化判断所形成的分类，尤其是那些孰是孰非的分类，这常会限制我们对民族群体的思考。

在所有经验类别的领域中都会形成偏见，偏见人格的思维方式是垄断的、不加辨别的、两极化的、顽固的。一般来说，宽容人格的思维方式具有相反的特质。

参考文献

1. A. ADLER. *Understanding Human Nature*. New York: Permabooks, 1949, 46.
2. J. S. BRUNER AND L. POSTMAN. An approach to social perception, Chapter 10 in W. DENNIS (ED.), *Current Trends in Social Psychology*. Pittsburgh: Univ. of Pittsburgh Press, 1948.
3. E. G. MALHERBE. *Race Attitudes and Education*. Hornlé Lecture, 1946, Johannesburg: Institute of Race Relations.
4. From A letter published in *America in Danger*, June 15, 1942.
5. G. HUMPHREY. *Directed Thinking*. New York: Dodd, Mead, 1948. See also Chapter 2, Footnote 2.
6. S. B. SELLS，未发表的研究。See also "The atmosphere effect," *Archives of Psychology*, 1936, No 200.
7. FRITZ HEIDER 的以下实验说明了，即使是看待像线条运动这样的非个人模式时，我们仍然会在很大程度上倾向于将其拟人化，见 FRITZ HEIDER, Social perception and phenomenal causality, *Psychological Review*, 1944, 51, 358-874。看着线条在一个简短的电影演示中移动，几乎所有的被试都讲出了一个机械移动的线条似乎代表的某种人类故事。对观察者来说，移动的线条和几何图形似乎代表着一个个有动机的人，他们彼此间有互动。
8. L. POSTMAN. Toward a general theory of cognition. In J. H. ROHRER AND M. SHERIF (EDS). *Social Psychology at the Crossroads*, New York Harper, 1951.
9. 对"最少努力原则"的详细解释见 G. K. ZIPE, *Human Behavior and the Principle of Least Effort*, Cambridge: Addison-Wesley, 1949。

第11章

语言因素

离开了语言，我们几乎无法将对象分类。一只狗能够做出一些最粗浅的泛化，例如"需要避开小男孩"——不过这样的概念只在条件反射的层面上就可以生效，我们不需要对其进行思考。为了在脑海中构建起用以深思、回忆、识别、行动的分类系统，我们需要使用语言将其固定下来。离开了语言，我们的世界就会像威廉·詹姆斯所说的那样，成为一座"经验沙堆"。

名词切片

经验世界中，在"人类"这一分类下的沙粒约有二十五亿。我们无法对其一一进行辨别，即使是我们每天遇到的数百人，我们也无法对他们每一个都深入了解。所以，我们必须将他们以群组的形式分类。因此，我们乐于接受一切能够帮助我们实现聚类的名称。

一个名词所具有的最重要的属性是，它将许多沙粒归进了同一个桶中，但无视了这样一个事实：同样的一些沙粒被归进另一个桶中也完全合适。用专门术语来说的话，名词**抽象化了**现实中的一些特征，并将其重新整合为一个不同的、仅由这些特征所限定和分类的现实。这一分类行为本身迫使我们忽略现实中的所有其他特征，而这些特征可能会比我们所选择的那些更接近现实。对此，欧文·李（Irving Lee）给出了以下例子：

我认识一位双目失明了的男人。他被人们称为"盲人"。但他同时也可以被称为专业打字员、严谨的职员、好学生、细心的倾听者、求职者。在商场的订单室中,职员们的职责是坐在桌前接听电话并输入订单,然而他却无法在这里得到一份工作。人力资源部的职员甚至在面试他的时候就流露出不耐烦。"你是一个盲人,"他不停地重复这一点,几乎所有人都能够读懂他的潜台词,即在一方面失能的人在其他方面也是无法胜任工作的。面试官被盲人这一标签所蒙蔽,他无法看到一个盲人在其他方面的能力。[1]

像是"盲人"这样的标签,是非常显眼和强大的。它们往往会阻碍其他分类的形成,甚至会阻止交叉分类的形成。种族标签往往就属于这一类,尤其是在种族特征明显的情况下,例如黑人、东方人。在这一点上,它们类似于那些指向明显的能力欠缺的标签——思维能力低下、瘸子、盲人。我们把这样的标志视为"主要标签"。这些标志如同尖叫的警报器,发出震耳欲聋的声音以至于我们丧失了观察辨别的能力。即使一个人的失明和一个人的深色皮肤都因为某种原因成了这个人的定义性特质,但对于其他人来说,这些特质都可能是无关紧要的、"嘈杂"的。

大多数人都没有意识到语言的这条基本规律——应用于任一给定个体的每个标签都只适用于他本性的一个方面。你可以正确地称某个人为人类、一位慈善家、一个中国人、一名外科医生、一名运动员。这个人可能具备所有这些标签,但可能只有他是个中国人这一项印在了你的脑海之中,并成了这个人的主要高强度标签。但无论哪个标签,都无法代表这个人的全部特性(只有他本人的专名能够完全地代表这个人)。

因此,我们所使用的每个标签,尤其是那些主要的高强度标签,都会使我们的注意力无法聚焦于具体可感的现实。这个生活着,呼吸着的复杂个体——人性的最基本单位——从我们的视野里消失了。如图10所示,标签放大了特定属性在对象中所占据的比例,继而掩盖了个体的其他重要属性。

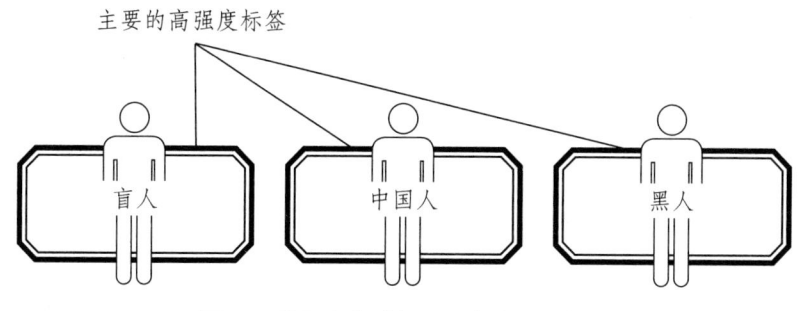

图10 基于个人感知和思维的语言标志

正如本书第2章和第10章中所指出的,一旦某个主要标志构成了一个类别,它就往往会吸引本来不应与之有关的属性。被贴上"中国人"标签的类别不仅仅意味着一个种族身份,还意味着沉默、被动、贫穷、奸诈。虽然如第7章所示,我们认为种族与特质之间的确可能存在联系,导致某一群体的成员都有一定概率拥有这些特质。但这并不是一个严谨的认知过程。正如我们所见,贴上了标签的类别无差别地蕴含了定义性属性,可能存在的属性和全然虚构的、不存在的属性。

一般来说,专名会促使我们将目光投向单独的个体。然而即使是专名也与标志或主要特质一样有可能引来偏见,尤其是带有民族特色的姓名。格林伯格先生作为一个个体,仅仅因为有个犹太姓氏,就使听闻这个名字的人将他划入了犹太人这个整体分类之中。拉兹兰(Razran)所进行的一个巧妙的实验清楚地显示了这一点,同时也表明,当一个姓氏成为民族的标记之后,如何一发不可收拾地导致各种刻板印象。[2]

研究人员给总共150名学生展示了30张大学女生的照片。要求被试按照外貌、智力、性格、野心、总体好感度给她们打分。两个月后,同一批被试又被要求对同样的30张照片外加15张新的照片(用来干扰被试的记忆)进行评分。这一次,原始照片中有五张被赋予了犹太姓氏(科恩Cohen,坎特Kantor等),五张照片被赋予了意大利姓氏(瓦伦蒂Valenti等),五张照片被赋予爱尔兰姓氏(奥勃良O'Brien等),其余的女孩照片则被赋予了来自"独立宣言"签署者和"社会登记册"在册者的姓氏(戴维斯Davis,亚当斯Adams,克拉克Clark等)。

当照片上附有了犹太人的名字时，评分发生了以下变化：

总体好感度减分
性格减分
外貌减分
智力加分
野心加分

而对于那些附上意大利名字的照片：

总体好感度减分
性格减分
外貌减分
智力减分

因此，仅仅是一个姓氏都会导致对个人特质的预判。这些个体被归入了遭受偏见的种族分类，而无法被公正地评判。

虽然爱尔兰姓氏也会导致不利的预判，但远不及犹太姓氏和意大利姓氏所遭到的偏见严重。学生们对"犹太女孩"的好感下降程度是对"意大利女孩"的两倍，是对"爱尔兰人"的五倍。然而，我们注意到，被试对"犹太女孩"的照片给出了更高的智力和野心方面的评价。针对外群体的刻板印象并非都是负面的。

人类学家玛格丽特·米德（Margaret Mead）提出，当我们把主要标签从名词形式转换成形容词形式时，它的强度就会减弱。当我们提到"黑人士兵""天主教教师""犹太艺术家"时，我们会意识到还有其他分类标签也同样适用于这些种族群体或宗教群体。如果我们提及乔治·约翰逊（George Johnson）时，不仅提到他是一个黑人，还提到他是一个士兵，我们就至少可以从两个属性来分别认识他，而依照两个属性所做出的判断比仅凭一个属性做出的判断要更准确。当然，要想真正了解作为一个个体的他，我们需要了解他的更多特征才行。这是一个实用的建议，我们应该尽可能地用将对象所属的民族或宗教群体作为一个形容词而非名词的方式去表达。

带有情感色彩的标签

许多类别都有两种标签——一个更感性化的标签和一个更理性化的标签。当你读到"学校老师"（school teacher）这个短语时，你感受如何？有什么想法？那读到"女督导"（school marm）呢？当然，后者会唤起一个更严格、更一本正经、更令人不快的教师形象。四个无辜的字母：m-a-r-m。然而它们却使我们情不自禁地耸了耸肩，露出嘲讽的笑。它们塑造了一位简朴、不苟言笑、不好惹的年长女性的形象。这四个字母没有告诉我们的是，女督导作为一个人类个体，也会有自己的悲伤与烦恼。但这四个字母使我们立刻将她归入了受排斥的分类之中。

在种族领域内，每一个简简单单的标签，像是黑人、意大利人、犹太人、天主教徒、爱尔兰裔美国人都可能会带有感情色彩。我们接下来马上会解释其中的原因。但是这些标签也都有一个感情色彩更为浓烈的说法：黑鬼（nigger）、意大利混混（wop）、犹太佬（kike）、教皇党人（papist）、爱尔兰佬（harp）。当人们使用后面这些标签时，我们几乎可以肯定，他所意图表达的不仅仅是对象的身份，更是对其的贬低和排斥。

除了标签之后可能蕴含的侮辱意味，人们为许多种族打上的标签还往往指涉他们有一种内在的（"身心"）缺陷。例如，我们会认为某些民族使用的姓名是荒谬的（我们将其与自己所熟悉的经验比较，并将熟悉的作为"正确的"标杆）。中国人的名字很短很蠢；波兰名字复杂古怪；陌生的方言总是显得可笑；异域服饰（有着明显种族特征的那些）看起来就像是毫无必要的奇装异服。

但是，在所有这些"身心"障碍中，由肤色引申出的特定标识是最难以逾越的。黑人（Negro）一词源于拉丁语"黑色"（niger）一词。事实上，没有任何黑人的肤色是纯粹的黑色，他们只是与金发碧眼的种族相对照才称得上黑。黑人也继而被称为"黑色的人"。而不幸的是，在英语中，黑色意味着不祥与险恶：前景黑暗（the outlook is black）、反对票（blackball）、流氓（blackguard）、黑心的（blackhearted）、黑死病（black death）、黑名单（blacklist）、敲诈（blackmail）、黑手党（Black Hand）。在赫尔曼·梅尔维尔（Herman Melville）的小说《白鲸》（Moby Dick）中，他用了大量的篇幅来说明黑色所蕴含的病态内涵，以及白色所代表的高尚含义。

黑色与不祥之兆间的联系并不是英语独有的。跨文化研究显示，黑色在不同文化中的含义普遍一致。在某些西伯利亚部落中，特权部落的成员称自己为"白骨"（white bones），而将所有的其他人称为"黑骨"（black bones）。即使在乌干达的黑人群体中，也有一些证据显示在他们的神学层级中最高的神被称为白神；而白布制品表示纯洁，被用来抵御邪灵和疾病。[3]

因此，"白种人"与"黑种人"这两个概念中就隐含了一种价值判断。我们还可以探究黄色（yellow）一词所具有的负面含义，以及它可能如何影响了我们对东方人的看法。

然而我们也要避免沿着这条逻辑链走得太远。因为毫无疑问的是，在许多语境下，黑色和黄色也能唤起正面的联想。高贵的黑丝绒让人愉悦，巧克力和咖啡也是如此。黄色的郁金香惹人喜爱，太阳和月亮也会发出偏黄色的明亮的光。然而有关肤色的词语经常会被沙文主义式地使用，而很多时候我们都没有意识到这一点。和黑人的口袋一样黑（dark as a nigger's pocket），在黑人区昂首阔步的人（darktown strutters），被寄予厚望的人（white hope，起源于杰克·约翰逊，一位对战黑人重量级冠军的白人拳击手），白人的负担（the white man's burden），黄祸（the yellow peril），黑孩子（black boy）。无论我们是否意识到其中所蕴含的偏见，这些词都出现在我们的日常生活中。[4]

我们所谈及的现实是，即使是最正确、最无偏倚的少数群体标签，有时也会流露出负面的意味。在许多情形或语境中，一些正确的、毫无恶意的称呼，如法裔加拿大人、墨西哥人或犹太人，都会含有一丝轻蔑的贬斥意味。原因是这些称呼都是与主流社会偏离的标签。尤其是在一个鼓励统一性的文化中，任何偏离都会在实然层面（ipso facto）造成负面的价值判断。像精神失常（insane）、酗酒（alcoholic）、变态（pervert）这些词语本应是对人类的一种状态的中性描述，但它们还同时指向偏离轨道，"不正常"。少数群体是与主流群体存在偏差的群体，因此，在很多情况下，即使是最无辜的标签在一开始也会被打上不光彩的烙印。当我们想要强调对象的偏离正轨并诋毁它时，我们会使用感情色彩更为强烈的词：疯子（crackpot）、醉汉（soak）、娘娘腔（pansy）、小流氓（greaser）、乡下佬（Okie）、黑鬼（nigger）、犹太佬（harp）、爱尔兰佬（kike）。

少数群体成员往往对别人如何称呼自己十分敏感，这是很可理解的。他们不仅反感带有侮辱性的称呼，有时还会从平常的称呼中体会到不存在的恶意。黑人（Negro）这个词的首字母经常被写作小写的n，这在少数情况下是种刻意为之的侮辱，但更多的时候是出于无知的。像是"穆拉托人"（mulatto，黑人与白人所生下的混血儿）或"有八分之一黑人血统的混血儿"（octoroon）这样的术语也会引起其指代对象的不适，因为这些词在历史中常被用作轻蔑语。专门区分性别的词语也是令人反感的，因为它们似乎也再次强化了民族差异。为什么"犹太女人"（Jewess）和"黑种女人"（Negress）有专门的词语表示，而我们并听不到"新教徒女性"（Protestantess）和"白种女人"（whitess）这种表达？同样的过分强调也出现在一些专门的称呼，如中国人（Chinaman）和苏格兰人（Scotchman）中。为什么不说美国人（American man）？误解的根基在于少数群体对许多词语中微妙的感情色彩也很敏感，而主流群体可能会不假思索地使用这些令人不快的词汇。

"共产主义者"标签

只有给外群体贴上标签之后，我们才能在脑海中建立起对其的印象。以一个我们常常遇见，却模糊得出奇的情形为例，当一个人想要将责任归咎于某个其性质尚不明确的外群体时，他往往会在无明确指代对象的情况下使用"他们"（they）一词。"为什么他们不把人行道建得宽一些？""我听说他们要在这个镇上建厂，雇用很多外国人。""我不会支付这个税单；他们要想从我这儿拿到钱是痴心妄想。"如果被问及"他们到底是谁"时，说话者可能会感到迷惑和尴尬。这种缺乏指代对象的"他们"显示出，人们往往想要、需要指定一个外群体（通常是为了发泄敌意），即使他们自己也不明确这个外群体具体是谁。只要泄愤的对象是模糊的，偏见就无法围绕着它发展开来。我们需要标签来标识敌人。

尽管这听上去很奇怪，但直到最近关于**共产党人**并不存在一个被广为认可的标签。这个词当然是存在的，但它没有任何特殊的情感内涵，也没有指向一个公敌。即使在第一次世界大战后，这个国家中滋生了越来越多受到经济与社会威胁的感受，人们也依然无法确定威胁的源头。

对1920年一整年的《波士顿先驱报》（*Boston Herald*）进行的内容分析揭示出的标签列表如下。其中每一项都被用于暗示某种威胁。举国上下陷入一种歇斯底里的气氛中，与第二次世界大战后的情形也很相似。必须要找出一个群体，对战后的社会动荡、物价飞涨和不确定性负责。一定要有一个反派。在1920年，记者和社论作者们将这个反派描述成了以下几类人：

> 异己、煽动者、无政府主义者、爆炸制造者、布尔什维克、共产党、共产主义工运分子、阴谋家、作出虚假承诺的特使、极端主义者、外国人、后入籍的美国人、纵火犯、世界产业工人工会、只会空谈的无政府主义者、只会空谈的社会主义者、同谋者、激进派、苏联派来的煽动者、社会主义者、苏联、工团主义者、叛国者、不良分子。

从这个洋洋洒洒的列表中，我们能够发现到人们对一个敌人（不满和烦躁情绪的发泄对象）的**需求**远比这个敌人的具体身份更明确。无论如何，人们依旧没有对这个敌人打上清晰的、得到一致认可的标签。部分是出于这个原因，全民歇斯底里的情况减轻了。既然不存在明确的"共产主义"分类，人们的敌意也就没有真正的聚焦点。

但是第二次世界大战后，这些模糊的可互换标签变得越来越少，人们也逐渐对这些标签有了一致的认定。外部的威胁几乎都被称作来自共产主义或红色势力。在1920年，威胁的分类缺乏明确的标签，威胁的类别是模糊的。但在1945年之后，威胁的标识和对象都变得更加明确。这并不意味着人们在说出"共产党"一词时，是清晰了解其含义的。而是通过运用这一称呼，至少人们能够一致地将矛头指向*某个*勾起他们恐惧的对象。这一称呼继而成为威胁的代名词，任何与此有牵连的人都遭到了不同的压制。

就理论而言，标签应该指代特定基本属性，像是共产党员，或效忠于俄国体系的人，或这一体系的支持者，如卡尔·马克思（Karl Marx）。但是，这一标签被滥用了。

事情经过大致如下：经历了一段时间的战争，并对国外的破坏性革命心存忧虑，大多数人都很自然地感到心烦意乱。人们因为高昂的税收而烦恼，道德价值和宗教价值受到威胁与挑战，社会大众还恐惧未知的、更深重的苦难。人们需要一个单一的、可识别的敌人。将责任归咎于"俄国"或其他遥远的地区远远不够，"不断变化的社会条件"也无法给人们提供一个满意的解释。人们需要一个群体作为替罪羊（参见第10章）：华盛顿的政要、学校的同学、工厂的同事、街区的邻里。一旦我们感受到了当下的威胁，我们就会推断自身周围必有危险存在。于是，我们的结论是，共产主义不仅存在于俄国，还存在于美国，在我们的家门口，在我们的政府中，在我们的教会里，在我们的学校中，在我们的邻里之中。

对共产主义的敌意是偏见吗？并不必然。涉及现实的社会冲突的阶段是必然存在的。美国的价值观和苏联的价值体系，在本质上是不一致的。这将导致现实中双方特定形式的对抗。偏见只会发生在"共产主义"的定义属性变得模糊时，这时所有支持任何社会变革的人都被称为共产主义者。担忧社会发生变革的群体是最有可能将这个标签贴在任何看似存在此类威胁或者做法的人之上的群体。

对于他们而言，该类别是未分化的。它包括了所有对其不利的书籍、电影、布道者、教师。如果不幸降临——可能是森林火灾或工厂爆炸——人们都会将其归咎于共产主义者的破坏。该类别涵盖了所有互不相关的负面事件。议员兰金（Rankin）在1946年众议院的会议上称詹姆斯·罗斯福（James Roosevelt）为共产党人。国会议员奥特兰（Outland）

敏锐地就此回复道："显然，所有不同意兰金先生观点的人都是共产党人。"

当差异化思维处于低潮时，社会将陷入危机，两极化思维将被放大。一切事物都被贴上了符合道德规范或出离道德规范的标签，而后者则会被称为"共产党"。相应地——这也是造成伤害的部分——任何被称为共产主义者的人（这是错误的归类）都会立即被抛出道德秩序之外。

这种联想机制将巨大的权力置于蛊惑民心的政客手中。几年来，参议员麦卡锡（McCarthy）设法将与其政见不合的公民贴上共产党的标签，并用这种手段铲除异己。少部分人看穿了他的把戏，麦卡锡也随之声名扫地。然而，使用如此卑劣手段的人远不止这位恶名昭著的参议员。据《波士顿先驱报》1946年11月1日的报道，众议院共和党领导人代表约瑟夫·马丁（Joseph Martin）结束了与民主党之间的竞争后，他说："人民将投出的选票将使美国陷入混乱、迷茫、破产，国家社会主义、共产主义之中，所有的自由和机遇都将毁于一旦。"他使用情感标签，意图将他的对手置于公认的道德秩序之外。马丁成功连任了。

在第14章中，我们将进一步思考现实中的社会冲突与偏见之间的区别。在第26章中，我们会分析煽动者们用以迷惑民众的其他伎俩。

当然，也不是每个人都会被此迷惑。蛊惑民心的政客过分使用这些伎俩，就会变得可笑。在伊丽莎白·迪林（Elizabeth Dilling）所著的《红色分子关系网》（Red Network）一书中，她的两极化思维是如此显著，以至于落到了路人皆知的地步。一位读者评价道："显然，如果是你的左脚先踩下人行道的，那么你就是一个共产主义者。"但是，要顶住社会压力，在全民歇斯底里的情况下，保持自身的公正，不为语言标识背后所带有的大量类别及偏见所动，实属不易。

语言现实主义和标识恐惧症

一旦被贴上标签，尤其是被贴上负面的标签，大多数人都会表示抗拒。几乎没有人愿意被称为法西斯、社会主义者或反犹太主义者。我们可能会给别人贴上这些负面的标签，却不愿意自己被贴上这些标签。

人们对正面标签的渴望可以通过接下来的情形得到例证。在白人聚集的社区中，人们强行赶走了一户新搬入的黑人家庭。然而，他们称自己是"为睦邻友好而努力"，并将此作为自己的座右铭。根据此座右铭所做出的第一步努力就是起诉将此物业出售给黑人家庭的人。接着，他们又投身于将第二户黑人住户赶走的行动中。以上的行为都被标榜为响应"为睦邻友好而努力"的号召。

斯塔格纳（Stagner）[5]和哈特曼（Hartman）[6]的研究表明，一个人的政治态度可能会反映他的确是一名法西斯主义者或社会主义者，但他仍然会排斥类似的负面标签，并拒绝支持任何公然符合他行为的运动或参与者。简而言之，这是标识现实主义所对应的标识恐惧症。当自己被牵涉其中时，我们会陷入标识恐惧，即使在给别人贴上"法西斯""共产党""盲人""假正经"的标签时，我们并不在意。

当标识能够激起强烈的情绪时，它们就不仅仅只是标识了，而是成了实际的东西。"杂种"（son of a bitch）和"骗子"（liar）这类词在我们的文化中常被视为一种"宣战"。我们或许能够接受更为温和微妙地表达蔑视的语言。但在这些特殊情况下，这个表述本身必须被"撤回"。我们当然不会通过让对手撤回一个词语来改变他的态度，但是这个词本身被除去似乎也很重要。

这样的言语现实主义可能会到达极端的程度。

  马萨诸塞州坎布里奇市议会一致通过了一项决议（1939年12月），在坎布里奇市内拥有、藏匿、封存、引进或运输任何含有列宁（Lenin）或列宁格勒（Leningrad）的图书、地图、杂志、报纸、小册子、传单都是违法的。[7]

这是一种天真的做法。但人们很难理解语言与现实的混淆是无法通过这样的行为而消除的，除非我们意识到语言在人类思维中所扮演的重要角色。以下例子就是从早川（Hayakawa）的书中获得的。

马达加斯加战士必须禁止食用动物肾脏。因为在马达加斯加语言中，肾脏的词与"射击"发音相同，所以一旦食用了肾脏，就会被敌人射中。

1937年5月，纽约州的一个参议员强烈反对一项控制梅毒的法案，因为"纯洁的儿童不能接触这一术语……而且这个词会使得体面的男人女人感到不适"。

这种想法强调了类别与标识之间所存在的密切的凝聚力。刚才所提到的"共产主义者""黑人""犹太人""英国""民主党人"等词都会给一些人造成恐慌，会激怒他们。谁知道这个词或这件事会不会惹恼他们呢？标签是任何垄断类别的核心。因此，要使一个人摆脱对种族或政治的偏见，就有必要同时将他从字义崇拜中解放出来。这是普通的语义学学生所熟知的，他们告诉人们，偏见在很大程度上是言语现实主义和标识恐惧症所导致的。因此，任何减轻偏见的方案中都必须包括大量的语义治疗。

参考文献

1. I. J. LEE. How do you talk about people? *Freedom Pamphlet*. New York: Anti-Defamation League, 1950, 15.
2. G. RAZRAN. Ethnic dislikes and stereotypes: a laboratory study. *Journal of Abnormal and Social Psychology*, 1950, 45, 7-27.
3. C. E. OSGOOD. The nature and measurement of meaning. *Psychological Bulletin*, 1952, 49, 226.
4. L. L. BROWN. Words and white chauvinism. *Masses and Mainstream*, 1950, 3, 3-11. See also *Prejudice won't Hide: A guide for Developing a Language of Equality*, San Francisco: California Federation for Civic Unity, 1950.
5. R. STAGNER. Fascist attitudes: an exploratory study. *Journal of Social Psychology*, 1936, 7, 309-319; Fascist attitudes: their determining conditions, ibid., 488-454.
6. G. HARTMANN. The contradiction between the feeling-tone of political party names and public response to their platforms. *Journal of Social Psychology*, 1936, 7, 336-357.
7. S. I. HAYAKAWA. *Language in Action*. New York: Harcourt, Brace, 1941, 29.

第 12 章

我们文化中的刻板印象

为什么这么多人仰慕亚伯拉罕·林肯?他们可能会告诉你,这是因为他节俭、勤奋、渴望知识、雄心勃勃、致力于追求每个人的平等权利,并成功地抓住了机会。

为什么这么多人不喜欢犹太人?他们可能会告诉你,这是因为他们节俭、勤奋、渴望知识、雄心勃勃、致力于追求每个人的平等权利,并成功地抓住了机会。

当然,在描述犹太人时,人们实际上使用的词语并不会这么正面,他们可能这样说:犹太人小气、野心大、咄咄逼人、观点激进。然而,重要事实仍然在于,同样的品格在亚伯拉罕·林肯身上被视作美德,而在犹太人身上则遭人摈弃。

我们能够从这个(由罗伯特·默顿最先提出的)例子中学到,刻板印象本身并不能完全解释排斥行为。它们只是个人选择唤起的一些图景,用来合理化自己的偏爱或仇恨。在偏见中,刻板印象的确起到了重要的作用,但这并不是故事的全部。

刻板印象与群体特性

任何形象都有其出处。通常,它应该来自对特定类别的对象的多次经验。如果某个看法是基于"某类别中的对象将有一定概率具备某特质"做出的概括性判断,那么我们就不应该将其称为刻板印象。如第 7 章所示，并非所有对民族或国家性格的概括都是莫须有的。但针对某一群组的可靠评估与选择、提炼、杜撰一个关于该群组的刻板印象是不同的。

一个刻板印象有可能与所有的实际依据不符。

例如，在加利福尼亚州的弗雷斯诺郡（Fresno County），曾一度流行关于亚美尼亚人的刻板印象，人们认为他们是"不可靠的，爱说谎的，不诚实的"群体。拉皮耶（La Piere）专门做过一项研究以确定是否存在客观证据能够证明这一刻板印象。他发现商人协会给了亚美尼亚人与其他群体一样良好的信用评级。此外，亚美尼亚人申请救济的人数更少，也更少被牵涉到法律案件之中。[1]

于是我们不禁要问，既然所有的证据都指向与所谓的刻板印象，即"不可靠的，爱说谎的，不诚实的"截然相反的现实，为什么人们还会持有这样的偏见？虽然我们无法验证这个假设，即亚美尼亚人与某些犹太人外表相似，所以人们对犹太人所持有的偏见就转移到了亚美尼亚人身上。或者，可能是一些人与最早来到附近做小买卖的亚美尼亚小贩有过不愉快的经历，继而通过选择性的记忆与夸大的经历将亚美尼亚人这一群体整体打上了负面的烙印。无论出于哪种原因，这似乎只是一个毫无现实根基支持的刻板印象。

当然，其他的刻板印象的形成可能是基于一个事实的核心之上的。在历史上，的确有某些犹太人将基督钉上了十字架。刻板印象利用了这一现实，使得时至今日，整个犹太人群体还作为"杀死基督的人"而恶名昭彰。另一项对犹太群体的成见似乎也是基于事实的，正如我们在第7章中所读到的那样，通过与常规模型的比较，可知犹太儿童的平均智力的确（由包含文化因素的智力测验所决定）略高于外邦儿童，黑人儿童平均智力则略低于白人儿童。但是，这种被证实的差异并不足以支持"犹太人聪明"或"黑人愚蠢"的刻板印象。

所以，一些刻板印象是完全没有得到事实支持的，而另一些刻板印象则来自对现实的修饰及过度概括。刻板印象一旦形成，人们就只会依照现有的分类看待未来的证据（第2章）。因为头脑中先生成了这些刻板影响，我们就会对显示犹太人的智慧、黑人的愚蠢、工会的共产主义、罗马天主教徒的法西斯主义倾向的迹象格外敏感。

刻板印象甚至会对最简单的理性判断形成干扰。拉斯克（Lasker）引用了一个出现在儿童无声阅读测试中的案例。

> 阿拉丁（Aladdin）是一位穷苦裁缝的儿子。他住在中国首都北京。他总是终日闲散、好逸恶劳。你觉得他是个什么样的男孩：是印度人、黑人、中国人、法国人还是荷兰人？

大部分孩子回答："黑人。"[2]

在这一案例中，孩子们可能对黑人并无敌意。他们只是放弃了推理，采用了现成的刻板印象。

刻板印象绝不都是负面的，也有表现为正面态度的刻板印象。

> 一位退伍军人在谈论他出色的中尉，一个犹太人。简直没有比这更高的评价了。"在他牺牲的前一天，他为我和我的一个伙伴拍了些照片……他真的是位高尚的人……他很照顾自己的士兵。他总是能满足他们的需求。在烟草短缺的时期，他手下的人也总有烟可抽。毕竟他是个犹太人——很善于寻找门道。他愿意为他的士兵做任何事情，而他的士兵也会为他做任何事情。"
>
> 另一位退伍军人说："我向犹太人致敬。他们明白如何克服障碍完成使命。如果我的女儿能够嫁给一个犹太人，我会很高兴的。他们能给家人舒适宽裕的生活，忠于妻儿，不沾烟酒。"[3]

这些案例很有趣，它们展现出人们对犹太人"本质"的正面评价，而同时期其他人对相同特质的评价经常是负面的、深含敌意的。

刻板印象的定义

无论对刻板印象的态度是正面还是负面的，**刻板印象都是一种与类**

别相关联的、夸大的信念。其作用是为我们处理该类别下的对象时的行为做出解释（合理化）。

在第 2 章中，我们检视了类别的本质。在第 10 章中，我们讨论了围绕类别概念而形成的认知框架。在前一章中，我们强调了语言标签对分类的重要性。现在，我们将通过绑定在类别上的概念化内容（印象）来继续有关类别的讨论。因此类别、认知组织、语言标签和刻板印象都是同一个复杂心理活动中的不同方面。

早在几十年之前，沃尔特·李普曼（Walter Lippmann）就写下过有关刻板印象的一些想法，他简单地称其为"脑中的图像"。李普曼先生率先在现代社会心理学中建立了刻板印象的概念。[4] 虽然他对其进行了极佳的描述，但在理论层面却过于松散，他倾向于将刻板印象与类别混为一谈。

刻板印象与类别不同，它是一种伴随着分类的固定思想。例如，"黑人"这一类别可以是存在于人头脑中的一个中立的、遵循事实的、无关评价的概念，"黑人"是对特定种族的分类。而伴有刻板印象的分类则会将有关黑人的"图景"与论断纳入其中，认为黑人是喜爱音乐的、懒惰的、迷信的，或拥有其他的一些特质。

所以，刻板印象不是一个类别，它通常扮演了固化对象的分类的角色。如果我说，"律师都是骗子"，我就是在对一个类别做出刻板印象式的泛化。刻板印象本身并不是概念的核心。然而，它的存在阻碍了关于概念的差异化思考。

刻板印象既能作为一致地接纳或排斥某一群体的理由，也能够作为筛选和选择的工具以维持感知和思考的简洁性。

我们需要再次指出"真正的群体特征"这个使情况变得越发复杂的问题。刻板印象不一定是完全虚假的。如果我们认为爱尔兰人比起犹太人更容易习惯性酗酒，那么这项判断在概率上是成立的。然而，如果有人说，"犹太人不喝酒"，或者说，"爱尔兰人都是酒鬼"，那就显著地夸大了事实，并建立起了一种不合理的刻板印象。只有掌握了能够证明真实群组差异的存在（或指出其概率）的可靠数据，我们才能够分清有效的泛化与刻板印象之间的差别。

关于犹太人的刻板印象

有许多研究都对非犹太人对犹太人的"印象"进行过调查。1932年,卡茨(Katz)和布莱利(Braly)发现,大学生会将以下的特质归于犹太人:[5]

精明
唯利是图
勤劳
贪婪
智力出众
有野心
狡猾

与此同时,他们还提到了以下特质:

忠于家庭
有毅力
健谈
有攻击性
虔信宗教

1950年,人们又重做了一次这项1932年所进行的研究。在本章后面的内容中,我们会讨论随着时间的推移,实验结论所发生的变化。

在芝加哥,贝特尔海姆和贾诺威茨采访了150名退伍军人,并将他们对犹太人的指责按出现频率排序,列表如下:[6]

他们是排外的。
金钱就是他们的上帝。

他们控制着一切。("每个人都责怪犹太人。他们控制了一切。无论在商业还是政治之中,他们都身居高位……他们的势力遍布全球——在所有行业内都是如此。他们拥有广播电台、银行、电影业和商铺。马歇尔·菲尔德商场以及所有其他大商场都是犹太人的。")

他们使用不正当的商业手段。("他们把钱看得太紧了,如果他们欠你钱,你必须拼命争取才能让他们还你钱。")

他们不做体力活。("他们拥有工厂,让白人为他们工作。")

也有一些不那么频繁被提到的特质:

他们是专横的。
他们是肮脏的、邋遢的、下流的。
他们精力充沛,很聪明。
他们大声喧哗,引起骚动。

《财富》杂志在1939年就"你认为人们对身边和国外的犹太人产生敌意的原因是什么呢?"[7]展开调查,得到的结果如下:

他们控制金融和商业。
他们控制一切,贪婪无度。
他们太聪明或太成功。
他们和集体格格不入。

福斯特(Forster)总结了所有这些研究,并将其中提到的各种特质按照被提及的频率乘上适当的权重,整理如下:[8]

排外(拒绝与外族通婚,设置同化障碍)。
爱钱如命,加上可疑的商业道德。

一意孤行，咄咄逼人，人缘差。

高智商，有野心，有能力往上爬。

有人指出，宗教因素在这个列表中几乎没有出现。当然，在一开始，宗教差异扮演的角色要重要得多（宗教是早期人们区分犹太人的唯一属性）。当时基于宗教的指控也远比现在普遍，如"仪式谋杀"等。如今，在我们这个世俗化了的社会中，犹太人正在失去他们唯一真正的定义性属性。其他的属性取代了它的角色——都是些出现概率很小，或完全无关的、"嘈杂"的属性。

以上所列出的刻板印象大致都是彼此一致的。也就是说，同样的指责一次又一次地出现。用专业术语来说，就是人们对犹太人性格的印象信度（reliability），或曰一致性（uniformity）很高。

然而，更细致的研究揭示了一个有趣的情形。某些刻板印象是内含有矛盾的。两种对立的印象同时存在，而它们不可能都是正确的。在这一点上，我们能够从阿多诺（Adorno）、福伦科尔-布伦斯威克（Frenkel-Brunswik）、莱文森（Levinson）和桑福德（Sanford）[9]的研究中获得相当多的启发。他们设计了一个全面的量表来调查人们对犹太人的态度，并安插了不同的对立陈述。被试们被要求就下列每一项陈述做出同意或不同意的判断：

（a）人们对犹太人的憎恶源于他们倾向于脱离大众，并排斥外邦人，不允许外邦人参与犹太人的社交生活。

（b）犹太人不应该过多窥视基督教徒的活动和组织，也不应该企图从基督徒那里得到更多认可和名声。

另外一对矛盾的陈述：

（a）犹太人至今仍是美国社会中的外来者，他们保留其原来的社会规则，并且抵制美国人的生活方式。

（b）犹太人过分注重隐藏自身特征，尤其是他们改名换姓，调整鼻形，模仿基督教徒的礼仪和习俗等。

（a）类陈述中包含了测试"隔绝性"（seclusiveness）的子量表；（b）类陈述中包含了测试"侵扰性"（intrusiveness）的子量表。

一项重要的发现是，这些子量表的相关性达到了+0.74。也就是说，指责犹太人与世隔绝的人同时也倾向于指责他们过分侵扰。

我们可以想象，同样的个体在某种意义上的确可以同时具备"隔绝性"和"侵扰性"（就像存在既慷慨又爱自我吹捧，既吝啬又爱铺张炫耀，既懦弱又险恶，既冷酷无情又无助的人那样）；但在我们所讨论的情况中，这是不太可能发生的。至少远远到不了这个研究所显示出的程度。

可能会出现类似这样的对话：

A：我说，犹太人也太独来独往了；他们总是自己人抱团，还十分排外。

B：但你看，在我们的社区里，姓科恩（Cohen）和莫里斯（Morris）[均为常见的犹太人姓氏]的人都在为社区福利基金服务，也有一些犹太人参与扶轮社（Rotary Club）和商会。很多犹太人都支持我们的社区项目。

A：这就是我在重申的一点，他们总是想要在基督教徒群体的活动中插一脚。

这清楚地显示出，（由于更深层次的原因）厌恶犹太人的人为了证实自己的判断，会选择认同任何能够支持他观点的刻板印象，无论这些成见之间是否存在矛盾。无论犹太人实际上是什么样，做了什么事，偏见总会将其合理化为犹太人的本质。

散文家查尔斯·兰姆（Charles Lamb）的案例很有启发性。在他的文章《不完美的同情》（Imperfect Sympathies）中，他承认了自己对犹太人的偏见。他用通俗易懂的恶毒话语写道："我大胆地承认，我不喜欢当下犹太人与基督教徒走得太近的趋势。对我来说，这种相互示好是虚伪的、做作的。我不想看到基督教徒和犹太人互相致以贴面礼，装出礼貌友好的样子，尴尬地寒暄恭维。如果他们的确皈依了基督教，那为什么他们不完全加入我们呢？"

在仅仅相隔了几句话的后文中，他却又这样评论了一位"完全加入了"基督教的皈依犹太人，没有察觉到其中的任何矛盾："如果他更虔诚地遵循他祖先的信仰，他应该会更受欢迎。"[10]

兰姆自相矛盾的标准，比他所公开承认的信念更能说明问题。无论犹太人做什么或不做什么，他都认为他们有罪。

持有偏见的人如此轻易地认同自相矛盾的刻板印象，就能证明真正的群体特质并不是问题的关键。问题的关键是，一种厌恶的感情需要得到合理化解释，而在具体对话情境中，任何看似合理的借口都可以被征用。

让我们暂且撇开偏见不谈，来看一下一些谚语，这将更有助于了解其中所涉及的心理过程。请比较下列自相矛盾的组合：

亡羊补牢，为时不晚。（It is never too late to mend.）
不要为打翻的牛奶哭泣。（No use crying over spilled milk.）

羽毛相似的鸟儿聚集在一起。（Birds of a feather flock together.）
熟稔易生轻蔑之心。（Familiarity breeds contempt.）

一个年轻的和尚会变成一个老魔鬼。（A young monk makes an old devil.）
上梁不正下梁歪。（As the twig inclines the tree is bent.）

我们可以通过一条谚语来"解释"一种情况。而情况相反时，我们也可以通过另一条相反的谚语来解释它。在种族成见中也是如此。如果在特定的一段时期，某一项指责似乎能够解释并证实我们对某一群体的厌恶，我们就宣传它；如果在另一段时期，一项相反的指责似乎更适用当下的情况，我们也会援引它。我们并不会在意逻辑上的统一和时间序列的一致。

我们会通过选择性感知和选择性遗忘以维持刻板印象。当我们熟识的犹太朋友取得成就时，我们会自然而然地赞叹——"犹太人是如此的聪明"。而如果他没有实现自己的目标，我们什么也不说——我们不想修改自己对犹太人的刻板印象。相同地，我们可能会忽略九个整洁的黑人住户，直到遇见第十个黑人住户恰巧是邋遢的，我们就会像取得了胜利一般惊呼，"他们不爱惜房产"。或者，以"基督杀手"这个指控为例。在这一陈词滥调中，我们会选择性地遗忘许多相关的事实，是彼拉多（Pilate）准许基督被钉上十字架，是罗马士兵执行了基督的死刑，犹太人只是暴徒中的一部分，在基督教刚成立及早期岌岌可危的时期，它的所有信徒都曾是信奉犹太教的犹太人。

虽然我们仍旧需要通过科学的方法，确定一个种族群体的心理特质，但许多刻板印象显然是纯属虚构的。因此，我们能够得出结论，刻板印象的合理化功能远甚于其反映群体属性的功能。

关于黑人的刻板印象

金博尔·杨（Kimball Young）对人们有关黑人的刻板印象进行了调查，结果如下：[11]

更低的智能

未开化的道德

情绪不稳定

过度自信

懒惰和吵闹

宗教狂热

花哨俗气的服饰

接近原始人类

使用刀具进行暴力犯罪

威胁到主流白人群体的高生育率

容易受到政客的贿赂

职业不稳定

在之前引述的研究中,卡茨与布莱利发现了关于黑人的以下刻板印象:

迷信的

懒惰的

乐天派

愚昧的

乐感好

这些研究人员采用了一种测量不同群体所持有的刻板印象的方式进行研究,发现人们关于黑人的刻板印象比起关于其他群体的刻板印象更为一致。因此,受访者中有84%的人将黑人评价为"迷信的"。卡茨－布莱利研究使用了一个列表。受访者被要求从列表上呈现的诸多特质中选择最具代表性的黑人特质。84%的受访者选择了"迷信"这一项,意味着当人们被要求选择某些符合黑人的特质时,人们都选择了绝大部分人会选择的特质。

贝特尔海姆和贾诺威茨使用更开放的研究方法,让受访者自主概括他们眼中的黑人特质。他们所总结的关于黑人的刻板印象清单,与关于犹太人的清单不同。[12] 以下特质按提及频率排序:

邋遢,肮脏,下流

使房产贬值

接管并挤压了白人的生存空间

工作中懒惰,自由散漫

低道德标准,不诚实

无上进心,更低的社会阶级

愚昧，智力低下

麻烦多，造成干扰

难闻，有身体的气味

携带疾病

不存钱，喜欢把钱立刻花完

布莱克（Blake）和丹尼斯（Dennis）的一项研究要求年轻的受访者判断黑人和白人的特质。[13] 被认为主要属于黑人的特质如下：

迷信

动作慢

无知

爱碰运气

穿着浮夸

有一项研究发现了刻板印象中的一个有趣的特点：相较于七、八年级的儿童而言，四、五年级的儿童持有的刻板印象之间差异更小。年幼的孩子将所有"坏的"特质都归于黑人。例如，年龄较小的孩子认为白人是更令人愉悦的。然而，年龄稍长的孩子所持有的刻板印象则与成年人更为一致——并不是所有的白人都让人愉快，同时，黑人也被认为是更开朗、更幽默的。年龄较小的孩子对黑人抱有负面态度，但尚未形成更复杂的刻板印象，以此对外群体进行进一步的细分。卡茨和布莱利还报告说，年龄较小的孩子相较于大学生，刻板印象要少得多。[14]

关于黑人的刻板印象似乎不如关于犹太人的那样自相矛盾，但这并不表明矛盾不存在。在我们的眼里，他们是懒惰和迟钝的，但也是无事生非和咄咄逼人的。在南方，我们有时候能够听到"没有种族问题"的言论，这是因为黑人明确了自己的地位；但是另一方面，也是舆论使他们处在这样的地位。

少数群体之间也对彼此和自身存有刻板印象。在第9章中我们指出，普遍的文化压力是如此的沉重，以至于少数群体成员有时会从其他群体的角度看待自身。反犹主义的犹太人眼中的犹太人（除了他们自己）具有令人反感的犹太人特质。一些黑人批判其他黑人具有反对黑人的白人们所提及的那些特质。

同样地，一个少数群体可能会对另一个与其密切相关的少数群体产生尤其生动的刻板印象。这样的印象可能是由弗洛伊德所谓的"对微小差异的自恋"（narcissism of slight differences）而引起的。德国犹太人对波兰犹太人的看法很不留情面。美国黑人针对生活在西部的印度移民也有一套刻板印象。伊拉·瑞德（Ira Reid）列出了以下内容，人们认为与本地黑人相比，西印度群岛的人：[15]

非常"聪明"，比美洲原住民有着更好的教育
比犹太人更精明，财务方面无法信任
过分敏感，会快速做出捍卫自尊的行为
坏脾气
亲英派或亲法派
感觉自己优于本地出生的黑人
太骄傲或太懒惰以至于不会去工作
排外
男人打他们的妻子，把女人当作奴隶
给白人制造麻烦
设法引起他人关注
缺乏种族自豪感
喋喋不休

比较犹太人和黑人的刻板印象

在反黑人主义者和反犹太主义者的刻板印象中，似乎存在一种互补性。正如贝特尔海姆和贾诺威茨所指出的，前者倾向于指责黑人淫荡、

懒、肮脏、无事生非。后者指责犹太人的聪明，欺诈，过分的野心和狡猾的成就。让我们反省自身，我们自己有什么原罪？首先，我们有肉体的罪恶。我们必须克服色欲、懒惰、好斗、散漫。因此，我们将这些罪行都具体化到了黑人身上。另一方面，我们也必须克服傲慢、欺骗、不合群的自我主义和实现野心时的不择手段。我们将这些罪行都具化到了犹太人身上。黑人反映了我们自身的冲动；犹太人反映了我们自己对超我（良知）的违背。所以，我们对两者的谴责和感受代表着我们对自身原罪的不满。正如贝特尔海姆和贾诺威茨所陈述的那样：

> 根据精神分析的解释，种族敌意是自身无法接受的内在动因在少数群体身上的投射。[16]

在欧洲，不存在黑人这个少数群体，于是在那里犹太人被批判为淫荡、下流、暴力。这为上述理论提供了支持。在美国，黑人成了这些特质的具化对象，因此这些特质不再需要犹太人来承担。美国人为犹太人建立更加特定的刻板印象，犹太人只拥有"自我"的特质：野心、傲慢、机敏。

所以，我们有理由相信黑人与犹太人的刻板印象是互补的。他们分担了两种主要的罪行——"生理层面的"和"精神层面的"。憎恶犹太人的理由可以是他们数量小，智商高；而憎恶黑人的理由可以是他们数量大，智商低。虽然在我们的社会中还存在许多其他的偏见，但是针对黑人和犹太人的恶意确实是最常见的主要偏见。调查显示，对黑人的偏见更为严重。这是因为肉体的罪恶更为普遍吗？

这一解释将在第23章和第24章中得到进一步的关注。当下，我们已经充分注意到一些人的刻板印象可能是出于无意识的自我参照。人们会虚构出其他群体具有某个特质，并因此憎恨他们，这只是因为他们暗中憎恨自己身上的相同特质。因此，黑人和犹太人成了自我的替代品，我们会在他们身上感受到自身的不足。

大众媒体和刻板印象

我们已经看到，刻板印象可能源于也可能并不源于事实本质，刻板印象能够帮助人们简化分类，合理化敌意，有时候它们也会是我们自身冲突的投射。但是，另一个极其重要的，促成刻板印象形成并使其持续存在，不断加深的原因，是大众传媒——包括小说、短篇故事、报纸、电影、舞台剧、广播和电视。

在处于战争年代的1944年，作家战争委员会（writer's war board）在哥伦比亚大学应用社会研究局的协助下，对大众传媒中描绘的"固定角色"（stock characters）进行了广泛的研究。[17]

流行的短篇小说是运用固定角色最为显著的形式。在分析了185个短小故事之后，研究人员发现超过90%的人物——几乎全部有名望的人物——都是白人（或"北欧人"）。但是，当人物是反派的时候，如"歹徒、盗贼、赌徒、阴险的夜总会经营者"这类难以让人认同的角色就很少是白人。通常而言，这些虚构人物的行为非常易于被认为"证明"了黑人是懒惰的，犹太人是狡猾的，爱尔兰人是迷信的，意大利人是罪犯。

在分析涉及黑人角色的100部电影时，研究人员发现其中75部作品对黑人的描写是存在贬低和刻板印象的。只有12部影片中的黑人角色是以正面形象出现。

有两种形式的大众传媒偏好于将白人塑造为英雄。其一是在漫画领域，其二是在广告中：

我们需要传播流通。你能想象一位名叫科恩的英雄吗？

如果广告中出现了有色人种，顾客就会流失。

然而，在威士忌的海报中，汤姆大叔（泛指黑人）的出现能够营造气氛。

就广播而言，报告指出：

广播爱好者多年来一直在争论"阿莫斯和安迪"（Amos 'n' Andy）是否直接或间接地伤害了黑人群体。节目所提及的特质符合一部分黑人的情况，但也有另一些黑人并非如此。另一个持续的讨论是围绕杰克·本尼（Jack Benny）在节目中所提到的"罗切斯特"（Rochester）。节目本身是出于善意的，杰克将"罗切斯特"描绘为机智、富有哲理的。但同时也提及了其他的刻板印象——酗酒、嗜赌、私生活混乱。

另几项调查揭示了美国的日报在处理黑人新闻时的一个共同趋势——集中于黑人群体的犯罪新闻而忽视报道其成就。"黑人约翰·布朗（John Brown）由于入室抢劫被逮捕。"这样的报道会促使读者在脑海中形成对黑人的负面印象。同时也使阅读变得简单，报道者能够在很小的版面中给出足够多的信息。从记者的角度出发，这种做法可能并不存在更深层次的偏见动机，并且是没有恶意的。然而，经常将黑人与犯罪联系在一起必定会给读者留下持久的影响，尤其是在这一关联并不利于有色人种群体时。所以有些报刊制定了详细的政策以贯彻对黑人群体的歧视。一些南方报刊实施了相关的行业标准，例如，从不大写黑人（Negro）的首字母N，似乎他们相信——使用小写字母n能够有助于黑人群体知道自己应有的地位。

近来的所有研究都认可了大众传媒在政策制定方面的成效，可能部分原因是少数群体不再沉默，并通过抗议走进了大众视线。其中一次值得关注的抗议是好莱坞导演抱怨当需要一个反面角色时，不敢再接受除了美国白人之外任何人的试镜。[18]

反对大众媒体中刻板印象的活动越来越多，有时候会走向极端。在1949年，英国电影《雾都孤儿》（Oliver Twist）引发了一场争议。在狄更斯的这部广为流传的小说中，犹太人法根（Fagin）的形象即是刻板印象的体现。由于在改编电影上映前，就遭到了抗议，这部电影在美国各地被撤回。有些人反对在学校教授《威尼斯商人》（The Merchant of Venice）——担心在缺少深入了解的情况下，年轻人会因夏洛克

（Shylock）的形象形成刻板印象。人们不喜欢儿童读物《小黑人桑波》（*Little Black Sambo*），因为愚蠢的黑人小男孩弄丢了自己的衣服，吃了太多煎饼。《木偶匹诺曹奇遇记》（*Pinocchio*）也被认为是有害的，因为它将意大利人和"杀手"密切联系了起来。不过，尝试将所有人都与刻板印象隔绝开来可能并不现实。最好还是加强人们的辨别能力，继而让他们能够以批判的态度对待刻板印象。

在学校使用的教科书都经历了严密的审查和评估。一项透彻的分析报告指出，三百多本教科书中对于少数群体的处理表明，许多教科书长期重复不利于少数群体的刻板印象。即使这些教材没有恶意，但是教科书作者还是在不经意之中使用了社会中所存有的错误的刻板印象。[19]

随时间而变化的刻板印象

我们已经通过一些证据证明了大众媒体中的刻板印象正在削弱。同样地，学校中日益增长的跨文化教育似乎对当今学生看待种族成见产生了积极的影响。所有这一切都使年轻一代相较于其父母一辈人有着更少的刻板印象。

在普林斯顿大学所进行的两项间隔十八年的调查能够证实这一点。我们已经了解了1932年，卡茨和布莱利针对这所大学的本科生看待德国人、英国人、犹太人、黑人、土耳其人、日本人、意大利人、中国人、美国人和爱尔兰人的态度观点所做的研究。

1950年，在同一所大学教学的吉尔伯特（G. M. Glibert）以相同的程序重复了该项调查。[20] 尽管这些被试学生的经济地位和社会阶层与他们的前辈并无太大差别，但他们成长于不同的社会环境之中。两组被试中都有相当大比例的学生来自美国南方。

比较研究中最引人注目的结果，就是吉尔伯特所称为的"褪色效应"（fading effect）。针对10个国家和种族群体的刻板印象与1932年的结果很相似，但明显弱得多。以意大利人为例，表4显示了给定该国家特质的百分比。提及所有的特质的频率都有所下降（除了"笃信宗教"），这是由

表4　学生将不同特质归属于意大利人的百分比

	1932年	1950年	差异
艺术气质	53	28	−25
冲动	44	19	−25
激情	37	25	−12
易怒的	35	15	−20
喜爱音乐的	32	22	−10
想象力丰富	30	20	−10
笃信宗教的	21	33	+12

于被试学生（不得不做出5个选择）将他们的选择分散在84个不同特征之中的情况比1932年更明显。早期的研究证实了现实中的意大利人与其刻板印象相差甚远。吉尔伯特这样评论道：

> 爱好艺术和热情奔放的意大利人，代表了喜怒无常的艺术大师与令人愉悦的街头艺人的结合，这个形象仍然伴随着我们；但……比起之前的他，已经大为褪色了。提及其艺术气质的学生大幅减少——爱好艺术，爱好音乐，有想象力——提及喜怒无常的特质的学生也是如此——有激情的，冲动的，易怒的。

提及"笃信宗教"的频率增加可能是由于人们在1950年这个禧年期间，对罗马的天主教朝圣者的关注。这一情况显示了短暂事件是如何塑造人们对国家的印象的。

在1932年，47%的人将土耳其人视为"残酷的"；到了1950年，只有12%的人这样认为。针对土耳其人糟糕的刻板印象被显著地削弱了。在1932年和1950年的研究中，针对黑人的主要刻板印象是迷信和懒惰；但与前一次的研究相比，后一次研究中，只有不到一半的学生选择了这些特质。

美国人作为一个群体受到比以往少得多的奉承。含有赞许的刻板印象已大大减少，如勤奋、聪明、雄心勃勃、有效率。物质主义和享乐主义的评判略有增加。时间对于群组内部而言，提供了更为关键的观点。

也许最重要的发现是，在1950年，学生极为不愿参与实验。他们认为这是不合理的，强迫他们对人们进行泛化——尤其是从未见过的人。整个研究被视作侮辱学生的智商。一名学生写道：

> 我拒绝参与如此幼稚的游戏……我无法归结任何能够适用于整个群体的特质。

1932年那次"幼稚游戏"就没有遇到这样的批评。

吉尔伯特指出，"褪色效应"和抗议可能是各种因素所造成的。其中一个因素可能是娱乐和通讯媒体正在逐渐消除人们的刻板印象。另一个因素可能是战后更多的大学生选择了社会科学研究。还有一个因素可能是在学校中所开展的广泛的跨文化教育。无论是什么原因，如今各个国家和民族群体在"我们脑海中的形象"似乎更为多元化了。

从偏见理论的角度来看，刻板印象的可变性很重要。刻板印象随着偏见的激烈程度和趋势而改变。正如我们所看到的，刻板印象也会随境况的改变而改变。在战争年代，苏联政府与美国政府结为同盟时，我们视苏联人为坚强的、勇敢的、爱国的。在几年之内，随着境况的改变，美国人对其的印象也改变了，认为他们是激进的、狂热的。同时，针对日本人（和日裔美国人）的不良印象也改善了。

在这里，我们有进一步的证据指向了本章开始时的观点。刻板印象与偏见不同。刻板印象主要是通过合理化以适应普遍存在的偏见，或当下的境况。即使刻板印象有时是无害的（甚至能带来收益），但我们仍应阻止其在学校和大学之中形成，并减少其在大众媒体上的传播。当然，这并无法消除偏见的根源。[21]

参考文献

1. R. T. LA PIERE. Type-rationalizations of group antipathy. *Social Forces*, 1936, 15, 232-237.
2. B. LASKER. *Race Attitudes in Children*. New York: Henry Holt, 1929, 237.
3. B. BETTELHEIM AND M. JANOWITZ. *Dynamics of Prejudice: A Psychological and Sociological Study of veterans*. New York: Harper, 1950, 45.
4. W. LIPPMANN. *Public Opinion*. New York: Harcourt, Brace, 1922.
5. D. KATZ AND K. W. BRALY. Racial stereotypes of 100 college students. *Journal of Abnormal and Social Psychology*, 1933, 28, 280-290.
6. B. BETTELHEIM AND M. JANOWITZ. Op. cit., Chapter 3.
7. *Fortune*,1939, 19, 104.
8. A. FORSTER. *A Measure of Freedom*. New York: Doubleday, 1950, 101.
9. T. W. ADORNO, et al.. *The Authoritarian Personality*. New York: Harper, 1950, 66 and 75.
10. C. LAMB. "Imperfect sympathies". *The Essays of Elia*. New York: Wiley and Putnam, 1845.
11. K. YOUNG. *An Introductory Sociology*. New York: American Book, 1934, 158-163, 424ff.
12. Ibid..
13. R. BLAKE AND W. DENNIS. The development of stereotypes concerning the Negro. *Journal of Abnormal and Social Psychology*, 1943, 38, 525-531.
14. H. MELTZER. Children's thinking about nations and races. *Journal of Genetic Psychology*, 1941, 58, 181-199.
15. I. REID. *The Negro Immigrant*. New York: Columbia Univ. Press, 1939, 107ff.
16. B. BETTELHEIM AND M. JANOWITZ. op cit., 42.
17. *How Writers Perpetuate Stereotypes*. New York: Writers' war Board, 1945.
18. A McC. LEE. The press in the control of intergroup tensions. *The Annals of the American Academy of Political and Social Science*, 1946, 244, 144-151.
19. Committee on the Study of Teaching Materials in Intergroup Relations (H. E.WILSON, DIRECTOR). *Intergroup Relations in Teaching Materials*. Washington: American Council on Education, 1949.
20. G. M. GILBERT. Stereotype persistence and change among college students. *Journal of Abnormal and Social Psychology*, 1951, 46, 245-254.
21. 对于今天存在的民族刻板印象的描述，见 W. BUCHANAN and H. CANTRIL,

How Nations See Each Other. Urbana: Univ. of Illinois Press, 1958。这项研究是联合国教科文组织为客观理解一个国家的人们对其他国家的印象所做的努力之一。当我们了解了流行的刻板印象时，就可能会更加明智地开始尝试纠正它们。

第13章

偏见的理论

现在是时候为偏见问题寻找一个总体上的理论取向了。

在之前的章节中，我们围绕**刺激对象**（stimulus object）展开了许多讨论。（从第6章至第9章，我们讨论了群体差异，可识别度和自我防御特征的发展。）我们也就感知和认知群体差异的过程进行了深入的探讨。（在第1章、第2章、第5章、第10章、第11章、第12章中，我们探讨了分类，预判的本质是正常的心理操作，辅以语言和刻板印象。）这种将认知聚焦于刺激对象上的活动有时被称为现象学（phenomenological）水平的研究。这种带有偏见的**行为**（act）（第4章）取决于刺激对象被感知的方式（即其现象学）。

在图11中，我们可以看到之前所有的章节主要处理的都是两种研究偏见的方法：刺激对象方法和现象学方法。有时，我们也会从社会文化和历史角度看待偏见，尤其是在第3章、第5章、第7章。这是很必要的，因为我们的群体规范，群体价值观，群体成员身份在个体心理生活的发展中都扮演着持久而互相联系的角色。在第14章至第16章中，我们将更多地谈论促成偏见的社会因素和历史因素。

第17章至第28章中，我们将讨论人格因素和社会学习的作用。然而，我们将如此多的篇幅用于讨论这些方法，这个事实本身可能表明了作者自己心中的某种偏向。如果是这样，他恳请读者能够认识到他的尝试是希望能够强调历史、社会文化和情境这些决定因素对偏见的影响。作者希望本书能被视作对当下趋势的一种反映，即专家跨界，借助邻近学科的方

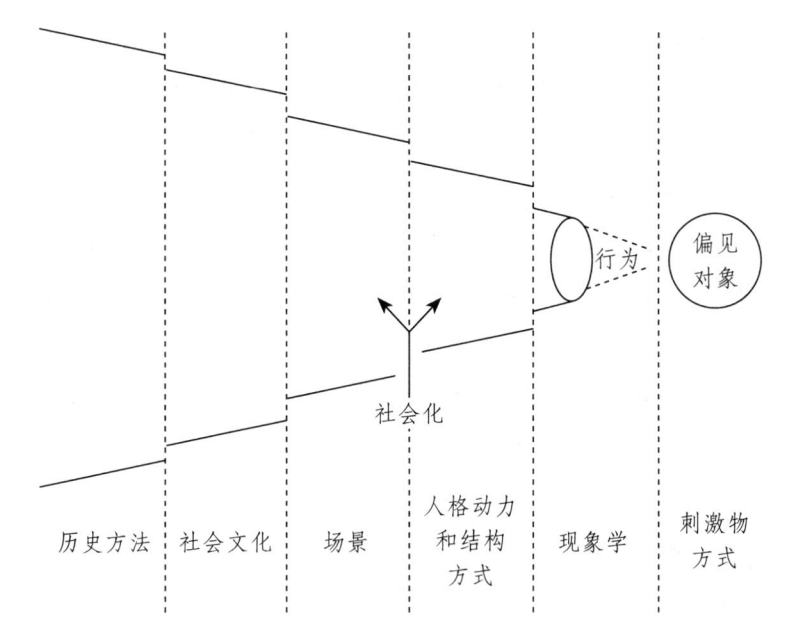

图11　研究偏见缘由的理论和方法论方式
(引自奥尔波特,《偏见:心理和社会诱因》,*Journal of Social Issues, Supplement Series,* No.4, 1950)

法和见解来更充分地了解具体的社会问题。但是即使是一位涉猎广泛的专家,也不免会过分强调自己最擅长的领域的分量。

图11以图表的形式呈现了现有的研究偏见的方法。我们不希望轻视其中任何一个方法,因为我们无法借助任何单一的方法看到问题的全景。针对方法的争论是没有意义的。

当我们谈论偏见的"理论"时,我们在说什么呢?

我们提出这个关于偏见的理论是否旨在为所有的人类偏见给出一个完整的、不容置疑的解释呢?这并不实际。即使我们从马克思主义观点,或是替罪羊理论,或是其他见解中会读到令人留下深刻印象、感到其作者似乎把偏见问题整个说明白了的解释,然而,大多数"理论"都遵循着一种规则,即它们的提出者会吸引人们关注某个重要的诱因,而忽略其他因素所起到的作用。通常,一位理论的提出者会强调图中六种研究进路之一,并使用该进路证实自己的想法,将其塑造成偏见的诱因。举个例子,我们在第3章讨论了"群体规范"理论。特定群体的生活方式给该理论的倡导者们留下了深刻的印象，因此他们将个体带有偏见的态度仅仅"解释"为其群体价值观的投射。这一观点的支持者们无疑会认为这是偏见中最重要的因素，但是他们可能并不会否认其中存在着其他因素的影响，只是这一个因素占据了核心地位。

我们采用折中的方法处理这个问题。图中所示的六种主要研究进路都有各自的价值，并都能揭露一部分现实。现阶段，我们还不可能将它们浓缩成一个单一的、解释人类行为的理论。然而在接下来的讨论中，我们希望主要观点能够变得清晰。我们没有万能钥匙。相反，我们所拥有的是一整串钥匙，其中每一把都能打开一扇通往真知的门。

在图11呈现的所有因果联系中，越靠右的在时间上就越切近，在操作上也更具体。一个人带有偏见，首先是因为他在以某种特定方式感知到他对其抱有偏见的对象。然而他的感知方式是由其人格决定的，而人格又被其经历的社会化过程（家庭、学校、社区对其的教养）所塑造。现存的社会结构也是他社会化进程中的因素之一，决定了他的感知。在这些力量之后，还存在着其他同样有效但更遥远的因果影响，这些影响来源于人生活在其中的社会结构：个体所生活的国家对其的影响，历史对其的影响，长久以来的经济形势与文化传统。虽然这些因素看起来都很遥远，似乎与偏见行为的即时心理分析是不相干的，但它们仍然是重要的影响因素。

现在，让我们更仔细地分析图11所示的六种主要方法中每一项的特征。[1]

强调历史

由于他们发现，每一起当下的族群冲突，其背后都有着错综复杂的漫长历史，历史学家们坚持认为，只有在了解了冲突的总体历史背景之后，我们才能够理解当下的冲突。例如，美国针对黑人的偏见是历史遗留问题，其根源在于奴隶制，北方投机客，以及内战后南方重建的失败。如果这背后也有心理层面的因素的话，它也是被历史情境制造出来，或至少是深受历史情境影响的。

一位历史学家反对近来产生的，试图建立一种纯粹心理学视角的行动。他是这样说的：

> 这样的研究只在很狭窄的范围内有解释力。由于个性本身受到社会性力量的制约，在最后的分析中，寻求对个性形成的理解必须考虑到广泛的社会背景。[2]

我们必须承认这一批评是有力的，但同时我们也需要指出，虽然历史学提供了"广泛的社会背景"，但是历史学无法解释为什么在同一社会背景之下一个人会发展出偏见，而另一个人却不会。这也正是心理学家最想回答的问题。所以，争论心理因素与历史因素谁更主要也是毫无意义的。来自双方的专家都是不可或缺的，因为两者想回答的问题虽然并不一致，但却能互为补充。

历史研究的种类非常多样化。其中一些种类强调经济作为决定因素的重要性，例如马克思主义者发展出的偏见的**剥削理论**（exploitation theory）。这一论点的概述由考克斯（Cox）提供。

> 种族偏见是由剥削阶级在公众中传播的一种社会态度，目的在于污名化某些群体为"劣等群体"，以便正当剥削该群体本身或其资源。[3]

这一理论的提出者认为，种族偏见在十九世纪上升到了前所未有的高度，因为此时欧洲帝国需要为扩张寻求借口。因此，诗人（吉卜林），种族理论家（张伯伦）和政治家会称殖民地的人民为"劣等的""需要保护的""进化的低等形式"，是帝国需要无私背负的"负担"。所有这些看似真诚的关切和屈尊俯就都是为了掩盖剥削所带来的经济利益。种族隔离制度发展出来，是为了防止人们滋生同情和阻止平等思潮传播。针对殖民地人民实施的，性和社会方面的禁忌，让他们无法对平等和自由选择有所期待。

种族理论正是在这种合理化剥削的过程中得到发展的。在资本主义扩张时期之前，它在世界历史上所扮演的角色是微不足道的。本土印度人、非洲人、马来人、印度尼西亚人都具有很高的可识别度。殖民者需要一个能够掩饰其剥削的分类。以阻止人们认清受害者其实是受压迫的非自愿奴隶。因此，"种族"被塑造成了上帝所赐予的，而非人们所创造的一种分类。这使歧视得到了合理化解释。考克斯认为，阶级差异（即剥削者与被剥削者之间的关系）是所有偏见的基础，而所有关于种族、民族和文化因素的论述，大多都是言语上的掩饰。

有多方面的考量使得这一理论独具吸引力。它解释了人们常常听到的那些用以将经济剥削合理化的说辞：东方人每天只"需要"一把米就得以存活；黑人不应该得到很高的工资，因为他们无法明智地使用这些钱，会做超出他们阶层承受能力的消费；墨西哥人是如此的原始，他们一旦有了钱就只会赌钱和酗酒，美洲印第安原住民也是如此。

尽管剥削理论显然言之有理，但是在很多细节上，这一理论的解释力都很弱。它没有解释为什么不是所有被剥削者都同样受偏见所害。许多移民美国的群体都遭到了剥削，但他们并没有面临如黑人和犹太人群体遭遇的那种偏见。而且，犹太人实际上也并非经济剥削的受害者。贵格会和摩门教徒曾一度在美国受到严重的迫害，但绝非出于经济的原因。

即使我们只讨论针对黑人的偏见，也很难说这全然是一个经济现象。尽管许多白人从黑人工人报酬微薄的劳动中获益，并通过有关黑人"动物本性"的理论来合理化这种不公正的现象，但是整个事件远比此复杂。工厂中的白人工人或白人农民也受到了同样的剥削，但他们并未受到特别的歧视。例如，在针对某些南方社区的社会学研究中，事实证明，黑人的客观"阶级"地位并不明显低于白人。他们并没有居住在更小的房屋中，收入也并不比白人少。黑人家中的设施也与白人家中的设施并无二致。然而，黑人在社会和心理层面上的地位都较低。

因此，我们得出结论，马克思主义的偏见理论过于简单了。尽管它的确指出了偏见的一个原因，即上层阶级为了将自利行为合理化。

历史视角对偏见理论的贡献绝不应该只局限于经济层面的解释。离开了对历史上一系列恶性事件的回顾，我们就无法理解希特勒在德国的崛起，以及他的种族灭绝政策。在过去的一个世纪里，我们经历了自由主义时期（1869年，针对犹太人的所有法律限制被废除）和俾斯麦（Bismarck）时代，俾斯麦的改革主义被保守派和保皇派归咎于犹太人，就像之后的罗斯福新政也同样被归咎于犹太人一样。与这一趋势相结合的，是种族原则与纯正血统的学说，后两者都是黑格尔（Hegel）所提出的德国国家精神一元性的反映。所有这些因素都在心理层面上与劳工地位的上升融合在一起。对于很多人来说，劳工运动都是一个军国主义社会里异质化的存在，于是它被归咎于犹太人。最后，第一次世界大战为犹太人被视作德国一切激进破坏力量的化身提供了基础。[4]

无论这种命定的进程是否能够在没有心理学帮助的情况下由历史因素得到充分解释，我们都坚持认为，世界上任何地方存在着的任何偏见的模式，历史角度的研究都能增进我们对其的了解。

强调社会文化

在下面的几个章节中，我们将讨论诸多能够帮助解释群体冲突和偏见的社会文化因素中的几个。社会学家和人类学家对这种理论思考给予了重视。与历史学家一样，社会学家和人类学家重视偏见在其中发展的总体社会环境。在这种社会背景下，一些理论的提出者强调那些导致冲突的文化传统，另一些理论提出者则强调外群体和内群体社会地位的相对变化；还有一些理论关注人口的密度；另一些理论则着重于群体之间所存在的联结的种类。

现在，让我们来阅读该理论的一种具体阐述——被称为城市化的现象及其与种族偏见之间可能存在的关系。这种阐述大致如下：

虽然人们总是希望能够与他人和平友善地共处，但这一愿景被我们当下的工业文化严重阻挠——尤其是当我们城市的文化已然激起了人们的不安与不确定感。在这个城市里，个体之间的联系减少了。无论是语言还是外貌都在我们彼此之间划下了鸿沟。中央政府取代了更为亲近居民的当地政府。广告控制着我们的生活水准和愿望。垄断巨头们用巨型的工厂取代了原有的景观，限制了我们的就业、收入和安全。我们不再像之前一样节俭、奋斗、与彼此面对面交流。对不可控制的力量的畏惧使我们畏缩不前。大都市的生活向我们展示了什么是不人道的、非人性的、危险的。我们恐惧并厌恶屈服于此的自己。

这种城市化进程所带来的不安与偏见有什么关系？一方面，基于大部分人的从众心理，我们倾向于遵循当下社会中的惯例。广告所渲染的虚荣浮华深深地影响着我们。我们想要拥有更多、更奢侈及代表着更高地位的商品。广告商强加于我们的规则是要蔑视穷人，因为他们承担不起被规定的物质水平。因此，我们看不起经济能力弱于我们的群体——黑人、移民和乡巴佬。（这点与马克思主义观点有着异曲同工之妙。）

但是，我们在屈服于物质主义的都市价值观的同时，我们也痛恨造就这一切的都市。我们厌恶金融操控和政治黑幕。我们鄙视城市发展所带来的压力。我们不喜欢那些鬼鬼祟祟、不讲诚信、自私傲慢、野心勃勃、庸俗嘈杂，以及所有不具有古老美德的人。这些都市特质化身为犹太人。"我们如今痛恨犹太人。"阿诺德·罗斯（Arnold Rose）写道："主要是因为他们就是都市生活的化身。"[5] 他们是掌控一切的怪物，是纽约的象征。这座城市迫使我们屈服。所以我们痛恨这座大都市的象征——犹太人。

这个理论的优点在于它的逻辑既适用于解释反犹太主义，也适用于解释人们对"不够格"的少数群体所产生的高人一等之感。然而，这一理论无法解释为什么人们在第二次世界大战中，是如此地厌恶和仇恨日裔美国农民。这一理论也不能够解释，为什么"城市憎恨"在城市居民与农村居民中间都是如此的激烈与普遍。无论是在大城市，还是在小城镇，种族偏见在全国各地都非常严重。

将历史学和社会文化中的重点进行糅合，我们就得到了偏见理论中的社区（Community）模式理论。该理论的重点在于每个群体中最基本的种族中心主义。如果波兰的贵族曾一度剥削与压迫乌克兰农民（历史上的确发生过），这一怨恨会作为一种模式延续下来，成为乌克兰传统文化的一部分。众所周知，许多爱尔兰人都对英国人有着强烈的敌意，这也是该模式的一种反映。这种敌意源于几个世纪前，一些英国地主和政治家的错误做法。托马斯（Thomas）和兹纳涅茨基（Znaniecki）用如下的表述来说明这一机制：

> 每个文化问题都只能通过群体来影响到个人，由于群体成员之间存在直接的联系，所以每个个体的基础价值观都很复杂……社会教育一直以来的趋势……是让每一个个体都能够基于其群体的态度看待所有事物。[6]

这个观点结合了历史学和社会学。它告诉我们，个体无法摆脱祖先的判断，只能够通过自身传统看待外群体。

在欧洲，历史原因所造成的敌对关系非常复杂。给定一个城市，尤其是处于欧洲东部的城市，它可能在不同时期，被俄罗斯、立陶宛、波兰、瑞典、乌克兰所"占有"。这些征服者的后裔依然居住在该城市，并有理由将彼此视为索取者或入侵者。这是一个名副其实的由偏见造成的对立。即使该城市的居民意图移民美国，传统所遗留下来的敌意也会如影随形。除非新的社区模式与旧的传统同样强大，遗留下来的敌意才会消失殆尽。许多移民，可能绝大多数移民都期待开始新生活。所以他们会选择在一种自由、平等、体面的社区模式中生活。

强调情境

如果我将历史背景从社会文化的方法中删去，我们得到的就会是**情境强调**（situational emphasis）。也就是说，相较于过去的模式，该理论更强调当下的力量。许多偏见理论都是如此。例如，**气氛**（atmosphere）理论。一个孩子在即时影响中成长，不久后这些影响就会完全反映在他的身上。在《梦想杀手》（*Killers of the Dream*）中，莉莲·史密斯（Lillian Smith）提出了这样一个理论。[7]南方的孩子显然不了解历史事件、剥削或都市价值观。孩子所知道的是，他必须遵守自己受到的复杂的、不连续的教育。因此，他的偏见仅仅是对他所见所闻的反射。

下面这个例子显示出气氛的微妙影响是如何塑造人们的态度的。

一位教育调研者在英国的非洲殖民地调查为何当地学校的英语教学收效甚微。在参观课堂时，他要求老师向他示范英语教学的方法。老师照做了，但是却以当地方言开始了教学。这位调研者并不懂当地的方言。老师说的是："孩子们，放下手中的东西，现在让我们花一小时来解决这门敌人的语言。"

其他的情境理论可能会强调目前的就业形势，并从中发现当前经济竞争造成的敌意。或者将偏见视为阶层流动所造成的现象。情境理论也可能会强调群体之间的接触类型或群体的相对密度的重要性。这些情境理论都很重要，我们将在此后的章节中分别进行论述。

聚焦精神动力学

如果人类生来就好争论，或者对一切充满敌意，那冲突必然会此起彼伏。强调人类本质中的因果关联这一因素的理论，不可避免地会与上文所述的历史学、经济学、社会学，或社会文化的视角相悖。我们可以援引哲学家霍布斯（Hobbes）的思想作为例子，霍布斯在人类的悲观本能中寻求偏见的根源：

所以在人类的本质中，我们可以发现争论发生的三个主要原因。首先，是竞争；其次，是冷漠；最后，是荣耀。

竞争是人类为了掠夺而入侵；冷漠是为了自身安全；荣耀是为了名誉。竞争会涉及暴力，使自己成为其他男人以及男人的妻子、孩子和奴隶的主人；冷漠能够保护自身的利益；在细枝末节中的荣耀，如一句话，一个微笑，一个不同的意见，以及显示出轻视他人的标志——无论是针对自己，还是亲属、朋友、国家、职业、姓名。[8]

霍布斯认为，冲突的根源在于：（1）经济利益，（2）恐惧和防御，（3）对地位的渴求（骄傲）。对霍布斯来说，这三种愿望只是人类基本的驱动力。他从这三个方面寻找依据。同样地，普通路人也会耸耸肩，以这种本能学说解释自己的偏见："偏见是自然存在的，我们无法改变。"

如今的心理学家会指出这个论点所存在的问题。人们在最初是如何建立这种对荣耀的渴求的？"至死追求权力"的根源是什么？霍布斯只指出了冲突是普遍存在的。但是广泛存在的冲突本身并不意味着它必然是受本能所驱使的。

从广泛存在的冲突出发，可能会有人（言之凿凿地）提出：为什么新生儿在生命伊始并不追求权力，而是追寻与周围环境、周遭所有人的亲密相连。合作与爱的关系总是先于仇恨（第3章）。事实上，仇恨只会在长期的沮丧和失望后滋生。任何观察过儿童的人都知道，在儿童年幼时，我们很难教会他们相互竞争；教会他们形成偏见就更为困难了，正如我们将在第17章至第20章中看到的那样。所以说，认为对他人的负面态度比亲密态度更为"基本"的想法是错误的，看起来存在于人类本性中的特质实际上是不符合人类发展时序、与人类基本需求相对立的。[9]

偏见的**挫折**（frustration）理论更为完善。它也是一种植根于"人类本质"的心理学理论，但是对人类本性缺乏危险的假设。这一理论轻易地认可了亲密需求似乎比抗议和仇恨要基本得多。同时也认为，当塑造积极友好环境的过程受到阻挠时，会产生丑恶的后果。

我们可以通过引用二战退伍军人所持有的强烈偏见来阐释这个理论。当被问及未来可能发生的失业和经济萧条时，他回答说：

这种情况最好不要发生在我们身上。不然芝加哥就要原地爆炸了。南部公园区的黑人过于聪明了。我们这儿发生的种族暴动，会让底特律的显得像周末的学校野餐一样。那么多人都对黑人在战争中所做出的贡献有着质疑。他们得到了所有简单和没有危险的工作——舵手、工程师。他们在其他方面毫无用处。而白人却被欺负，过得艰苦。如果白人和黑鬼都失业，那也不是什么好结果。我会是胜利的那方。我知道如何使用我的枪。[10]

这个例子清楚地表明了经济萧条在造成或加剧偏见方面所起到的作用。剥夺和挫折所导致的敌对冲动，如果不加以控制，可能会对少数群体产生冲击。托尔曼（Tolman）指出，"过于强烈的动机，或过于强烈的挫折会让我们的认知图景变得狭窄"。[11]一旦情绪上受到挑衅，一个人对社会的看法会变得狭隘和扭曲。这将启动他个人视角中的恶（少数民族），因为他正常的直接思维被强烈的感情所蒙蔽。他无法分析恶，他只能具化它。

挫折理论有时也被称为替罪羊理论（第15章、第21章、第22章）。这种理论的构成假定，愤怒可能会被迁移到一名（逻辑上不相关的）受害者身上。

有人指出，这个理论的主要缺陷在于无法解释哪些人会成为迁怒的对象。它也无法指明为什么无论存在多严重的挫折，有些性格特质的人都不会采取迁怒的方式。我们将在之后对这些情况进行讨论。

第三类"人性"理论强调个人的**性格结构**（character structure）。只有特定类型的人才会发展出日常的偏见。这些类型的人群似乎总是缺乏安全感并感觉焦虑，他们采取专制的、排他性的生活方式，而不是轻松的、彼此信任的民主方式。这一理论强调早期训练的重要性，大多数持有高度偏见的人与自己的父母缺乏安全亲密的关系。由于这个或是其他的原因，他们在成年后的所有人际关系中都渴求确定性、不可改变性、权威性，而这种模式使他们排斥并恐惧那些自己并不熟悉，或让他们缺少安全感的群体。

同挫折理论一样，性格结构理论能够得到很多证据的支持（参见第25章至第27章）。但是这两个理论并不全然充足，我们仍然需要其他理论来对其补充。

强调现象学

人是针对他面前的状况直接做出反应的。他对世界的回应方式遵循着他对世界的看法。当他感到某一群体惹人烦恼、令人厌恶并具有威胁性时，他就会对该群体的成员发起攻击。当他认为另一群体是粗鲁的、肮脏的、愚蠢的时候，他就会嘲笑该群体的成员。正如我们所见，可识别性和语言标签有助于我们定义感知到的对象，以易于识别。历史和文化的力量以及个人整体的性格结构可能会滞后于他的假设和看法。从现象学角度来研究偏见的理论家们认为，现象学的观点将所有的因素融合为一个终极的、普遍的焦点。人们最终的信仰和感知才是最重要的。显然，刻板印象在塑造先于行动的感知中起着显著的作用。

偏见的某些研究仅使用现象学方法。卡茨-布莱利和吉尔伯特对种族刻板印象的研究（第12章）就是如此，拉兹兰（Razaan）也对民族特有名称对面孔照片评分的影响进行了调查（第11章）。其他研究将现象学方法与其他方法相结合。例如，第10章我们报告说，当我们比较两种性格结构的人群时，发现两者认知过程的死板程度有所不同。另一组频繁结合的方法是情境分析与现象学。在第16章中，我们将看到，与黑人密切接触的人与那些生活在隔离情境中的人，二者的感知是不同的。

正如我们所说，现象学层面揭示的是即时的因果关系，我们应该将这种方法与其他方式相结合。若非如此，我们可能会忽视同样重要的，位于人格背后的动力，以及生活情境、文化和历史背景中的决定因素。

强调应有的名声

最后，我们回到刺激对象本身这个问题。正如第6章和第9章所示，刺激对象也许是群体之间存在的真正差异，也是引起不满和敌意的诱因。然而，我们的证据足以表明这些差异远远小于我们所假设的差异。在大多数情况下，名声并不是靠赚取得来的，而是几乎毫无理由地被强行安在一个群体上的。

如今，没有一位社会科学家会完全赞同**应有的名声**（earned reputation）理论。同时，也有学者警告说，并非所有少数群体都无可指摘。可能有些民族或国家的确具有威胁性，因此招致了现实中的敌意。或者，更有可能的是,敌意部分源于对刺激的实际估计(群体真实的本质),而另一部分则来自许多不切实际的因素。因此,一些理论的提出者主张**互动理论**(interaction theory)。[12] 敌对态度部分取决于刺激的性质(既定的名声),部分由与刺激相关的因素所决定(例如,替罪羊,符合传统,刻板印象,内疚的投射等)。

只要为两组因素赋予适当的权重,我们就无法对这样的交互理论提出异议。这一理论只是为了说明,"在科学寻求敌对态度的原因时我们不应忘记还要将刺激对象自身的所有相关特质都纳入考量"。在这个广泛的意义上,不可能产生驳斥交互理论的理由。

结 论

总的来说,最好的方法是接纳每一种方法论。因为每一种方法论都有其独到之处。它们无一是排他的,也无法单独成为偏见研究的指导方针。我们或许可以这样说,对于所有的社会现象,尤其是对"偏见"而言,多重因果关系总是普遍的规律。

参考文献

1. 作者在以下文章中对这种研究取向做了更详尽的阐释:Prejudice: a problem in psychological causation, *Journal of Social Issues*, 1950, Supplement Series No. 4。本文也被收录于 T. PARSONS AND E. SHILS, *Toward a Theory of Social Action*, Part 4, Chapter 1, Cambridge: Harvard Univ. Press, 1951。
2. O. HANDLIN. Prejudice and capitalist exploitation. *Commentary*, 1948, 6, 79-85. 也可见由同一作者撰写的 *The Uprooted: The Epic Story of the Great Migrations that Made the American People*, Boston: Little, Brown, 1951.
3. O. C. Cox. *Caste, Class, and Race.* New York: Doubleday, 1948, 393.
4. P. W. MASSING. *Rehearsal for Destruction.* New York: Harper, 1949.
5. A. ROSE. Anti-Semitism's root in city-hatred. *Commentary*, 1948, 6, 374-378, 也被收录于 A. ROSE (ED.), *Race Prejudice and Discrimination*, New York: Alfred A. Knopf, 1951, Chapter 49.

6. W. I. THOMAS AND F. ZNANIECKI. *The Polish Peasant in Europe and America*. Boston: Badger, 1918, Vol II, 1881.
7. LILLIAN SMITH. *Killers of the Dream*. New York: W. W. Norton, 1949.
8. T. HOBBES. *Leviathan*. First published 1651, Pt 1, Chapter 13.
9. Cf. G. W. ALLPORT, A psychological approach to the study of love and hate, Chapter 7 in P. A. SOROKIN (ED.), *Explorations in Altruistic Love and Behavior*, Boston: Beacon Press, 1950; also M. F. ASHLEY-MONTAGU, *On Being Human*, New York: Henry Schuman, 1950.
10. B. BETTELHEIM AND M. JANOWITZ. *The Dynamics of Prejudice: A Psychological and Sociological Study of veterans*. New York: Harper 1950, 82.
11. E. C. TOLMAN. Cognitive maps in rats and men. *Psychological Review*, 1948, 55, 189-208.
12. Cf. B. ZAWADSKI. Limitations of the scapegoat theory of prejudice. *Journal of Abnormal and Social Psychology*, 1948, 43, 127-141. Also, G. ICHHEISER, Sociopsychological and cultural factors in race relations, *American Journal of Sociology*, 1949, 54, 395-401.

第四部分

社会文化因素

第14章
社会结构与文化格局

正如我们之前所读到的，一些理论家由于其所受过的训练及其偏好，**强调文化的因果关系**。而历史学家、人类学家、社会学家则对塑造了个人态度的外部影响感兴趣。而另一方面，心理学家想知道这些影响是如何被编织进个人生活的动态纽带之中的。这两种研究方法都是必需的。但在本章中，我们仅限于讨论前者，即文化的因果关系。

基于我们现在对偏见的了解，我们可以说，持有偏见的人格将更多地会出现在满足以下条件的地方：

社会结构以异质性为特征的地方

允许垂直流动性的地方

社会正在发生快速变革的地方

存在无知和交流障碍的地方

少数族裔规模大或者呈扩张趋势的地方

的确存在直接竞争和现实威胁的地方

在社群中以利益为目的的剥削长期存在的地方

管控和节制攻击行为的习俗倾向于偏见的地方

为民族中心主义的传统辩护的地方

同化和文化多元主义都不受欢迎的地方

我们将以此阐释偏见的这十项社会文化法则。我们无法证明它们是完整的或不容置疑的；但每项规律都是当下所能做出的"最合理的猜测"。

异质性

只有在社会的多样化程度相当高的情况下，才不会存在"感知警觉点"（perceptual points for alarm）。在同质化的社会中，人们的肤色、宗教、语言、服装风格和生活水平都是一样的。几乎没有任何一个群体的可见度高到足以围绕其特征产生偏见（第8章）。

相比之下，在一个多样性强的文明中，就存在着巨大的差异（分工不同所导致的阶级差异，移民所导致的种族差异，以及许多宗教信仰、哲学观念上的差异所导致的意识形态差异等）。由于没有人能同时代表所有方面的利益，最终人们的见解变得各自不同。人们为了各自的利益或站到一起，或走向对立。

在同质化的文化中，只会出现两种类型的对立。（1）他们可能不信任外国人和陌生人（第4章），比如中国人不信任"洋鬼子"。（2）他们可能会放逐个别的个体，如纳瓦霍人（Navaho）驱逐"女巫"。在同质化的文化中，仇外心理和巫术在功能意义上等同于针对群体的偏见。

美国这个或许有着地球上最为复杂和多元的社会的国家，为大量偏见和纷争提供了成熟的产生条件。差异数量众多且可识别。服饰、品位、意识形态上的冲突无法提供帮助反而会催生摩擦。

一个社会偶尔或许会表现出一种固化的异质性，这种异质化表现出来的形态与同质化是一样的。例如，在奴隶制存在的地区，随处可见的偏见行为并不会引人侧目。一旦某种关系被习俗所固化，就很少会发生明显的摩擦。主仆之间、雇主和雇员之间、牧师与其教区居民之间的固定的生活和互动方式都是这样的例子。只有当一个社会中存在社交活动、阶层流动与变化，这个社会才能够创造出"活的"异质性，才会带来偏见。

垂直流动性

在同质社会或固化的种姓制度中，人们不会将差异看作一种活跃的威胁。即使是等级严明的社会系统，例如奴隶制，当它运转良好时，社会上仍然会存在一种关于能否让下层阶级"安分地待在自己的位置上"的焦虑。在日本和其他的一些地方已经颁布了法律，以固化上层阶级的特权，使其不被下层阶级染指。因此，即使是在固化的种姓制度中也存在一些偏见的痕迹（参见第1章）。

但是，当每个人都被认为是潜在平等的，并且由国家信条保障了平等的权利和平等的机会时，就会出现一种非常不同的心理状态。即使是最底层的群体成员也被鼓励去努力奋斗，并站出来要求他们的权利。于是就出现了"精英的流动"。通过努力和好运气，出身较低的人能够不断提升自己的社会阶层，有时甚至能够取代之前的特权阶级。这种垂直流动给社会成员带来了激励与恐慌。威廉斯（Williams）指出，美国社会中有资本主张"美国信条"所传达的普遍价值观的，主要是其中最有安全感的群体（例如，专业人士和传统的特权阶级家庭）。而其他的所有人都受到垂直流动的威胁——这种流动既能使阶级提升，也能使阶级下降。[1]

一项实证研究对这一问题给出了相当多的解释。研究人员贝特尔海姆和贾诺维茨发现，一个人当前所处的社会阶层对其所持有的偏见来说并不重要，调节其偏见的更多的是他在社会阶层中的流动方向是向上还是向下。社会的动态流动性被证明比任何静态人口学变量更为重要。这一发现有助于解释为什么大多数研究人员都未能发现偏见与人口学变量，诸如年龄、性别、宗教信仰、收入之间存在任何重要的关联（第5章）。这也有助于解释为什么是否受过高等教育与宽容度之间并无显著相关。流动性似乎是一个更为重要的因素。

在这项研究中，退伍军人被要求提供自己应征入伍前与战后受访时的职业情况。[2] 一些人在退伍后无法达到他在入伍前的职业地位；另一些人在退伍后的职业待遇与入伍前相同；还有一些人在退伍后找到了更好的工作。研究人员根据这三种不同的流动方向划分被试，发现这三组被试反犹太主义的程度存在着明显的差异。虽然这项研究的被试数量不多，但趋势却很显著。相较于在职场一帆风顺的人，那些在职场遭遇逆境的人更为反感犹太人。坎贝尔（Campbell）所提供的支持证据如下。

表5　反犹主义与社会流动性

	向下流动的百分比	没有流动的百分比	向上流动的百分比
宽容	11	37	50
有刻板印象	17	38	18
公然表达和强烈反感	72	25	32
总计	100	100	100

（改编自贝特尔海姆与贾诺维茨，*Dynamics of Prejudice*，第59页）

坎贝尔在研究报告中指出，对工作境况不满的人（可能在很大程度上是下行流动的标志）比那些满足于当下工作的人显得更为反犹太主义。[3]

在针对黑人的偏见中也出现了同样的趋势。由于这种形式的敌意比反犹太主义更为广泛，所以分类方式与上一个表格略有不同。

表6　反黑人态度与社会流动性

	向下流动的百分比	没有流动的百分比	向上流动的百分比
宽容和有刻板印象	28	26	50
公然表达反感	28	59	39
强烈反感	44	15	11
总计	100	100	100

社会的迅速变革

异质性和向上流动的渴望在社会上涌动，极易导致种族偏见。不过，社会危机的爆发似乎也会加剧这一进程。罗马帝国即将崩溃的时候，人们更经常地将基督徒喂给狮子。在美国参战期间，种族暴动显著增加（特别是在1943年）。每当南方的棉花生意不景气，被处以私刑者的数量就会增加。[4] 一名研究人员写道："在整个美国的历史上，似乎本土主义思潮的高涨都与经济萧条之间存在直接的相关性。"[5]

在洪灾、饥荒、大火等灾难时期，会盛行各种迷信和恐慌，其中包括将灾难归咎于少数群体的流言。很多人将1947年摧毁缅因州的森林大火归咎于共产党人。捷克斯洛伐克的共产主义者在1950年也做出了同类反应，指责美国人在当地释放了大量马铃薯害虫，从而导致该国马铃薯作物歉收。伴随着对未来的不可预测性而来的焦虑感增加，使得人们倾向于将恶化的处境归咎于替罪羊。

失范（anomie）是一个社会学概念，意为社会结构和社会价值观的加速崩坏。如今，这一情况普遍出现于大多数国家。作为一个术语，失范呼吁人们关注社会机构中的功能障碍和状态低落。

研究人员里奥·斯洛尔（Leo Srole）提出一个假设，认为将眼下的状况感知为"高度失范"的人即是对少数群体持有高度偏见的人。他设计了一份测量当今美国社会失范状况的调查问卷，并将其发放给大量被试。他还测量了被试对少数群体的偏见。结果显示，两者之间的相关性非常高。[6]

斯洛尔还希望了解，以社会文化上的"失范"作为对偏见的解释，与以心理上的"威权主义人格结构"（第25章）作为解释相比，哪种更有说服力。因此，他要求被试完成第三份用于测量其威权主义观点的问卷。他的研究发现，失范这一变量更为重要。

之后，另外一组心理学家也重复了这一研究。虽然他们也发现失范与偏见存在重要关联，但并没有证实失范对偏见的影响比威权主义人格结构更为深远。[7]

这项研究能给我们带来很多启迪，因为它对偏见的两项诱因各自的权重进行衡量，意图发现哪项原因更为重要。虽然在目前，我们还无法完全解决这一问题，但我们至少可以由此指出，失范是导致偏见的一个重要因素。（读者会注意到，严格来说，这项调查仅涉及对失范的感知或信念，而并没有涉及社会中真实存在的价值解体。问卷所测量的是人们的观念。因此，严格来说，这是现象学研究而不是社会文化学研究。）

在结束这一话题之前，需要指出的是，一个国家中发生的特定类型的危机可能会产生减轻群体间敌意的效果。例如，当国家整体陷入危机的时候，敌对的两群人可能会遗忘仇恨，共同合作以克服危机。在特定时段内，即使是在和平年代互相对抗的双方，一旦成为战时盟友也通常会以友善的态度对待对方。然而，严重的国家危机与失范是两回事。失范的标志性特征是内部的不稳定，而这个因素（无论国家是处于战争还是和平状态）似乎会放大原有的偏见。

无知和沟通障碍

大多数消除偏见的方案都是基于这样一个前提预设：我们对彼此了解得越多，就越不会产生对彼此的敌意。看来不言而喻的是，对犹太宗教有充分了解的外邦人就不会相信关于犹太人"仪式谋杀"的流言。一位了解天主教教义中圣餐变质说（transubstantiation）含义的人也不会对天主教徒的"同类相食"感到震惊。一旦我们能够了解到，在意大利语中，名词都以元音结尾，我们就不会再嘲笑意大利移民的奇怪口音。跨文化教育的意义大部分在于弥补无知以减少偏见。

是否存在科学依据以证明这一假设？十年前，墨菲夫妇（Murphy and Murphy）和纽科姆（Newcomb）进行了一项研究，发现支持了解能够带来友好的证据十分薄弱。[8]

近来，越来越多的证据显示出对这一结论的支持。但研究者同时也发现，虽然我们倾向于对我们最了解的那些国家持有友善的态度，但对自己厌恶的国家，我们往往也有着深入的了解。换句话说，知识与敌对之间的逆向关系无法缓和极端的敌对态度。我们并非完全不了解我们最厌恶的敌人。[9]

所有这一切，似乎让我们有充分理由认为，当沟通障碍不可逾越时，无知易于使一个人成为谣言、怀疑和刻板印象的猎物。一旦未知之物也被认为是潜在的威胁时，这一过程就极有可能发生。

这一泛化中存在一种缺陷，即没有考虑到个体差异。在第5章中，我们提到，有些美国人拒绝让虚构民族"Daniereans"的人入境，因为他们对这个民族一无所知。同时也有人说，因为他们对这个群体一无所知，所以也并不排斥他们，因而会心无芥蒂地欢迎他们到来。每个个体使用其知识（或无知）的方式都是不同的。但是，如果我们可以满足于这种针对大类的经验主义泛化，我们就可以做出推论，**与其他群体之间的自由沟通所促成的对彼此的了解，一贯地与降低敌意与偏见相关联**。

知识的形式是多种多样的。因此，就此做出的泛化是不严谨的，本身也并不实用。例如，通过一手经验所获取的知识很可能比讲座、教科书或宣传活动（第30章）向我们传播的信息更为有效。至于打破沟通的障碍这方面，研究揭示了在群组间联络中的某些条件比其他条件更为有效（第16章）。

少数群体的规模和密度

如果班级里只有单独的一个日本或墨西哥儿童，那么他很可能会成为全班的宠儿。但如果来了20个这样的孩子，他们就几乎一定会被与其他孩子区分开来，并被视为威胁。

威廉斯这样阐述这一社会文化规律：

将一个明显不同的群体迁移到特定地区会增加冲突的可能性：
（a）迁移而来的少数群体所占总常住人口的比例越大，
（b）少数群体涌入的速度越快，
发生冲突的概率就越大。[10]

全美只有约1000名印度人，黑人人口却约有1300万。前者往往被忽视（除了个别印度人可能会被误认为黑人）。但是，如果印度人的数量上升到几十万或几百万，毫无疑问，那时必定会出现明确针对印度群体的偏见。

如果这条规律是正确的，我们应该能够发现证据显示反黑人主义最为兴盛的地区就是黑人人口密度最大的地区。

一项范围有限但设计得很精巧的，针对南卡罗来纳州的研究提供了支持性数据。1948年，第三方候选人瑟蒙德（Thurmond）州长以"州权自治"为主张，竞选美国总统一职。这一主张主要是抗议民主党在公民权议题上的纲领。研究人员戴维·赫尔（David M. Heer）测试了这样一个假设，即在黑人人口最为密集的南卡罗来纳州，针对黑人的偏见也会较其他地区更为强烈，继而使瑟蒙德在该州获得最高的票数。[11] 结果在很好地控制了其他会影响瑟蒙德票数的变量的基础上，证实了假设在很大程度上是合理的。黑人人口越密集的地方，瑟蒙德得票越高。

威廉斯所提出的规律中的第一部分认为，人口的静态组成是重要的。赫尔的研究也支持了这一观点。（人们可能会提出，南部州比北部州明显存在着更为显著的针对黑人的偏见，这也能够为这条规律提供支持——尽管在这里我们必须小心得出结论，因为除了相对密度，还可能有很多其他因素也在起作用。）

但威廉斯陈述的第二部分更为重要。我们很容易就能够证实其效应。

众所周知，在二次世界大战之前，英国的肤色偏见很少。在战争期间，许多来自美国、非洲、西印度群岛的黑人，以及许多马来人流入了英国城市利物浦。研究这一情况的里士满（Richmond）发现，在此之前极少或根本不存在的针对外群体的排斥情绪，随着移民的流入而发生了巨大的增长。[12]

在美国，满足产生严重暴动条件的地区与拥有大量被排斥族群的移民的地区是恰好重合的。例如，1832年波士顿发生了宽街（Broad Street）暴乱，当时来自爱尔兰的移民人口大幅剧增；1943年洛杉矶发生组特装暴乱时，正值墨西哥劳工大量涌入之时。同年，底特律也发生了暴乱。芝加哥接下来发生的种族问题似乎与黑人人口密度的日益增加密切相关。在芝加哥，1平方英里内居住着9万黑人，有时平均17名黑人才对应一个房间。而黑人人口正在以每10年增长10万的速度扩张。[13]

为了削弱这一因素造成的影响，有人认为，如果少数群体的成员作为个体分散开来（而非成群聚居），就不会遭受如此之多的敌意。而黑人居住状况的研究者韦弗（Weaver）认为，根据他的经验，当单独的一个黑人或几个黑人家庭作为独立的个体迁入中高收入住宅区时，人们对其的排斥情绪是逐渐下降的。[14] 帕森斯（Parsons）指出，犹太人的集中性不仅仅体现在他们经常聚居，还体现在从事特定的职业之中，他的假设是如果犹太人可以在社会结构中平均分布，反犹太主义的情况可能会有极大的缓解。[15]

然而，促成少数群体的分散是很困难的。出于经济和社会性的原因，来自某个国家或地区的移民倾向于聚集在一起。迁入北方城市的黑人只能在黑人人口已经很密集的区域找到住房。随着集中度的增加，出现了一个平行社会。新的少数群体在原有的社区中间构造起了一个拥有自己的教会、商店、俱乐部、警卫队的社区。这种割裂彰显了他们与主流社会之间的鸿沟，并往往使恶劣的局面变得更糟。职业的固着化可能会加剧这一局面：意大利人都被看作推着小车叫卖的商贩、修鞋工人或者体力劳动者。犹太人则只在当地对其开放的那些职业中工作：零售业、当铺、服装厂工人等。

这种聚居在特定社群、次级社会，集中于特定行业的趋势大大增加了主流社会和少数群体之间的沟通障碍。这使双方始终处于对彼此一无所知的状态，而正如我们所见，无知是激发偏见的重要因素之一。

如同我们这里所关注的所有其他社会文化规律一样，关于人口规模和密度的规律也不是独立运作的，而是需要与其他要素共同发挥作用。我们假设来自新斯科舍省的移民迅速涌入了新英格兰的一个城市。他们所遭受的偏见肯定远比不上相同数量的黑人移民所遭受的偏见。一些群体似乎比其他群体更具有威胁性——这可能是由于该群体本身具有更多的差异，或这些差异的可识别度更高。因此，人口密度日益增长本身并不能够充分解释偏见，它只是加剧了已然存在的偏见的强度。

直接竞争和现实冲突

我们经常提及，一个少数群体的某些成员可能**的确**具有令人反感的特质，并考察过"应有的名声"理论。现在，我们必须检视一项与之紧密相关的主张，即群体之间的冲突可能是有其现实基础的。理想主义者可能会说："冲突不可能是绝对必要的，人们可以使用仲裁的方式，或找到能够调和各方利益，和平解决争端的方法。"我们的确可以这样做——在理想状况下。我们要说的只是利益和价值观在现实中的确会发生冲突，并且这些冲突本身并非偏见的案例。

在过去的一些时候，由于新英格兰的工业城镇需要廉价劳动力，中介代理就安排了大量的南欧移民来满足需求。这些意大利人和希腊人最初到达时并没有受到当地人的欢迎。因为他们的到来暂时性地充实了劳动力市场，导致了工人收入的削减，并增加了既有工人的失业率。尤其在经济衰退的环境下，人们对竞争很敏感。经过一段时间的调整期后，每个民族都在行业内找到了自己的分工，并站稳了脚跟。依据柯林斯（Collins）的报告，如今在许多新英格兰的工厂，行政管理与工厂股份均由本地人管控，而监督和基层管理则由爱尔兰裔美国人所控制，工人则是新移民来的南欧群体。人们默认了这一不成文的社会结构。[16] 但是在这一稳定局面产生之前，可能出现过一段激烈而充满敌意的竞争时期。

人们经常会说，黑人对处于社会底层的白人构成了实际的威胁，因为二者在竞争同样的工作。然而，严格来说，工作机会上的对抗并不存在于群体之间，而纯粹是个人层面的竞争。从来都不是有色人种群体性地抢走了白人群体的工作，而只是某个个体（无论是白人还是有色人种）首先得到了工作，使得其他个体失去机会。将这种冲突称作"现实存在的"，只能说明，我们将其看成了一个种族问题。当移民或黑人"工贼"进入工厂工作时，人们对这些"抢走我们工作的人"的敌意上升为了种族矛盾，尽管其肤色和原国籍对于其中涉及的经济冲突而言，只是个偶发因素。

只有当给定少数群体中的大部分成员都具备以下属性时，我们才能够将其视为现实的威胁：不愿参加工会，愿意在安全和健康状况恶劣的条件下长时间工作,在一切方面都比本地人要价更低,缴税非常少,容易成为公共财政的负担,有传播疾病或犯罪的倾向,不断攀升的出生率,低生活水准,不合情理地拒绝同化。

我们必须承认,在群体间纠纷中,区分现实冲突和偏见是极为困难的。让我们考虑下面这个事关国家间利益冲突的案例。1941年12月7日,日本军队轰炸了珍珠港,这对美国的利益和安全构成了实际的威胁。美军立即做出了反抗,并进入了战争状态。在这一事件中并未涉及偏见。然而,不久之后,针对日裔美国人的迫害就接踵而至。没有任何一例关于日本人暗中破坏美国社会的流言得到了证实,对日裔美国人的强制搬迁计划也是残酷而无必要的。与此同时,美国对日本普通民众的看法也形成了一个典型的模式:他们都是些"老鼠",只适合被消灭。因此,从冲突的现实核心开始,迅速发展出了一种不切实际的偏见情结,这对处理实际问题毫无帮助。(更利于赢得战争的举措应该是让日裔美国农民继续粮食生产,这样还能避免迁移和关押他们所需的花费。)

尽管做出这样的区分很难,但我们认为,在处理任何特定的民族冲突或少数群体之间的经济冲突时,对局势进行理性分析通常是可能的——这样,我们就可以将局势中固有的竞争因素和与之伴生的偏见区分开。

在宗教领域,理性分析更是难上加难。对许多个体来说,宗教信仰是极为真切实在的。某些穆斯林可能会认为运用武力改造异教徒是自己的道德责任;而古代的十字军也会认为消灭伊斯兰教,夺回圣杯是上帝赋予自己的职责。

正如世界上所有重要宗教一样,基督教会内部也存在分裂。持有异见的少数群体会因为对他们自己很重要的原因而脱教。所以我们有了**自由**(free)的卫理公会、**革新**(reformed)的犹太教会、**本初**(primitive)的浸信会、**古老的**(old)的天主教徒和**吠檀多**(印度教的主要哲学)印度教徒。虽然一些持有异见者本人对他们本来的宗教持温和态度,但分裂发生时,价值观冲突形成的情境往往会导致不宽容。不言而喻的是,当两种激进的宗教信仰(或某一宗教内部的两个不同派别)都声称自己是唯一的、正统的宗教时,每一方都倾向于改变或消除敌对一方,就会引发真正的现实冲突。

让我们考虑一下当今美国的情况。根据美国信条,每个公民都有权以自己的方式寻求真理,以自己选择的方式崇拜神,或者根本不崇拜任何神,随他高兴。为了使这种自由得到普遍尊重,每个公民都应该在心底持有一种相对主义的基本理念(一个人的真理和另一个人的真理一样值得尊重)。与此同时,他的宗教可能需要一个与此相悖的绝对主义理想。真理只能是绝对的。任何不相信这个真理的人都是错误的,而我们不能鼓励他人走错误的道路。

因此,内在矛盾的价值观之间的现实冲突很可能发生在任何既忠于民主信条,又坚信自己的宗教信仰是唯一真信仰的公民身上。这一冲突并不会给许多人造成困扰,因为他们同时参照这两种价值观发展出了自己的生活方式,他们通常依照民主的精神参与公共交往和公共政策的制定,并用各自的宗教信仰指导私人生活。

但是,许多人认为,这种冲突是内在于美国政府和教会相互矛盾的理想中的。他们以罗马天主教在这个国家的情况为主要例子。尽管两个世纪以来,教会一直与美国的宗教自由宗旨相安无事,既享受自由,又允许自由,然而他们问,难道不存在固有的矛盾吗?如果罗马天主教像它声称的那样代表了唯一真正的教会,如果新教是异端邪说,那么教会如果在政治上足够强大,他们是否应该,或是否能够支持鼓励异端邪说的社会制度?

无论是否确有其事,许多信仰新教的美国人对罗马天主教会抱有恐惧——他们认为自己这样想并非出于无知、恐惧或偏见,而是完全基于现实——罗马天主教会可能会在将来占据政治上的主导地位。到了那一天,罗马天主教会是否会(出于对自身真理的坚信)剥夺非天主教徒的宗教自由?一位学生这样表达了自己的观点:

> 我不反对作为个人的天主教徒,也不反对他们的宗教;但是我不相信天主教上层在民主、公立学校系统和国务院(在他们与西班牙、

墨西哥、梵蒂冈的交往中）方面的动机。我看到了它对报纸编辑路线的压力，对此我很反感。

对于这位学生来说，这似乎是个完全现实的问题。

这场冲突是否有现实的理由不是我们在这里可以充分考虑的问题。只有对天主教在神学领域进行极为深入的研究，并客观地评估教会长久以来对美国信条的尊重，才能给出满意的答案。

就我们目前的论述目的来说，特别重要的是现实问题（如果存在的话）似乎不可能从偏见中分离出来。虽然上文中学生的问题陈述听起来相对客观，但另一个学生写下的以下陈述更典型：

> 天主教是偏执的、反动的、迷信的，天主教对美国自由构成了威胁。天主教徒所了解的一切都来自他们的神父。我想知道到了天主教徒在有投票权的人中占多数的那天，他们会对宗教自由怎么说。

这是个很有意思的问题，它发源于一个明智的问题：美国的民主信仰与罗马天主教会的精神之间所暗含的矛盾在未来是否还能像在过去一样，得到顺利的解决？这是一个完全实际的问题——因为非天主教徒有权为未来的信仰自由保有警惕。然而，对于我们当下的讨论最重要的是，其实人们是无法撇开一切无关的成见，客观地看待这个问题的。即使是我们目前被阅读最多的、最为彻底的讨论也做不到。[17]

给这一部分做个总结：许多经济、国家间和意识形态的冲突背后都是真实的利益冲突。然而，大多数由此产生的敌对状态产生了额外的负担。偏见模糊了问题，阻碍了核心冲突的现实解决。在大多数情况下，被感知的竞争被夸大了。在经济领域，一个种族群体直接威胁另一个种族群体的情况几乎不可能是真的，尽管经常有人试图给出这种解释。在国际领域，由于又增加了不相关的刻板印象，争端进一步被放大了。类似的困惑也笼罩着宗教纠纷。

现实冲突就像管风琴上的音符，它会使所有相关的偏见同时发生共振，而听众几乎无法将纯音和杂音区分开来。

剥削优势

在前一章中，我们简要阐述了马克思主义的观点，即资本家为了更好地控制他们所剥削的无产阶级而助长偏见。如果我们对这一理论在经济层面之外进行推广，即剥削发生在很多层面，任何形式的剥削都会导致偏见，这一理论就会变得更可信。

凯里·麦克威廉斯（Carey McWilliams）针对反犹主义提出了一种剥削理论。[18] 他指出，社会对犹太人的排斥，始于19世纪70年代，这时工业与铁路成为财富之源。这一理论认为，大亨们感到他们所掌握的新权力并不十分符合美国的民主信仰。所以，他们企图将问题转移至别处，让人们认为犹太人才是真正的恶棍，是犹太人导致了经济上的漏洞，策划了政治上的欺骗，导致了社会道德的堕落。另外，有人可供俱乐部和住宅区排斥驱逐，有人可以充当贱民阶层，使暴发户和势利鬼可以尽情踩在脚下，也是件方便的事。反犹主义因此也成了"特权的掩护"，一个便捷的合理化借口与逃避责任的方式。暴发户们鼓动劳工们接受这一流言，并将自己遭遇的问题归咎于犹太人。这样做就将人们的注意力从工厂主的行为上引开了，使得工厂主们不需要改变自己的压迫性规则。资本家资助了这一流言的传播，旨在将人们的注意力集中在犹太人的不善行为上。这一剥削理论认为，偏见为资本家的剥削带来了一系列各种收益：经济优势，社会层面的权势地位，以及一种道德优越感。

同样地，针对黑人的剥削也存在许多形式。他们被迫从事低收入的体力劳动，为雇主带来了经济收益。针对黑人的双重标准使得白人男性能够接近黑人女性，却不允许黑人男性接近白人女性，这让白人男性获得了性收益。几乎所有人都认为黑人在智力上更低一等，这使白人在面对黑人时自然而然地获取了一种地位上的收益。黑人也许会因为被恐吓或嘲讽将自己的选票投给某一位候选人，或干脆放弃投票；白人从中获取了政治收益。因此，从剥削理论的角度出发，我们能找到充分的理由解释黑人处于当下地位的原因。几乎所有白人男性都能从黑人身上攫取利益。[19]

一位针对特定种族挑起仇恨与敌意的煽动者本质上是一名剥削者。他并非直接从少数群体获益，他的利益来自他的追随者。当他将自己描绘为拯救大众于威胁之中的救世主时，这些追随者也许会将自己的选票投给他。一名政客也许能够通过主张"白人至上"而获得连任，为了获得选票，他总是将矛头指向黑人。有时，煽动者也能够得到直接的经济利益。三K党的高层领导能够从向成员收取初始入会费、会费和贩卖兜帽服饰中获利。"欺骗的先知"总是能从偏狭和仇恨中攫取到利益。[20]

总结一下：任何多元化和分层的社会体系的核心都有这样一种诱人的可能性，即经济、性、政治和地位的提高可以来自对少数民族的蓄意（甚至是无意识）剥削。为了获得这些好处，那些最能从中获利的人会刻意传播偏见。

社会对攻击性的约束

愤怒和攻击都是正常的冲动。然而，文化致力于（就像在性方面一样）降低这些冲动的强度，或者严格限制其表达渠道。

切斯特菲尔德勋爵在风气文雅的英格兰写道："一个绅士的标志，就是他从不表现出愤怒。"巴厘岛的社会训练孩子在有意激怒人的挑衅面前保持相对冷漠。但是大多数文化都赞同某些公开的敌意表达。在我们的社会里，如果一个成年人被激怒到一定程度，他通常会被允许破口大骂。

但是美国人处理攻击性冲动的方式总的来说是复杂和矛盾的。我们鼓励竞争性的运动比赛和激烈的商业竞争，但在这两者中，人们都期待一种良好体育精神和慷慨的微妙融合。主日学校教孩子们"如果有人打了你的左脸，就把右脸也转过来给他打"。而在家里，他们被教导要捍卫自己的权利。虽然不鼓励夸大的个人荣誉感，但是没有人应该容忍超过某个限度的羞辱。小男生之间打架经常是被赞许的。传统上，母亲灌输耐心和自制，而父亲激发"男子汉的美德"——其中很突出的一项就是竞争性。[21]

在一些社会中，侵略行为的制度化并没有如此复杂和令人困惑。克拉克霍恩（Kluckhohn）的报告指出，纳瓦霍人会将其自身的贫穷或不幸归咎于女巫。[22] 这一习俗为一个所有社会都面临的问题提供了答案：通过满足仇恨，保持社会的核心稳固。克拉克霍恩认为，自从石器时代以来，每一种社会结构都会允许"女巫"或者其他一些功能上等价的替代物的存在，来为人类本性中的攻击冲动提供合理的发泄渠道，从而将其对群组内部造成的伤害降到最小。

15世纪的欧洲社会公开鼓励人们对女巫采取直接的敌对行动，17世纪的马萨诸塞州、20世纪的纳瓦霍人也是这样做的。纳粹德国正式将犹太人和共产党人作为直接攻击的目标，将公民对少数群体的迫害合法化。也有证据显示，在今日的共产主义中国，美国人是得到官方许可的虐待对象。

美国民主制度的特点是，在和平时期，不存在官方指定的替罪羊群体。平等和高道德理想是美国信条的一部分。任何民族、宗教、政治团体都不得在官方的许可下遭受虐待或歧视。然而，即使在这里，习俗也认可某些形式的侵略性攻击。在许多俱乐部、街区、办公室中，谈论和积极歧视犹太人、黑人、天主教徒、自由主义者都是恰当的。同时，也存在对不同少数族裔儿童间的群殴视而不见的趋势。不久前，波士顿北部（意大利人聚集区）的男孩和南区（爱尔兰人聚集区）的男孩们在波士顿公园展开了一年一度的激战。在这场激战中，绰号和石头都被肆意投掷。尽管这场打斗没有得到官方批准，但被默许了。

因此，无论是正式的还是非正式的，大多数社会似乎确实鼓励公开表达对特定"女巫"群体的敌意。也许，正如克拉克霍恩所说，这一过程可以充当公众发泄情绪的安全阀门，能够将公众的侵略性对社会核心组织的损害降到最低。

然而，这个理论就其目前的状态存在一个缺陷。它过于教条地暗示，在人（因而也在每个社会本身）之中，有数量级固定的不可减少的侵略性必须找到出口。如果这一观点成立，那么某种形态的偏见和敌意将是不可避免的。于是社会政策就不应关注如何减少偏见，而只能去将偏见从某些目标转移到其他目标上。于是，这一理论对于社会行动就会产生极其重要的影响。在全盘接受之前，我们必须更全面地分析攻击性的本质，以及侵略与偏见之间的心理关系（第22章）。

保障忠诚的文化机制

除了引导攻击，每个群体也都会运用其他机制以确保其成员的忠诚。我们在第2章已经看到，对自己国家或民族的偏爱来自习惯，我们用自己民族的语言思考；它的成功是我们的；它为我们提供了个人安全的框架。但是，群体经常并不满足于其成员的这种"自然"认同；他们以多种方式刺激它——通常以牺牲外群体为代价。

一种机制是强调群体自己光辉的过去。每个国家都会有一些表达方式，指向其子民是特殊的人、被拣选的人、居住在"上帝之城"或"与上帝同在"之类。关于"黄金时代"的传说更加剧了民族中心主义。一个现代希腊人以古希腊的荣耀来衡量他的价值。一个英国人以他的莎士比亚为荣。一个美国人自豪地称自己是美国革命的儿子。无论一个人是波兰人、捷克人、德国人还是奥地利人，只要他居住在布雷斯劳，他就会认为这座城市长久以来都属其族裔所有。随着领土界线的变迁，越来越多的群体开始声称自己有过辉煌的黄金时代。尤其是在拥有众多族裔、摩擦日益激烈的欧洲，更是如此。

学校的教学会加剧这一冲突。几乎没有一本历史课本会告诉读者他的国家曾犯过错误。地理学的教学中也普遍存在国家主义的偏见。苏联声称自己的发明数量之多，让其他国家引为笑料。所有这些沙文主义的机制都滋生民族中心主义。

在前一章中，我们谈到偏见的"社区模式"理论。对一些作者来说，似乎不需要其他解释。社群内部的气氛浸透了传奇和信仰，没有一名群体成员能够不为所动。天主教会学校中的孩子只能学到天主教对宗教改革的看法，并认为所有新教徒都被邪恶和异端的僧侣路德愚弄了。而一名信仰新教的孩子总是会接受另一个版本的历史，认为天主教笼罩在中世纪的阴霾之下，并且日趋崩坏。

关于偏见在社会中的功能，存在一个马基雅维利式（Machiavellian）的观点。它认为错综复杂的偏见模式使社会处于一种平衡状态。偏见维持现状，这对于保守分子是个积极的价值。保守主义者切斯特菲尔德勋爵就直言不讳地持有这一立场：

> 乌合之众几乎不能够说是在思考，因为他们所有的观点都是吸纳自别处；而且总的来说，我觉得这是件好事。因为对于这些未经教养，心智没有得到提升的人来说，持有共同的偏见比他们自己独立进行思考更有助于秩序和安宁。在这个国家，存在许多实用的偏见，我会非常不情愿消除它们。一位好新教徒坚信教宗是敌基督者，是巴比伦的娼妓。在这个国家中，这种信念比齐林沃斯（Chillingworth）笔下任何有理有据、无可争辩的主张在对抗天主教时都要有效。[23]

切斯特菲尔德认为，尽管他本人鄙视人群的偏见，但它有助于抵制天主教势力（后者也是他鄙视的对象）。由于群众的盲目偏见有利于他自身（支持自己的立场），他对此持赞许的态度。

指责一个团体持有偏见，往往会起到团结该团体并强化其信念的作用。许多南方人（无论他们个人对黑人持何种态度）都会团结一致抵抗北方人的批评。南非法律剥夺开普敦有色人种的选举权引起了世界范围内的一片哗然，然而，这有助于让马兰领导的国民党获得更大的影响力和更高的支持率。外界的批评被视作在侵犯群体的自主权。这使群体内部的凝聚力提升到了更高的水平。因此，遭受批判的民族中心主义可能会转化为前所未有的团结与繁荣的象征。

文化压力会给少数看法与大众不一致的个体带来困难。坚持抵抗社会压力的人——拒绝对被社会排挤的群体表达憎恶或回避的人——可能会受到嘲笑或迫害。在美国的某些地区，与黑人关系良好会招致"共产主义者"或"黑人迷"的骂名，并可能被整个社会排斥。这种出现在社会压力与个人信念之间的冲突在下面这段采访摘录中能得到清晰的体现，被采访者是一位居住在跨种族住宅规划区中的白人家庭主妇。

> 我喜欢这里……我觉得黑人很棒。他们应该得到与白人相同的机会。我希望我的孩子能成为一个不带偏见的人……但我还是很担心我的女儿安（Ann）。在成长过程中，她从不觉得白人与黑人之间有任何差异。她现在只有12岁——在这个社区里住着很多不错的黑人男孩——她很可能自然而然地与他们坠入爱河。但如果这真的发生了，事情会很麻烦——人们对异族通婚有如此深刻的偏见——她永远不会得到快乐。我不知道该怎么做——一切都会好起来的。要是人们对跨种族婚姻不再抱有偏见就好了——我近来一直在想这些事——我可能会在安再长大些之前带着她搬走。[24]

文化多元化与同化

大多数少数族裔群体中，成员意见不一。有些人认为，应通过保留所有族裔和文化特征、内婚制（仅在群体内结婚）和用自己的语言和传统教育儿童来加强群体内部的联系。而另一些人则赞成融入主流文化。他们更愿意与大家一样，在同一所学校上学，在同一座教堂做礼拜，在同一间医院就诊，拥有同一套行事守则，阅读同样的报纸；并认为通婚能够将不同种族融合在一起。黑人、犹太人、来自不同种族的移民都会在这个问题上产生分歧。而主流群体中也会出现赞成同化与号召隔离的两派阵营。

而就像所有现实问题一样，实际中的选择并不仅限于这两种水火不容的立场。即使是那些偏好种族隔离的人，也不希望黑人发展出自己的语言，或自己的法律。这些人还是会希望他们能在某些方面被同化。而对于那些最赞成种族同化的人而言，他们也会希望能够保留一些令人愉快的文化传统，比方说法餐、黑人灵歌、波兰的民间舞蹈、圣帕特里克节等。

种族同化的支持者们坚信，只有实现了行为习惯的统一，甚至是血统的统一，才能消弭可识别的差异，而这些差异滋生了太多的冲突，无论是真实的还是凭空臆想出来的。

而文化多元主义的支持者认为，多样性才是生活的趣味所在。每一种文化都有着自身独特的贡献，即使各文化习俗不同、语言也大相径庭，但正是这些差异给社会带来了新鲜刺激、灵感来源和无限裨益。他们认为，美国应该有一些更为丰富多彩的元素，而不是只有人们在公路两侧所看到的标准化、单调乏味的商业文化。差异并不意味着对立。开放的思维和友好的态度与多元化并不矛盾。

也许最无效的政策就是支持主流群体要求少数群体放弃其珍视的信念或行为守则。这样的施压并非出于好意，一定会遭遇被攻击群体的抵抗。这样的做法只会造成反效果。因为我们刚才读到，迫害往往会增加群体内部的凝聚力，并巩固群体特质。此类进犯是徒劳的，尤其在涉及宗教一类的深厚价值体系时。对其宗教的迫害并不会使天主教徒放弃信仰，也不会让犹太人从此不做犹太人。

社会学家阿尔弗雷德·李（Alfred Lee）认为，美国各种族群体倾向于同化到四个主要的"筛骨分类"（ethnoid segments）之中，即白人新教徒，罗马天主教徒，有色人种和犹太人。[25] 这些标签中三项是宗教信仰，但是它们所代表的是一个更为宽泛的融合基础，而不仅仅是宗教。因此，"罗马天主教徒"除了表明其宗教信仰，还意味着他极有可能是新近的移民，居住在城市之中。

李认为，这四项分类都要对白人新教徒的教义作出调整。因为犹太人大多已经失去了原本的身份特征并融入了主流群体；一些中产或上流阶级的天主教徒也是如此。有色人种想要完全融入则更为困难，但据说东方人比黑人要容易一些。

主流群体倾向于抵制同化方向的压力，同化压力与抵制的激烈程度成正比。中上阶层的白人新教徒尤其反对犹太人，因为犹太人往往会被同化入这一阶层。出于同样的原因，底层的白人新教徒尤其反对黑人。最近出现了对罗马天主教的激烈反对，因为在政治层面上，人们对天主教造成的压力感受最强烈。

李进一步表示，我们也许能够通过一些事件看出反对同化力量的强度。在黑人群体之中，内部意识有着独特的效力，而主流群体针对有色人种的偏见更加剧了这一点。如果对外部构成威胁的"凝聚力"效力最大为十，则犹太民族是八，天主教为六。相较之下，其他少数群体，比如说爱尔兰阿尔斯特长老会的效力远小于一。虽然这是纯粹的理论构想，但这种研究方法依然是意义深远的。

主流群体的偏见对文化多元化与同化都是持抵制态度的。他们振振有词："我们既不希望你们像我们一样，也不想要你们有所不同。"少数群体何去何从？黑人被认为是无知的，但他们也在寻求教育以提高自身的地位；正如我们在第12章中所读到的，犹太人受到谴责的原因既因为其隐居又因为其侵扰。阿非利卡人想要完全实行种族隔离，却不愿意给予班图人民领土和政治独立，而正是使其独立才能实现全面种族隔离。美国移民保留自己的文化或接受同化都可能会导致迫害。无论少数群体是否寻求同化，都会遭受排挤。

总而言之，如果我们将文化多元或同化作为明确的政策方针，似乎并无法解决群体内部关系的矛盾。这一调节的过程是微妙的。我们所需要的是，给予少数群体充分自由，使其能够依据本身意愿与信仰选择同化或多元化。没有一项政策能够通过强制执行而起效。社会的演变是一个缓慢的过程。我们只有抱持放松和宽容的态度，才能减少社会之中的摩擦。

结　论

我们将再次重申十类社会文化的偏见高发的地方：

1. 社会结构以异质性为特征的地方
2. 允许垂直流动性的地方
3. 社会正在发生快速变革的地方
4. 存在无知和交流障碍的地方
5. 少数族裔规模大或者呈扩张趋势的地方
6. 的确存在直接竞争和现实冲突的地方
7. 在社区中存在为了利益而进行剥削的地方

8. 反抗大于盲从的地方

9. 传统价值观中存在民族优越感的地方

10. 同化和民族多元化不受欢迎的地方

参考文献

1. R. M. WILLIAMS, JR. *The reduction of intergroup tensions.* New York: Social Science Research Council, 1947, Bulletin 57, 59.
2. B. BETTELHEIM AND M. JANOWITZ. *Dynamics of Prejudice: A Psychological and Sociological Study of Veterans.* New York: Harper, 1950, Chapter 4.
3. A. A. CAMPBELL. Factors associated with attitudes toward Jews. In T. M. NEWCOMB AND E. L. HARTLEY (EDS.) *Readings in social psychology.* New York: Henry Holt, 1947.
4. A. MINTZ. A re-examination of correlations between lynchings and economic Indices. *Journal of Abnormal and Social Psychology*, 1946, 41, 154-160.
5. D. YOUNG. *Research memorandum on minority peoples in the depression.* New York: Social Science Research Council, 1937, Bulletin 31, 138.
6. L. SROLE，未发表的研究。
7. A. H. ROBERTS, M. ROKEACH, K. MCDITRICK. Anomie, authoritarianism and prejudice: a replication of Srole's study. *American Psychologist*, 1952, 7, 311-312.
8. G. MURPHY, LOIS B. MURPHY, T. M. NEWCOMB. *Experimental Social Psychology.* New York: Harper, 1937.
9. H. A. GRACE AND J. O. NEUHAUS. Information and social distance as predictors of hostility toward nations. *Journal of Abnormal and Social Psychology*, 1952, 47, Supplement, 540-545.
10. R. M. WILLIAMS, JR. Op. cit., 57 ff.
11. D. M. HEER. *Caste, class, and local loyalty as determining factors in South Carolina politics.* (Unpublished), Cambridge: Harvard Univ., Social Relations Library.
12. A. M. RICHMOND. Economic insecurity and stereotypes as factors in color prejudice. *Sociological Review* (British), 1950, 42, 147-170.
13. H. Coon Dynamite in Chicago housing. *Negro Digest*, 1951, 9, 3-9.
14. R. C. WEAVER. Housing in a democracy. *The Annals of the American Academy of*

Political and Social Science, 1946, 244, 95-105.
15. T. PARSONS. Racial and religious differences as factor in group tensions. In L. BRYSON, L. FINKELSTEIN AND R. M. MACIVER (EDS.). *Approaches to National Unity*. New York: Harper, 1945, 182-199.
16. O. Collins. Ethnic behavior in Industry: sponsorship and rejection in a New England factory. *American Journal of Sociology*, 1946.
17. 例如P. BLANSHARD, *American Freedom and Catholic Power*, Boston: Beacon Press, 1949; and J. M. O'NEILL, *Catholicism and American Freedom*, New York: Harper, 1952.
18. C. MCWILLIAMS. *A Mask for Privilege*. Boston: Little, Brown, 1948.
19. 关于对这些因素的进一步研究，见J. DOLLARD, *Caste and Class in a Southern Town*. New Haven: Yale Univ. Press, 1937.
20. Cf. A. FORSTER, *A Measure of Freedom*, New York: Doubleday, 1950; also L. LOWENTHAL AND N. GUTERMAN, *Prophets of Deceit*, New York: Harper, 1949.
21. T. PARSONS. Certain primary sources and patterns of aggression in the social structure of the Western World. *Psychiatry*, 1947, 10, 167-181.
22. C. M. KLUCKHOHN. *Navaho Witchcraft*. Cambridge: Peabody Museum of American Archaeology and ethnology, 22, No 2, 1944.
23. LORD CHESTERFIELD. *Letters to His Son*. February 7, 1749.
24. M. DEUTSCH. The directions of behavior a field-theoretical approach to the understanding of inconsistencies. *Journal of Social Issues*, 1949, 5, 45.
25. A. McC LEE. Sociological insights into American culture and personality. *Journal of Social Issues*, 1951, 7, 7-14.

第15章

替罪羊的选择

> 他们将每一次国家的灾难、人民的不幸都归咎于基督徒。如果台伯河涌向了城墙,如果尼罗河没能灌溉入田野,如果天色不再变化或大地开始震动,如果发生了一场饥荒,如果暴发一次瘟疫,他们将立刻哭喊道:"应该将基督徒送入狮口!"
>
> ——德尔图良(Tertullian),3世纪

严格来说,"少数"一词仅指代那些相较于另外某个群体规模较小的群体。照此定义,白人也可以是少数群体,美国的卫理公会和佛蒙特的民主党也是如此。但这一术语还带有心理层面的意蕴。这意味着主流群体对一些种族特征显著的小群体持有刻板印象,并伴有歧视性的行为。结果是这个小群体的成员变得越来越怨恨,这常常加深他们群体的分离倾向。

为什么一些统计层面上的少数群体会成为心理层面上的少数群体,是本章所要研究的问题。这个问题也很难以解答,但我们或许可以通过一个简单的图表展示这一问题。

统计学上的少数群体

仅仅是数量层面的少数群体	心理层面上的少数群体	
出于某些目的而被划定为"少数群体",但从未成为偏见的对象	遭受轻微的贬斥和歧视	替罪羊

学童、注册护士和长老会成员在数量上都是少数群体，却不是遭受偏见的对象。心理学意义上的少数群体包括许多移民、地区性群体、从事特定职业的人、有色人种以及特定宗教的信徒。

从图表中我们看到，一些心理层面的少数群体只遭受了温和的贬斥；而另一些群体则受到了强烈的敌意，我们称后者为"替罪羊"。这适用于任何心理层面上的少数群体，无论其遭受的是轻度的歧视，还是全面的迫害。为了简单起见，我们将使用"替罪羊"一词来涵盖这两类受害者。

读者们会注意到，这一术语暗含着一个特定的偏见理论，即挫折理论。我们在第13章曾做过扼要的简述，在之后的章节中，我们还将针对这一理论进行详尽的讨论。这意味着一些外群体无辜地承受了由内群体的挫折所引起的迁怒。这个理论反映了很大一部分现实，然而却无法解释为什么唯独是某些群体成了偏见的受害者，为什么迁怒并没有发生在其他的群体身上。

替罪羊的含义

替罪羊（scapegoat）这个词起源于希伯来人著名的宗教仪式，在《利未记》（ *Leviticus* 16: 20-22）中有所记载。在赎罪日当天，人们会抽签选择一只活山羊。穿着亚麻服饰的大祭司将双手按在山羊的头上，对着它忏悔以色列人的罪孽。于是以色列人的罪孽被象征性地转移到了这头山羊身上，接着人们将山羊带到野外放掉。人们感到自己的罪由此被净化了，暂时变得纯洁无瑕。

这里涉及的思维方式并不罕见。从最早的时候起，这种观念就一直存在：罪恶和不幸可以从一个人身上转移到另一个人身上。万物有灵论思维会将精神和物质世界混为一谈。如果一堆木头可以从一个人的背上转移到另一个人背上，为什么不能转移一堆悲伤或内疚呢？

如今，我们可能会将这一心理过程标记为投射（projection）。我能够在他人身上看到主要存在于自己之中的恐惧、愤怒和欲望。要为我们的不幸负责的并非我们自己，而是他人。在我们的日常语言中，也有许多类似于"代人受过的人"（whipping-boy）、"迁怒于狗"（taking it out on the dog）、"替罪羊"（scapegoat）这样的表达。

正如我们将在第21章至第24章中读到的那样，替罪羊现象背后的心理过程是复杂的。现在我们关注的是在替罪羊的选择中涉及的社会文化因素。单一的心理学理论无法解释为什么某些群体比起其他群体更易于成为替罪羊。

在独立的六个年份中——1905年、1906年、1907年、1910年、1913年、1914年——美国各接收了超过100万移民。这导致了大量的少数群体问题，然而在接下来的几年内，大部分问题都自然消解了。大部分移民的适应能力都很强，并渴望成为美国人。于是他们开始融入美国这个大熔炉。到了第二代移民的时候，同化过程已经部分生效，尽管没有完全完成。如今，美国约有2600万第二代移民。在一定程度上，这一庞大的群体仍然承受着一定的（逐渐减少的）不便。他们中的很多人因为在家里使用另一种语言而不能熟练地讲英语。他们为自己的父母是外国人而感到羞愧。这种对于自身社会地位的自卑感正在加剧。通常，他们缺乏对父母的民族传统和文化所应具有的自豪感。社会学家得到的证据表明，第二代移民的犯罪率和其他社会失范的比例相对较高。

然而，大多数从欧洲移民而来的心理层面的少数群体，在美国灵活而有弹性的社会结构中都过得还算顺利愉快。他们偶尔会被当作替罪羊，但这一情况并不会持续太久。在保守的缅因州社区中，当地人可能对居住于此的意大利人或法裔加拿大人有些排斥——但这种歧视是相对温和的，能够证实存在实际暴力行为的情况很少。另一方面，他们与其他少数群体（犹太人、黑人、东方人、墨西哥人）的对立更为显著。主流群体的人们会说，"我们永远不会将你们接纳为我们的一员"。

正如我们无法清楚判断出一个群体在何时被当作了替罪羊，而何时没有，我们也无法找出一个明确的法则来概括替罪羊的选择。问题的本质似乎在于不同的群体出于不同的原因被挑选。我们已经注意到了人们针对黑人和犹太人的指控有哪些差异（第12章），并且就这两种替罪羊各自承担了一种不同罪恶的理论进行了讨论。

即使有些群体似乎背负了更多的责难，但似乎并不存在一个"全责替罪羊"。也许如今黑人与犹太人被指责犯有最多种多样的罪恶。但我们注意到，这两者都是由两性（及其子女）组成的包容性社会群体，传递社会价值观和文化特征。它们或多或少是永久的、明确的和稳定的。相比之下，人们会发现许多特定的替罪羊，他们被指责犯有更加具体的罪行。美国医学协会或软煤矿工联盟可能会被社会的某些部分憎恨，被指责为健康政策、劳工政策、高价格或某些他们可能承担或不承担部分责任的特殊不便负责。（替罪羊自身无须是清白无瑕的，但他们往往会招致比他们应得的更多的批评、敌意、成见。）

宗教、民族或种族群体是最接近全责替罪羊的群体。它们具有持久性和稳定性，可以作为一个群体被给予明确的地位和刻板印象。我们之前已经提到过，分类具有任意性——许多人会简单粗暴地被一种社会法令包括或排除。某个特定的黑人身上的白人血统可能比有色人种血统多——然而种族是一个"社会假定"，所以他被随意地包括在"黑人"范畴里。有时，这个过程是反过来的。纳粹统治时期的维也纳市长希望给一位杰出的犹太人一些特权。针对那些因为他的受益人来自一个犹太家庭而反对这个决定的意见，他回应道："他是不是犹太人由我决定。"纳粹需要把某些受优待的犹太人变成"名誉雅利安人"这个事实，表明了使受迫害的少数民族保持铁板一块的重要性。只要做到了这一点，邪恶就可以被视为来自一个具有异类价值观的完整的、个性化的群体，拥有代代相传的永久威胁性特征。正是因为这个原因，种族、宗教和民族仇恨比对职业、年龄或性别群体的偏见更普遍。明确和永久的类别是吸引明确和永久的仇恨所必需的。

历史方法

这些不同的泛化仍然没有涉及一个主要问题：为什么在一段时间内，一个特定的民族、种族、宗教或意识形态群体遭受的歧视和迫害比其已知的特征或应得的名声所能合理解释的还要多？

历史方法主要有助于我们理解在这些年间各类替罪羊的命运沉浮，以及为什么他们受到的敌意会周期性减少或加剧。今天的反黑人偏见就与奴隶制时期的有所不同；反犹太主义是所有偏见中最顽固的一种，它在不同的时代有不同的形式，并根据不同情境而有所变化（具体的情境我们在上一章已经讨论过了）。

今天，反天主教的倾向在美国仍然存在，但其形势没有六十年前那么严重。当时一个激进的反天主教组织——所谓的美国保护协会——蓬勃发展。[1] 该协会在19世纪末20世纪初逐渐消亡，与此同时——原因尚不清楚——反天主教的情绪似乎也消退了。即使是后来欧洲天主教徒的大规模移民潮也没有使19世纪的迫害回潮。然而，就在最近几年，正如我们在前一章中所看到的，对罗马教会政治影响力上升的担忧似乎再次增加。偏见的浪潮可能会再次泛滥。只有深入的历史分析才能让我们理解这些波动。

在美国保护协会的全盛时期，社会科学家对探索其兴起背后的现象鲜有兴趣。如今，针对类似的煽动性社会运动的研究则全面细致。[2] 但是，一位在当时对美国保护协会发出抗议声音的公民则被遗忘了。他提出了超越其时代的分析和警告，并在最后提及了反犹太主义。根据他的分析，他认为到了1895年，犹太人会成为比天主教徒更大的归咎对象。半个世纪以来，针对这两个群体的偏见强度已经发生了扭转。

> 在未来，爱好和平、遵纪守法、勤劳上进并且有爱国心的群体可能会成为斤斤计较、冥顽不化、狂热主义的群体的眼中钉。如果出于保护个人利益与权利的缘故而纵容美国保护协会（APA）主义，不久以后，这一群体将会把矛头直指任何不服从其领导或管理的阶层或个体。谁知道呢，在迫害了天主教徒和外国人之后，他们接下来或许会把矛头指向犹太人。
>
> "一名美国人"[3]

由于替罪羊的选择问题是一个主要使用历史方法来解决的问题，我们应该像历史学家一样工作,将视线聚焦于具体案例。以下分析仅涉及我们选择的三类受害者:犹太人、共产党人和"临时"替罪羊。每一个案例都并非完整,且十分复杂,很容易在解释或强调中出错。

作为替罪羊的犹太人

反犹太主义至少可以追溯到公元前586年犹大王国的陷落(fall of Judea)。即使犹太人流散到各处,他们依旧严格遵守着他们相对死板严苛的传统。关于饮食方面的教法让犹太人无法与外邦人一起吃饭,与外邦人通婚也是禁止的。甚至犹太先知耶利米(Jeremiah)也认为这些规矩是"繁文缛节"。无论犹太人身处何方,其正统教义所设定的规则总给他们带来麻烦。

在希腊和罗马——犹太人众多新家园中的两个——人们欢迎新的想法。于是,犹太人作为有趣的陌生人而得到接纳。但是他们进入的世界性文化无法理解他们为什么不能反过来以接受他人的饮食、游戏和娱乐方式作为回应。耶和华(Jehovah)可以轻易成为被多神论者崇拜的众神之一,为什么犹太人却不能接受多神论?犹太教在其神学、种族习俗和宗教仪式上似乎过于绝对化了。

在所有犹太风俗中,引发观者最大恐慌的可能是割礼。人们无法理解其中的象征主义成分(精神的切割)。相反,割礼仪式似乎是一种野蛮残暴的行为,对男性身份的威胁。在几个世纪以来,这一仪式在非犹太人心中造成了多少无意识的恐惧与性方面的阴影,现在很难判断。也许在人们的潜意识里,"阉割威胁"的暗示在指向犹太人的憎恶中发挥了巨大的作用。

然而可以肯定的是,在古罗马,基督徒比犹太人遭受的迫害更深重。本章开头引用的段落,是德尔图良为作为替罪羊的基督徒所写下的简短记录。在4世纪基督教在君士坦丁大帝治下成为罗马的官方主导宗教之前,犹太人得到的待遇可能相对基督徒而言都要更好一些。但在此之后,由于犹太教与基督教的安息日(Sabbaths)并不一致,犹太人成为一个区别于基督徒的、高度可识别的群体。[4]

由于早期的基督徒自己就是犹太人，所以要等到基督教时代开始后两三个世纪，人们才开始忘记这一点。只有到了那时，犹太人（作为一个群体）才开始被谴责为要对耶稣被钉十字架一事负责。在后来的十几个世纪里，人们世世代代都将他们是"基督杀手"作为将犹太人视为替罪羊的充分理由。在4世纪圣约翰·屈梭多模（St. John Chrysostom）布道时，他将对犹太人的仇恨传播了开来，犹太人不仅作为"基督杀手"而受到谴责，还背上了所有其他你可能想到的罪行。

反犹太主义的一些依据是直接从基督教神学之中推理得出的。由于圣经明确指出犹太人是上帝的选民，在他们承认他们的弥赛亚（Messiah）之前，他们将一直被侵扰。上帝会惩罚他们，直至他们承认弥赛亚。因此，基督徒迫害犹太人，是奉了上帝的旨意。的确没有任何现代神学家将其解释为，任何基督徒个体都有理由不公正并毫无慈悲之心地对待任何犹太人个体。然而事实仍然是，上帝以神秘的方式行事，而且看上去他是想要使他所拣选的人——冥顽不化的犹太人——如同认同《旧约》一样地认同《新约》。虽然现代反犹太主义者当然没有意识到他们正因为这个特殊的原因惩罚犹太人，但从神学的角度来看，他们的行为是可以理解的，因为这是上帝的长期计划。

在这一点上，神学上的解释会引发更微妙的心理分析。由于希伯来人不接受弥赛亚，因此也不受《新约》中特别严苛的道德法则约束。（事实上，希伯来人自己也有另一套同样严苛的道德规范，但是这与此无关。）该论点在于，基督徒有着一个隐秘的欲望，即摆脱福音书和使徒书信所强加于自身的道德规范。根据精神分析的思路，这种不敬神的冲动可能会引发严重的冲突和自我仇恨。因此，从象征层面而言，有着这般欲望的基督徒本人也是"基督杀手"。然而这个念头是如此让他们痛苦，以至于类似的想法必须被压制。看哪，犹太人公开否定《新约》的教导。所以我们痛恨犹太人（因为我们也痛恨自己身上相同的想法）。基督徒自身的愧疚被迁移到了犹太人身上，就如同古希伯来人将罪孽转移到山羊身上。

弗洛伊德将这一逻辑扩展至大多数男性都压制自己"杀死父亲"的

欲望。人们难以忍耐父母权威的限制——同时也可能涉及一些性层面上的对抗。无论如何，弗洛伊德认为，谋杀长辈的强烈动机始终存在，这也导致了刺杀上帝——所有人共同的父亲——的欲望。如今，如果犹太人是基督杀手，那么（从基督教的角度）也是上帝的杀手。我们无法面对自己的冲动，但是能够将其转移给犹太人，并憎恨他们。[5]

我们有必要强调反犹太主义中所存在的这些宗教因素，因为犹太人首先是一个宗教团体。也许今天的许多（或大多数）犹太人都会反对这一点，认为犹太人并不都具备宗教信仰。[6] 正统的犹太教已经衰微，然而针对犹太人的迫害并没有因此减少。此外，如今的反犹太主义中，犹太人被赋予了道德上、经济上、社会上的罪孽；但宗教层面上的差异很少被提及。即使如此，宗教问题所遗留的痕迹依旧存在，如醒目的犹太教节日；在犹太人住宅区矗立着雄伟的犹太会堂。

不过，如今，很多人对犹太教和基督教之间具体的宗教争端漠不关心。更多的人能够超越这些纷争，在心中将犹太教和基督教的传统合二为一。但是，对这一问题更广泛的解释认为，我们每个人仍然受到犹太文化中历史精神的影响。信仰天主教的学者雅克·马蒂恩（Jacques Maritain）这样写道：

> 以色列位于世界的心脏。刺激它、激怒它、搅动它。就像一个异质之物，一团点燃群众的火焰，带给世界以混乱……它教会世界背弃对上帝的信仰，使人们贪婪不安，它促进了一系列历史上的运动。[7]

一位犹太学者继续就这一论题提出：犹太人作为一个群体的规模并不比非洲一些人们闻所未闻的部落更大。然而，犹太人的精神不断发酵。他们坚持一神论，坚守自己的伦理观，重视自身的道德责任。他们尊重知识，与家人紧密联结。他们崇尚理想，锲而不舍，道德感强烈。他们对上帝、伦理、高道德准则的注重由来已久。因此——尽管自身并非完美——他们始终是世界上良知的楷模。[8]

一方面，人们欣赏并尊重这些标准。而另一方面，他们对这些标准提出抗议并反抗它们。反犹太主义的出现是因为人们被自己的良知所激怒。犹太人象征着他们的超我，没有人会喜欢被超我逼迫的感觉。犹太教所坚守的道德准则是即时的、毫无妥协余地的。无法坚持自律与慈善行为的人可能会排斥这种高标准的道德理想，并继而排斥整个犹太民族。

假定所有这些宗教和伦理层面的考量可能都早已不复之前举足轻重的影响力，但这些因素依然是之后几个世纪以来犹太人所受到的差别待遇的根基。犹太人自身在宗教信仰上的差异，间接导致了其长期以来受到多个国家的驱逐。犹太人只能够从事短工或边缘性的职业。当十字军东征需要资金时，他们不能向基督徒借钱（基督教的道德准则不允许高利贷）。于是，犹太人成为放债人。犹太人这样的做法不仅招揽了生意，也引来了人们的蔑视。他们不仅无法拥有土地，还被手工业所驱逐。犹太家庭被迫从商，并只能够从事放债、贸易和其他不受尊重的职业。

这种模式在一定程度上持续至今。职业传统随着欧洲犹太人的移民而传播到了新的土地上。同样的歧视在某种程度上也迫使犹太人只能够从事他们一贯操持的职业。他们不得不在这些边缘性的职业活动中成长为冒险的、精明的、善于管理企业的商人。在第7章中我们已经了解到，这个因素是如何导致大量的犹太人，特别是生活在纽约的犹太人进入零售业、娱乐业或成为专业人士的。国家经济的分配不均使得犹太人群体格外显眼；也加深了人们关于他们的刻板印象——工作狂、大富翁，在不稳定的行业中从事灰色交易。

这使我们回想起"城市憎恶"的理论（第231—232页）。如果国家日益发展的城市化意味着不安全感，并伴随着某些价值观的丧失与日益严重的焦虑；如果犹太人在人们心目中就是城市的象征，那么城市化所导致的生活恶化就将被归咎于犹太人。

让我们再次回顾历史事件的进程，这次我们找到了另一个重要关联。犹太人缺少一片家园，因此，他们被认为是政治身体上的寄生虫。他们会具备一个国家所具有的特定属性（民族联结与国家传统），但事实上，他们是唯一一个没有土地的国家。否定"双重忠诚"的人指责他们不爱国、没有对生长土地所应有的荣誉感。由于许多犹太人在其他国家都有血亲，他们对所有国家中犹太人的命运都深感关切，也正因如此，人们指责他们"国际主义"——意为犹太人没有那么爱国、忠诚。我们没有任何能够证明犹太人不忠的证据，但是我们无法否认其"无家可归"的历史事实。只有在近几年，情况才有所改观——但由于反犹太主义的最终走向并不明朗，所以我们无法给出定论。在犹太人的新家园——以色列，周围阿拉伯国家的反犹太主义日益高涨，这对于犹太人无疑是个不祥的预兆。

另一个值得重视的因素是，犹太文化中长期的、标志性的对知识的尊重与学习的热情。分类差异能够通过比较高等教育机构中犹太学生所占的比例与非犹太学生所占比例来衡量这一特质（第133页）。在没有偏见参与的情况下，研究人员发现犹太学生在高等教育机构中所占的比例是很大的。为什么对学习的尊崇反而使犹太人成了替罪羊？这里存在一种"深度的"解释。犹太知识分子将愚昧和懒惰视作心灵缺陷。在这里，犹太人再次象征了我们的良知，并刺疼着我们。在大量学习内容面前，我们为自身的智力而感到自卑。当普通的（或优秀的）犹太人使我们意识到自身的不足，我们心中会涌出一丝嫉妒。我们通过枚举他们的缺点和罪孽使自己平静。所以，反犹太主义可能部分源于对"酸葡萄心理"的合理化。

在调查如此混乱的历史心理因素时，人们自然会质疑是否存在一个主题能够总结这些因素。"保守价值体系的边缘"的概念（第132页）似乎是最接近的解决方法。然而，我们必须理解，这个表达不仅涵盖宗教、职业、国家，同时也包含偏离了普遍的保守价值观：刺痛良知、求知欲望、精神发酵。人们可能会这样认为：犹太人是**远离主流**的（略高于、稍低于、略微偏离），并在方方面面骚扰了非犹太人的生活。保守派所感知到的"边缘"即是威胁。事实上，差异是细微的，但是这些轻微的差别使人们不安。我们在此可以再次引用"对细小差异的自恋"这个概念。

从历史角度看，这个对反犹太主义的分析是远远不完整的。这些分析只表明了现象，却没有出自历史的观点。我们无法解释为什么这个群体成了敌对的对象，而不是另一个群体。犹太人从古至今就被当作替罪羊，只有通过历史分析，并辅以心理学的见解，才能够还原这个故事。

对于反犹太主义存在许多解释。在缺乏对证据的仔细考量的情况下，大多数人着重于几个特点。作为这些"解释"中的一个相当典型的例子，让我们来看一看英国人类学家丁沃尔（E. J. Dingwall）的以下陈述：

> 我们发现犹太人所感受的敌意，就某些重要方面而言，是来自他们自身的信仰和行动的。无家可归的人在哪里都是少数群体。通过宗教或传统习俗凝聚在一起的犹太人显示出显著的排他性，并拒绝一切同化……他们对施加在自己身上的种族歧视深恶痛绝，却会毫不犹豫地认为其他人是劣等于自己的。因此，犹太人将一种持久、温和的刺激渗入社会结构之中。即使基督教源于犹太人，两者却是独立的。人们不断被提醒，基督杀手至今死不悔改。胸无大志的穷人的确处境悲惨，但犹太人在自私自利、陌生的商业竞争环境中努力向上爬时，他们也变得越来越躁动，也越发好斗……在敌对与厌恶的困境中，犹太人变得大胆、雄心勃勃。他们追求女性时往往是公开的、无所束缚的，所以时常收获成功。这激起了那些敏感怯懦的追求者们的嫉妒与愤怒。[9]

上述分析中的一些特点值得注意。总体而言，这项分析采用了"刺激对象"（stimulus object）的方法，着重于犹太人有哪些特性和做法激怒了他人。分析中的有些言论无疑是正确的，但其他的言论却是虚构的、富有歧义的。"他们"一词毫不严谨地指代了整个犹太人群体（而不是其中的个别成员），作者认为所有犹太人都将他人视为不如自身的，或"变得大胆、雄心勃勃"。但是作者并没有任何依据能够证明他们"追求女性"时比其他种族的男性更为"公开、无所束缚"。模糊性、暗示性和虚构性使上述对于反犹太主义的分析不足为信，这也是很多其他分析站不住脚的原因。

这个问题是极其复杂的，除非我们在每一个阶段都能够严谨度量事实依据，将犹太人群体的特质与精神动力过程都纳入分析之中，否则这个问题永远无法得到解决。

作为替罪羊的共产党人

我们所选择的这一项分析是为了与上一项分析对照说明。与反犹太主义的情况不同，将共产党人作为替罪羊的历史并不悠久。共产党人并没有犹太群体那么高的识别度；他们更难被识别或定义。然而，共产党人在现实中的冲突基础（第14章）更为明显。

犹太人通常被称为共产主义者，共产主义也被称为"犹太人阴谋"，但我们绝不能将两者混淆。这种类并会在其他章节中解释（第2章、第10章、第26章）。它反映了偏见的普遍性和对厌恶对象感情层面的同化。

直至俄国革命之后，红色政党（共产主义者）才作为替罪羊在美国出现。因为在这之前，并没有符号或可识别的威胁存在。当然，过去所有类型的激进分子都曾被当作替罪羊；但是在1920年左右的美国，这个新的焦点已经逐步形成，并从此成为舆论的中心。

然而，我们必须注意的是，历史上曾出现三波迫害的高峰期：在第一次世界大战之后，在20世纪30年代中期以及在第二次世界大战之后。

在这三段集中的迫害之间，存在着特定的共同特征：（1）在上述时期，劳工都处于对工业至关重要的地位——有两段迫害是处于战争导致的繁荣与充分的就业时期，另一段则处于新政大大优惠劳工的时期，即使当时在经济萧条期间，劳工的势力也异常强硬。（2）这三段时期也恰逢经济与政治局势不明朗的社会动荡期。不稳定和恐慌的氛围笼罩了全社会。拥有资产的人尤为焦虑，他们的不安蔓延至了整个社会结构。在两段时期中，都有着大批对战争不满的退伍军人。而另一段时期，饱受不稳定因素困扰的失业人员形成了规模客观的群体。（3）自由主义运动活跃于这些时期。工会势力日益增长，小型政党蓬勃发展，左派组织的言论也毫无保留。

"红色"标志是一种主要效能标志（第11章）。而"红色"作为俄国国旗的颜色，很容易让人想到"俄国人"，进一步使"红色"的定义囊括了所有意识形态上与苏联一致的人。任何持有激进的，甚至只是自由主义观点的美国公民都会被挟持其中。与此相矛盾的是，"红色"甚至涵盖了那些与俄国共产主义立场完全相反的自由主义者。

当局调查某起"策反"活动的事例能够鲜明地诠释这一点。审讯者这样询问一名有嫌疑的自由主义人士：

"你是共产党人吗？"

"不，"嫌疑人回答说，"我是反共产主义者。"

"我们想了解的就是这一点，"审讯者仿佛获得了胜利一般，"我们不在乎你属于哪一派别。"

即使我们无法清楚分辨谁或者什么是红色的（共产主义的），但是现实冲突依旧是敌意的核心。第一次世界大战并非产生这种敌意的缘由，俄国根本无法在军事上对美国造成威胁，国内的"共产主义"也是如此，情况完全被混淆了。在第199页，我们列出了与新近国内的替罪羊相重合的外号。这些名词数量巨大，易于混淆〔"摇摆者"（wobblies）、"某裔美国人"（hyphenated-Americans）、"布尔什维克"（Bolsheviks）、"无政府主义者"（anarchists）〕。但是随着情况逐渐明朗，冲突变得更为尖锐。随着俄国的崛起，美国这个国家与共产主义意识形态之间的实际冲突成了焦点。在第二次世界大战之后，只有"红色"与"共产主义"这两项标志被显著地视为替罪羊的象征。美国共产党（虽然规模不大）与俄国"党派"之间在意识形态上所达成的一致成了关注的重点。即使边缘定义模糊〔"前台组织"，国务院、自由派、进步党、美国政府首席信息官（CIO）、美国政治教育委员会（PAC）等类似的机构中的温和派〕，但现实冲突的核心是基础而又尖锐的。

美国共产党被控诉——且书面证据也似乎能够证明控诉的正当性：（1）主张以武力推翻美国政府；（2）支持将生产和分配国有化；（3）无产阶级政府专政，摧毁公民自由；（4）提出通过征收与俄国式的"清洗"消除富裕阶层和大多数中产阶级。另一些不具说服力的指控包括（5）激进的无神论（6）不道德的性行为。（有一幕有趣的现实，即流传甚广的关于"俄国女性国有化"的传言，在20世纪20年代逐渐消失。这可能是由于伴随着现实冲突的不断增加,人们不再需要含沙射影或虚构的传闻。)

当冲突完全是现实的时,我们既不会称之为偏见,也不再需要寻找替罪羊。然而,在这种情况下,冲突本身是虚构的。它被情绪所助长,被武断的判断所扭曲,受刻板印象影响而越发加剧。虽然这一形势愈演愈烈,但今天我们看到的混乱状况和1920年无甚差异。当时,支持压迫性的"勒斯克法案"(Lusk Laws)者是这样陈述其立场的:

> 激进运动与通过和平努力换取更好的经济与社会条件不同……这场运动……从这里开始……这场运动由德国普鲁士贵族阶级所赞助,作为其工业与军事征服计划的一部分……几乎威胁到了我们所珍爱的一切传统……法案反对繁荣的节俭阶级,这是共产党人尤为痛恨的阶级……它反对教会和家庭……攻击婚姻制度……以及美国的所有制度。[10]

除了提及普鲁士贵族阶级,这份倡议书听起来和现代人写的没什么区别。值得注意的是,这份倡议书将共产主义与普鲁士不合理性地混合在一起(这两者在当时都为人深恶痛绝);并使用了许多符号,"激进运动"。倡议书并非针对共产主义者,共产主义只是被提及而已,它所针对的是所有激进分子。同样值得注意的是,勒斯克认为必须避免站在"更好的经济与社会条件"的对立面。

事实是,并非所有的共产主义者的价值观都遭到了所有美国人的反对。与此恰恰相反,大多数人都盼望着"更好的经济与社会条件"。一些俄国的改革是成功的、值得借鉴的。尤其在20世纪20年代,许多美国的知识分子都对苏联抱有热情。然而,他们的热情很快就退却了。因为公民自由在人民民主运动中是不存在的。但是,一些知识分子与一些劳工领袖的三分钟热情使他们自身成了"害群之马"。甚至连大学教授所写的客观说明文都可能被贴上亲苏联派的标签(因为他没有在文章中对苏联提出明确反对)。一旦有人发表了赞同共产主义的观点,就很有可能被称为"共产党人"。

因此，作为替罪羊的共产党人有着一项醒目的特征，即如冷却的油脂一般迅速凝结。几乎任何被厌恶的人，或在任何问题上被怀疑持有异见的人都能够被指认为所谓的共产主义者——尤其是那些拥护自由、站在劳工立场、对于共产主义与其政策态度宽容，甚至客观的人。在反智主义盛行的时期，无论大学教授如何克制自己的情感，都洗脱不了自己的嫌疑。在15世纪的猎巫运动中，教宗英诺森八世（Pope Innocent VIII）公开谴责自由主义者和理性主义者是"最为不知廉耻的忤逆"，因为他们认为巫术并不存在。[11] 在20世纪中期，任何呼吁批判地、辨别地看待共产主义及其所引起的恐慌的人，也会同样遭受来自高级别机构（参议院委员会，州立法机构，大学院校董事会）的谴责。

因此，选择共产党人作为替罪羊必须被解释为一种双重现象，它首先涉及了现实的价值观冲突——而这种冲突本身并不应被归类为偏见。但是，这种冲突导致了自闭思维、刻板印象和情感蔓延——主要是恐惧。技术革命、不断累积的债务、社会灾难、战争威胁、原子弹、失范使所有人忧心忡忡，大部分人都稳固了自己的经济地位，包括拥有资产的中产阶级，以及那些在教会或其他机构中获得既得利益的人。一位作家这样总结了20世纪30年代中期的情形。这段记叙也同样适用于这之后的二十年。

> 如今（1935年）的"追捕共产党人"与1920年的危机相同，盲目的民族主义情绪所导致的不容异议，人们恐惧变化……他们的运动使人们对具有独立思考能力的个体产生怀疑，并力图阻止任何对现状的改变……它为所有光喊口号不谈问题的个体和群体提供了一把简单的武器……在这个国家，共产主义所引起的恐慌得到了保守媒体和保守商业领导的充分鼓励。他们想要为所有社会、政治、经济变化都贴上一个简易的标签……创造一个替罪羊是绝对必要的……共产党人作为替罪羊总是有用武之地的。[12]

起初，可能是"反动派"率先将自由主义者和改革者视作替罪羊，但是随后，所有经济阶层都加入了这场运动。他们之所以会这样做，部分原因是他们所读到或听闻的关于反共产主义的宣传信息，另一部分原因是他们都了解并反对共产主义的本质，还有部分原因是对确定性与安全感的需求。偏见对于所有社会阶层都具有功能价值。那些恐惧自身宗教价值观受到威胁的人，那些担心战争发生而如今在共产党人身上识别出威胁的人，那些生活不如意而如今能够迁怒于国内外共产党人的人，都能够从替罪羊身上满足自己的需求。

最后，共产党人之所以成了替罪羊是由于这样的安排存在特定的剥削优势。不怀好意的人刻意煽动针对共产党的愤怒和恐惧，使人们出于对安全与保护的需求（第26章）而围绕在其左右。希特勒通过这种方式笼络人心（反犹演说），密西西比州的比尔博（Bilbo，呼吁反对黑人），威斯康星州的参议员麦卡锡（歇斯底里地反对共产党）也是如此。

特殊场合的临时替罪羊

替罪羊的历史可能有几个世纪那么长，比如犹太人；也可能相对而言更为年轻，例如共产主义；又或者有些替罪羊只是稍纵即逝的，很少被记载在册。

在每日的报纸新闻中，我们能够发现"临时"替罪羊的踪迹。一场越狱，一个从州立医院逃脱的杀人狂，一次市政府贪污的曝光，一次吹嘘。出离愤怒的社论和被激怒的公众来信纷至沓来。有时，这些声音给出了他们各自所指认的替罪羊。群众的愤怒需要一个个体作为替罪羊，而且他们现在就想要。结果是官员的解职并非出于其罪行，而是因为牺牲了他，人们的愤怒就可以得到缓解。

以下的案例能够作为例证。在1942年11月28日，波士顿椰子树丛夜总会（Coconut Grove）发生了一起惨绝人寰的大火。[13]

这场灾难造成了近500人死亡。事件发生后，报纸编辑和公众信件都对此进行了严厉的谴责。一名服务员成了第一个替罪羊。他划了根火柴，企图用它代替电灯。然而他这一举动导致了高度易燃的纸质装饰品起火。报纸的头条宣称："都是服务员的错。"这一指控引起了轩然大波。舆论导向意图免除其罪行（部分出于他的自首行为）。有读者给报纸来信，写明愿意推荐他去西点军校；这名服务员甚至还收到了追随者的来信与金钱。另一名替罪羊是"不明身份的恶作剧者"，据说是他取走了灯泡；但是这并无法使负责这起案件的官员所信服。还有些指控指向消防领导、警察领导、消防员与其他公职人员。然而几乎没有一条新闻指出了这场造成人员巨大损失的事件的罪魁祸首，即群众的过度恐慌。只有一名官员说出了事实："发生在波士顿的悲剧部分是由于在场众人心理崩溃而造成的。"人们需要一个具体的人为这一切负责。

渐渐地，人们将矛头指向夜总会的所有者、经理和其他股东。夜总会的所有者是犹太人。即使报道并没有指明他的种族，但仅仅是含糊其辞的暗示就使他受到了极大的敌意。尖锐的评论例如"肮脏、不顾一切的犹太人"。夜总会的所有者也被认为与政府官员勾结，两者被指控"腐败""谋求政治利益"，而共同成了这场事件的替罪羊。

在灾难发生后的一周内，人们就指认了所有不同的替罪羊。之后，人们对此的兴趣日益消退，直至灾难发生的两个月后，县检察长颁布了十份起诉声明，被告者包括夜总会的所有者、经理、消防员、建筑检查员等公职人员，人们的兴趣再次被调动了起来。这段时期报纸上再次充斥着人们的谴责。最后，只有夜总会的所有者被判处监禁。

我们从这个案例中可以看出，情绪动荡的人们将矛头指向特定的（几乎所有的）嫌疑个体。出于愤怒与恐惧，他们将单独的个体视为罪魁祸首。而人们的谩骂与谴责在替罪羊之间游移。随着人们情绪趋于平静，不再需要宣泄的出口，最后的审判往往比最初人们的呼声要温和、有限得多。一名替罪羊就足以安抚处于闹剧尾声的人们。而随着他被惩罚，这场灾难给人们所带来的痛苦会迅速结束。

结　论

虽然心理学原理有助于我们了解偏见形成并发生的过程，但却无法完全解释为什么特定群体成了偏见的受害者，为什么迁怒并未发生在其他在第14章中，我们通过研习一些社会文化规律，以预测特定少数群体会在何时成为敌意所指向的焦点。在本章中，我们更深入地探讨了这一问题。我们的结论是，只有通过了解每个案例的历史背景，才能够最大限度地了解问题本身。我们对两起案例进行了详细的分析：反犹太主义，是起源于古代、十分顽固的偏见；反共产党则是在近代才发展形成的。具体实践方法也有助于理解临时替罪羊这一现象，在火灾发生后，公职人员成了替罪羊。

如果我们认为是人们在特殊场合下的处事模式决定了偏见的对象，那么我们就需要花费大量的篇幅去解释美国黑人、南非印度人、西南部的墨西哥人以及如今世上所存在的无数替罪羊所处的困境。这项工程过于浩大，远远超出了我们目前的能力。我们只需说明研究的方法就足够了。

参考文献

1. R. H. LORD. *History of the Archdiocese of Boston*. New York: Sheed and Ward, 1946.
2. Cf. L. LOWENTHAL AND N. GUTERMAN, *Prophets of Deceit*, New York: Harper, 1949.
3. Anonymous. *APA. An Inquiry into the Objects and Purposes of the so-called American Protective Association*. Stamped Astor Library. New York, 1895 (Now at the New York Public Library).
4. M. Hay 讨论了基督教中反犹太主义的早期根源，见 M. HAY, *The Foot of Pride*, Boston: Beacon Press, 1950。
5. S. FREUD. *Moses and Monotheism*. New York: A. A. Knopf, 1939.
6. 事实是，今天的犹太青年比年轻的基督教徒更普遍地抗拒他们祖先的宗教，而且一般来说，他们对宗教的价值观不太看重。见 G.W ALLPORT, J. M. GILLESPIE, JACQUELINE YOUNG, The religion of the post-war college student, *Journal of Psychology*, 1948, 25, 3-33; 也可见 DOROTHY T. SPOERL, The values of the post-war college student, *Journal of Social Psychology*, 1952, 35, 217-225。
7. J. MARITAIN. *A Christian Looks at the Jewish Question*. New York: Longmans,

1939, 29.
8. L. S. BAECK. Why Jews in the world? *Commentary*, 1947, 3, 501-507.
9. E. J. DINGWALL. *Racial Pride and Prejudice*. London: Watt, 1946, 55.
10. C. R. LUSK. Radicalism under inquiry. *Review of Reviews*, 1920, 61, 167-171.
11. H. KRAMER AND J. SPRENGER. *Malleus Maleficarum*. (Transl. by M. SUMMERS.) London: Pushkin Press, 1948, xx.
12. J. G. KERWIN. Red herring. *Commonweal*, 1935, 22, 597.
13. HELEN R. VELTFORT AND G. E. Lee. The Cocoanut Grove fire: a study in scapegoating. *Journal of Abnormal and Social Psychology*, 1943, 38, Clinical Supplement, 138-154.

第16章

接触所带来的影响

人们有时认为,仅仅通过不分种族、肤色、宗教或民族血统地将人们聚集到一起,就能够消灭刻板印象,并让人们对彼此怀有友善态度。然而,事情远非如此简单。然而,在某处一定会存在一套方案,能够解释李(Lee)和汉弗莱(Humphrey)在分析1943年底特律暴乱时所做出的报告:

> 已经成为朋友的人不会彼此为敌。韦恩大学的学生——他们中既有白人又有黑人——在血色周一(Bloody Monday)当天平静地上课学习。在军工厂的白人工人与黑人工人之间也没有发生任何冲突。[1]

一些社会学家认为,当不同人群相遇时,他们之间的关系往往会经历四个连续的阶段。首先是初步**接触**(sheer contact),这很快导致了**竞争**(competition),随之而来的是**适应**(accommodation),以及最后的**同化**(assimilation)。在现实中,这一系列进程是相对平静而频繁发生的。我能够举出许多移民群体的例子,他们最终都被其新家园所接纳。

但这一系列过程并不是普遍的规律。尽管许多个体犹太人最后都被同化了,并脱离了原本所属的群体,而且犹太人作为一个整体也与外界发生着密切的交流,然而他们仍然在其长达三千年的有记载历史中保持着自己的文化身份。按照目前的同化速率,有人估计,美国的黑人种族需要六千年时间才能被完全同化。[2]

这个进程也并非不可逆的。我们知道，在曾经存在适应的地方，往往会出现向竞争和冲突阶段倒退的情况。种族暴动就代表着这样一种倒退，针对犹太人群体周期性爆发的不满也是如此。正如我们所指出的那样，在1869年，德国废除了所有反犹太人的法律。接下来的60年里，犹太人似乎在经历一个适应的过程。然而，在希特勒的带领下，反犹主义卷土重来。《纽伦堡法案》（Nuremberg Laws）和大屠杀对犹太群体所造成的伤害远远超过德国历史上发生过的任何其他反犹主义运动。

这一和平进程是否能够成立，取决于群体之间所建立起的**接触的性质**。一篇未发表的有关专题生活史的研究（以"我对少数群体的态度，以及和他们接触的经验"为题）指出，接触是一个常被提及的因素。根据研究对象的自述报告，在37种情况下，接触使他们减少了偏见，但与此同时，他们的自述报告也指出，在另外34种情况中接触使他们的偏见增加了。显然，接触所产生的效果取决于接触的类型，以及其中涉及的人的类型。

接触的种类

为了预测接触对态度的影响，在理想条件下我们应该分别研究下列变量各自独立作用与两两组合的结果。这项任务将是巨大的。时至今日，我们只完成了开始的一小部分工作——但所得出的结论已经足以使我们得到一些启发。[3]

接触的量化方面
a. 频率
b. 时长
c. 涉及人数
d. 多样性

接触的社会地位因素

a. 少数群体处于劣势地位

b. 少数群体处于平等地位

c. 少数群体处于优势地位

d. 不仅可能遇到的个体在地位上有所不同，而且各个群体作为一个整体时，某些群体可能拥有一个相对较高的地位（如犹太人），或相对较低的地位（如黑人）

接触的角色因素

a. 两者在产生接触的活动中是处于竞争关系还是合作关系？

b. 接触的双方之间是否存在上下级关系；例如，主仆关系、雇佣关系、师生关系？

接触发生时的社会环境

a. 社会上盛行的风气是种族隔离，还是平等主义的？

b. 接触是否自愿？

c. 接触是"真实的"还是"虚假的"？

d. 接触本身是被作为群体内关系的一部分，还是群体间关系的一部分被感知的？

e. 接触本身是"典型的"还是"例外的"？

f. 接触本身被认为是重要并亲密的，还是微不足道、速战速决的？

接触者的人格因素

a. 他的初始偏见程度是处于高、低还是中等水平？

b. 他的偏见是停留在表面的、顺应大流的，还是深深植根于其性格结构之中？

c. 他在生活中有基本的安全感，还是处于恐惧、怀疑的状态？

d. 他之前与该群体的相处经验如何？他当前持有的刻板印象有多强烈？

e. 他的年龄和受教育程度如何？

f. 许多性格因素都可能影响接触所造成的效果。

接触发生的领域

a. 日常领域

b. 居住领域

c. 职业领域

d. 娱乐领域

e. 宗教领域

f. 民事或小范围自组织领域

g. 政治领域

h. 群组之间的亲善友好活动

即使是这个涉及接触问题的变量列表也不是详尽无遗的。然而，它确实表明了我们面临的问题的复杂性。科学知识并不是对所有变量都有效，但是我们将呈现目前可以得出的最可靠的概括。

日常接触

生活在南部各州和某些北方城市的人们可能认为自己很了解黑人，生活在纽约的人们也可能认为自己很了解犹太人——因为他们遇到过那么多黑人或犹太人。但是在隔离已经是常态的地方，接触往往是浅层次的，或者牢固地冻结在上下级关系中。

我们所掌握的证据清楚地表明，这种接触并不能消除偏见；似乎反而有可能使其增加。[4] 第14章指出的，偏见随着少数群体的人数密度而变化的事实支持了这一主张。接触越多，麻烦就越多。

我们能够通过检视日常接触中的感知来理解这一规律。假设在街上，或在商店里，一个人认出了某外群体的成员。他会联想起与该群体相关的谣言、传统、刻板印象，或道听途说。理论上，我们与外部群体成员所进行的每一例浅层次接触都会通过**频率法则**（law of frequency）加强我们对其刻板印象的负面联想。另外，我们会对能够证实我们刻板印象的特质更为敏感。我们会在乘坐地铁的大量黑人中格外注意其中一两位行为不端的黑人，并以此对黑人群体进行抨击。至于更多表现良好的黑人，我们却选择视而不见。这仅仅是因为偏见遮蔽了我们的认知，并阐释了我们的观点（第10章）。因此，日常接触使我们对外群体的认识停留在一种自闭的水平上。[5] 我们没有与这些群体的成员进行有效的沟通，反过来也是如此。

一个虚构的例子能够说明这一过程。在日常接触中，也许是一次小型的商业交易中，一个爱尔兰人偶然遇见了一个犹太人。事实上，双方起初都没有任何敌意。但爱尔兰人却想："啊，犹太人，他也许会骗我，我得小心点。"而犹太人也想道："爱尔兰佬，他们不喜欢犹太人，他可能要侮辱我。"这些念头成了不祥的预兆，双方都可能会采取回避、不信任、冷淡的态度。双方都在某种程度上被恐惧所支配——即使双方并不具备任何不相信对方的现实依据。当双方的接触结束时，他们都会比以往更确信自己对彼此的怀疑。这次日常接触使情况相较于之前更为糟糕。

熟人之间的接触

与日常的随意接触相反，大多数研究表明，熟人之间的接触能够减轻偏见。格雷（Gray）和汤姆森（Thompson）的研究能够直接证明这一点。[6]

这些研究人员运用博加斯社会距离量表对佐治亚的黑人学生与白人学生进行测量，并要求他们在测试所提及的群体中指出至少五名自己熟悉的个体。所有学生的评级都呈现出一种共同的趋势，即他们对自己在其中拥有五个以上熟人的群体评分较高。而对自己缺少熟人的群体则给出了较低的评价。

近年来，跨文化教育运动蓬勃发展，其背后的假设是，对外群体的了解与熟悉会减轻人们对其的敌意。

它背后的逻辑可以在以下的寓言中得到阐明：

> 看到那边那个男人了吗?
>
> 看见了。
>
> 嗯,我讨厌他。
>
> 但你都不认识他。
>
> 这就是为什么我讨厌他呀。

如今有很多种方法来传授关于人的知识。其中最直接的方式就是学校的学术教育。关于"种族"的人类学事实是可以教授的,关于群体间差异的真相也一样(第6章),也可以教授不同种族群体会发展出不同习俗来满足相同人类需求的心理原因。

教学的效果能从一项样本为四百多名大学生的研究中得到体现。其中只有31人能回忆起在学校里他们曾被教授过"关于种族的科学事实"。但就在这31人中,有71%处于400个样本的平均偏见程度之下,只有29%的偏见程度高于平均偏见程度。[7]

现代教育的支持者认为,跨文化教育不应局限于传授事实,而同时也应该为学生提供直接接触其他群体的机会。因此,跨文化教育界开发出了许多巧妙的方法。其中之一就是"社交旅行"。

哥伦布的一所高中就采用了这种手段,"目的是为了研究某一特定地区的情况,以此作为更现实的教育手段"。[8] 有一次,他们让27名男女学生去芝加哥参观了一周。他们住得很近。这个项目的目的并非在于改善这些年轻人看待外群体的态度,而是让他们增加对彼此的了解。在游学活动出发前与归来后,学生们都需要给队伍里的每位成员(此前他们仅仅是一起上过课)在一份量表上打分。该量表采用七点记分制。

1. 与我最亲密 —— 想和他成为最好的朋友
2. 与我很亲密 —— 愿意邀请他到家中做客
3. 与我亲密 —— 与他交谈很愉快
4. 既不亲密也不疏远 —— 愿意和他在同一个委员会里讨论问题
5. 与我有些疏远 —— 只想和他做个点头之交

6. 与我很疏远——并不想和他同班上课
7. 与我最疏远——想离他远远的

研究结果表明，一起生活和旅行的经验在总体上大幅减少了彼此之间的社会距离。实际上，在27个参与者中，有20个成员被喜爱的程度都上升了。只有几个成员在游学结束后不如之前那么受欢迎了。少数族群个体的地位普遍有所上升，例如，莉莲（Lillian）不再只是个犹太教徒，她变成了一个有趣体贴的人。而有7个成员失去了以往良好的人缘这一事实也值得我们注意。这表明彼此相处所带来的并不仅限于"度过一段好时光"，深入的接触一旦揭示了一个人本性中的缺陷，就会降低他的地位。

史密斯（F. T. Smith）也对"社交旅行"进行了研究。[9] 46名教育学研究生接受了在哈勒姆度过两个连续的周末的邀请。他们会入住黑人家庭，认识杰出的黑人编辑、黑人医生、黑人作家、黑人艺术家、黑人社会工作者。在这次体验中，他们获知了许多关于哈勒姆的生活与在那里所遇到的人的信息。另外23名受到邀请的学生并未参与体验活动，而是充当对照组。两组被试在体验开始前后各做了一系列测量针对黑人态度的量表。实验组的态度提升显著，而对照组则并未体现出什么明显变化。即使在一年后，46名参与者中只有8名未能表现出比参与实验活动前更正面的态度。这种增强了解的接触造成的效果是正面的，并且其积极影响似乎会持续很久。然而，我们注意到，该项实验存在一项重要的局限性：参与者所接触的黑人都属于较高的社会阶层——其地位相当于或高于参与者。

这项研究无法证明每一次对唐人街、哈勒姆或小意大利的造访都能减少偏见。许多人脑海中所存有的刻板印象，并非短期访问这种接触方式能够改变的。

跨文化教育还可能采取更生动的方式。例如心理剧（角色扮演）。我们让孩子们演出某个微型场景。比方说，要求一个孩子扮演一名第一天入学美国学校的，与他同龄的移民儿童。或者要求一位之前对黑人抱有成见的成年人扮演一名黑人音乐家，在已知酒店有两间空房的情况下，被前台拒绝入住。主动扮演另一个人的角色能够有效地使人与其共情。

现代跨文化教育中一大可喜的特征是，重视对教育成果的评估。这些教育方法是否确实减轻了偏见？是所有的教育项目都取得了相应的成果，还是只有部分教育项目有成效呢？在第30章中，我们会检视更多相关的研究以得出一些结论。

在跨文化教育领域之外，也能够找到熟人之间的接触能够减轻偏见的证据。表7呈现了基于驻德美国军队职业署的数据所进行的一项典型研究的结果。

表7　美国士兵对德国平民的接触频率与观点[10]

报告3天内与德国平民有接触的士兵	对德国民众态度友好或持有相对友好态度的士兵百分比
与德国平民发生5小时或以上的私下接触	76
与德国平民发生2小时或以上的私下接触	72
与德国平民发生2小时以下的私下接触	57
没有私人来往	49
没有在德国驻扎过	36

的确，我们对这类研究中的**因果**关系并不完全清楚。事实很有可能是，**初始**偏见程度较低的士兵才会主动寻求与德国平民接触。但是，也有可能是熟人之间的接触才导致了之后的友好态度。

总结：证据的趋势倾向于这样的结论，即了解和认识少数群体成员有助于形成宽容和友好的态度。虽然我们依然无法完美解释这两者之间的因果关系；究竟是增进的了解促成了友善关系，还是友善态度促使人们有兴趣了解更多的信息。但是两者间的确存在一些正相关，这是显而易见的。

我们还需要增加另外一点重要的限定条件。在第1章中，我们注意到偏见会反映在**信念**和**态度**两个方面。对少数群体了解的加深，也很可能导致人们对其持有更真实的**信念**。然而这并不意味着**态度**也会成相应比例地改变。例如，一个人可能会知道黑人血液和白人血液在成分上没有什么不同，但他却不会因此学着喜欢上黑人。即使是那些对相关知识都有充分了解者，也会找到许多合理化自己偏见的方式。

因此，为了谨慎起见，让我们这样陈述我们的结论：接触能够带来了解与熟稔，并使人由此形成对少数群体更全面的信念。因此有助于减少偏见。

居住所引发的接触

在美国的大多数城市，都存在一种"社会跳棋游戏"。波士顿北端就是一个很好的例子。当爱尔兰移民搬进来时，美国本地白人就搬走了；当犹太人搬进来时，爱尔兰人就搬走了；当意大利人搬进来时，犹太人就搬走了。在其他地区，这一顺序依次为盎格鲁–撒克逊人、德国人、俄国犹太人、黑人。在疆域宽阔、乡村人口稀疏、迁移方便的时候，这一现象没有引起很大的关注。

然而，出于各种原因，住宅区内接触的问题变得越发严重。住房普遍短缺，加之原本居住在南部各州的黑人大量迁徙到北方各城市，造成许多地区出现了相当程度的现实竞争。此外，公共住房项目的扩张（部分在联邦政府的支持之下）导致了一个问题，即在公共财政出资建设的居住区域里实施隔离是否合法。最高法院1948年的裁决激化了这一问题："限制契约"——土地所有者禁止东方人、黑人、犹太人或其他少数群体进入他们的房屋的条款——不能得到美国法院的强制执行。

所有这些限制都尖锐地提出了同一个问题，即混合居住（各少数群体杂居）相较于隔离居住（各少数群体分开）会增加还是减轻偏见。无论是出于强制还是自愿形成的隔离居住，都会导致其他许多方面的隔离。这意味着孩子们就读的学校中大部分学生都来自与自己相同的内群体。商店、医疗设施、教堂方面也会自然而然地形成隔离。社区活动也是以本民族为主的，无论在其范围还是目的方面都缺乏公共性。跨种族的友谊会难以形成，甚至不可能存在。如果一个群体（通常是黑人）被迫居住在过度拥挤的贫民窟，疾病和犯罪的发生率就会陡增。黑人生来就是罪犯、滋生疾病，以及其他带有贬低意味的刻板印象，很大程度上都是他们被隔离至贫民窟的结果而非原因。这都是**隔离居住**所导致的情形，而人们往往将这些都归罪于**种族特质**。

隔离显著提高了群体的可识别度；它似乎使群体显得更大，更有威胁性了。哈勒姆已经是世界上黑人群体规模最大、密度最高的聚居区了——但是即使如此，生活在哈勒姆的黑人数量也不及纽约总人口的百分之十。如果他们随机分布在整个城市，人们并不会感受到被处于扩张的、危险的"黑人群体所环绕"。

在隔离区域的边界处，可能会爆发严重的冲突。种族暴动最有可能发生在这一交界点（第4章）。尤其是当少数民族正在通过日益增长的人口扩张的时候。在芝加哥"黑人带"的南部边缘，随处可见的黑人导致了不少问题。克莱默（B. M. Kramer）发现白人的态度受黑人"入侵"现象是否切近所影响。[11]

这名研究人员划出了五个区域，1号区域是日益扩张的黑人社区与外界的接触点，5号区域则与该点距离较远（2~3英里）。表8显示了人们与黑人运动所在的区域距离越近，越易于表现出敌意。

表8 在5个区域内自发表达反黑人情绪的居民

	1号区域	2号区域	3号区域	4号区域	5号区域
自发表达反黑人情绪的居民的百分比	64	43	27	14	4
总人数	118	115	121	123	142

（引自克莱默）

表9说明了"社会感知"中呈现出的有趣趋势。在1号区域中，居民与黑人的接触更多，但针对黑人身体肮脏、行为恶劣或传播疾病的抱怨并不多。在5号区域中，居民几乎没有任何能够使他们增强对黑人了解的接触，这种刻板印象却更为常见。

表9 居民所给出驱逐黑人的理由百分比

	1号区域	2号区域	3号区域	4号区域	5号区域
黑人肮脏，有臭味，物理层面共事不愉快	5	15	16	24	25
不希望孩子和黑人有联系，恐惧与黑人的社交与通婚	22	14	14	13	10

另一方面，在1号区域浮现出了更多的现实问题。孩子们在一起玩耍会怎么样？他们之间产生爱情并通婚的概率势必增加。基于当今的社会观点，这种结合会被认为是不可接受的，会给孩子们带来痛苦和磨折（比较第261页所引用的案例。）在5号区域，这种问题不太常见，因为在该地区，白人儿童与黑人儿童之间并不会发生接触。

从这项研究中，我们能够了解到，居住地接近所引发的接触会被主流群体视为威胁，但是抱怨的性质和视角会随着威胁的切近性（或距离）而发生变化。

除了隔离的居住模式，我们也在另一些地方发现了混合性的居住模式。有时候，由于公共居住项目的快速发展，我们发现在类似的环境中这两种模式都有所实行。这对社会学家们是个好消息。他们可以找到社会文化、经济状况、人口等因素都几乎相同的两个地方，其唯一的不同点只是一处是混合居住的，而另一处是隔离居住。显然，这样的条件很有利于实验研究。社会学家们至少就此实施了三项重要实验。[12]

第一项发现是，黑人租户和白人租户对待房产的态度是相似的。他们来自同一经济阶层，并通过了同等的选择标准而成为租户，享有相似的生活水平。他们在支付租金的习惯与可靠程度上是完全相同的。

在一项研究中，居住在隔离住宅区的白人和混合住宅区中的白人似乎必然对黑人持有相同的初始态度，但在被问及他们对与黑人住在同一幢大楼中持有何种态度时，两者显示出了显著的差异。居住在全白人居民楼中的白人租客有75%表示"不喜欢这个想法"。而对于居住在综合住宅区中的白人而言，只有25%的人有相同感受。

实验呈现出的社会认知方面的差异尤为瞩目。表10展示了白人在面对以下问题时的反应："他们（住宅区中的黑人）和居住在此的白人差不多？还是不同？"居住在全白人住宅区中的白人和居住在综合住宅区的白人，都就此问题进行了作答。

表10[13] 他们（住宅区中的黑人）和居住在此的白人差不多？还是不同？

	在……中的回复比例	
	综合住宅区	隔离住宅区
一样	80	57
不同	14	22
不知道	6	20

那些与黑人有着更密切接触的人比起那些与黑人接触较少的人，感受到的差异也更少。

该研究还揭示了其他现象上的差异。在回答他们觉得黑人具有哪些缺陷时，居住在隔离住宅区中的白人们列举了一系列侵略性特征：惹是生非、粗暴、危险。而那些居住在与黑人接触更密切的住宅区中的白人则提到了完全不同的特质，如自卑，或对偏见的过分敏感。在与黑人有了实际接触之后，白人对其的认知呈现出从由恐惧驱动的排斥，到友善地关心他们心理健康的转变。[14]

呈现出来的所有证据都清楚地表明，相较于住在隔离住宅区的白人，与处在同一经济水平的黑人共同居住在公共住宅项目里的白人整体而言更为友好、对黑人的恐惧更少，也更不带成见。

像所有广泛的概括一样，这一个要成立也需要一定的条件。在此，起到决定性作用的并非生活在一起这个事实本身。它所导致的**沟通形式**才是最重要的。黑人与白人是否共同在邻里社区中积极活动才是最重要的。社区中是否存在家校联盟或是本地改善团体？社区中是否存在有效的领导，知道如何打破项目中可能存在的沉默和疑虑？我们不能够假设混合居住能够自然而然地解决偏见问题。我们最多只能说，它为友好接触和准确的社会认知创造了条件。

我们还必须考虑综合居住社区中黑人的人口密度。当黑人家庭与白人家庭达到一个什么样的比例时，双方的沟通条件才是最优的呢？如果黑人家庭只占总家庭数量的百分之五，或者百分之十，那他们极有可能会被忽视并在心理上感到被孤立。

以上三项研究一致认为，我们不能仅仅机械地看待居住模式。重要的是这些居住模式所赋予的邻里接触的机会。也许在一个住宅单位或城市街区之中做"群体工作"可以实现最优的效果。但是关于这一点，我们缺乏充分的证据。现阶段我们只能说，一个黑人占比不算太小的综合住宅区，似乎可以实现最好的居住效果。

有时候，人们会认为，黑人宁愿与其他黑人聚居在一起，并不想居住在综合住宅区。这一信念是完全站不住脚的，正如阿伦森（S. Aronson）在一篇未发表的研究中所陈述的：

> 在一个完全由黑人居住的隔离住宅区中，研究人员询问该住宅区中的黑人："如果隔壁公寓空出来了，你想和什么样的人做邻居呢？你会在乎他们是不是白人吗？" 100%的黑人都表示他们不在乎对方是不是白人。但是对于完全由白人居住的隔离住宅项目中的白人们而言，则有78%表示不想和黑人做邻居。

我们可以肯定地说，黑人并不偏好种族聚居，而正是白人自己想要（或认为自己想要）居住在隔离住宅区中。正如上文所提到的研究指出的，总体上说，四分之三的白人表示自己不想与黑人为邻。那么，当综合住宅区作为一项政策被提出时，我们必须预计到白人群体的反对。

然而研究表明，如果出于任何一种原因（可能是住房短缺，或低廉的租金），白人和黑人住到了一个社区里，这些白人看待黑人的态度都会变得更为友好。以下的案例就是个典型的例子。

东部一所女校的校长办公室某天早晨迎来了两位愤怒的来访者。她们是两名来自南部的学生,当她们发现自己与一个黑人被分配到同一间寝室中时,她们当即要求这名黑人学生搬出去。校长想了一会儿,说:"我们学校有一个规矩,学生每年被分配了寝室后,就不能做出更改。但这次我为你们破个例。你们两个如果愿意的话,可以自己搬出去另找地方住。"但她们没有搬走,因为她们之前所受的教育让她们相信,该搬走的应该是黑人才对。一开始,女孩们之间经常发生摩擦,但她们很快就发现,她们对黑人室友的敌意减轻了,最后她们成了好朋友。

这个故事似乎告诉宿舍管理方一个道理,不用把人们开始同住之前关于室友分配的抗议太放在心上。经验表明,这种不满很可能会迅速消失,随之而来的是和睦的邻里关系。

总而言之:隔离居住的种族互相接触会使紧张局势加剧,而混合住房政策通过增进彼此之间的了解和熟识,消除了有效沟通的障碍。一旦这些障碍得到消除,就能够减少错误的刻板印象,并将人们从自闭思维与恐惧造成的敌对之中解脱出来。人们往往能够从中收获友谊。同时,任何对亲密关系形成阻碍的因素都会被暴露出来。一项研究提到,在混合居住区中,人们更能准确感受到黑人群体中的防御敏感性。而生活在混合居住区中的青春期男孩和女孩也更有可能跨种族通婚。在我们当下的文化中,这样的结合会涉及严重的问题。

但是,认识到种族关系之间真正的问题,就已经是一项重要的收获了。尽管我们目前难以完全解决这些真正的问题,但是消除自闭思维所导致的敌对以及无关的刻板印象,能够使这一问题得到更好、更快的解决。废除居住隔离制度将对实现这一目标大有裨益。

职业所带来的接触

大多数黑人,以及其他一些少数群体的成员往往会从事社会底层职业。他们的薪水不高，地位低下。黑人通常是仆人，而不是主人；是门卫，而不是高管；是体力劳动者，而不是领导者。[15]

不断有证据显示，这种职业地位的差异也是会促成偏见的产生和维持的因素。因此，在针对一群退伍军人的调查中，麦肯齐（MacKenzie）发现，那些接触过的所有黑人都是干体力活的无技术劳工者，只有5%的人对黑人持有友好态度，而那些在军队之外遇到过技能熟练或从事专门职业的黑人，或在军队中与和他们技能水平相同的黑人一起工作的人，有64%的人都对黑人评价很高。[16]

同一个研究者发现，在从事军工工作的大学生中，也存在类似的惊人差异。那些虽然认识从事专业工作、作为白领雇员的黑人，但在日常工作中仅与从事比自己更低级工作的黑人共事的白人大学生，只有13%对黑人持有友好态度；而那些与从事相同或更高级别工作的黑人共事的人们，则有高达55%以上对黑人持有友好态度。同样引人注目的是，麦肯齐还发现，认识拥有专业技能的黑人（医生、律师、老师）的人群比起那些从未遇到过从事专业工作的黑人的人群，所持有的偏见要小得多。

近年来，为了消灭工业与商业中的歧视，政府成立了公平就业实务委员会（Fair Employment Practices Commissions，以下简称FEPC）。这个罗斯福总统下令设立的联邦机构仅仅是个为战争目的而建的暂时性团体。自第二次世界大战以来，立法机关重新设立联邦执法委员会一直是在国会存有争议的民权措施之一。同时，一些州政府和城市也依法出台了公平就业实务委员会法案。

仅仅是颁布公平就业实务委员会法案并不能自动消灭歧视。相反，我们需要对雇主做很多"心理"层面的工作，以确认其企业和组织不会受到更为宽松的就业政策的影响。我们能够从中取得一个经验教训，即少数群体成员并非只能从事低端的职业，也有可以从事较高阶层职业的少数群体成员。这样的政策会防止下面这种指控：在工厂或办公室中工作的职员被迫接受与他们不喜欢的少数群体共事，而管理层却可以免于陷入此境地。"一位聪明的人事，"两名经验丰富的仲裁员写道，"总是会在管理层或自己所在部门雇佣一个黑人，作为实施非歧视计划的一部分。"[17]

我们已经看到，比起实际的接触，即将发生或被威胁要发生的居住接触通常会招致更多的反对意见。同样的规律也适用于职业所带来的接触。在管理层提出引入少数群体成员（尤其是黑人）时，这常会引来员工们的口头反对、威胁罢工和其他的抵制。如果以民主的方式表决，是否允许黑人在办公室做速记员，或在商店做营业员，或在一个工会或专业组织工作，支持率往往是很低的。负责招聘的人员会感到自己"无法背离民意"。

然而奇怪的是，如果不经事先讨论，直接引入新的少数群体成员，人们的不适感往往只会持续一小段时间。这个新政策很快就能被大家习以为常。一旦新人展现了其优点，就会得到宽容和尊重。[18]

针对海员的一项研究表明，起初人们对于黑人参加航运十分抵触，同理，在吸纳黑人加入国家海事联盟（National Maritime Union）时也存在激烈的抗议。在这个特殊案例中，强有力的领导通过支持教育活动、呼吁团结一致，贯彻了反歧视政策。**既成的事实**在不久前终于得到了接纳。随着处于平等地位的白人海员与黑人海员之间不断增进接触，白人海员对待黑人海员的态度变得越发友好。[19]

我们不会对"民主"与"木已成舟"两种操作方式进行评判，而是依次对其所涉及的心理学知识做出解释。正如我们将在第20章中看到的，大多数人的偏见都具有双重性。人们的第一冲动是顺应偏见。为什么要徒增不必要的烦恼，投票决定是否允许黑人、犹太人或不受欢迎的少数群体成员与我们共事？但是，这种态度往往会引发自身的轻微羞耻感，尤其是对于大部分美国人而言，平等的价值观深入人心。正是由于这个原因，在经历了短期的骚动之后，人们往往会接纳更高级别的举措——公平就业实务委员会、最高管理层、股东委员会等。人们通常欢迎"木已成舟"这种方式，尤其是当其与自身良知相一致的情况下。我们将在第29章对此重要原则进行更进一步的讨论。

总而言之，在工作场合发生的，与和自己地位相同的黑人的接触倾向于减少偏见。认识一些比自己职业地位更高的黑人也有助于减少偏见。一旦最高层能够打破歧视，就能够以最小的代价聘用黑人，而不会产生太多摩擦。同样,坚定的政策能够将一切抗议活动消灭在摇篮之中。由于缺少研究,我们无法确定这些原则是否同样适用于黑人以外的少数群体,但是在不存在完全对立的证据的情况下,我们可以假定这样的逻辑是同样适用于其他少数群体的。

对共同目标的追求

虽然职业接触所带来的整体效果似乎是积极的,但是,这种类型的接触,与其他的接触一样,受到它本身所固有的限制。人们可能会把由于这些特殊情况而发生的接触当作理所当然的,因而无法将经验推广到更大的范围。例如,当人们在商店里与黑人营业员产生接触时,应当平等待人是被默认的。但在他们的心里,依旧存有对于黑人群体的负面偏见。[20] 简而言之,平等的接触可能会导致一种疏离的、高度固定化的态度,并不会对个人习惯与观点产生影响。

所以,问题的关键在于,要想达到有效改善偏见的目的,接触绝不能只停留在浅层次。只有让人们合作共事的那种接触才可能导致态度的改变。这一原则在多民族运动队伍中得到了很好的体现。目标在这里至关重要;而团队的种族构成无关紧要。正是为实现这一目标而进行的合作促成了团结。人们为同一个目标而共同奋斗。在工厂中,社区里,邻里之间,学校之中,共同参与和共同利益都比平等的接触更有效。

美国陆军信息与教育处研究科为这一原理提供了一则生动的战时案例。[21] 虽然按照军队政策,白人士兵与黑人士兵并不会被安排在同一连队。但是随着战争日趋白热化,黑人的队伍和白人的队伍不得不经常被安排并肩作战,同食同宿。虽然黑人士兵与白人士兵之间仍然存在一定程度的隔离,但是在这种同生死共存亡的境遇下,他们仍然产生了密切的接触。研究科在此项新安排实施之后,以白人士兵为对象,调查了两个问题,并得到了分歧巨大的答复。

问题1:一些陆军连队既包含了黑人士兵,也包含了白人士兵。如果你与对方穿着相同的连队服装,你有什么感想?

问题2:一般来说,你认为既包含了黑人士兵,也包含了白人士兵的连队如何?

表11 白人士兵对于在战斗中紧密接触的黑人士兵的态度

在军队中与黑人接触的程度	回答百分比	
	问题1 "会很不喜欢"	问题2 "好主意"
只与白人连队共同作战	62	18
与黑人分到了同一师,但不属于同一团	24	50
与黑人分到了同一团,但不属于同一分队	20	66
与黑人士兵同处一个分队	7	64

表11显示,在战争环境下,与黑人士兵接触紧密的白人士兵相较于没有类似经验的白人士兵,对待黑人士兵的态度更为友好。

调查人员警告我们,这一结果可能只在战争这样的极端环境中成立。因为在这里共同努力是生死攸关的。尽管这一事例说明了共同参与能够减少偏见的原则,但是其他领域的活动也能够产生同样的效果。调查人员还警告说,此次跨种族连队的安排是出于自愿的,因此,白人士兵所接触的黑人士兵可能是一群急于展示自身战斗能力的士兵。我们并不知道其他黑人士兵群体是否能够得到白人士兵同等的尊重。

另一位作家就战争时期跨种族连队的凝聚力写道:

> 将一名白人与一名黑人置于同一战壕之中,他们会共同战斗直至死亡,分享食物和水;如果在战斗中一个人受伤了,另一个人会冒着生命危险带着他一起走。当然,这个战壕必须足够大,能够容纳两个人。[22]

这段描写警示我们,即使拥有共同的利益,内部团结也可能存在其局限性。这无疑是一条真理。在这种极端情况下，跨种族群体之中的凝聚力也是有限的。

出于亲善的接触

在1943年发生的严重骚乱之后，美国的许多州和数十个城市都设立了反对偏见的官方组织。大多数情况下，这些团体由大量的社区市民组成，包括该地区的少数群体的代表。虽然有些组织已经开展了有效的工作，但仍有一些人给这些组织贴上贬损的标签，认为它们是"市长的无所作为委员会"。因为这些组织的成员常常过分繁忙，也缺乏经验，除了对偏见进行谴责无法做出更有效的举措。

除了官方组织的团体外，还有数百个由公民组织的非官方机构和委员会。大多数人不知道该如何往下推进，在做了一段时间的无用功之后，许多团体都解散了。当一个组织不知所措时，它所带来的失望情绪会导致社区内部的冲突，使情况比之前更为糟糕。

在心理上，错误在于缺乏具体明确的目标。人们不清楚工作的重点，也就无法"改善社区关系"。没人能仅仅在抽象层面"改善社区关系"。缺乏目的性的善意接触是无济于事的。少数群体从虚伪的相互吹捧中一无所获。有一则故事，是关于一位善意的女士，她策划了一场跨种族的茶会。当客人造访时，她坚持让不同种族的客人穿插着入座。一位白人女士旁边固定安排一位有色人种女士。这场茶会是失败的。

不过，我们不应该对这样的努力太过苛刻。事实上，不同群体的人希望能够聚在一起，做出一些能够改善社区内部偏见的举措，这已经是一个好的开始。我们的观点是，这样的努力也需要健全的领导。作为第一步，杜波伊思（Rachel Du Bois）所描述的邻里共度佳节的方法已经被证明是成功的了。[23] 这种方式能够唤起在场所有人的童年回忆。现场所有的群体——亚美尼亚人、墨西哥人、犹太人、黑人、纽约当地白人——被邀请参与分享各自的秋日回忆、新鲜面包、童年趣闻、希望与悲伤。几乎任何一个话题都表明所有群体具有共同的（或相似的）价值观。随着彼此进一步熟识，社区关系也能够得到逐步的改善，共同的目标和为合作而做出的努力将强化并落实人们的善意。

人格差异

我们无法从本章所引用的研究中得出"接触能够减轻所有个体持有的偏见"这一结论。即使在双方追求共同的目标、进行平等的接触时也一样。原因在于，某种人格会抵触接触所带来的影响。马森（P. H. Mussen）的研究揭示了这一现实。[24]

这名调查人员以大约100名8至14岁的白人男孩为样本，他们与黑人孩子一一结对，共同居住、吃饭、玩耍了28天。在男孩们离开家、加入这次研究之前和第28天，研究人员都以间接的方式对孩子们的偏见程度进行了测试。例如，在12张男孩面部照片——8张黑人男孩、4张白人男孩中，选择出最愿意与之一起去看电影的男孩照片。研究人员也用其他方式测试了男孩们对不同黑人男孩与白人男孩的偏爱和排斥。研究并没有涉及对黑人-白人关系或个人感受的直接讨论。

在28天的密切接触结束后，研究人员重复了这些测试，并同时对每个男孩的性格——尤其是他所具有的总体侵略性，他对父母的看法与他所居住的环境进行了分析。

大约四分之一的男孩的偏见程度在与黑人伙伴一起生活28天后得到了显著改善。而也有大致相同比例的男孩，在这段经历之后偏见程度显著增加。

偏见程度减轻的男孩整体上具有以下特点：

他们的侵略性需求较少
他们对父母具有大体上积极的看法
他们在自己的家庭环境中没有感知到敌意和威胁
他们不会担心表达侵略性会受到惩罚

他们总体上对营地和同伴们感到满意

另一方面，偏见程度上升的男孩则具有以下特点：

他们对侵略性和优越感有着更为强烈的需求
他们对父母的敌意较多
他们在自己的家庭环境中感受到敌意和威胁
他们希望能够蔑视权威，但害怕这会导致惩罚
他们相对而言对营地和同伴们不满意

因此，焦虑程度高、更具有侵略性的男孩无法在与黑人男孩平等接触之后，发展出宽容的态度。对他们来说，生活似乎充满威胁，家庭关系也是一团乱麻。似乎是由于自身的障碍，这些孩子无法得益于与黑人平等的接触和了解。他们身上依旧存在着对替罪羊的需求。

结　论

因此，我们的结论是，接触作为一种情境变量，无法完全克服偏见中的个人变量。如果个体内心压力过大、过分紧张，他就无法从外部情境获益。

同时，对于普通百姓所持有的正常范围内的偏见，我们能够稳妥地做出以下推论，并将其作为本章的主要结论。

在追求共同目标的过程中，主流群体与少数群体之间的平等交流，可能能够减少偏见（除非这种偏见深深植根于个人的性格结构之中）。其带来的正面影响也能够通过制度支持（即法律、习俗、当地气氛）而得到维持，并能够促使两大群体的成员发现彼此间存在的共同利益与共通人性。

参考文献

1. A. M. LEE And N. D. HUMPHREY. *Race Riot.* New York: Dryden, 1943, 130.
2. E. W. ECKARD. How many Negroes "Pass"? *American Journal of Sociology*, 1947, 52, 498-500.
3. 下面这个对接触类型的分析来自 R. M. WILLIAMS. JR, The Reduction of Intergroup Tensions, *New York Social Science Research Council Bulletin 57*, 1947, 70 和 B. M. KRAMER, *Residential Contact as a Determinant of Attitudes toward Negroes* (unpublished), Harvard College Library, 1950。
4. R. M. WILLIAMS, Op. cit., 71; H. H. HARLAN, Some factors affecting attitude toward Jews, *American Sociological Review*, 1942, 7, 816-833.
5. T. M. NEWCOMB. Autistic hostility and social reality. *Human Relations*, 1947, 13, 69-86.
6. J. S. GRAY And A. H. THOMPSON. The ethnic prejudices of white and Negro college students. *Journal of Abnormal and Social Psychology*, 1953, 48, 311-313.
7. G. W. ALLPORT And B. M. KRAMER. Some roots of prejudice. *Journal of Psychology*, 1946, 22, 20.
8. W. VAN TIL And L. RATHS. The influence of social travel on relations among high school students. *Educational Research Bulletin*, 1944, 23, 63-68.
9. F. T. SMITH. An experiment in modifying attitudes toward the Negro. *Teachers College Contributions to Education*, 1943, No. 887.
10. S. A. STOUFFER et al. *The American Soldier.* Princeton: Princeton Univ. Press, 1949, Vol. II, 570.
11. B. M. KRAMER. Op. cit. 图表引用自 pp 61, 63。
12. M. DEUTSCH And M. E. COLLINS, *Interracial Housing: A Psychological Evaluation of a Social Experiment*, Minneapolis: Univ. of Minnesota Press, 1951; MARIE JAHODA And PATRICIA S. WEST, Race relations in public housing, *Journal of Social Issues*, 1951, 7, 132-139; D. M. WILNER, R. P. WALKLEY, S. W. COOK, Residential proximity and intergroup relations in public housing projects, *Journal of Social Issues*, 1952, 8, 45-69.
13. M. DEUTSCH And M. E. COLLINS. Op. cit, 82.
14. M. DEUTSCH And M. E. COLLINS. Op. cit, 81.
15. 关于黑人职业分布的信息见 G. MYRDAL, *The American Dilemma*, New York: Harper, 1944, Vol. 1, Part 4。
16. BARBARA K. MACKENZIE. The importance of contact in determining attitudes

toward Negroes. *Journal of Abnormal and Social Psychology*, 1948, 48, 417-441.
17. F. J. HAAS And G. J. FLEMING. Personnel practices and wartime changes. *The Annals of the American Academy of Political and Social Science*, 1946, 244, 48-56.
18. G. WATSON. *Action for Unity*. New York: Harper, 1947, 65.
19. I. N. BROPHY. The luxury of anti-negro prejudice. *Public Opinion Quarterly*, 1946, 9, 456-466.
20. Cf. G. SAENGER AND EMILY GILBERT, Customer reactions to the integration of Negro sales personnel, *International Journal of opinion and attitude Research*, 1950, 4. 57-76.
21. S. A. STOUFFER et al. Op. cit., Vol. I, Chapter 10. 表11摘自p594。
22. H. A. SINGER. The veteran and race relations. *Journal of Educational Sociology*, 1948, 21, 397-408.
23. RACHEL D. DUBOIS. *Neighbors in Action*. New York: Harper, 1950.
24. P. H. MUSSEN. Some personality and social factors related to changes in children's attitudes toward Negroes. *Journal of Abnormal and Social Psychology*, 1950, 45, 423-441.

第五部分

偏见的习得

第17章

顺　应

有人将"文化"(culture)定义为,那个为生活中的问题提供现成答案的东西。

只要生活中的问题还与群体关系有关,那这个答案很可能是民族中心主义的。这是自然而然的。每个民族都倾向于加强内部的联结,将自身民族最辉煌时期的传奇流传下去,并声称(或暗示)其他民族不如自己所在的民族那么出色。这样的现成答案是为了民族自尊心与团体的生存。这种民族中心的思维方式就像是祖母的旧家具,人们有时尊敬它,珍视它,但更多的时候,人们仅仅认为它的存在是理所当然的。偶尔,这个答案会得到与时俱进的更新,而在大多数情况下,它只是从一代传承到另一代而已。它的存在是为了发挥特定功能,它熟悉、令人安心,因此是好的。

顺应及其功能意义

现在我们面临的重要问题:顺应只是一种表面现象,还是对那些这样做的人们具有深远的功能意义?它只是表象的,还是更深刻的东西?

答案是,我们对文化传统的顺应有着不同的层次。有时,我们几乎无意识地遵从传统,或者仅仅有一些浅层的认同(例如,靠道路右边行走);有时,我们会发现一种对自己意义深远的文化传统(例如,拥有财产的权利);有时,文化所传播的生活方式是人们格外珍视的(归属于某个教会）。在心理层面上，人们能够发觉在自己所顺应的事物中，自己对一些的认同多于对另外一些。

下面的研究很好地阐释了顺应民族中心传统时，两种不同程度的自我介入。研究来自《美国士兵》(*The American Soldier*)：[1]

在战争期间，研究人员对大批应征空军的男性进行了调查：（1）"你认为空军中的白人士兵和黑人士兵应该被分到同一个机组，还是应该分开编组？"大约五分之四的人选择分开编组，即"隔离的机组"。（2）"你个人是否排斥与黑人士兵在同一机组服役？"差不多有三分之一北方白人和三分之二的南方白人表示他们有个人化的反对。考虑到样本中南方士兵与北方士兵的比例，我们能够妥当地认为，在赞成隔离政策的士兵中，似乎有一半人自己并不排斥与黑人共事。如果这个结果可以代表整体上民族中心主义的水平，那么我们可能会猜到，**大约有一半的偏见态度只是单纯出于对传统的顺应**，维持现有的文化格局而已。

而另一半偏见态度则并非仅仅基于顺应。显然，其背后有更深层次的动机——对个体具有功能意义的动机。他对与黑人共事有着"个人的排斥"。对他而言，现状不仅仅是习惯使然。纯粹的顺应者想说的其实是，"为什么要去改变这种状况呢？"而功能主义的顺应者实质上则是在说，"种族隔离这一传统对我生活的稳定有序至关重要"。

当然，将所有偏见都归结为要么是"纯粹的顺应"，要么是"功能意义"是错误的。如图12所示，所有的偏见都是两者不同程度的混合体。实际上给定的偏见案例可能是位于纯粹顺应和纯粹功能意义之间的。[2]

偏见态度可能会反映在

功能意义的最大程度　　　　　　　　纯粹顺应的最大程度

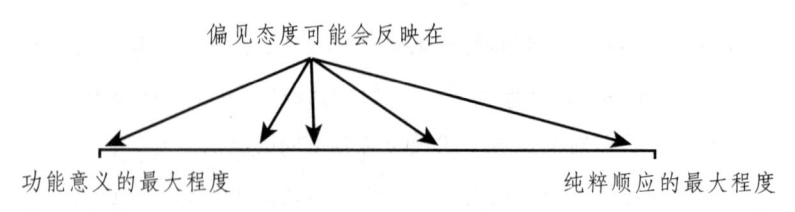

图12　偏见态度中自我相关（ego-relevance）的连续[3]

社交入场券

许多采取顺应态度的人的动机往往只是想要避免争执。他们发现自己身边的其他人都怀有偏见，于是他们也随声附和。为什么要显得无礼、冒犯人呢？为什么要挑战社区的惯习？只有固执的理想主义者才会执意让人不愉快。人云亦云好过了扫了大家的兴致。

> 一位商店老板出于安宁（和利润）的考虑，拒绝雇佣黑人做店员，他说："毕竟还是有一些风险的。为什么我要成为第一个这样做的人？我的顾客们会怎么说？"

很多加入空军的年轻人对于种族隔离的认同，也只不过是出于这样的动机。

许多顺应性质的偏见是属于"礼貌而无害"的类型。在一群外邦人的晚餐谈话中，出现一两次对犹太人的谴责并不稀罕。大家纷纷点头，并继续下一个话题。一群共和党人可能会将对民主党政府的不满当作交谈的调剂，反之亦然。在许多城市中，当人们无话可说时，辱骂爱尔兰政客总是一个能够填补空白的安全话题。在谈话中抨击特定群体就如同我们谈论天气一样空洞。

类似的聊天——如果事实上的确没有说出多少内容——被称为"寒暄"，其中说出的话本身并无意义，仅仅是为了避免沉默，并强化社交凝聚力而已。

当然，有时这种顺应的举动背后也有更多的利害关系。

> 一个贫穷的女孩进入了一所都是富家女的私立学校，为了得到学校里"风云人物"的接纳，她积极地应和她们对学校中一两名犹太女孩的偏见。在这种案例中，她的顺应是出于对更多安全感的需求。

没人希望被主流群体孤立，特别是青少年。即使只是别人讲话语气的轻重，也可能对他造成影响。一名大学生这样回忆他在预科班的第一天：

> 一名年纪较大的男孩对另一位同学说道："你不知道哈利（Harry）是个犹太人吗？"我之前从没接触过犹太男孩，并且我并不在意哈利是不是犹太人，他看起来挺让人喜欢的。但是这名年长男孩说这话时的语气就足够让我与哈利保持距离了。所以此后我就开始回避哈利。即使我不明白为什么我们要排挤犹太人。但逐渐地，我接受了偏见。虽然很奇怪，但我感受到一种对哈利的抵触感在我的心中逐渐生根发芽。就我个人而言，我并没有和他或其他犹太人发生过任何不愉快的经历。

这个案例十分有趣，因为作者接下来还向我们呈现了这个几乎存在于所有男孩心中的偏见其实只包含很少的个人因素（功能意义）。

这些男孩在经济上都无须烦恼。他们都不到17岁，因此也没有社会名声方面的考虑。他们与哈利的成绩都很不错。他们也没有经受任何明显的挫败，所以并没有对替罪羊的需求。这些男孩们只是单纯地持有一种固有的、非理性的偏见，他们无法解释这种偏见，也无法抛弃它。他们的偏见是继承自家庭的，但是他们为什么要这么做？这样做对他们有什么实际上的好处吗？

为什么即使在没有具体功能意义的情况下，一个孩子也会怀有现成的偏见？这引起了我们的注意。但是，首先，让我们来考虑一个具有显著高功能意义的极端文化服从的案例。

极端顺应的神经症

发生在奥斯维辛集中营的故事让人很难相信它们是真的。这些故事是极端恐怖的。从1941年的夏天到第二次世界大战结束，有250万名男人、女人和孩子在那里被杀害。毒气室和焚化炉每天24小时工作，每天杀死的人数高达一万之多。受害者大多是犹太人，蓄意的种族灭绝就是希特勒对犹太人问题提出的所谓"最终解决"。受害者的镶金牙齿与戒指被熔化并送进了帝国银行。而女人的头发则被留下用作商业目的。

德国陆军中一位46岁的上校鲁道夫·胡斯（Rudolf Hoess）是集中营的负责人。在纽伦堡审判中，他轻易地承认了这些事实。[4] 他说自己在1941年夏天接到命令，当时希姆莱（Himmler）召来他并解释道："元首已经下令要对犹太人问题做出最终解决。我们必须执行好这个任务。出于运输和隔离的考虑，我选择了奥斯维辛作为实施的场地。你现在必须全力以赴执行这个命令。"

当被问及他在收到此命令时的感受，胡斯称自己没有产生任何感情，他回答希姆莱说："遵命。"随即开始了无休止的屠杀。仅仅因为两位上级将领希特勒和希姆莱的命令，他就打开了地狱的大门。当被追问这样被屠杀是否是犹太人应得的命运时，他抱怨这个问题毫无意义。"你不明白，我们党卫军不应该考虑这些。""此外，这是既定的、理所当然的事情，"他说，"我们从未听说其他的言论……不仅仅像《攻击者》（Stürmer）这样的新闻报刊是这样宣传的，其他的所有信息渠道都是如此。甚至在我们的军事训练、意识形态学习中，我们也被告知必须将保护德国人以防他们受犹太人之害当作理所当然的事……只有在一切崩溃之后，所有人都开始议论纷纷，我才逐渐发现这似乎不是很对。"

胡斯将对上级命令的服从视作高于一切的行动指令——高于十诫、高于同理心、高于逻辑。"看着那些堆积如山的尸体，闻着它们焚烧的气味当然不好受。但是希姆莱已经下达了命令，甚至亲自解释了其必要性。我的确没有多想过这件事的正确与否。这似乎是必须去做的事。"

胡斯的案例展现了一种极端的顺应，甚至到了堪称神经症的程度。他的忠诚和顺从压倒了理性和人性的本能。对纳粹信仰和元首命令的极端服从是胡斯人格中的一个重要因素——一种强迫性的服从。然而，我们不能认为胡斯是一个疯子，有许多其他的党卫军也会这样去做，并且同样没有一丝悔恨。我们能从这个案例中得知的只有，一种狂热的意识形态可能会导致其程度令人难以置信的顺应。

文化中的民族中心主义核心

刻意维持一种民族中心主义信念以作为文化的重要部分，是一种不那么极端，但更为广泛存在的顺应形式。"白人至上"这一信条在世界上的很多地方都是一个核心的主题。

早在一个多世纪前，德·托克维尔就对美国南部文化中的这个特征进行了探讨。他认为，廉价易得的自豪感似乎是主导群体的特征。

在南方，再贫穷的家庭都有奴隶。南方各州的公民是某种家庭中的独裁者。他在生活中获得的第一个观念就是，他生来就是发号施令的人，而他所养成的第一个习惯，就是他的命令不容违抗。他所受到的教育使他养成了傲慢、轻率的性格，喜怒无常、横行霸道，他放纵自己的欲望，遇到挫折就不耐烦，一旦遭遇了失败，就很容易气馁。[5]

在一个多世纪以后，莉莲·史密斯也就同样的主题写作，她叙述了许多南方家庭是如何将"白人至上"作为信条教育孩子的。

> 我不记得是在什么时候，也不记得是如何了解到上帝是爱，耶稣是他的儿子，他是来赋予我们更丰盛的生命的。所有人都是兄弟，有着共同的父亲。但我也知道，我优于黑人。所有的黑人都有既定的地位，且必须永远处于那个地位。就像性别也有其既定地位且不能够被改变一样。如果我将黑人视为与我社会地位相同的人，那么南方会面临一场可怕的灾难……[6]

对儿童的训练并非民族中心主义自觉的唯一焦点。以下事件就展示了即使在法庭判决中，民族中心主义也能够通过特定渠道保持凝聚力：

> 1947年，在南卡罗来纳州，28名白人被指控私刑处决黑人。辩护律师需要说服陪审团，使他们能够漠视某几名嫌犯的坦白证词。然而，这被证明并非难事。鉴于法官的威严，律师并未直接引入种族问题，他试图呼吁南方白人彼此团结，维持白人至上的地位。他

斜倚在陪审团隔间的墙上,轻声说道:"我知道你们都是南卡罗来纳州的好公民,所以我们能相互理解。"他劝诱着这些人,"如果你们能将这些男孩们无罪释放,没有一个南卡罗来纳州的公民会指责你。大家都不希望你们判这些男孩有罪。"陪审团最终宣告被告无罪。又一名黑人被处以私刑而没有等到正义。

自觉维护内群体优越地位的情况并不局限于美国。一位中国学生讲述了在中国,父母与老师是如何相互配合,向孩子们灌输内群体优越性情结的:

> 为什么中国在经历了那么多次的国家危机后依然生存下来了呢?中国人完全相信是祖先传授的伟大哲学拯救了这个国家。中国的文化和文明无论在过去、现在或将来都永远是东方之光。当中华民国的创立者孙中山拒绝在祖先的灵位前跪下时,他受到了学校老师的严厉责骂,后者最终鼓动了村中暴民,将孙中山赶出了家乡,尽管孙中山的父亲还是村里有名望的长老。

写下这些分析的作者报告说,她的成长氛围使她对美国传教士存在很严重的偏见。他们为什么要试图将自己的信仰强加于另一个更古老、更优越的文明呢?

> 我对美国传教士的憎恨已经转移到了美国这个国家。当一些美国朋友兴奋地告诉我,他们有亲戚或熟人在中国传教时,我总是只会冷漠地说声"哦?"

她还报告说,到处都存在区隔,不仅排斥其他的种族和国家,还排斥其他的地区和阶级。

> 我们被教导,北方人受的教育比南方人受的教育好。所以我们上

海人看不起广州人。另外，我们也学到了某些教育领域的古代智者所说的话，"我们这些人注定要做仆人阶层的主人，受过教育者有着无法动摇的声望和优越感"。受过教育的人主要聚集在城市，而这些人从农村雇佣仆人，并且看不起农村人。

因此，刻意的教育建立起了他们对其他东方人、西方国家、南方人、农村人和受教育程度较低的中国人的偏见。共产党政府无疑使情况变得更为复杂，甚至可能修正了这一切。但是这个案例很有启发性，因为之前我们还以为中国是一个相对没有偏见的国家！

顺应的基本心理

正如我们在第3章中指出的那样，世界上所有的社会都会自然而然地将孩子纳入父母所在的种族和宗教群体。亲子关系使孩子们被期待去继承其父母的偏见，同时也成为针对其父母的偏见的受害者。

这个事实使得偏见看上去像是一种遗传特质，似乎与生物学上的遗传因素相关联。由于子女与其父母属于相同的群体，所以种族的态度是由父母传递给孩子们的。这是普遍的、自然的，像是能够被遗传似的。

其实，态度的传播是一种教育的过程，而非遗传。正如我们所读到的，父母有时会故意将民族中心主义灌输给孩子，但在更多的时候，他们这样做是无意识的。以下摘录展示了孩子眼里的这一过程。

> 从我记事以来，我就对那些反对我父母看法和感情的人有着强烈的反感。我的父母经常会在晚餐桌上谈论这些人。我觉得是我父母表达这些意见，贬斥其对手的时候自信而理所当然的语调影响了我，使我确信他们是无所不知、充满智慧的。

一个年幼的孩子很可能将其父母视作是万能的（因为他们似乎能够做到孩子们自己要费很大劲都难以完成的事）。为什么不该把他们的判断当成正确的判断呢?

有时，家庭圈子也包含了其他的一些看起来无所不知的亲戚。

> 在我6岁左右，我的曾祖父住在我们家。他格外憎恶南方人和爱尔兰裔天主教徒。在听到他频繁谴责这两个群体之后，我确信他们一定是让人讨厌的。

有时，父母的观点会表现为包容和不包容的混合体，而孩子会将其一并接纳：

> 我的父亲是个牧师。我从他那里获得的一个观点是，一个人从不憎恶另一个人本身，他只会憎恶对方身上的恶习，比如自负。然而，他教导我说，某些恶习——例如迷信——更有可能存在于天主教徒之中。

下面这个例子中，被教导的偏见则是更直截了当的那种。

> 我对犹太人的偏见来源于我父母对犹太人的态度。我父亲做买卖的时候，和几个犹太人做交易吃了亏，他至今对此耿耿于怀。我也会避开天主教女孩，因为我父母说，如果所有人都成了天主教徒，那世界将会是一片混乱。

宽容的态度也能够从家庭和邻里的习俗中学到：

> 每个孩子都需要顺从他所在的群体以获得群体的接纳。在我长大的社区中，和我成长的家庭中，顺应并不包括要对其他群体怀有敌意。所以，我并没有习得偏见。

如果我们采取一种进化论式的观点看待以上事例，那我们可能会说这些顺应具有"生存价值"。小孩子是弱小无助，仰赖父母照料的，在基本价值的问题上他们只能与父母保持一致。这是唯一能让他得以生存下去的模式。如果父母是宽容的，那孩子也是宽容的；如果父母对特定群体怀有敌意，那孩子对这些群体也将怀有敌意。

但我们一定不能由此推断出，孩子们会意识到自己正在模仿父母。他当然不会明确地对自己说："我必须顺应我家庭的行事方式才能生存。"在心理层面上，对其家庭态度的习得是一个更为微妙的过程。

这个过程常被称作"认同"（identification）。这个术语是广泛而没有清晰定义的。但它表达了自身与他人在情感上进行融合的感觉。认同的一种形式是无法与爱和亲近相区分的。一个爱父母的孩子很容易失去自己作为个体的独特性，并按照父母的态度"重塑自我"。父母表现出的一切感情都被孩子因循，孩子们热切关注着父母的每一个暗示。无论是在游戏中，还是在严肃的场合，孩子都按着父母的榜样行事。年幼的男孩小手紧紧抓住他的父亲，模仿父亲的一切行为。然而，这样的模仿不仅限于外在的言行，还包括心里的想法——敌意与排斥也不例外。

我们无法描述这一过程中涉及的所有微妙之处。似乎通过认同的学习所涉及的本质上是一种肌肉的训练或姿势的模仿。假设有一个孩子对父母的言行态度无比敏感，每当父母谈论隔壁新迁入的意大利家庭时，他就会感到一种紧张或生硬的感觉。而这使得他自己也不由得紧张僵硬了起来（他感知世界的方式是机械的——其感受会在身体活动上表现出来）。孩子的压力来源于其父母所说的话。在经历了这样的联结之后，每当他听到（或想到）关于意大利人的事情时，他可能都会感到一丝紧张（一种初期的焦虑）。这个过程是极为复杂微妙的。

会引发认同行为的绝不仅限于对父母的爱。即使在由强力而非由爱所主导的家庭中，除了父母，孩子仍然没有其他人可以用作力量和成功的榜样来追随。通过模仿他们的行为和态度，孩子常常能够获得父母的赞扬和奖励。即使没有奖励，他也会模仿父母以获得自信。孩子学他父亲的样子——耸肩、咒骂——这使他感到自己是个大人。

社会价值和态度是认同最易于发生的领域之一。孩子一开始是没有任何"自己的态度"的，因为所有的话题都超出了他的理解范围，他只能去吸收别人的言论。孩子第一次遇到某个社会问题时可能会问他的父母，应该对此持有什么样的态度。他会说："爸爸，我们是谁？犹太人还是外邦人？新教徒还是天主教徒？共和党人还是民主党人？"并且孩子会欣然接受父母给出的答案。从那时起，他就接纳了他的群体身份，以及与这个身份相关联的现成态度。

冲突与反叛

虽然对家庭氛围的顺应无疑是造成偏见的最重要的单一因素，但是，我们不能认为孩子一定会成长为其父母态度的镜像，父母的态度也并非始终与社区中盛行的偏见保持一致。

父母传递给后代的是他们自身版本的文化传统。他们可能会对社区中目前流行的刻板印象心存怀疑，并将这种怀疑的态度传递给孩子。他们也可能会有几个自己特别偏爱的偏见。除非孩子在他的家庭之外吸纳了其所在社群的观点，否则他的偏见模式将全然反映其父母所施加的特质。

有时，孩子本身也会有所选择。虽然在早年，他缺乏对抗父母价值与态度的经验和能力，但是他也会对此产生一些怀疑。在一个案例中，一个已经吸纳了其曾祖父对南方人与爱尔兰人的偏见的6岁儿童，从那么小的时候就已经对此感到矛盾了。

> 有一天，我在和舅舅一起玩耍，我一直愚蠢地说个不停："不管怎样，我们都不允许你和你那个爱尔兰佬住到我们的街上来。"然而，在我了解到我和善的舅舅其实是爱尔兰人之后，我为自己的行为感到恶心。在当时我就确定曾祖父对爱尔兰人的偏见一定是错误的。如果像比尔舅舅这么好的人也是爱尔兰人，那爱尔兰人一定是个非常棒的民族。

一个同为6岁的小女孩也经历过类似的矛盾心理：

> 我妈妈让我不要和另一条街上的女孩们玩。她们来自一个更低的社会阶层。妈妈说她想要我成为一名"淑女"。我清楚地记得自己感觉内疚，因为我没有成为一名淑女。但同时我也很喜欢我的玩伴，回避她们使我感到更为内疚。

我们从中所能学到的是，即使是一个年幼的孩子也会对父母的偏见产生怀疑态度。即使在顺应的同时，他们实际上也心存疑虑。之后，他们可能会完全拒绝父母给定的偏见模式。

在孩子青春期时，这种拒斥采取的是公开反叛的形式：

> 在我15岁的时候，我不仅反抗我的父母，而且还反抗整个城镇给我造成极大痛苦的生活系统。如果习俗要求我憎恶黑人，那我就去与黑人做朋友。我邀请看门人的孩子来我家打牌、听广播，这使我父母大为惊骇。

通常而言，摆脱从父母那里继承的偏见的过程起始于大学时代：

> 我的父母对罗马天主教徒的偏见很深。他们告诉我，教会是奸诈的，拥有过于强大的政治权力，持有军火，还在修道院里做伤风败俗的事。在大学期间，我重新考虑了我的宗教立场。我开始认识天主教会的神职人员和他们的立场。与这一群体更近距离的接触让我懂得，我以前的恐惧毫无根据。如今，我会嘲笑我父母的刻板观点。

另一位大学生写道：

> 我在内心是反叛的。我终于挣脱了枷锁——摆脱了得之于我父亲的阶级偏见。有那么一段时间我走到了另一个极端。我强迫自己

与各种各样种族、信仰、宗教和阶级的人接触。

我们不知道那些在整个成长过程中，从未修正过从父母那里继承的民族中心偏见的孩子的比例有多大。可能每有一个彻底转变观念和态度的反叛者，就相应地另有好几个顺应者，他们只对父母的传授做些许轻微的调整，就能够满足其自身之后的功能需求。可以肯定的是，尽管一直有反叛，但种族中心主义还是一代代延续了下去。虽然它可能会稍有变化，但通常不会被丢弃。

由于家庭是偏见最主要和最早的来源，我们不应太期待学校里的跨文化教育能产生多大的效果。一方面，学校几乎不敢站在父母教育的对立面。如果他们这样做，就会陷入麻烦。而且，也并非所有的老师都是没有偏见的。即使是教会或国家——尽管它们都以平等为信条——也无法轻易消除家庭所产生的那些更早、更亲密的影响。

当然，家庭的首要性并不意味着学校、教会和国家应该停止实践或教授民主生活的原则。合在一起的话，他们的影响至少可以为孩子建立一个次要的模型供他跟随。如果他们成功地让他质疑了自己的价值体系，那么更成熟地解决冲突的机会，就比这种质疑从未发生过的情况要大了。学校、教会和国家可能会产生一些影响，它们的累积影响又可能会继而影响下一代父母。在这方面，我们记得今天的大学生比20年前的学生更不愿意将陈规定型的判断加之于国家外群体身上（第221—223页）。会出现这样的情况，难道不是因为家庭外的影响逐渐影响到了学生或家长，或者两者都影响到了吗？

参考文献

1. S. A. STOUFFER, et al. *The American Soldier: Adjustment During Army Life*. Princeton: Princeton Univ. Press, 1949, Vol. 1, 579.
2. VAN TIL 和 DENEMARK 根据他们对各种调查结果的研究得出了类似的结论。两位作者写道："对少数群体的偏见和歧视有两个主要来源：（一）挫折和（二）文化学习"，用我们的话来说，挫折是一个（但不是唯一的）重要的功能性因素。"文化学习"，即我们说的顺应也很重要。W. VAN TIL And G. W. DENEMARK. Intercultural education, *Review of educational Research*, 1950, 20, 274-286.

3. Reproduced from G. W. ALLPORT, Prejudice: a problem in psychological and social causation, *Journal of Social Issues*, 1950, Supplement Series, No 4.16.
4. 这个叙述来自 G. M. GILBERT, *Nuremberg Diary*, New York: Farrar, Straus, 1947, 250 and 259 ff。
5. A. DE TOCQUEVILLE. *Democracy in America*. New York: George Dearborn, 1838, 374.
6. LILLIAN SMITH. *Killers of the Dream*. New York: W. W. Norton, 1949, 18.

第18章

幼　童

偏见是如何被习得的？我们已经对这个关键问题进行了讨论，指出家庭的影响是其中最重要的因素，并且孩子有极好的理由直接采纳父母所提供的现成的种族态度。我们同样注意到了早期学习过程中认同所扮演的中心角色。在本章中，我们将考量其他对学龄前儿童态度发展起作用的因素。虽然孩子生命的前六年是对其社会态度的形成至关重要的，但是偏见的形成也不能完全归咎于早期的童年经历。在六岁前，偏见人格可能已经得到了发展，但远没有完全成形。

如果我们从一开始就区分**接受**的（adopting）偏见与**发展**的（developing）偏见，我们的分析会清楚很多。孩子们通过吸收父母或周围文化环境中的态度和刻板印象来接受偏见。上一章中引用的大多数案例都是恰当的例子。父母的言语和手势所流露出的赞许或对立态度，被传递给了孩子。孩子继承了他父母的观点。本章和下一章中讨论的一些学习原则将有助于进一步解释这种迁移是如何发生的。

但是，也有另一种养育方式并不会将想法和态度直接传递给孩子，而是创造了偏见的氛围，以致孩子会**发展出**带有偏见的生活风格。在这种情况中，父母可能会，也可能不会表达自己的偏见（他们一般来说还是会表达的）。然而关键在于他们对待孩子的方式（管教、爱、威胁）是那种会让孩子无法不去产生怀疑、恐惧和仇恨的，而这些感情迟早会被他们转移到少数群体身上。

在现实中，这些学习的形式之间并不是泾渭分明的。教导（teach

孩子特定偏见的父母也很可能会同时训练（train）孩子将偏见发展为他的本性。然而，我们还是应该区分两者，因为学习的心理过程这个问题是如此复杂，以至于它需要此类分析加以辅助。

孩子的训练

下面我们要探讨的，就是已知会助长偏见发展的那种训练孩子的方式（暂时不考虑孩子对特定群体的特定态度的习得）。

哈里斯（Harris）、高夫（Gough）和马丁（Martin）的研究为养育方式与孩子的偏见发展具有相关性提供了依据。[1] 这些研究者首先确定了240名四年级、五年级和六年级儿童对少数群体表达的偏见的程度。然后，他们向这些孩子的母亲们发放调查问卷，询问她们对儿童训练方式中某些做法的看法。其中大部分问卷都得到了母亲们的回复。结果非常具有启发性。有偏见的孩子的母亲，相较于那些没有偏见的孩子的母亲，更倾向于持有这样的观点：

对孩子而言，最重要的是学会服从。
从不允许孩子的意愿与父母相悖。
孩子不应该向父母隐瞒任何秘密。
比起吵闹的孩子，我更喜欢安静的孩子。
（如果孩子发脾气）自己也会发火并吼回去，告诉孩子"并不是只有你一个人能这么做"。

如果发现孩子做性游戏（自慰），持有偏见的孩子的母亲更倾向于惩罚孩子；而没有偏见的孩子的母亲则更有可能无视这种行为。

总而言之，结果表明，家庭氛围的确会改变孩子的态度。具体而言，压制性的、苛刻的、批判过多的家庭——在这些家庭中父母的话就是法律——更可能会有利于群体偏见生根发芽。

我们可以安全地假定，母亲们在此调查问卷中所表达出的育儿理念也是她们在生活中实践的教育观点。那么，我们就能够有力地证明，如果母亲坚持要求孩子的无条件服从、压制孩子的冲动、用条条框框束缚孩子，那么孩子就更易于产生偏见。

这种训练方式会对孩子产生什么样的影响？至少，孩子会始终保持警惕。他必须持续仔细留意自己的所有冲动。他不仅会因为这些冲动给父母造成不便，违背了他们的规则而受罚，就像经常会发生的那样，并且他还会经常感到爱因此被剥夺了。他是孤独的、无遮蔽的、凄凉的。因此，他会对父母的好恶格外关注。父母有权给予或剥夺爱，这全看他是否满足了父母的条件。父母的力量和意志对孩子的生活而言是有绝对影响的。

所以，结果会是怎样呢？首先，孩子会从中学到，主导人际关系的是权力和权威——而非信任和宽容。因此这就在他们心里为等级的社会观念搭建了舞台。平等的信念没有能够植根于他们的内心。而且，孩子也不再相信自己的冲动；他不能发脾气、不能违抗命令、不能玩弄自己的性器官。他必须与自身的邪恶做斗争。通过一个简单的投射行为（第24章），孩子们也会恐惧他人内心的邪恶念头。他人怀着阴暗的打算；他人的冲动对孩子们构成威胁；他人不可信任。

如果这种养育方式提供了偏见滋生的土壤，那么与之相反的养育方式似乎会使孩子变得倾向于宽容。无论他做什么都能感受到安全与被爱的孩子，不会被父母用权威强力压制（这种压制往往表现为言语羞辱，而不是打板子）的孩子会形成平等和信任的基本理念。他无须压制自己的冲动，也不太会将其投射到别人身上。他不容易产生怀疑、恐惧，也不会产生人际关系中的等级观念。[2]

虽然没有一个孩子在成长的全过程中只受到过一种对待，我们仍然可以按照以下方案对家庭氛围进行分类：

宽容型对待
排斥型对待
    压抑与冷酷（苛刻、激发恐惧）
    主导一切与批判（野心过大的父母总是唠叨、不满孩子的现状）

忽视

放纵

前后不一致（有时宽容，有时排斥，有时放纵）

虽然我们尚无法对此下定论，但是排斥、忽视和前后不一致的养育方式倾向于导致孩子发展出偏见。[3] 有偏见者童年时家庭争吵的频率与父母离异率给研究者留下了深刻印象。

阿克曼（Ackerman）和亚霍达（Jahoda）对正在接受精神分析治疗的反犹太主义患者进行了研究。他们中大多数人童年的家庭生活氛围都不健康，多发争吵、暴力与离异。父母之间几乎没有任何爱情或同理心。父母中的一方或双方排斥孩子是很常见的。[4]

这些研究人员还发现，父母是否专门灌输过反犹太主义，对于孩子是否形成这种思想并不是必要因素。虽然这些父母也和他们的孩子一样是反犹太主义者，但是研究人员是这样解释其中的关联的：

> 在父母和子女都是反犹太主义者的情况下，更合理的假设是，是父母的情绪偏好为子女发展出相似的情绪偏好提供了一种有助于偏见生长的心理氛围，而非只是单纯的子女模仿父母的观念。[5]

换句话说，偏见并非父母所**教导**的，而是孩子受气氛感染而**获得**的。

另一名研究人员对妄想症进行了分析。在125名患有特定妄想的住院患者中，他发现大多数患者在成长过程中都受到了压抑和冷酷的对待。近四分之三的患者父母是压制性的、残酷的，或者是主导一切的、吹毛求疵的。只有百分之七的妄想症患者成长于宽容的家庭氛围之中。[6] 因此，成年人的偏执倾向可以追溯到童年。我们当然不能将偏执与偏见等同起来。然而，持有偏见的人与偏执狂在僵化的分类法、敌意和非理性等方面的症状都是一致的。

在不做非必要推断的前提下，我们现在至少可以猜测，那些受到了严厉对待和惩罚的孩子，或者是不断受到批评的孩子，性格中可能会更容易发展出群体偏见。相反，来自更为放松和安全的家庭的孩子，被宽容和爱意所包围的孩子，更有可能发展出宽容的态度。

对陌生事物的恐惧

让我们再次回到偏见是否有先天性的来源这个问题。在第8章中，我们了解到，一旦婴儿（约六个月大时）能够区分熟悉和不熟悉的人，此后当陌生人接近时，尤其是突然出现，或是在婴儿面前做出粗暴的威胁性动作的时候，他们就会表现出焦虑。婴儿会在戴着眼镜的陌生人、有着不熟悉的肤色的陌生人，或是举止与他常见的行为不同的陌生人面前，表现得尤为恐惧。这种对陌生人的胆怯会一直持续到学龄前——经常还会更久。所有造访过有年幼儿童家庭的人都知道，孩子需要花上几分钟，甚至几小时去习惯他的存在。但是，这种最初的恐惧会逐渐消失。

我们也读到了一个实验，婴儿们被单独置于一个放满玩具的陌生空间中。起初，所有的婴儿都很惊慌，他们难过大哭。但又来过几次之后，他们就完全适应了这个房间，能够像在家中一样在里面玩耍。最初的恐惧反应所带来的生物效应是显而易见的。陌生事物意味着潜在的危险，所以人们必须保持警惕，直到有足够的经验能够证明没有潜藏的危险。

孩子对陌生人的焦虑是普遍的，但他们对陌生人的适应也快得惊人。

一名黑人女佣到了一个新家庭做工。家中三岁和五岁的孩子对她的到来表现出恐惧，几天过去了，他们还是很不情愿接受她。但是，后来女佣在这个家庭服务了五六年，在此期间，女佣得到了全家人的喜爱。又过了一些年，孩子们都长成了年轻人后，全家某次谈到了女佣安娜在这个家庭时的快乐时光。大家已经有十年没再见过她了，但是她给人们所留下的记忆充满了爱意。在谈话的过程中，大家提到了她是有色人种。孩子们十分震惊。他们坚称他们对这个细节毫无印象，他们彻底忘记了这个事实。

类似的情况并不罕见。这使我们怀疑，对陌生的本能恐惧是否必然会永久留存在人们对待其他群体的态度之中。

种族意识的初现

"家庭氛围"的理论肯定比"天性本能"理论更具有说服力，但是这两种理论都无法告诉我们孩子的种族意识是在何时、如何产生的。如果孩子生来就具备相关的情感机能，那家庭接受或排斥的态度、焦虑或安全的氛围就只是起到了持续催化的作用。我们仍然需要对孩子最开始是如何察觉到群体差异这个问题进行研究。一个混合种族幼儿园能够为该项研究提供完美的实验条件。

在该条件下的研究显示，儿童最早注意到"种族"的年龄是两岁半。

> 一个两岁半的白人孩子，第一次坐在一名黑人身边时，说道："脸脏。"这样的评价并不包含任何感情色彩，他这样说只是因为他第一次见到深色皮肤的人。

纯粹的感官观察——有些人的皮肤是白色的，有些人的皮肤是深颜色的——似乎在许多案例中都是种族意识初现的迹象。除非这种观察伴随着对陌生事物的恐惧，不然我们就只能说孩子们最初被唤起的更多的是好奇和兴趣——仅此而已。孩子的世界里充满了各种迷人的差异。肤色只是其中一种。但是我们注意到，即使是对种族差异的第一次感知也可能会唤起关于"干净"和"肮脏"的联想。

情况在孩子三岁半到四岁的时候会加剧。肮脏的感觉会一直萦绕在孩子心头。孩子们在家中已经经过了彻底的清洗。为什么有的孩子还是比其他孩子肤色更深呢？一个黑人孩子对自己的种族身份感到困惑，他对他的母亲说："把我的脸洗洗干净；有些孩子总是洗不干净脸，特别是黑人小孩。"

一年级老师报告说，大约有十分之一的白人孩子会拒绝在游戏中与孤身一人的黑人孩子牵手。显然，原因并不在于任何内心深处的"偏见"，而仅仅是因为白人孩子嫌弃汤姆（Tom）的脸和手太脏了。

古德曼博士（Dr. Goodman）在一项对幼儿园的研究中得到了一个尤为显著的结果。黑人儿童的"种族意识"大体上比白人儿童觉醒得更早。[7] 他们常常对此感到困惑、不安、激动。他们中只有很少一部分明白自己是一名黑人。（甚至到了七岁，一名黑人小女孩还会对她的白人玩伴说："我可不想当有色人种，你呢？"）

兴趣和烦恼的形式多种多样。黑人孩子会提出更多有关种族差异的问题。他们或许会羡慕地抚摸白人孩子的金色头发；他们经常排斥黑人玩偶。在一个白人玩偶和一个黑人玩偶之间，几乎所有孩子都会更喜欢白人玩偶；许多孩子会打那个黑人玩偶，称之为肮脏的或丑陋的。一般来说，黑人孩子比白人孩子更排斥黑人玩偶。在考察种族意识的测试中，他们往往会表现出更强的自我意识。当一个黑人男孩面对着两只除了肤色不同，其余部分都一模一样的玩偶时，他被询问："这两个娃娃，哪个和你小时候更像？"

鲍比（Bobby）的目光从深色皮肤的玩偶游移到白色皮肤的玩偶身上；他犹豫了，斜眼打量了我们一下——并指了指白色皮肤的玩偶。鲍比有关种族的认知尽管微弱而零星，但却有着某种个人化的意义——某种自我指涉。

尤为有趣的是，古德曼博士观察到在幼儿园时期，黑人儿童往往与白人儿童同样活跃。他们整体上更善交际——尤其是那些在"种族意识"方面得分更高的孩子。很大一部分黑人儿童都是群体中的"领袖"。虽然我们无法确定这一发现背后的意义，但事实很可能是因为黑人儿童较早出现种族意识而得到了更多的社会性刺激。他们可能已经察觉到了，但又不能够完全理解自己面临的挑战，因此通过积极参与各种活动和建立社交关系来让自己心安。这种威胁并非来自幼儿园，在幼儿园中，他们能够获取足够的安全感。威胁来源于他们在与外界展开交往，而且在家中他的父母也必然会对这种交往有所谈论。

幼儿园时代这种全面活跃的有趣之处在于，它与许多黑人成人之后的行为形成了鲜明的对比，黑人常以矜持、被动、冷漠、懒惰或任何可以被笼统地称为退缩性的反应而闻名。在第9章中，我们注意到黑人身上的冲突有时会导致一种被动的不作为。许多人认为这种"懒惰"是黑人的一种生理特征——但是在幼儿园我们发现了与之明显矛盾的证据。作为一种黑人属性而存在的被动性，显然是一种习得的调整模式。四岁孩子主动寻求安全和接纳通常注定是要失败的。经过一段时间的斗争和痛苦后，黑人就学会了以消极的态度作为调整模式了。

为什么早在种族意识初现之时，四岁的儿童就会将深色的皮肤与一种朦胧的低劣感联系在一起呢？答案很大一部分在于深色色素沉着与污垢之间的相似性。在古德曼博士的研究中，三分之一的孩子（既有黑人也有白人）都提到了这个问题。其他的许多人也毫无疑问有过这个想法，只是没有向研究人员提及而已。答案的另外一部分可能在于价值判断的一些微妙的，还没有完全得到我们理解的传递方式。一些白人孩子的父母可能通过言语或行为向他们的孩子传达了一种他们排斥黑人的模糊感觉。如果是这样，这种排斥对于四岁的孩子而言也是一种处于新生状态的事物，因为研究人员还找不到任何能够将这个年纪的孩子贴上"偏见"标签的表现。一些黑人父母也可能向孩子们传达过一种感受，即黑色的皮肤会带来生活中的种种不便。而孩子们这时甚至可能还不了解他们的皮肤就是黑色的。

在我们的文化中，相关联想造成的初始伤害似乎是无法避免的。深色皮肤暗示着灰尘——即使对四岁的孩子而言，也是如此。而对于另一些孩子而言，它可能暗示着粪便。棕色并不符合我们文化的审美（尽管巧克力受到了广泛的欢迎）。但是这种初始的劣势绝不是无法逾越的。颜色领域的区分对待并不难学：人们不会因为血液是红色的，而排斥猩红色的玫瑰，也不会因为尿液的颜色是黄色的，而排斥黄色的郁金香。

总结而言，四岁的儿童通常会对种族群体的差异感兴趣、好奇并表示欣赏。一种轻微的白人优越观念似乎正在滋长，主要是因为白色与洁净的关联——洁净是孩子们在生命最早期所习得的价值之一。不过，与之相反的联结也很容易被建立。

一个四岁的男孩与父母一起乘火车从波士顿去旧金山。他对路上遇到的友善的黑人搬运工充满好奇。之后的两年里，他总是幻想着自己是一名搬运工，并难过地抱怨说因为自己并非有色人种，所以无法成为搬运工。

语言标签：权力和排斥的符号

在第11章中，我们讨论了语言在我们心理分类的构建和我们的情绪反应中起到的举足轻重的作用。语言因素是如此关键以至于我们又回到了这个话题——这次，我们重点关注的是它在童年学习中的作用。

古德曼的研究结果表明，在幼儿园中，整整半数的孩子们都知道"黑鬼"（nigger）这个词。很少有孩子明白这个称号的文化意涵，但是他们知道这个词具有强大的威力，同时也是被禁止使用的。这是一个禁忌，老师们总是对它反应激烈。因此，这是一个"有威力"的词，一个孩子发脾气的时候会叫他的老师（无论这位老师是白人还是有色人种）"黑鬼"，或者"肮脏的黑鬼"。这个称呼表达了一种情绪，仅此而已。它并非只被用来表达愤怒——有时它传达的仅仅是兴奋。孩子们在游戏时疯狂地跑来跑去，毫无节制地尖叫着"黑鬼×3"。这个强烈的词语似乎很适于孩子们发泄他们多余的精力。

一名观察者提供了一个有关战时使用攻击性语言的有趣案例：

最近，在一个候车室，我观察三名坐在桌前看杂志的年轻人。突然，其中年龄稍小的那个男孩说："看，那有个士兵和一架飞机，他是个日本鬼子。"女孩说："不，他是美国人。"那个小男孩说："抓住他，士兵。抓住那个日本鬼子。"这时，年纪稍大的男孩补充道：

"还要抓住希特勒！""还有墨索里尼。"女孩说。"和犹太人。"年纪稍大的男孩又说。然后，稍小的男孩开始反复不停地喊："日本鬼子，希特勒，墨索里尼，和犹太人！日本鬼子，希特勒，墨索里尼，和犹太人！"其他人也加入了进来。[8] 这些孩子对他们呐喊背后的含义所知甚少，他们口中喊的敌人的名号仅仅是一种情绪表达，而没有任何表意上的意义。

一个小男孩正在答应他的母亲"再也不和黑鬼玩耍"的要求。他说："不是这样的，妈妈，我从来不和黑鬼一起玩，我只和白人孩子和黑人孩子一起玩。"这名孩子正在形成对"黑鬼"一词的厌恶，但他却完全不明白"黑鬼"真正指涉哪个群体。也就是说，对名称的厌恶在知道名称的明确指代之前就形成了。

在一些其他的例子中，孩子们也意识到存在一些情感强烈的词（如异教徒 goy，犹太佬 kike，小流氓 dago）。但是，只有在他将这些词与其指代的对象联系起来之后，他在使用这个词时，才能被唤起相应的感情。

我们将这个过程称为"语言先于习得"。带有感情色彩的词汇在习得指代物之前就先一步生效了。之后，这一情感效应才会被附加到指代物之上。

在对指涉对象获得明确概念之前，孩子可能会经历一个困惑和混乱的阶段。因为带有感情色彩的外号最有可能会从一些令人激动的，或是创伤性的经历中习得。拉斯克（Lasker）提供了以下例子：

> 一名安置工作者在穿过操场时，发现一个意大利小男孩正在难过地哭泣。她问他发生了什么。"我被波兰男孩打了"，小男孩重复了几遍。但是旁观者却告诉这名辅导员，打他的人根本不是波兰人。于是她又转向小男孩，"你是不是想说，你被一个淘气的大男孩打了？"但是他还是不断地说打他的是一个波兰男孩。这使辅导员感到非常费解，于是她询问了小男孩的家人。她了解到小男孩的家庭与一户波兰人家居住在同一幢房子里，这个意大利小男孩的母亲总是

与波兰邻居发生争吵,以至于她的孩子们认为"波兰人"和"坏人"是同一个意思。[9]

等到这个小伙子最后知道"波兰人"所指代的群体的时候,他对波兰人已经持有强烈的偏见了。这是一个很明显的语言先于习得的案例。

孩子们有时会承认他们有关情感标签的困惑。他们似乎正在努力探索这些标签所真正指代的对象。特雷格(Trager)和拉德克(Radke)通过与幼儿园、一年级和二年级的孩子们的交流,给出了几个例子:[10]

安娜:当我从更衣室走出来时,彼得称我为肮脏的犹太人。
老师:你为什么会这么说,彼得?
彼得(真诚地):我不是出于恶意才这么说的。我只是在开玩笑。

约翰尼(正在帮助路易斯脱打底裤):一个男人管我父亲叫异教徒。
路易斯:异教徒是什么意思?
约翰尼:我觉得这里的所有人都是异教徒。除了我,我是犹太人。

由于被班上的一个黑人男孩叫作"白人乡巴佬"(white cracker),这名老师对她班上的孩子们说:"我不太理解这个词的意思。你们知道'白人乡巴佬'是什么意思吗?

孩子们给出了很多模糊的答案,其中一个是"这是生气时会说的话"。

即使孩子无法说清楚这个词的含义,他们也会感觉到这个词的强大力量。对于孩子们而言,这些词经常有一种魔法,他们构成了一种现实(第11章)。

在美国南方,有一个小男孩正在和洗衣女工的孩子玩耍。起初一切都很正常，直至一个邻居家的白人男孩隔着篱笆向他喊道："小心被传染了！"

"传染什么？"小男孩问道。

"传染黑皮肤。你也要变成黑人了。"

这一断言使小男孩感到害怕。（毫无疑问，这让他联想到"感染麻疹"一类的事情。）他当场就丢下黑人小孩走了，再也没有和他一起玩过。

孩子们常因为被叫外号而哭泣。外号伤害了他们的自尊，像是淘气的、肮脏的、黑鬼、小流氓、小日本鬼子，等等。为了逃避童年早期语言中的现实意味，他们往往在年龄稍微大了一点之后就开始用一系列"咒语"安抚自己，如"棍棒和石头能够打断我的骨头，但外号伤害不了我"。不过，人们往往需要好几年才能够认识到名号只是身外之物。正如我们在第11章中所读到的，我们可能永远无法摆脱语言中的现实主义。语言类别的僵化可能会继续存在于成年后的思维之中。对于一些成年人而言，"共产主义"或"犹太人"是肮脏的词语——和肮脏的事物——这两者成了不可分割的一个整体，正如这些词当初对孩子们所意味着的一样。

习得偏见的第一阶段

六岁的珍妮特（Janet）正在努力整合她对母亲的顺从与她的日常社会接触。有一天她跑着回到家，问道："妈妈，我应该讨厌的孩子是谁？"

珍妮特的问题将我们引入了本章的理论总结部分。

珍妮特正处在开始抽象思考的门槛上。她想要形成所谓正确的分类，去讨厌她母亲希望她讨厌的人，以此展示服从。在这种情况下，我们能够猜测出珍妮特之前各阶段发展的历史：

1. 她不断寻求母亲的赞扬和认可，至少她强烈地渴望从母亲那里得到爱与肯定。我们可以想象，珍妮特所在的家庭氛围并不是"宽容的"，而是严厉的、挑剔的。珍妮特可能还发现自己必须小心翼翼地取悦父母。

否则，她将遭受排斥或惩罚。无论如何，她已经养成了顺服的习惯。

2. 尽管她现在已显然没有了对陌生人的恐惧，但她也习得了谨慎的态度。与家庭外部人员曾有过的充满不安全感的经历，可能是她目前努力界定忠诚范围的原因之一。

3. 毫无疑问，她已经经历了对种族和民族差异的好奇和兴趣的最初阶段。现在，她知道人类被划分为不同的群体——她能够通过一些显著的差别辨别它们。例如，她能够通过黑人和白人之间可见的肤色差异分辨两者。但是后来，她发现一些更为微妙的差异也同样重要：犹太人与外邦人有所不同；美国人和南欧人也不一样；医生和推销员也是不同的。现在，尽管她还没能了解所有相关的线索，她已经开始意识到了群体之间的差异。

4. 语言在她的学习过程中扮演着先入为主的角色。事实上，这也是现在她正处在的阶段。她知道自己需要憎恶某个群体（她既不知道它的名字，也不了解它的身份）。她已经了解了这一群体名称所具有的情感意义，但并不知道这个群体指的是谁。如今，她想要将正确的指代含义与这一情感意义融合在一起。她想要定义正确的类别，以确保自己之后的行为能够符合母亲的期望。一旦她掌握了语言名称，她就会像上文中的意大利小男孩那样，把"波兰人"和"坏人"当成同义词。

到目前为止，我们能够将珍妮特的发展历程称作习得民族中心主义的第一阶段。我们最好将它视为一段**前泛化**（pregeneralized）学习的时期。这个名称并不全面，但也找不到更好的词语来描述上述所有因素。这一术语所提醒我们注意的是，孩子事实上尚未形成与成年人一样的分类方式。他并不怎么明白犹太人是什么，黑人是什么，自己又应该对他们持什么态度。他甚至不在任何连续的意义上知道**他自己**是什么。他可能只有在摆弄玩具士兵时，才会觉得自己是美国人（在战争年代，这种分类方式并不罕见）。这种在成年人眼里不合逻辑的想法并不仅限于种族类别方面。一个小女孩可能觉得去办公室上班时的妈妈就不是她的妈妈了，而当妈妈回到家里照顾自己的时候，就不是一名办公室职员了。[11]

孩子们的精神生活似乎发生在一个很特别的场域里。对于他们来说，此时此刻存在的事物就是唯一的现实。孩子会惧怕敲门的陌生人，即使对方只是一个送货员。学校里的黑人男孩会被认为是肮脏的，而不是属于某个特殊的种族。

孩子们的头脑中发生的事情，似乎就是这样一个个独立的经验轮流登场。他的预分类式思维（从成年人的角度来看），有时会被贴上"全球性的""融合论的"，或"前逻辑"的标签。[12]

语言标签在心智发展过程中的地位至关重要。它们代表了成年人的抽象思维，以及只有成年人才能接受的逻辑概括。孩子在完全准备好将其应用于成人类别之前，就习得了这些名称，从而使这些名称成了偏见的基石。但是这一过程需要时间。只有在不断的摸索后——就像本章中所描述的珍妮特和其他孩子们所做的那样——孩子们才能形成适当的分类。

习得偏见的第二阶段

一旦珍妮特的母亲给了珍妮特一个清晰的答复，她就很有可能进入到偏见形成的第二阶段——我们称之为**全面排斥**（total rejection）阶段。假设妈妈回答说："我告诉过你，不要和黑人孩子一起玩。他们很脏，有疾病，而且会伤害你。不要让我再抓到你和他们在一起。"如果此时的珍妮特已经学会了分辨黑人，甚至能够将黑人与深色皮肤的墨西哥儿童，或意大利人等其他群体分辨开来——也就是说，如果她已经形成了成年人的分类——她无疑会带着强烈的厌恶感，在所有场合中排斥所有的黑人。

布莱克（Blake）和丹尼斯（Dennis）的研究透彻地说明了这一点。[13] 让我们来回顾一下这个研究，他们向四年级和五年级（分别是十岁和十一岁）的南方白人儿童提问："谁更具有音乐天赋——黑人还是白人？""谁更干净？"——以及许多类似的问题。这些刚满十岁的孩子，已经习得了对黑人这个类别的完全排斥。他们将美好的品质更多地赋予了白人群体。事实上，白人群体被他们赋予了所有的美德，而没有任何美德被赋予黑人群体。

虽然这种完全排斥肯定早就初现端倪（很多孩子早在他们七八岁时

就会有所表露），然而这种民族中心主义的观念是在青春期早期达到顶峰的。一、二年级的孩子常会选择和不同种族或民族的孩子一起玩耍，或并肩而坐。但这种友好的态度通常会在五年级时消失。这个年龄段的孩子们只会选择和自己所属群体的成员在一起。黑人会选择黑人，意大利人会选择意大利人，等等。[14]

随着孩子年龄的增长，这种全然排斥和过度泛化的倾向通常会渐渐消失。布莱克和丹尼斯发现，十二年级的白人孩子也会将一些好的刻板印象赋予黑人群体。他们会认为黑人有更好的乐感，性格更随和，也更善于舞蹈。

因此，孩子们在经历一段时间的**完全排斥**之后，就逐渐进入了**分化**（differentiation）阶段。绝对形式的偏见越来越少了。各种豁免条款被写进态度中，以便使它更理性，更能为个体接受。有的人会说"我有些最好的朋友就是犹太人"，或者"我对黑人没有偏见——我一直很喜欢我的黑人保姆"。对于第一次习得成人所排斥的类别的孩子而言，破例没有那么简单。他将需要六至八年的时间来习得完全排斥，并用接下来六年左右的时间对其进行修改。在他所属的文化之中，实际的成人信条的确会很复杂。文化允许（并在诸多方面鼓励）民族中心主义。同时，一个人又必须在口头上支持民主和平等，或者，至少需要将一些美好的品质归于少数群体，并以某种似是而非的方式证明自己所表达的其余部分的不赞成是合理的。孩子们需要在进入青春期之后很久，才得以习得在一个民主国家中适于表达偏见的特殊的双重语言。

孩子们在8岁左右时，经常会以一种带有高度偏见的方式讲话。他们已经习得了分类，学到了完全的排斥。但是他们的排斥主要停留在语言层面。虽然他们也可能会咒骂犹太人、异教徒、天主教徒，但他们在行为上并没有表现出这么强烈的仇恨。他们可能会与自己口中的敌人一起玩耍。"完全排斥"主要是个语言现象。

现在，随着学校教育的生效，孩子学习到了一个新的语言规范：他必须以民主的方式讲话。他必须说自己将所有种族和信仰都视为平等的。因此，我们可能会发现12岁的孩子在**语言**上表现出接纳的态度，但**行为**

中却对他人充满排斥。到了这个年纪,偏见终于开始影响到孩子们的行为,而与此同时孩子们也学会了在使用语言时遵循民主规范。

所以是不是存在这样一个悖论,更年幼的孩子的言语是不民主的,而行为是民主的,而同时青春期的孩子有民主的谈吐(至少在学校里),但在举止中却表现出真正的偏见呢?到了15岁时,孩子往往已经对成年人的行为模式具有相当的模仿能力。他们能够学会在不同的场合,根据情势需要分别进行带有偏见的谈话和民主的谈话。一个人可能与自家厨房里的黑人很友好,但对来到门口的黑人充满敌意。这种双重行为和上面提到的双重语言一样,是难以习得的。人们需要用他们的整个童年和大部分青春期来掌握这门民族中心主义的艺术。

参考文献

1. D. B. HARRIS, H. G. GOUGH, W. E. MARTIN. Children's ethnic attitudes II, Relationship to parental beliefs concerning child training. *Child Development*, 1950, 21, 169-181.
2. D. P. AUSUBEL 更详尽地描述了这两种截然不同的儿童训练方式,见 *Ego Development and the Personality disorders*, New York: Grune & Stratton, 1952。
3. 最广泛的证据包含在加利福尼亚大学进行的研究中。See T. W. ADORNO, ELSE FRENKEL-BRUNSWIK, D. J. LEVINSON, R. N. SANFORD, *The Authoritarian Personality*, New York: Harper, 1950; also ELSE FRENKEL-BRUNSWIK, Patterns of social and cognitive outlook in children and parents, *American Journal of Orthopsychiatry*, 1951, 21, 543-558.
4. N. W. ACKERMAN And MARIE JAHODA. *Anti-Semitism and Emotional Disorder.* New York: Harper, 1950, 45.
5. Ibid, 85.
6. H. BONNER. Sociological aspects of paranoia. *American Journal of Sociology*, 1950, 56, 255-262.
7. MARY E. GOODMAN. *Race Awareness in Young Children.* Cambridge Addison-Wesley, 1952. 其他研究也证实了黑人儿童比白人儿童更早产生种族意识的事实,例如 RUTH HOROWITZ, Racial aspects of self-identification in nursery schoolchildren, *Journal of Psychology*, 1939, 7, 91-99。

8. MILDRED M. EAKIN. *Getting Acquainted with Jewish Neighbors.* New York: Macmillan, 1944.
9. B. LASKER. *Race Attitudes in Children.* New York: Henry Holt, 1929, 98.
10. HELEN G. TRAGER And MARIAN RADKE. Early childhood airs its views, *Educational leadership*, 1947, 5, 16-25.
11. E. L. HARTLEY, M. ROSENBAUM, And S. SCHWARTZ. Children's perceptions of ethnic group membership, *Journal of Psychology*, 1948, 26, 387-398.
12. Cf. H. WERNER. *Comparative Psychology of Mental Development.* Chicago: FOLLETT, 1948. J. PIAGET. *The child's Conception of the World.* New York: Harcourt Brace, 1929, 236. G. MURPHY. *Personality.* New York: Harper, 1947, 336.
13. R. BLAKE AND W. DENNIS. The development of stereotypes concerning the Negro, *Journal of Abnormal and Social Psychology*, 1943, 38, 525-531.
14. J. H. CRISWELL. A sociometric study of race cleavage in the class-room, *Archives of Psychology*, 1939, No 235.

第19章

后续学习

社会性学习是一个非常复杂的过程。到目前为止，我们只讨论了其中的一部分内容。在早年起作用的基本因素之中，我们将注意力集中在认同形成这一中心过程上。正是这个过程帮助孩子建立起了自身作为群体一员的身份认同，并潜移默化地接受了父母对不同种族的态度。我们强调对儿童加以训练的环境，特别是在惩戒和爱意这两方面。我们已经处理了标志着孩子对种族差异的第一印象的混乱，以及他们为形成成年人的分类所做出的努力。语言称呼在分类的形成中起到重要作用，它在思想体系本身形成之前就决定了使用者对其的情感态度。偏见态度的形成大致可以分为三个阶段，即预泛化、完全排斥、分化。直到青春期，孩子才能够以社会文化认可的方式处理种族偏见，只有到那时，我们才能够将其偏见称作以成年人形式形成的偏见。

然而，这个描述中缺少的，是对从学习过程一开始就发生的持续整合和组织活动的充分描述。人类的头脑首先是一个组织者。一个孩子的种族态度会逐渐在他的个性中形成连贯的单位，并整合到个性的肌理中。

虽然整合和组织贯穿终生，但似乎它们在青春期显得尤其重要。原因在于，直至目前为止，孩子的偏见大多是二手的。他已经学会模仿着父母的观点发表言论，或是反映他所处的文化中的种族中心主义。渐渐地，随着麻烦的青春期的到来，他发现他的偏见与他的宗教或政治观点一样，必须是基于自身的个性所独创的。为了成长为一名具有地位和权益的成年人，他需要将自己的社会态度转化为更为成熟的形式——适合于他的自我的形式。

本章将讨论青春期各发展阶段中对偏见态度的整合和组织。

调　节

整合和组织的最简单例子发生在创伤或惊吓的情况下。一名年轻的女子写道：

> 多年以来，我一直很害怕黑人。原因是在我很小的时候，一个煤炭工人（浑身覆盖着煤尘）突然出现在房子的拐角处，把我吓坏了。我很快就将他黑色的脸与整个有色人种群体联系了起来。

以下是简单调节的工作机制：

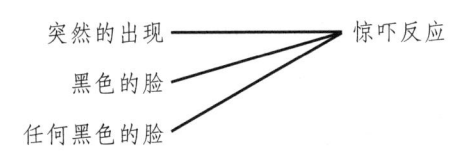

```
突然的出现 ─────┐
黑色的脸 ──────── 惊吓反应
任何黑色的脸 ───┘
```

一个奇怪男人的突然出现"在生物学层面上足够"引起强烈的惊吓和恐惧。黑色的脸是这一激发恐惧的情境的核心部分。在此之后，任何黑色的脸都足以唤起这段经历，并再次激发恐惧反应。

该类简单调节反应的习得并不需要带有感情色彩。不过，不带感情色彩的调节反应需要大量的重复学习才能习得，但是在创伤性经历中，情绪的反应是如此激烈，以至于只需要一点符合条件反应的"生物学层面的"刺激，就能够将这种反应深深刻在头脑中。以下案例就说明了这一原则：

> 当我还是个小女孩时，一名男性菲佣企图与我发生性关系。我极力反抗，不想要与他发生性关系。直到现在，当我面对亚洲人时，

我还是会情不自禁地发抖。

虽然这类案例中有很多发生在童年早期，但也有不少发生在年龄更大了之后的。这些案例往往还涉及种族以外的经历。例如：

> 在我 13 岁的时候，由于父亲公司中的劳工纠纷，我们被迫搬离家乡的小镇，卖掉了心爱的家。我永远不会原谅劳工组织。

在所有的这些案例中，我们都注意到，在创伤性经历之后，总会出现过分泛化（完全排斥）的元素。受害者发展出的偏见并非仅仅针对特定的个体（某个菲佣、某个煤炭工人或特定的劳工组织），而是在针对整个类别。

有时，创伤并非基于个人经历（尽管个人经历方面的创伤更为常见）。在一些案例中，一部情节激烈的电影，一个可怕的故事，一场生动的朗诵都足以使人形成持续多年的创伤性印象。一个女孩写道：

> 我对土耳其人的偏见可以追溯到一个玩伴生动地讲给我听的故事，他说土耳其男人都留着浓密的胡子，这是为了掩盖他们的刀疤。他们总是醉醺醺的，而且很恶毒。

创伤习得是种生动的单次调节。它倾向于立即确立起一种态度，而这种态度过于笼统地包含了与原始刺激相关的一整类对象。许多年前，哲学家斯宾诺莎就阐述过这一原则：

> 如果一个人由于受到了陌生人的影响而感到欢乐或痛苦……如果这欢乐或痛苦是与带来它们的这个陌生人联系在一起的……那这个人不仅会爱戴或痛恨这个陌生人，还会爱戴或痛恨此人所属的阶层或国家。[1]

当然，我们并不需要回到斯宾诺莎的言论才能讨论种族态度习得过程中的调节与泛化。最近的实验表明，心理学实验室的环境设置似乎就可以创造或减少种族敌意。[2]

一名大学生提供了一个正面调节的事例。

> 我曾经和小群体里的同伴一起追着黑人孩子跑，并称他们为"肮脏的黑鬼"。但是在我们的教会组织了一场歌唱演出之后（这是我第一次看到这样的演出），我就对黑人充满了喜爱——并且至今还是如此。

在下面这个案例中，我们能看到另一个创伤经验扭转了偏见的例子：

> 在大学二年级的时候，一名犹太女孩被安排到了我们楼层的一间房间。一段时间以来，她都不被接纳。有一天，我当着她的面和我的姐妹们说，我和某个犹太女孩一起搭乘火车，但当我见到了我的雅利安朋友时，我就走开了，把那个犹太女孩一个人扔在了那里。"这可能不太好，但毕竟……"这时，这名犹太女孩悄悄地起身离开了。我马上意识到自己说出了最糟糕的话。我第一次感觉到自己应该改变对犹太人的态度，理性地看待他们。

虽然创伤后学习有时可能成为建立和组织偏见态度的一个重要因素——或是摧毁偏见态度的重要因素——但这全都取决于特定的事项。

1. 在许多情况下，创伤只是加剧或加速了偏见态度的形成或坍塌。因此，在最后提到的案例中，只有在叙述者对自己的反犹太主义怀有潜在的敏感性和悔恨时，她才会被自己对犹太舍友的伤害而触动。创伤的经历只是加剧了早已存在的羞耻感。

2. 人们倾向于用简单的童年创伤经历解释自己的态度。他们倾向于回忆（或制造）符合自己当下偏见的经历。例如，一项研究发现，反犹太主义者所报告的与犹太人的不愉快经历，远远多过宽容人士的相关经历。

这一结果似乎有力地证明了，持有偏见的人群会选择性记忆，或凭空创造相关记忆，以合理化自身目前的敌对情绪。[3]

3. 100名大学生被要求以"我关于美国少数群体的经验和态度"为题，写下自己的故事。我们在对这些故事的分析中发现，只有大约百分之十的学生将创伤性事件视为诱发偏见的部分因素。

4. 我们不能将创伤与对连续经历的正常整合混为一谈。如果一个人一次又一次地与特定群体的成员发生相似的经验，那这里就不存在创伤问题。这里甚至可能不涉及偏见，如果一项泛化是有根据的，它就不是偏见（见第1章）。

选择性感知与闭合

把我们讨论过的原则看作为学习提供脚手架可能会有所帮助。家庭中盛行的儿童训练风格，认同和模仿从众的过程，语言先行现象——在其中情感标签被准备好贴在后来的类别上，条件反射，特别是创伤性条件反射的过程，刻板印象的早期形成和后来的分化——所有这些都是态度形成的条件。仍然缺少的是存在于任何特定个体的头脑中，能够用以解释这些条件如何导致偏见的**结构**。

为了了解习得理论的这一步，我们需要假设孩子处于不断需要从庞杂的经验中获取明确意义的压力之下；他需要赋予这些经验以组织结构。

以专制的家庭氛围为例。被严厉管教的孩子，绝不被允许违反父母的意愿，他无法不将存在感知为一种危机四伏的状态。他被迫假定生活是基于权力关系，而非宽容与接纳之上的。他的经验使他将等级制的人类关系视为理所当然的。因此，他很有可能将所有相熟的人都置于一个"食物链"之上，而他在这个链条中高于一些人，低于另一些人。基于他的生活经验，他怎么可能超越他所唯一了解的模式呢？

或者，假设这种处于萌芽阶段的偏见是创伤性的；个体也会整合自己的感知和理性思考，以使得自身观念与收到的指令一致。以下的摘录虽然出自一名年轻的成年人，但却展示了我们即使在童年时期也普遍存在的选择性和合理化过程。作者是在近东工作的美国教师。

> 在我最初接触到希腊学生时，发生了一些让人不愉快的考试作弊事件。这导致了我对希腊人的偏见，尽管当时我并没有意识到这点。这一偏见无疑随着时间推移而增长了。当时希腊和土耳其之间的关系有些紧张，而我的同情心完全在土耳其一方。然而，我正在形成的这种对现代希腊的负面态度，与我对古代希腊文化的深切钦佩之间存在冲突。不过我设法化解了其中的矛盾。我找来了所有现存的证据，以证明现代希腊人并非古典时期希腊人的直系后裔，因此，现代希腊人与希腊光辉的传统毫无关系。我力证这一点的过程是有失偏颇的，因为我并没有批判地看待这些证据，也没有寻找任何反对这一说法的论点。[4]

在这种情况下，以及在类似的情况下，似乎正在发生的事情是，一些前提条件（家庭气氛、条件作用、语言标签）给了头脑一个倾向，一个方向性的设置，一个姿势。这种设置反过来启动了选择性感知和逻辑闭合的过程，这些过程是形成具体的思想系统所必需的。（在第2章中，我们指出了类别如何吸引所有可能的支持。）我们不能不努力往态度的骨架上添加血肉和服饰。我们要求它是具体的、可行的、合理的——或者至少在我们看来是这样的。

陷没式习得

我们刚刚描述的闭合原则，是一种有些智性的原则。它认为，一个尚未完成的心理结构将倾向于完成它自己——使自己变得更有意义，更自洽。但是我们并不仅仅是在一个智性的层面上生活的。

这个原则需要扩充。不仅仅需要对特定的含义进行全面的阐释，还需要对整个复杂的价值观和利益体系做出合理化。下面这个报告能够提供例证。

当我11岁时，我想要加入公理会，因为我所有的朋友都加入了这个教派。他们似乎在教会里其乐融融。但是我并没有这么做。为什么？因为家庭教育告诉我，归属于美国圣公会有一种特别的尊严。另外，这是家中历来的传统。我的祖父、曾祖父在教堂中都一直坐在同一个固定的位置。

在这里，我们看到女孩的家庭已经为她建立了一个价值参照框架。对她来说，保持尊严、地位和一种骄傲的生活设计是很好的。在这个被设置的方向上，她逐渐形成了自己独特的态度——支持圣公会，反对公理会。首先，她开始对自己采取某种看法——这是一种带有微妙的优越感的看法。她现存的偏见，将只是维持这种自我形象的偶然事件。她的广义价值观（她生活所遵循的计划）将构成她对外群体的看法。在这种情况下，可能永远不会有仇恨或不友善的歧视。相反，当她面对那些不那么"有尊严"的群体的时候，只会有一丝最轻微的优越感。

沉浸的规律可被陈述如下，**个体所获得的种族态度会倾向于与主流价值观的框架相一致**。由于价值观是个人事务，并处于自我结构的中心。我们也能够这样陈述这一规律：**个体倾向于形成与其自我形象相一致的种族态度**。

这一规律主张偏见习得的过程并非仅是（也非主要受）外部影响的产物。偏见并不仅仅来自宣传，或是来自人们直接交付给年轻人的既成的态度，也非主要受电影、漫画、广播的影响。它不只是父母的某种特定教育方式的产物，或通过"闭合"而合理化周遭的所有事件的结果。偏见不是盲目的模仿或者对文化的反映。以上所有的因素，都对孩子形成中的生活哲学提供了"陷没式"的影响。如果这些影响符合个体的自我形象，或能够赋予个体相应的地位，或对个体具有"功能意义"，那么个体就更有可能会从这些影响中习得偏见。

让我们看一下这最后一个例子，它恰好是一个不存在偏见的案例。

年幼的威廉（William）很有同理心。他生来就有着一颗温柔的心灵。他的家庭是安全而宽容的。他也常因为自己富有同理心的行为而得到赞赏。他特别喜欢照顾生了病的人或动物，并立志做一名家庭医生。他将自己视为一名治疗者。后来，他对苦难的同情与关切转移到了残疾人、不被社会接纳的人和少数群体身上。

但你千万不要认为威廉的生长环境中没有偏见。虽然他的父母给了他充分的安全感与爱，但他们常常在言语中流露出对犹太人和天主教徒的排斥。他所处的社区本身也是包含偏见的。威廉几乎不可能避免地习得了一些他们的说法，并在一种很表层的意义上使用歧视性语言。然而，偏见的种子从未在威廉的心中扎根。治疗者和待人友善者的自我形象对威廉而言，有着举足轻重的分量。在成年后，他对自身的情况进行了客观评价。他觉得自己是个非同一般地敏感的人，并且种族偏见与他生活的内核价值是冲突的。经过这次评价，他再次确认了自己的价值，并以更为专业的方式致力于群体间关系的改善。

威廉依照自身的价值体系，有选择地感知这个世界。他的具体态度在这个体系之下逐渐形成。在这个案例中，我们并不完全清楚威廉最初产生这一倾向的原因。也许就是因为他所提及的与生俱来的气质，也可能是宽容的家庭氛围。但一旦步入他自己的发展轨道，对其发展产生主要影响的似乎还是自我认知。

对地位的需求

在威廉的案例中，有两个方面值得我们注意。第一，他的价值体系是通过对人们的同理心，而非对"劣等"群体的打压鄙视建立的（许多人，或许是大多数人都无法做到这一点。他们的个人价值建立在对他人的鄙视之上）。第二，威廉在成长过程中似乎没有受到美国文化中竞争性价值的影响。成为"顶尖"对他没有多少吸引力。他抵制了他的家庭及社区中，通过牺牲犹太人和天主教徒来确立个人地位的不良影响。

现在，让我们来检视一个更为常见的情况。似乎对于孩子，尤其是西方文化中的孩子而言，存在无数的理由让他们认为自己优于他人。（霍布斯等哲学家坚称这是人性中绝对而普遍的一个特质。他们会说，威廉其实是个十足的骗子；他只是在通过同情别人获取自我愉悦——就像势利的人通过打压别人获取快乐一样。）

自然本能要求每个人成为一个自给自足的生物有机体。我们在整个生命周期中都得致力于保持自己的身心健康。因此，在某种意义上，人的一切行为都必须是以自我为中心的。一旦他停止维持自我的努力，他就会走向灭亡——除非别人愿意承担起照顾他的责任。在这个过程中，他不得不发展出一种对自我的强烈认可。这是他生存的关键。当它的自我价值和观念受到干涉时，他要有能力感到愤怒。相似地，他也会产生侵略、怨恨、痛恨、嫉妒和其他形式的自我防卫情感。每当自尊受到威胁时，这些自我防护的机制就可能发挥作用。

如果他有产生愤怒和敌意的能力，他也同样地能感受到赞美和奉承。当一个人的美德得到认可，自爱也得到了佐证，这是对**地位感**的体验。这种欢愉是具有生存性价值的。它向这个人表明了，至少直至此刻，他不仅仅在现实世界中是安全的、成功的，还在一个其他个体也在其中寻求着认可的、更为纷繁复杂的社会中取得了成就。自我主义深藏于人类的本性之中，是存在的**必要条件**。它在社交中表现为对地位的需求。

然而，我们暂时忽视了人类本性的另一方面。我们还有着可以取消，或是大幅改变对地位的自我主义需求的能力。生命始于孩子与母亲之间充满爱意的共生关系。孩子对其母亲的无限信任会发展为他与其环境以及环境中的人和事物之间的亲密关系。正是出于这种爱意，人类合作中的建设性价值才得以实现。也正是由于这种爱意，偏见（即使对于自我主义者而言也很自然）并非人格发展中不可避免的。

但就我们目前的论证目的而言，承认大多数人强烈需要个人地位感就足够了。我们稍后将看到（特别是在第27章），这种需要如何被社会化，它的牙齿如何在真正宽容的人格发展中被拔掉。

等级制度和阶级

如果文化能够为生活中的问题给出现成的答案，那么文化也能够为人们对地位的渴求给出现成的解决方案。的确，它完全能胜任这一点。

对于渴望地位的人来说，文化提供了"种姓"这个公式。如果由于任何原因，这个公式被证明是不充分的，那么它也提供了另一个公式"阶级"。一个国家总体的、大量的、形形色色的人口通常被细分成不同的层次，这种分层使得人们可以清晰地对地位做出区分。

一位作者将种姓定义为"一个内婚地位群体，它在流动性和相互作用方面对个体成员及其作为一个人的特质施加文化上的限制"。[5] 种姓间的通婚通常是被禁止的。婆罗门-印度教种姓制度中就是如此。在美国，所有南方州和一些北方州的法律禁止白人和黑人通婚。

美国的黑人在社会意义上更多地是一个种姓而非种族的例子。由于许多黑人的种族血统中，高加索裔的成分可能比非洲裔的成分还要多，把他们归入黑人种族是没有道理的。他们遭受的障碍（甚至那些只有一点点"黑人血统"的人也不能幸免）通常是社会强加于低种姓的特有障碍——而不是由种族遗产带来的自然障碍。就业歧视、住房隔离和所有其他耻辱都只是种姓的标志。黑人被期望"知道自己的位置"这一事实也是一种种姓要求——一种旨在强化被人为赋予的较低地位的民间习俗。[6] 今天，法律规定在南方各州强制实行种姓制度，但非正式制裁甚至更加有力。

黑人正式从奴隶制中得到解放的现实只在很有限的程度上改变了黑人群体的生存状况。正如格莱特利（Golightly）所描述的那样：

> 每个人都生来就属于白人群体或黑人群体。个体无法通过努力去获取白人群体的身份，也无法自我脱离黑人的身份。等级制度在南方能够通过法律对跨群体交往进行干涉，例如强制隔离。在北方，等级之间的界限并未形诸法律；但是，个人的偏见依旧有效地维持了等级制度。[7]

这名作者从白人的视角出发，揭示了等级制度所带来的无可置疑的效用。就本质而言，等级制度是一种提升自尊的文化装置。从对地位的渴求的角度来看，等级制度是很有意义的。

那么，来自等级制度底层的人们能够通过什么文化手段提高自身的自尊呢？答案当然是，他们可以在所属的阶层创造出自己的等级制度。肤色就是这样一种度量标准；越浅的肤色地位越高。还有另外一些微不足道的差异也能成为等级制度的度量标注：头发是直的还是卷的，是否拥有洗衣机，或者是否结识了白人邻居。人们很容易就能找到些证明"自己比别人优越"的证据。面对处于等级制度底层的黑人听众时，嘲讽一名英国贵族是最有效的让他们开心的方式。这些黑人认为，英国贵族说话的方式是荒谬的。他们从这种嘲讽之中获取优越感。

无法进入等级制度划分的地位差异将通过**社会阶级**（social class）的方式表现出来。大致而言，社会阶级指一群能够，并乐意遵守一些平等的规则来参与社会活动的人。他们倾向于具有相似的礼仪、言论、道德水准、教育水平和相当的物质财产。与等级制度不同的是，社会阶级之间不存在无法逾越的鸿沟。在像美国这样流动性强的社会中，人们会在不同的阶级之间频繁流动。

社会学家将社会地位分为两种：通过努力自致的社会地位与先赋的社会地位。第一种类型指的是，个人可以通过自身的努力（或其父母的努力）所获取的阶级地位。而另一种类型则是指生来就继承到的地位。英国统治家庭的子孙永远是贵族的一员。他无法改变这个事实。因此等级制度也是一种先赋地位。而阶级，至少在美国，很大程度上是能够通过努力而获取的地位。

我们无法确定美国社会到底存在多少阶级。诚然，每个人似乎都能隐隐约约地感受到上层阶级、中产阶级和底层阶级的存在。不用费什么力气，我们就能将自己定位到某个阶级之中。但是，这一体系过于简陋，无法满足个体对地位优越感的需求。人们希望自己能够歧视自己所属社区中的特定群体。当然，人们也能够将所有有色人种——尤其是所有的黑人——都视为处于等级制度底层的群体，并从中感受到绝对的优越感。

但是人们依旧渴求一个更为细致的鄙视链。

在种族群体之间，存在着一个对阶层分类而言坚实的基础。我们在第3章中读到，美国人对各个种族群体的相对接纳程度是十分一致的：德国人，意大利人，亚美尼亚人，等等。处于鄙视链上游的群体能够对处于下游的群体进行歧视。人们对职业的阶层高下也存在高度统一的意见。医生具有较高的地位，机械师和邮递员的地位处于中等，而做工的人的地位是相对较低的。

另一个高度稳定的社会阶层标志是住所所在的区域。每一个社区都有一些"富人区"和"贫民区"。由于每个人都知道这些区域的大致边界，所以一个人的住址能够即时地反映出其社会地位。住所对社会地位的影响作用是如此的普遍，以至于我们在每一个城市都能够找到努力摆脱其影响的群体。当有一个家庭迁入一个租金较高的区域时，就会有另一个社会阶级较低的家庭搬进其原来的住宅之中。

我们不能认为是阶级分化，甚至于等级制度自动在了解这些差异的个体中引发偏见的。但可以肯定的是，它们在某种意义上导致了偏见的产生。每一个将优越感建立于此的人，都能够歧视那些处于自身阶级地位或社会等级之下的人。这种地位上的优越性可能会使他建立起一种负面的、过分泛化的态度，而我们就称之为偏见。

但是，一个人也可能了解社会等级制度却不被其影响。这样的人依旧能够对其他群体保持客观的态度和行为。也许他也会具有一丝优越感，但却不会就此发展出偏见。

对等级和阶级态度的陷没式习得

然而，等级制度和阶级的确能够为出于个人原因而形成的偏见提供文化上的支持。只要顺应还是偏见习得中的一个因素（第17章），个体就能够以此合理化自己的偏见。

年幼的孩子也能够很容易地习得关于等级制度和阶级的事实。在一个实验中，研究人员将一些玩偶服装和玩具房子给了处于幼儿园小班和中班阶段的白人孩子和黑人孩子，并要求他们将这些服装和房子分配给白人和黑人玩偶。大部分的孩子，无论他们自己是黑人还是白人，都将白人玩偶穿上了锦衣华服并配上了高级的住宅，而分给黑人玩偶的是普通的服装和破旧的房子。[8]

孩子在三岁时似乎就已经发展出了自我。这也正是他们发展出否定本能（用"我不会这样做"与"不行"回应所有要求）的年纪。在五岁前，孩子们就能够将**社会地位**与自尊联系起来。一名五岁的小女孩在看到隔壁的黑人邻居搬走时哭了起来。"现在，"她哭着说，"这儿就没有人比我们过得更差了。"

年龄稍长些的孩子会倾向于将所有的美德归于来自上层阶级的成员，而将各种缺点归于下层阶级的成员。例如，在针对五、六年级孩子的实验中，研究人员要求他们为同学贴上"整洁""肮脏""好看""不好看""和他在一起很开心"等标签。结果显示，来自更高的社会阶级的孩子被认为是整体上好的，而来自底层阶级的孩子则得到了较低评价。似乎这些年轻人还无法将同学作为个体看待，还只能够通过阶层对其进行判别。对他们而言，来自上层阶级的孩子在各方面都是优秀的，而下层阶级的孩子则是全方位地不尽人意。由于这些五、六年级的孩子"在没有充分依据的情况下就对特定群体充满敌意"，所以我们能够认为其表现出了阶级偏见。

这项研究的主导者纽加顿（Neugarten）一针见血地指出了底层阶级的孩子所面临的严重压力。他们常常会在意识到自己的处境后失去上学的兴趣，一有机会就会辍学。而在学校中，他们往往与同阶层的孩子一起玩耍，与来自更高社会阶层的孩子们完全隔离开来。[9]

这些现实对之后的学习有着深远的影响。它们表明许多年轻人将等级制度与阶级分化作为生活的主要指导，并依据这些指导形成了相应的社会态度。年轻人接纳了文化所强化的地位区隔。

依据"陷没式习得"的规律，我们能够得出以下结论。孩子们全盘接纳了社会模式。他们会倾向于只与拥有相同文化格局和社会阶层的孩子们交往。漠视社会阶层的信号会使他们感到迷茫。诚然，美国文化也同时告诉我们要看重个体。我们应该对某个个体进行评价与交往，而非其群体身份。但是，这种民主的指导方针显然是与现实矛盾的，人们很难遵循它。采纳现有的阶级态度显然更为简便。[10]

结　论

陷没式习得无法取代文化所起到的举足轻重的指导作用。有许多个人原因能够解释为什么偏见会得以发展，并成为个体生活方式的支柱。也许是缺乏安全感，或者是出于恐惧、内疚、家庭模式与初始创伤，也可能是他所遭受的挫折，甚至是先天气质所导致的对自我印象的需求。在所有的这些情况中，处于发展中的特定种族态度都可能会得到加强或完善。

然而，我们所强调的"从陷没式习得到阶级分化"是为了强化社会规范的偏见理论（第3章）和顺应（第17章）的重要性。我们的目的在于，重申社会文化规则对偏见形成的巨大影响，以及其与人格发展之间的联系。

没有人生来就带有偏见。偏见总是习得的。人们主要是为了满足自身需求而习得这些偏见。然而，其习得的背景与其人格发展的社会结构是一致的。

参考文献

1. B. SPINOZA. *Ethics*. Proposition XLVI. New York: Scribner, 1930, 249.
2. Cf. R. STAGNER And R. H. BRITTON, JR. The conditioning technique applied to a public opinion problem, *Journal of Social Psychology*, 1949, 29, 103-111. Also G. RAZRAN. Conditioning away social bias by the luncheon technique, *Psychological Bulletin*, 1938, 35, 693. 关于这个问题的简短讨论见G. MURPHY, *In the Minds of Men*, New York: Basic Books, 1953, 219 ff.
3. G. W. ALLPORT And B. M. KRAMER. Some roots of prejudice. *Journal of Psychology*, 1946, 22, 9-39.
4. MARGARET M. WOOD. *The Stranger: A Study in Social Relationships*. New

York: Columbia Univ. Press, 1934, 268.

5. N. D. HUMPHREY. American race and caste. *Psychiatry*, 1941, 4, 159.
6. 在全面研究了黑人在美国生活中的地位后，GUNNAR MYRDAL总结说没有哪个概念比"种姓"更恰当了。他考虑过"种族""阶级""少数群体"和"少数派地位"等概念，并认为它们都不够充分。Cf. *An American Dilemma*, New York: Harper, 1944, Vol. 1, 667.
7. C. L. GOLIGHTLY. Race, values, and guilt, *Social Forces*, 1947, 26, 125-139.
8. MARIAN J. RADKE AND HELEN G. TRAGER. Children's perception of the social roles of Negroes and whites. *Journal of Psychology*, 1950, 29, 3-33.
9. B. L. NEUGARTEN. Social class and friendship among school children, *American Journal of Sociology*, 1946, 51, 305-313.
10. 在美国社会中，社会阶层在决定青少年态度和行为方面的巨大力量体现在HOLLINGSHEAD的一项深入研究中。A. B. HOLLINGSHEAD. *Elmtown's Youth*. New York: John Wiley, 1949.

第 20 章

内在冲突

在生活中，偏见很少能够毫无阻碍地顺利发展。因为偏见态度几乎总是与内心深处的某些价值相冲突，而这些价值经常是对其人格来说和偏见同样重要的，甚至是更为核心的。学校的影响可能与家庭的影响相矛盾。宗教教义也可能会挑战社会的层级结构。这些对立力量在个体的生活中是难以相互融合的。

内疚与偏见

在许多案例中，偏见都是显而易见地占据主导地位的。偏狭者时常会对自己的信念如此坚定，以至于从不因为偏见而感到内心焦灼。密西西比州州长比尔博（Bilbo）在1920年向芝加哥市市长所发送的电报就是一个很好的例子。当时，第一次世界大战爆发，大量黑人移民涌入芝加哥找工作。芝加哥市市长因此写信询问比尔博州长，可否欢迎他将其中一些遣送回乡。比尔博州长是这样回复的：

> 我收到了你询问密西西比州可以接纳多少黑人的电报。对此我的答复是，我们能给我们口中的黑-鬼-们，亦即所谓的"有色人种女士们和先生们"提供充足的安置空间。但如果这些黑人已经被北方平等的社会政治风气败坏了，那他们对我们就毫无用处，也不再受

欢迎了。能正确理解自己与白人关系的黑人会受到密西西比人民的热烈欢迎，因为我们急需劳力。[1]

在本章中，我们将不会对比尔博的心态进行讨论。我们将在第25章和第26章中加以探讨。

但似乎是伴随着内疚感的偏见更为常见。反感与亲善的态度交替，伴随着痛苦的阵阵折磨，正如下面这个案例所述：

> 除了在学校，我与犹太人之间没有接触。我尽可能地避开他们。当一个基督教徒当选班长时，我公开地表示出高兴。我的父亲对犹太人极为抵触。而我最不喜欢他们的一点就是他们似乎总是在抱团。他们排挤外人，只要有一户犹太人搬入社区中，其他的也会一拥而入。但我并不讨厌作为个体的犹太人。因为我所认识的一些最棒的人就是犹太人。我喜欢与犹太女孩们相处，但有时当我看到她们聚集在一起叽叽喳喳谈论着什么的时候，心中就会燃起一腔怒火。我讨厌看到任何群体由于自身的宗教信仰而受到不公平的对待。我所谴责的并不是他们的信仰。我只是不喜欢他们表现出来的样子。我也知道所有人都生来平等，没有人比其他人优越。

这个态度光是读上去就足以让我们困惑，可想而知，自身持有这种态度的滋味一定更不好受。

在以"我与美国少数群体之间的经历与我对他们的态度"为题的一百篇大学论文中（上面的案例也出自这个研究），只有10%的学生能够在表达偏见时不伴有内心的冲突与背叛所带来的罪恶感——只有十分之一的学生能够毫无愧疚地秉持偏见。下面这种陈述更具有代表性：

> 我的理性告诉我，黑人与白人同样善良、同样体面、同样真诚。然而我却无法不注意到自己理性与偏见之间的分裂。
> 我试图只看见犹太人身上的优点。但无论我如何努力地克服自己

的偏见，它依旧存在——这是由于我父母对我早期的影响。

虽然偏见是不道德的，但我知道我永远无法摆脱偏见。我相信要对黑人心怀善意，但我永远不会邀请他来我家共进晚餐。是的，我知道我是一个伪君子。

出于理智，我深信对意大利人的这种偏见是毫无来由的。但是就我目前对待意大利朋友的举止而言，我不得不长期和自己的抵触态度做斗争。我对自己偏见之强烈而感到惊讶。

这些偏见使我看到了自己心胸的狭隘，所以我尽可能地保持友善。我对自己的偏见感到恼怒，但我似乎无法消灭自己的这些偏见。

我越是想将犹太人视为个体，就越发强烈地将他们视为一个群体。我近乎强迫性的偏见与我强烈地想要根除偏见的想法正进行着激烈的斗争。

虽然偏见在理性面前落败，但是偏见却依旧萦绕于情感之中。

在以上引述所在的特定学生群体中，有一半人明确表示，他们已经对自身偏见进行了反省，发现这些偏见是毫无根基的、虚假的。有三分之一的人坚定了自己摆脱种族和阶级偏见的愿望。并且如前所述，只有十分之一的人在持有偏见的同时毫无愧疚，并坚持维护自身的偏见态度。

也许这些自我描述可能并非典型。作为心理学专业的学生，他们可能对此更为敏感。甚至存在有些人试图"取悦老师"的可能性（但是，熟悉大学生写作中所特有的批判性和坦率的人会怀疑这种对结果的解释）。

结果似乎意味着，大学生（通常来自上层阶级家庭，长期接受学校和其他市政机构教育）受到美国信仰和犹太教-基督教耳濡目染。他们的内心冲突的本质在于他们无法真正拥有所有他们所欣赏的美德。

但是，并非只有来自"上层阶级"的大学生才会受到内疚的煎熬。针对郊区女性反犹太主义的研究——其中并非所有人都是大学毕业生——发现：

有四分之一的人认为自己的感受"仅仅出于自身的偏见"，有一半的人认为自己对犹太人的偏见一部分出于自身的原因，一部分是由于犹太人的不当行为；另外四分之一的人则认为她们对犹太人的态度完全是犹太人自身的过错（不带愧疚的偏见）。[2]

这项研究报告并没有提到这些女性中有多大比例的人为"自身的偏见"而感到羞愧。但是，这种愧疚可能并不罕见。至少有四分之三的女性表现出一定程度的自我洞察力——也就是说，她们清楚自己的态度并非完全建立在客观事实之上。

然而，自我洞察并不会自动消除偏见。反省是消除偏见的开端。除非有人质疑他的偏见，否则一个人不可能改善自己的偏见。只有对偏见所建立的基础开始产生了怀疑，他才可能就此进入一个内心冲突的时期。如果人们对他偏见的不满到达了一定程度，他可能会受此激发，重新组织自己的信仰和态度。自我洞察通常是瓦解偏见的第一步，但自我洞察就其本身而言，是不足以消灭偏见的。我们在学生们的报告中能够发现，学生们对自己的偏见态度感到犹豫，软弱，他们的自律不断增长，但不会完全放弃自己的厌恶态度。

那么那些矢口否认自身偏见的人呢？当然，在某些案例中，他们所言可能的确是事实（表现出良好的自我洞察）。在第5章中，我们估计可能有20%的人能够准确地否认自己持有偏见。而如我们刚才所读到的，相当多的人（大多数的学生）持有偏见。这些人也具备良好的自我洞察。但是依然存在一个相当大的群体，完全缺乏对自我的洞察力。他们充满偏见，同时否认这个事实。他们是真正的偏见持有者。

现在，即使是真正的偏狭者，有时也会有负罪感，或感到内疚。即使是偏见极为严重的州长比尔博也会感到良心不安。没有任何一个被抓住并被审判的纳粹首领会表示完全赞同自己对犹太人犯下的暴行。没有人愿意承认自己负有责任。希特勒的副手戈林（Goering）试图否认这些暴行的存在。他声称所有纪录片是伪造的。但是即使如此，他也补充说："如果其中有5%是真实的，那依然让人胆寒。"[3] 即使是以敌对与非人道的方式主导他人的生命的，道德泯灭的恶棍，在良知上也无法宽恕自己所造成的后果。

总而言之，我们不得不得出结论，生活中的偏见很可能会引起一些内疚，至少在某些时候是这样。几乎不可能将偏见与对人际关系的需求和人道价值完全统合起来。

"美国困境"理论

这个假设成了贡纳·梅德尔（Gunnar Myrdal）关于美国黑人与白人之间的关系具有里程碑意义的研究的中心主题。对他而言，整个问题的症结在于"良心不安"。美国白人无法使自身的做法与美国的信条保持一致，因此感到内心煎熬。该困境是：

> ……两者间存在激烈的斗争，一方面，我们称之为"美国信条"的普世价值体系，即美国人在基督教教义和国家价值体系影响下的观念、言语、行为，与另一方面上特定个体、群体生活中的种种价值，即个人和本土的利益；经济、社会和性方面的嫉妒；对社群声望和顺应习俗的考量；对特定个人或族群的群体性偏见；以及各种各样形形色色的需求、冲动和习惯。两者共同主宰着他的视野。[4]

总之，美国人无法逃避民主和基督教教义赋予他们的价值体系。在这个领域，许多习惯与信念是通过陷没式习得而来的。但是与此同时，幼稚的自我主义，对地位和安全的需求，渴望在物质和性方面的优越感，以及绝对的服从，都导致了许多矛盾的习惯与信念也通过陷没式过程被习得。因此，普通的美国人经受着道德上的不安和"个人与集体层面的负罪感"。他们活在冲突之中。

近年来，国际趋势使他们的负罪感进一步蔓延加剧。美国正在逐步认识到，其所面临的最大挑战在于对有色人种所组成的国家与殖民地区的人民的处理，而其中最大的障碍即是美国黑人的待遇。外国游客和外国媒体对我们对此的不安津津乐道。毫无疑问，他们的指责是极端的、片面的，甚至可能是出于**掩盖自身不足**的动机。

一位美国人出访莫斯科时，他的俄国导游自豪地展示了城市的地铁系统。这名美国人在欣赏了车站和轨道后，问道："可是火车在哪里？我为什么没看到地铁运行？"导游反驳说："那你们南方各州的私刑如何呢？

诸如此类的无关的、含糊的指控，使人们普遍认识到，只有早日显著改善美国黑人的地位，才能使美国处于道德上的领导地位。[5] 只要自身有一点足以为人所诟病的不足，我们价值体系的传播就显得空洞虚伪。如果我们无法独善其身，履行道德承诺，那我们的文明很快就会消亡，仅仅是机制上的聪明才智无法使之流传下去。

但是，无论"黑人问题"是否能够得到解决，美国的**官方**道德始终卓然独立于世界各国之林。没有任何国家在其历史性文件中，如此直接地表达出对平等的信念。法律、行政命令和最高法院的裁决也大都遵守着这一信条。生长在美国的所有孩子都在某种程度上了解这一国家层面的行为指导。相比之下，世界上的许多国家在官方层面上本身就存在对少数群体的歧视。但是在美国，歧视是**非官方**的行为，是不合法的，从更深层次的意义而言，歧视是非美国的。美国的国父们对此事采取强硬立场。而共和国最早期的民众也了解这一立场：

1788年7月4日，"美国宪法"通过之日，米克夫以色列的拉比拉斐尔·雅各布·科恩（Raphael Jacob Cohen）出现在纪念阅兵的现场。一位当代作家写道："神职人员欣然成为这个新成立的国家的一部分。他们也出现在阅兵现场，宗教与政府之间建立了联结。共有十七人加入了游行，其中四到五人互相挽着彼此的胳膊，以示联盟。将意见不合的不同宗教牧师联合在一起十分困难，此次联结显示了一个**自由**的政府在推进基督教慈善中的影响。犹太教的拉比与两名福音牧师携手共进，构成了美好的画面。没有比这更能代表新宪法的意义了。它将所有的权利与智能向所有宗教敞开，不仅限于基督教派，而是所有值得获取公平对待的人。[6]

美国信条并未在态度的变化与形成中失去效力。在最近的一个实验中，西特鲁恩（Citron），尚（Chein）和哈丁（Harding）对一个问题进行了探究，即什么类型的回复最能够消除在公共场所，如面包店、候车室、拥挤的公交车中所听到的歧视言论。在资深演员的帮助下，他们创建了一个场景，参与者会对一名演员所发表的类似于"南欧佬"或"犹太佬"之类带有侮辱性的言论进行回复。之后，他们会得到另一名演员的协助，这名演员将使用各种回复以唤起其内心的偏见。（这个实验的目的并非建立偏见，而是影响旁观者的态度。）研究人员试验了愤怒的答复；也尝试了冷静的、有理有据的答复。旁观者将依据自己的判断，给出他们所认为最有效的回复。本质上，这个实验希望唤起人们对美国信条的信念。结果证明，人们更支持平静的回复，认为这样的态度最能有效击败持有偏见的人，而带有偏见的答复并不符合美国传统。[7]

我们国家的历史似乎也证实了这一点。每一个超出界限的煽动者都会被人以美国的信条为由推下神坛。一名种族主义者可能在一段时间内能够蛊惑人心，但迟早，他会作茧自缚。人们会——基于言论自由——而对少数群体进行伤害。（我们不支持"种族诽谤法案"，因为他们对言论自由产生了威胁。）但是公众的愤慨会消灭这位蛊惑者的气焰。至少目前是这样。正如梅德尔所正确指出的——美国信条依旧保有其效力。

然而，我们依旧需要对梅德尔的"美国困境"理论提出公正的批判。这一理论夸大了真相。评论家指出，由于等级制度与伴生的歧视是基于社会传统的，所以生活在其中的个体并不容易为其在这个庞大系统中所扮演的渺小角色而感到内疚。个体并非系统的创造者。所以责任也不在于单个个体身上。由于个体并没有选择的权利，所以他也不会产生真正的"良心不安"。[8]

另一个类型的批评意见则不那么使人信服。这种批评认为，经济是决定性的因素。黑人应该"处于底层"的观念是源于白人自身的物质利益。白人不存在任何道德问题，因为道德只是一种"意识形态"，用来使经济优势合理化。[9] 正如我们在第14章中所读到的那样，这种本质上是马克思主义的论证过分片面。它所假设的剥削优势本身就是一种歧视，而享有这一优势也会带来内心的冲突。

虽然我们也需要留意这些反对声音，尽管并非每一个美国人都会经历梅德尔所定义的困境，但是的确有很多人正处于此困境之中。因此，如果我们认为这个理论是有效的，那么偏见就会经常（但不总是）伴随着内心的冲突。

内心抑制

尤其是当内心冲突之时，人们会抑制自己的偏见。他们不会表现出偏见——会只在特定的时刻才表现出自己的偏见。偏见思维在逻辑进程的某个节点停止了。正如怀特（E. B. White）所指出的那样，在纽约，每一个种族问题都能激起骂战，但显而易见的是，表面的风平浪静只是由于人们自身显著的控制。

可以肯定的是，内心抑制在不同情况下的运作也是不同的，人们可能会在与家人交谈、在俱乐部中或是邻里聚会上对少数群体口出恶言。但是当有少数群体在场的时候，人们往往会抑制自己的这种倾向。或者，他会当面口头批判这个群体，但是却不会做出其他的歧视性举动。或者他可能试图禁止少数群体成员在社区学校教书，或从事其所从事的职业，但他并不会参与到街头斗殴和骚乱之中。伴随着（内心或外部的）力量此消彼长，处处都存在着抑制。偶尔，偏见会发展为暴力的、破坏性的、危及人类生命的行为。但是，理论上总是存在这种可能性，即使外部控制力量瓦解了，内心的暴力和愤怒也会引发仇恨。

费斯汀格（Festinger）的一个有趣实验，展示了情境抑制的微妙所在。[10] 被试群体由年轻女性组成，其中一半信仰犹太教，另一半则是天主教徒。她们被要求选出一名群体代表。所有参与者都知道彼此的宗教信仰。但是在一些情况中，投票者是匿名的，也没有人知道投票者的宗教信仰。当所有的参与者都匿名的情况下，大多数参与者都将选票投给了自己所属的宗教群体成员。然而，在投票者的身份公开的情况下，就不再有那么多的犹太教徒将选票投给同为犹太教徒的成员了。而天主教徒仍然公开支持天主教成员。

我们不知道该如何解释这个特殊的结果。可能天主教女孩们拥有更高的社会地位，安全感更强烈，所以敢于公开地表现自己对所在群体的支持。而犹太教女孩们则对偏见更为敏感，更在意自己给他人所留下的印象，从而抑制自己的想法，改变自己的行为。但是，我们的目的在于，这证实了对内群体和外群体的偏好的确存在表达上的抑制。

我们已经注意到了偏见的抑制现象，这防止了大量偏见所导致的公开事件的发生。在第4章中，我们描述了一个实验，即使中国人和黑人进入了并不标榜歧视的餐厅用餐、旅店住宿，这些餐厅和旅店虽然在语言上没有任何冒犯，但实际的行为上是存在排斥和阻止的。毫无疑问，这与在第1章中所描述的"格林伯格先生"的案例是类似的。如果这位先生没有提前给加拿大度假酒店写信，而是直接到前台询问是否能够入住，会不会遭到拒绝呢？我们对此是存疑的。

似乎我们可以安全地总结说，每个种族标签都会唤起一种刻板印象，继而引发排斥行为。但是在抽象的、非个体的层面，这种过程存在得尤为显著。在面对着实实在在的一个人时，当面拒绝肯定会引发不愉快的局面，因此，大多数人会遵循他们的"更好的本能"，并且抑制他们的偏见。但是只有在持有偏见者自己**内心存在冲突**的情况下，才有可能导致这种反差强烈的**情境**行为。

如何处理冲突

让我们概括一下这个问题，并思考人们总体而言是如何处理自己的负面冲动的。就心理层面来说，似乎有四种模式。我们可以将其命名如下：(1) 压制（否定）；(2) 防御（合理化）；(3) 妥协（部分解决）；(4) 整合（真正解决）。我们将一一对其进行解释。

1. **压制**。在几乎所有社区中，只要提及偏见或歧视的问题，所得到的第一个答复往往是："我们这儿不存在任何问题。"[11] 市长办公室会如此坚称，街上的人们也会这样说——在村庄中，城市里，美国的南方和北方，到处都是这样的答复。没有这个问题！当然，公民可能只将暴力视作"问题"。实际上，他们说的可能是"我们这里没有骚乱"。或者他们已经对等级制度和阶级习以为常了。

这些武断的断言也是一种压制不受欢迎的话题的手段。否定问题的存在能够在社区和个人层面避免混乱局面的发生。

从个人的视角看，承认偏见即是对自身毫无逻辑、不道德的态度的指责。没有人希望违背自己的良心。人们必须坚持自我。一旦承认了自己性格中的不足，就会导致自我的混乱。所以，即使在目睹了对方偏见言行之后，听到类似于"我没有偏见"这样的言论也并不奇怪。

在大多数情况下，压制者并没有意识到他们的偏见。也并不认为自己的思维方式是反民主的（因为这会引发自身价值观的冲突）。例如，大多数最为反民主的运动往往都打着民主的旗帜：十字架和国旗；社会正义是金科玉律；解放，等等。人们通过语言上的肯定压制自身与美国信条不符的举止。

偏见言论往往始于示弱："我并非存有偏见，但是……"或者，"犹太人与任何人一样，但是……"类似对民主信仰的口头肯定，实际上是为之后充满偏见的言论开解。就心理层面而言，这种机制所希望达成的目的在于，以对部分美德的肯定，掩盖其后的错误。

压制是一种保护手段。通过压制，人们将不再受到内心冲突的困扰——或人们自己这样认为。但是，实际上，压制并非独立存在。它需要自我防御与合理化的支撑。

2. **防御性的合理化**。为了支撑自己的偏见，并使其不与道德价值发生冲突，最显著的方法是就是搜集有利于此观点的"证据"。选择性的感知有助于此。人们往往会就黑人不诚实的行为或犹太人的粗俗表现大做文章。他会列出意大利帮派的名单，或引用罗马天主教神父的所有非民主言论。他可能会说服自己将此作为自身偏见的决定性依据。（如果有科学或逻辑证据能够证明其具有决定性，那么，正如第1章所示，这就不是偏见。）选择性感知只会在假设已经形成后起到确定作用，这是最为普遍的防御性合理化行为。

如今，谁会想要知道俄国或共产主义所具有的优点？排斥这些令人不安的美德更为经济（也更为妥当）。人们会为此收集所有的不利证据——很多报刊会有选择性地对事实进行报道，并加以编辑。通过选择性感知，人们能够将仇恨合理化，并获得支持认可。然而，存在现实冲突的理由并无法改变这样一个事实，即人们通过选择性的认知和选择性的遗忘而使这些理由显得更为有力。

"普遍印象"往往会成为偏见的借口。一名学生写道："不仅在这个国家，而且在全世界，人们似乎都对犹太人怀有同样的感觉。"而在面向100名学生的态度测试中，这位学生本人的反犹太主义倾向最为明显。她需要感觉她的观点得到了一致的支持——当然，她无法获得支持。南方的律师会告诉陪审团，在这起私刑案件中，"没人会因为你释放了这些人而责怪你"。他所使用的，就是这种"普遍印象"的手段。社会的赞同能够为个体观点提供支持（无论这种支持是实际存在的，还是想象虚构的），并保护个体免受内心怀疑与冲突之苦。

另一种防御技巧就是将责任推给受害者。当南方各州爆出私刑丑闻时，南方报刊频繁对此进行反击，指出北方的帮派杀戮也是一种私刑，而它们在北方发生的频率远超过南方的私刑所发生的频率。当纳粹头目在战后被指控犯有反人类罪时，他们反驳说，同盟国也对德国城市中的妇女和儿童投下了炸弹。这种**逻辑谬误**（tu quoque，即臭虫论）是一种对负罪感的防御。你凭什么怪责我？你也犯有同样的罪行！所以我不需要接受你的指控。

还有一种是**两分法**（bifurcation）的防御方式。"我对黑人没有偏见，有些黑人也是好人。我只讨厌那些行为不端的黑鬼。""我不讨厌犹太人，我只是不喜欢某些犹太佬而已。"从表面上看来，这些差异似乎代表了他们在群组内细分的类别。他们真的与那些对少数群体抱有歧视的个体不同，完全地避免了偏见吗？并不见得。一旦我们仔细分析他的态度就会发现，"好人"和"坏人"之间的界限，"犹太人"和"犹太佬"之间的界限，并非基于客观证据，而是出于主观的感觉。谄媚的黑人维持了白人的自尊，由此被称为是"好人"。而剩下的黑人都是"黑鬼"。这种二分法是基于是否会对自己造成威胁，而非他人的优点。持有二分态度的人们认为，黑人、犹太人、天主教徒的"本质"是邪恶的，即使这种邪恶本质只存在于群体中的一部分人身上。

相同类型的防御还有，"我最好的一些朋友是犹太人，但是……"或者"我认识一些有教养的和民主的天主教徒，但是……"通过这种举出例外的手段，我们能够将这种偏见合理化。如果一个人能够举出一些例外，那就可以证明自己对该类别之下的其他部分所做的判断都是合理的。"例外"是出于理性的诉求，是出于公平的精神，以及美国的信条。如果一个人在特定群体中有一位好朋友，那他对该群体的批判可能并非出于偏见。因为这似乎是一种经过了深思熟虑的、与偏见不同的评价。这一手段常常能够同时愚弄到发言者与倾听者。因为，事实上类似于"我最好的一些朋友就是……"这样的语句，几乎总是用来掩饰偏见的。

与之相似的防御策略还有，"我与犹太人个体之间没有矛盾，我只是对他所代表的群体感到不满"。这种手段对煽动者们而言非常实用。它听起来很专业。但是，这也是一个容易造成混淆的极端案例——最为糟糕的是"团体谬论"。既然犹太人个个都让人赞不绝口（与我们没有矛盾），那么犹太人群体中还会存在邪恶的力量吗？群体是由个体组成的——就是这样。这种特别的双重论述是含有偏见的理论。它承认在群体中，人们总能够找到他们所反感的个体。但是，它并没有反驳人们因此对整个群体所产生的厌恶本质上是一种无根据的泛化。

3. **以妥协为解决方案**。社会生活中一个鲜明的现实是，一个人所具备的不同角色使其行为无法统一。

这种矛盾的行为不仅得到了自身的认可，还受到社会的期待——这取决于具体情况。一名政客需要在他的竞选演讲中表达出对所有人平等权利的敬意，但是他在办公室中，却对特定群体给予优待。一位南方的白人银行家不会在自己的办公室里雇佣黑人，但是，他却在选举活动中慷慨地为黑人捐献了一座医院。

这种前后言行不一的情况是正常的。事实上，在我们的社会中，对一致性的狂热追求才是病态的（无论是平权的卫道士还是坚守偏见的人）。见机行事是人类的本能，人们有时会遵守美国的信条，有时也会遵循普遍的偏见。

这种处理冲突的方式在专业层面上被称为"交替"（alternation）。在特定参考框架之下，我们会采用特定的态度和习惯；而在相反的参考体系中，我们则会使用另一系统的态度和习惯。如果我们始终对少数群体成员保持着反感、对立、不友好的态度，那么我们中的大多数人都会受内心的冲突折磨。因为我们无法将对立的价值体系永久地压制住（在这个案例中是美国的信条和基督教义）。但是，我们一旦能够依据自身的道德冲动（我们对国家的忠诚，对黑人雇员的善意，或者为了救助弱者而付出代价）行事，我们就能够更容易地在其他场合对自身的偏见做出解释。

这种交替使某些合理化显得可信了。例如，我们可以说，"事情总会越来越好，我们必须耐心等待"，"江山易改，本性难移"，"你不能立法禁止偏见，这是一条漫长而艰难的教育之路"。虽然这种"渐进主义"的观点有一定的现实依据，但问题是渐进主义本身可能是一种以妥协去处理冲突的方式。人们愿意克服歧视——但这无法一蹴而就。

人们的种族态度前后不一的现象引起了心理学家的关注与猜测。[12] 我们只要牢记两个基本的事实，就能够理解这一现象：

（1）交替是最常见的处理内部冲突的方法之一。我们在节日当天举行庆典，我们在斋戒日进行斋戒——我们以此交替表达自身肉体和精神上的欲望。

我们白天通过滑雪或狩猎寻求刺激，而到了晚上，我们总会回到小屋里休息。我们由此交替满足自身对活动与休眠的需求，并避免了严重的冲突。同样地，由于大多数人都同时持有偏见态度和人道主义信条，所以他们会视情况不同而做出不同的表达，从而避免了冲突。

（2）最重要的因素是，我们扮演着多重角色。在教堂中做礼拜或在学校中上课，都各自促成了一套价值观的形成与强化。在俱乐部的会议上，或铂尔曼的吸烟车中，我们会采取不同的价值观体系。我们所处的环境越是多元，我们在遵从互相矛盾的价值体系时，所需要承受的压力就越大。我们在特定情况下的习惯，与在其他场景中的习惯是截然不同的。我们需要遵从不同条件下的不同规则，而这些角色无疑都融合为我们自身。

4. **整合**（真正解决）。但是，一些人对自身前后言行不一致的现实不满。他们将交替视为自身统一性的威胁。他们认为，一个人应该在所有情况下都表里如一，而所谓的角色转换是虚伪的。人们以妥协的方式将自身基本的价值体系分割开来。这种对自身的完整和成熟不断做出努力的境界是极难达到的。

对于敢于为这种一致性做出努力的人而言，他们从偏见产生的那一刻起就饱受内心的煎熬。在本章的前一部分，我们提到了一些关于偏见带来痛苦与羞耻的案例。这些个体发现自身缺乏对抗冲突的防御机制。他们既无法对冲突进行压制、合理化，也无法在妥协中寻求安慰。他们希望能够直面问题，并解决这个问题。这样才能够使自身的日常行为与人际关系的哲学相一致。

这些人不断消除着基于刻板印象分类的敌意。他们将恶（偏见）的虚假来源与真正来源进行区分。一个人可能由于自身的恶习或邪恶品质而成为人们的敌人；有时，一个共同体，例如一些外国政府中的极权组织，也能够成为人们所反感的对象。这些都是真实存在的、站在我们价值观对立面的敌人。这些真正的人所消灭的是种族偏见者，无辜的传统替罪羊与他们的真正困境无关。

也许只有很少的人能够实现表里如一，但是很多人正在为此做出努力。他们的愿景是人道主义的，因为他们知道，大多数人并非自己的敌人，即使是社会普遍认定的恶人也并非都是危险的、狡猾的。这些祖祖代代遗留下来的仇恨所威胁的其实是基本的价值体系。只有对人格进行充分的整合，才能够到达表里如一的境界。

参考文献

1. 由 K. YOUNG 在 *Source Book for Social Psychology*, New York: F. S. Crofts, 1933, 506 中引用。
2. NANCY C. MORSE And F. H. ALLPORT. The causation of anti-Semitism: an investigation of seven hypotheses, *Journal of Psychology*, 1952, 34, 197-233.
3. G. M. GILBERT. *Nuremberg Diary*. New York: Farrar, Straus, 1947.
4. G. MYRDAL. *An American Dilemma*. New York: Harper, 1944, Vol. 1, xliii.
5. 对这一观点最有力的表述见 JOHN LAFARGE, S. J, *No Postponement*. New York: Longmans, Green, 1950。
6. J. R. MARCUS. *Jews in American Life*. New York: The American Jewish Committee, 1946.
7. A. F. CITRON, I. CHEIN, And J. HARDING. Anti-minority remarks a problem for action research, *Journal of Abnormal and Social Psychology*, 1950, 45, 99-126.
8. C. L. GOLIGHTLY. Race, values and guilt, *Social Forces*, 1947, 26, 125-139.
9. O. C. Cox. *Caste, Class, and Race: A Study in Social Dynamics*. New York: Doubleday, 1948.
10. L. FESTINGER. The role of group belongingness in a voting situation, *Human Relations*, 1947, 1, 154-180.
11. 这是 GOODWIN WATSON 的发现，他报告了对许多社区进行调查的结果，以研究团结行动的群体关系问题。*Action for Unity*. New York: Harper, 1947, 76.
12. Cf. I. CHEIN, M. DEUTSCH, H. HYMAN, And MARIE JAHODA (EDS.), Consistency and inconsistency in intergroup relations, *Journal of social Issues*, 1949, 5, No.3.

第六部分

偏见的动态

第 21 章

挫败感

> 富有的人服用鸦片和大麻。而负担不起这些的人成了反犹太主义者。反犹太主义是小人物的吗啡……他们无法得到爱的狂喜,所以他们寻求仇恨的狂喜……他们所憎恶的对象是谁并不重要。犹太人只是个方便易得的靶子而已……即使不存在犹太人,反犹太主义者也会创造出一个犹太人。

以上这段文字写于希特勒上台四十多年之前,作者是德国社会民主党人赫尔曼·巴尔(Herman Bahr)。[1] 他注意到侵略行为起到了帮助人们逃避现实的功能,它功能上等同于毒品,能够抚慰生活中的沮丧与挫败感。

我们似乎无法否认,某种形式的侵略行为实际上是人们面对挫败感时的本能反应。一个婴儿在需求不被满足的情况下会踢腿和尖叫。这种愤怒的背后不存在任何爱意或接纳,婴儿的反应是野蛮的、胡乱的。他所攻击的并非挫败感的真正来源,而是任何出现在其面前的物品或人。

这一趋势会贯穿我们的一生,我们将愤怒发泄在方便的,而非合理的对象身上。这种**对象的错置**在我们日常所用的短语中就可见一斑:代人受过的人(whipping-boy),迁怒于狗(taking it out on the dog),替罪羊。这种挫败–攻击–错置的过程,在目前的心理学中被简单概括为"挫败–侵略假说"。[2] 偏见的替罪羊理论——可能是目前最受欢迎的偏见理论——完全依赖于这一假设。

挫败感之源

挫败感的某些来源可能比另一些更容易导致偏见，我们可以将这些会在生活领域产生威胁和不安的源头大致分为几类。

1. **体质与个人方面的**。矮小的身材——尤其对于西方文化中的男性而言——是一种缺陷，并往往会困扰其一生。较差的健康水平、记忆力或智力也是如此。但是，据我们所知，这些会导致挫败感的原因并不会助长种族偏见。矮小的人并不一定比高个子的人更容易成为反犹太主义者。总体而言，体弱多病的人也并不比身体健康的人更容易产生偏见。这些障碍似乎只会让他们产生更多个人化的补偿机制，发展出更强的自我防御，但并不会让他们将自身困境投射到外群体身上。行动方面的受挫又会导致什么呢？如果一个人被困在一个矿井中，急需更多的氧气，那他处理这种紧急情况的方式是即时的。他不会将这种严重的挫败感归咎于外群体。同样地，严重的饥饿、口渴和其他直接的身体需求也不会导致挫败感的错置。但是，如果这种挫败感是持续的，例如性需求得不到满足，人们就可能将这种压抑转为对外界的攻击（第23章）。同样的，自尊（身份需求）上的受挫也会导致挫败感的错置（第19章和第23章）。然而总体而言，先天缺陷，急迫的身体需求和疾病似乎与偏见并不显著相关，除非它们成了个人社会生活不可分割的部分。偏见是一个社会现实，所以似乎也必然需要在某种社会背景下才能够发生。如果某种偏见中涉及了挫败感，其中必然有某种社会性的因素。

2. **家庭中的挫败感**。一个人的"原生家庭"（family of orientation）由父母、兄弟姐妹组成。有时也会包括祖父母、叔叔、舅舅、姨妈等亲属的影响。"再生家庭"（family of procreation）由妻子、丈夫、子女组成。在这两组亲密关系中，都会产生许多挫败感和怨恨。

有证据表明，偏见往往与家庭中的失序有关。在第18章中，我们读到了家庭中的排斥性氛围和恶劣对待（强调服从和权力的关系）是如何导致孩子发展出偏见的。

第二次世界大战期间，有报道称，一些在家庭中经历了缺乏安全感的童年生活而导致严重环境失调的孩子们，对敌国（德国和日本）公开表达了同情，并对美国和美国的少数群体——尤其是犹太人群体——表现出反感。[3]

比克斯勒（Bixler）描述了一个发生在一名白人工人身上的案例。他曾经与一个黑人同事关系友好。然而，当他与妻子的关系变得紧张，并面临离婚的威胁时，就突然发展出明显的种族偏见。[4]

我们很容易找到很多类似的证据，但是因此就假设，家庭冲突总会导致对特定群体的敌意，显然是不妥当的。大多数家庭纷争的处理方式与族裔偏见无关。然而，在某些情况下，两者之间显然存在一定的联系。

3. **邻近社群**。大多数人在外部团体，如学校、工厂、办公室或部队中度过的时间比在家庭中度过的时间更长。在教育、商业、军队等环境中的生活通常要比家庭生活更使人产生挫败感。

下面这个案例就说明了发生在家庭和学校中的挫败事件是如何混合在一起继而导致偏见的。一位大学生写道：

> 我在学校的生活一路顺利，成绩优秀，屡受嘉奖，但我并没有得到全 A 的成绩单。我为此很不高兴。我的父亲吹嘘他自己在大学时的成绩不是 A，就是 A+。同时，他还干着一份全职的工作。他不断让我记起他的成就，并贬斥我没有他那么优秀。我感到非常沮丧。我很想要取悦他，但总是失败。最后，我就开始告诉自己和其他人，是犹太人作弊才使我无法取得顶尖的成绩。（当我现在回过头来思考这件事时，我发现自己根本不知道那些比我更优秀的男孩们是不是犹太人，或是否参与了作弊。）

这个案例很有趣，它揭示了"感受到的挫败感"和常常被人们忽视的"客观上的挫败"二者有着重要的区别。其实，这名男孩拥有出色的成绩。然而，来自他父亲的批评很大程度上导致了他将自身的卓越感受为一种失败，继而引发了对自身的不满和挫败感。

在之前引用过的关于退伍军人的研究中，贝特尔海姆和贾诺威茨发现，那些声称在军队中过着"糟糕日子"的退伍军人，心胸狭窄的比例几乎是持有宽容态度军人的五倍。而那些声称自己度过了一段"美好时光"的退伍军人绝大部分持有宽容的态度。[5] 我们无法对客观事实一一做出检验，但似乎挫败的感受与偏见的产生之间的联系更为密切，而此人在军队中度过的那段日子究竟客观上是好是坏，似乎对偏见影响不大。但是无论如何，挫败感与偏见之间已经建立起了一种联系。

在第14章引用的几项研究中，我们已经看到经济状况所导致的挫败感会引发偏见。读者们能够回忆起坎贝尔（Campbell）所展示给我们的，当市民对工作的满意度较低时，反犹太主义的呼声就会日益高涨。贝特尔海姆和贾诺威茨所提供的证据也表明，经济的下行与针对黑人的偏见之间具有一定的相关性。

已经有实验对沮丧—攻击—错置的整个进程做出了呈现。实验要求某个夏令营中的男孩们在感受到严重的挫败感（本来计划中自由前往当地剧院活动的休闲时光被宣布取消了，代之以待在营地中参与一系列困难测试）前后就日本人与墨西哥人表明自己的态度，男孩们的年龄都在十八至二十岁之间。在体会到挫败感之后，他们就会将更少的理想特质归于日本人和墨西哥人。并且他们还产生了想把更多不良品质归于这两个群体的轻微倾向。[6] 虽然这个实验只是唤起了一种心情（mood），所测量的也只是其短期的效应。但它仍然表明了负面情绪会倾向于让人对少数群体做出更负面的判断。

4. 更远的社群。许多挫败感与更广泛的生活境况有关。例如，倡导激烈竞争的美国文化必然会对未能达到高成就层次的个体造成刺激。他的学校表现、受欢迎程度、职业成就、社会地位都会成为压力的来源。

这种竞争可能会导致人们认为，每一个新来的成员都会瓜分他们获取成功的机会。目前许多人对难民迁入美国的反感就是一个例子。

移民限制是个近来才有的现象。在这个国家发展的早期阶段，所有人的成功显然都依赖于人口的日益增长。人们需要奴隶，一个人所拥有的奴隶越多，他的地位也就越高。人们需要移民，移民能够为工厂和农场提供劳动力。东方人在加州很受欢迎。到处都需要人手以开发资源，无论是白人还是黄种人。但情况逐渐发生了改变。一度受到欢迎的移民,在当地人眼中,境况得到了过分的提升。他们成了自由人、土地所有者,他们的社会地位上升,拥有了大量的财富。当地人担心自己无法再拥有足够的优势以维持自己的地位,于是,舆论的风向转变了。它的第一个表现就是"1908年东方人排斥法案"(Oriental Exclusion Act of 1908)。到了1924年,配额制度迫使所有的移民处于很低的生活水准。最近的紧急立法使之前受到移民限制的数百万欧洲流离失所者之中的一些人得到了入境许可,但即使如此,得到许可的人数之少也足以令人震惊并提出抗议。经济学家告诉我们,更自由的人口流动对国家而言是件好事。但是,经济层面的建议无法代替政府的移民政策,公民们的挫败感使他们或正确或错误地认定封闭的移民政策能够保护他们,满足他们对地位的需求。[7]

一个现实是,在社会发生剧烈变化时,反犹太主义情绪就很容易高涨,在这些时期,人们普遍遭受挫败感与不安的折磨。具体而言,反犹太主义似乎会在战后重建(对于战败国家而言更甚)、政局不稳、经济衰退的时期迅猛发展。[8]

战争时期常常也是国内敌对情绪滋长的时期。这是一个富有讽刺意味的事实。人们可能会认为,在国家处于危险的时候,所有的群体都会团结在一起,一致抗击外部的敌人。在某种意义上,一个共同的敌人的确有助于国家政权的稳固。然而,与此同时,民众却遭受着战争所带来的各种挫败感:配给、重税、恐慌、伤亡都会导致国内摩擦的不断升级。在1943年,美国前线战事最困难的一年里,六大城市中的四个都发生了灾难性的暴动,纳粹模式的反犹太事件也时有发生。在对数以千计的战争谣言的收集和分析中,研究人员发现,有三分之二的谣言都对美国国内的特定群体进行了攻击——犹太人、黑人、劳工、行政当局、红十字会和武装部队。[9]

对挫败感的容忍度

我们现在已经充分证明了挫败感与偏见之间存在着一些关系。但并不是所有经历挫败感的人们都会持有偏见。人们对挫败感有着不同的处理方式，而有些人对挫败感的容忍度要高于其他人。

在一次对挫败感的实验研究中，林德赛（Lindzey）发现了挫败感的个体间差异。他选取了10名在先前的实验中被证明种族偏见极为严重的学生，与10名几乎不表现出种族偏见的学生。这20名被试逐个被邀请参与一个群体实验。被试将与4个陌生学生（都是实验助手）合作完成一项分拣卡片的任务。实验助手会通过作弊手段让被试成为那个导致任务失败，并连累所有人都得不到金钱奖励的人。然后几位实验助手会礼貌地表达对被试导致的失败的不满。无论他多么努力，都无法挽回自己的过失。没有一个被试"识破"这个骗局。所有被试都表现出了显著的不安。但是——这是一个重要的发现——统计结果显示，那些持有强烈种族歧视态度的被试，与那些种族歧视程度较低的被试相比，经受了更为显著的挫败感。这是通过在实验过程中隐藏的观察者对被试的观察，以及实验人员随后对被试的访谈中发现的——实验人员会在最后向被试解释这个实验的目的与过程。[10]

这个发现可以通过各种方式得到解释。例如，偏见程度较高的人可能在任何时候都更容易产生挫败感；甚至可能饱受体质上的困扰。或者，持有高度偏见的人可能对地位有着强烈的需求，并且渴求周围人的认可；当情况不尽人意，无法满足以上需求时，持有高度偏见的人也会经受巨大的痛苦。他们对地位的强烈渴求成为他们目前挫败感和高度偏见的基础。可能是某种内在控制因素导致了偏见态度的差异。持有高度偏见的人缺乏持有宽容态度的人所拥有的一种"哲学"态度。就我们当前而言，我们无须判别哪种解释才是最合理的。我们现有的依据已经足以证明，持有偏见的个体相较于持有宽容态度的个体，更容易感受到挫败感。

对挫败感的反应

我们现在要讨论的是整个偏见问题的核心。一方面，压倒性的证据表明，挫败感会通过错置的侵略性表现为对外群体的敌意。另一方面，我们不应该过分看重此过程在偏见中所起到的作用。一些狂热分子所说的，"挫败感总会导致某种形式的侵略"，并不一定是事实。因为并非所有人（所有人都会遭受挫败感）都具有侵略性与高度的偏见。

我们在应对挫败感时，一般性的反应并非侵略，而是一种直截了当的方式——尝试克服困难。[11] 诚然，婴儿应对挫败感的方式往往是表达愤怒。但是一个孩子，乃至他长大成人之后，都能够习得对挫败感的一定的容忍度，并用毅力、规划和智慧的解决方式来替代最初倾向于使用愤怒的方式。

林德赛的实验为我们提供了一个线索，即持有偏见的人往往也具备较低的挫败感容忍度，因此，在遭受挫败感时，往往会采取婴儿般的愤怒发泄及错置的方式作为应对。

除了对挫败感的容忍度这个可变因素，以及面对挫败感时的不同策略——是采取侵略性的应对方式（愤怒）还是迂回的应对方式（克服），个体之间还存在另一种更进一步的区别。很多时候，我们会感到被激怒，或产生侵略性的冲动，然而，我们是如何引导这些感受的呢？基于第9章和第20章的讨论，我们可能会认为，一些遭受挫败感的人倾向于为此自责，那么这些人就是**内罚型的**（intropunitive）。而有些人对生活中的挫败感采取一种分离的哲学态度，他们不会将失败归咎于任何人，他们是**不罚型的**（impunitive）。还有一些人将挫败感视作外部因素（或外部因素的缺乏）所导致的。这种**外罚型的**（extropunitive）做法可能反映的是现实（如果的确存在外界的挫败感源头），也可能是不切实际的，即这些责罚被错置了。[12]

当然，只有在外罚型的反应中才存在替罪羊效应。以下是一个明确的例子：

> 一名炼钢工人对他的工作不满。他的工作充斥着高温和噪声，也不太安全。他曾经希望能够成为一名工程师。在他痛苦的抱怨中，他大声反对"经营着这个地方的恶魔犹太人"。事实上，这个地方并非由犹太人所经营，也没有任何犹太人拥有这座炼钢厂的所有权或

参与其中的管理。

我们的结论是，有些人有时会采取侵略性的方式应对挫败感，他们持有外罚型的态度，并将导致挫败感的责任归咎于外在条件；而有些人忽略导致挫败感的真正原因，并将其错置到其他的对象之上，尤其是能够被当作替罪羊的外部群体。这一过程是普遍的，但并非会发生在所有人身上。一个人是否会采取这种应对挫败感的方式，取决于自身的内在气质，在应对挫败感中所建立的习惯，以及当下所普遍流行的应对方式（例如，其所在的文化是否鼓励人们像纳瓦霍人一样将挫败感归咎于巫师，或者像希特勒领导下的德国一样，将挫败感怪责于犹太人）。

对替罪羊理论的进一步讨论

替罪羊理论之所以如此受欢迎，其中一个原因是它很易于理解。这个原因也大大提升了其效度，因为理解必须基于经验上的共性。给七岁孩子阅读的故事书中，也包含了一个以替罪羊为主题的事例。故事如下：

> 一头大胆的猪和一群鸭子共同搭载着气球在空中飘浮。一名不怀好意的农民企图抓住这只气球，但是警觉的小猪用番茄汤罐头摧毁了他的计划。农民被汤泼了一身，极为愤怒。这时，一个脸脏兮兮的男孩从谷仓出来，并帮助农民擦掉身上的汤汁。但是，农民并没有感激男孩的一片好意，他扇了男孩一巴掌。他这样做出于三个原因：第一，气球已经飘走了；第二，他现在必须去洗澡才能弄干净身上的汤汁；第三，这样做感觉很好。作者补充说，"我认为这不见得是什么好理由，但他说的的确是事实"。

我们几乎找不到一个更为完整的替罪羊案例。即使是年幼的孩子也能理解其中的含义。

实际上，替罪羊理论有两个版本。在第15章中，我们读到了对圣经

版本的总结。他的发展顺序是

个人不当行为→罪孽→错置

我们会在第24章中再一次读到这个版本的理论。它与我们在本章所提到的版本有所不同：

挫败感→侵略性→错置

本章中的所有案例都是基于上述第二个版本的替罪羊理论之上的。

这一版本的理论假设了三个阶段：（1）挫败感产生侵略；（2）侵略错置于相对弱势的"替罪羊"身上；（3）被错置的敌意通过批判、映射、刻板印象而得到合理化证实。

对待这一过程的正确态度是接纳，以下是我们需要谨记在心的一些重要原则。[13]

1. 沮丧并不总会导致侵略。 这个理论没有提及任何社会状况、气质、人格对遭受挫败时倾向于寻求侵略性发泄渠道的影响。这一理论也没有提及哪种类型的挫败感更易于引发对替罪羊的寻求。本章先前部分所提到的，特定类型的挫败感似乎更容易引发错置，只是一种假设。

2. 侵略并不总会引发错置。 愤怒可能是导向自身的，内罚型的。这样的情况并不会导致替罪羊效应。这个理论本身并没有将个人或社会因素的影响纳入对外罚型反应、内罚型反应的考量之中。这一理论也没有提及哪一种环境会使个体对挫败感的真正源头更具有侵略性，或是哪一种环境会使个体将侵略进行错置。我们必须对个体人格进行研究，才能找到答案。

3. 根据理论，错置无法真正缓解挫败感。 由于错置的对象实际上与挫败感无关，所以挫败感会持续下去。德国人在对犹太人赶尽杀绝之后并未在经济上有任何起色，家庭生活也没有变得更幸福。没有任何一个国家性质的问题由此得到解决。生活在美国南方的贫穷白人不会因为对黑人的排挤而改善自身的生活水平。错置无法消除挫败感。这种侵略行为并非一种成功的发泄，持续的挫败感会导致新的侵略行为。错置是最不具有适应性的反应机制。

4. 该理论对替罪羊的选择没有任何意义。为什么有些少数群体能够得到人们的爱戴或至少能够被忽略，而其他的少数群体所遭受的则是憎恶？这一理论对此完全无法解释。同时，憎恶的程度、憎恶的种类也完全没有被提及。正如我们在第15章中所读到的那样，替罪羊的选择与错置过程本身没有任何联系。

5. 人们总会为了错置而选择无还手之力的少数群体，这个想法是不正确的。个体和主流群体都有可能会成为替罪羊。犹太人也可能对外邦人有偏见，黑人也可能对整个白种人群体怀恨在心。错置（或至少过分泛化）在此过程中也会起到作用。而替罪羊并非如同理论初看上去似乎显示的那样，是一个"安全"的角色。

6. 现有的证据并未表明，错置的倾向在偏见程度更高的人群中更为常见。我们不能将寻找替罪羊这一活动简单地和偏见者的习惯倾向联系起来。在我们先前提及的林德赛的实验中，偏见程度较高的被试们在经历挫败感之后，并未比偏见程度更低的被试们更倾向于错置敌意。而我们之所以能够分辨出持有高度偏见的群体（那些在现实生活中，显著地将少数群体作为替罪羊的人），并非是由于他们具有错置的倾向，而是基于他们的其他特征。普遍而言，他们似乎更具侵略性，更易于"受挫"，而且就整体而言，他们似乎更保守、更遵守社会习俗。并非以上所有因素都构成挫败感–侵略–错置理论的本质。换句话说，这个理论本身并无法完全解释为什么一些人格容易产生偏见，而另一些人格则并非如此。

7. **最后，理论本身忽略了存在实际社会矛盾的可能性**。在某些情况下，错置似乎是一种针对挫败感本源的侵略。例如，甲群体中的许多成员在现实中对乙群体的成员们处处为难。在这种情况下，乙群体所感受到的敌意是真实的。他们与甲群体的对抗，在某种程度上，是完全"得其所哉"的。和其他所有理论一样，替罪羊理论是存在于特定情境之下的。我们不应将其误用到其他现实社会冲突之中。

心理动力学含义

这些对替罪羊理论的限制性说明并非意味着它是无效的。这些限制只是想要传达两条注意事项。(1)没有一个偏见理论是完整的。一些关键现象根本上与替罪羊理论无关。(2)替罪羊理论过于宽泛。因此它也无法解释许多差异性：为什么有些人会以侵略性的方式应对挫败感？为什么某些类型的挫败感更易于引发针对外部群体的错置？为什么有些人坚持以错置的方式应对挫败感，即使这种模式完全不具有适应性？另外，为什么一些人能够抑制自己的错置冲动，从不让挫败感对自身的种族态度产生影响？

我们还未就替罪羊理论的另一个重要特征加以关注。替罪羊理论假设这一过程囊括了个体大量无意识的心理运作。对"经营这个地方"的犹太人发出斥责的炼钢工人完全没有意识到自己对困境的解释架构于子虚乌有的想象之上。被汤泼了一身的农民完全没有意识到为什么扇脏兮兮的男孩一巴掌"是个好主意"。大多数德国人没有意识到在第一次世界大战中战败的耻辱与随后的反犹太主义之间的联系。

很少有人了解自身对少数群体的仇恨背后的真正原因。他们所创造的原因只是合理化借口。这是有关偏见的所有**心理动力学**理论中的核心论断。替罪羊理论只是其中之一。当我们认为，偏见背后是严重的自卑；或者偏见赋予人们安全感；或者偏见与压抑的性欲相联结；或偏见有助于减轻个人的内疚——这都是属于精神动力学范畴的讨论。在所有的这些情况中，持有偏见者都没有意识到自身的偏见实际上在生活中具有心理层面的功能意义。

在之后的章节中，我们将延续对偏见的心理动力学的讨论。我们将关注基于精神分析工作的案例。偶尔，正如我们对沮丧—攻击—错置的过程设限一样，我们也会对理论设限。当然，我们也会对弗洛伊德和精神分析做出了解与探讨。

参考文献

1. Quoted by P. W. MASSING, *Rehearsal for Destruction*, New York: Harper, 1949, 99.
2. J. DOLLARD, L. DOOB, N. E. MILLER, O. H. MOWRER, R. R. SEARS. *Frustration and Aggression*. New Haven: Yale Univ. Press, 1939.
3. SIBYLLE K. ESCALONA. Overt sympathy with the enemy in maladjusted children. *American Journal of Orthopsychiatry*, 1946, 16, 333-340.
4. R. H. BIXLER. How G. S. became a scapegoater. *Journal of Abnormal and Social Psychology*. 1948, 43, 230-232.
5. B. BETTELHEIM AND M. JANOWITZ. *Dynamics of Prejudice: A Psychological and Sociological Study of Veterans*. New York: Harper, 1950, 64.
6. N. E. MILLER AND R. BUGELSKI. Minor studies of aggression. II. The influence of frustrations imposed by the in-group on attitudes expressed toward out-groups. *Journal of Psychology*, 1948, 25, 437-442.
7. Cf. E. S. BOGARDUS, A race-relations cycle. *American Journal of Sociology*, 1930, 85, 612-617.
8. Cf. K. S. PINSON, Anti-Semitism in Encyclopedia Britannica, Vol. 2, 74-78, Chicago: *Encyclopedia Britannica*, 1946. Also, *Universal Jewish Encyclopedia* (1. LANDMAN, ED.) Vol. 1, 341-409, New York: Universal Jewish Encyclopedia, 1939.
9. G. W. ALLPORT AND L. POSTMAN. *The Psychology of Rumor*. New York: Henry Holt, 1947, 12.
10. G. LINDZEY. Differences between the high and low in prejudice and their implications for a theory of prejudice. *Journal of Personality*, 1950, 19, 16-40.
11. Cf. R. S. WOODWORTH, *Psychology: A Study of Mental Life*, New York: Henry Holt, 1921, 163. Also, G. W. ALLPORT, J. S. BRUNER, AND E. M. JANDORF, Personality under social catastrophe, *Character and Personality*, 1941, 10, 1-22.
12. 这些区别首先由 S. ROSENZWEIG 在其作品中明确阐释，他也设计了实验来测试人面对挫败时的三种不同反应类型。Cf. S. ROSENZWEIG, The picture association method and its application in a study of reactions to frustration, *Journal of Personality*, 1945, 14, 3-23.
13. 关于这个主题的一般性探讨可见 B. ZAWADSKI, Limitations of the scapegoat theory of prejudice, *Journal of Abnormal and Social Psychology*, 1948, 43, 127-141。

第22章

侵略和仇恨

在前一章中,我们讨论了侵略性与挫败感、错置之间的关系。然而,进一步的分析还是必要的,因为侵略性常被认为是大多数社会弊病的核心源头。在这个充斥着流血冲突的年代,侵略吸引住了所有社会科学家的注意力。侵略常常作为一个基本的解释性概念出现。虽然它最早的普及是从西格蒙德·弗洛伊德开始的,但侵略适用于所有的心理学派。

侵略的本质

弗洛伊德在自己的写作中,和其他许多精神病学家一样,倾向于将侵略视作一种广泛的、本能的、不可遏制的推动力。它被认为是人的生命中为数不多的几个原初动力之一。它是无处不在的、紧迫的、几乎无可避免的。弗洛伊德写道:

> 男人总是在寻求对自身侵略倾向的满足……只要任何侵略的对象存在,它就有可能将相当大数量的男人团结在一起。[1]

弗洛伊德将这种本能等同于杀死或摧毁侵略对象的欲望。在最后的分析中,他认为这种本能甚至能够导致自我的毁灭。我们本性中的塔纳托斯(Thanatos,即"死亡")所产生的原始驱动甚至比与之产生鲜明对比的厄洛斯（Eros，即"爱欲"）带给我们的冲动更多。然而，在我们的生活中，侵略与爱往往混杂在一起难以区分，就连我们的非必要需求也会沾染上这种破坏性的冲动。

按照这种思路，一些精神分析学家在对婴儿的观察中，发现侵略性行为在婴儿养育环节中占据了主导地位。哺乳被认为是一种破坏性的吞噬。而吮吸则是一种侵略的形态。齐美尔（Simmel）写道，我们的祖先是食人族。

> 我们自生命的初始，就产生了一种本能的冲动，我们不仅吞食食物，而且还会吞食一切给我们带来挫折感的东西。在婴儿获得爱的能力之前，他首先要受到与其周遭环境之间原始的仇恨关系的约束。[2]

现在，这种侵略理论的后果是使战争、破坏、犯罪、个人和群体冲突看起来完全自然——甚至是无法避免的。我们能做的最优的选择是升华，耗尽，将无处不在的攻击性冲动转移到可接受的或破坏性较小的渠道上去。每个人都会需要一个替罪羊。我们必须为我们的侵略冲动发现或发明一个受害者。

我们最好拒绝这种单一的侵略观念。因为侵略并非一股单一的吞噬力量。这个术语涵盖了各种基于不同原因的行为，让我们来看看其中一些。[3]

1. 当动物吃掉一株植物或另一只动物，或者孩子自行取了玩具去玩的时候，他们唯一的意图就是要满足自己的欲望。其他人可能会称这种行为具有攻击性，但行动者本人不会。一个两岁的孩子显得像是"破坏性的"，但他的掠夺完全是出于他急切的好奇心和兴趣。从他的视角来看，他并没有咄咄逼人，即使当他从另一个孩子那里抢走玩具时也没有。

2. 有时，"侵略性"也会被当成"自信坚定"的近义词。我们常说美国人很有侵略性。这意味着他们（即一些美国人）在解决生活中的问题时，通常会直截了当地正面处理。这种侵略性并非指向个人。它并不带来着对他人的伤害。在一项针对幼儿园孩子们的研究中，露易丝·墨菲（Lois Murphy）发现，最具有同理心的孩子往往也更具有"侵略性"（相

关系数 = + 0.44）。⁴ 这个有趣的发现表明，似乎更外向（即更愿意与他人互动，更有可能参与各种社会接触）的孩子侵略性得分更高。他们其实并非具有"侵略性"，而是积极活跃（active）的。

3. 有时，侵略性不仅仅意味着自信，也意味着生性热爱战斗。战斗能够给一些人带来愉悦。爱尔兰人（可能是正确的，也可能是错误的）在这种意义上，被认为是具有侵略性的。一个广为人知的笑话就阐述了这一点：两位女士在谈论她们的祖先——

  首先发言的爱尔兰女士：麦卡锡家族是哪个民族的后裔呢？
  麦卡锡夫人：我告诉你，他们哪个民族都不认，见谁都是一顿揍。

4. 有时，伤害对手的意图是竞争活动过程中的副产品。这时，实现某个目标的愿望占了上风；然而，情况是如此的紧急，以至于行动者没有时间犹豫；如果有必要，他就会采取暴力或欺骗的手段达成目的，不顾他人的抵抗。"侵略者"意图实现一个自己的目标。帝国主义和扩张所带来的大量民族侵略性都属于这一类。

5. 有时，也会出现真正的以施虐为乐者，有的人会从对受害者的虐待中获得愉悦。在此，侵犯并非达成目的的工具，正如前两个例子中所展示的那样，它本身就是目的。似乎许多纳粹冲锋队员对德国犹太人的侵犯即为这类情况。

6. 最后，我们来到上一章讨论过的那类愤怒和侵略。它可以被称为**反应性的**（reactive）。出现了一个挫折。个人没有以现实的计划或坚持来面对它，也没有默默退缩或自责。相反，他对障碍本身产生了愤怒和攻击性——或者，正如我们已经看到的，可能将敌意转移到一个替代性对象（替罪羊）上。在对偏见的理解中，我们最关注的是这种反应性的侵略。

  无论这个简短的分析可能意味着什么，它都显示出侵略性理论中的直觉主义、本能主义是站不住脚的。侵略性涉及了各种不同的动机及其所导致的各种类型的行为。将婴儿无害的吮吸行为，美国商人的事业野心，施虐者的残忍，失去工作的人的暴怒全都当成是同一种本能的体现是荒谬的。在观察者的眼中，它们之间的所有相似之处都是观察者自己想象出来的。从心理动力学的角度看事实远非如此。

读者们需要注意的是，虽然我们驳斥了弗洛伊德侵略理论的一个方面，但是，对于其理论中的另一方面，我们是持认可态度的。侵略不是一种需要发泄的浮夸本能。无论如何，反应性质的攻击是大多数人似乎拥有的能力，这种能力有时会导致错置。挫折－攻击－错置理论是弗洛伊德整个理论的一部分。正如我们在上一章中看到的，这一部分是有效的，只要记住几个重要的约束条件。

"本能（instinct）"与"能力（capacity）"之间的区别至关重要。本能需要一个发泄的渠道，而能力只是一种潜在的属性——并不需要发挥作用。这一区别对我们看待偏见的方式而言非常重要。如果侵略性是一种本能——人们总是寻求本能的满足——那么限制或消除偏见的希望就很渺茫。然而如果其中牵涉的只是一种反应性的能力，那我们就可以制造外部或内部条件来避免激活这种能力。理论上，我们至少能够在家庭和社区中创造出使人们体验到较少挫折感的条件；我们可以训练孩子们在遭遇挫折时，不要采取外罚性的侵略策略；或者，我们可以训练孩子将自身的侵略欲望导向引起挫折的直接源头，而不是发泄在替罪羊身上。

"发泄"的问题

有时，我们会读到"自由漂浮的侵略性"（free-floating aggression）一词。人类学家克鲁克霍恩（Kluckhohn）曾写道："在每一个已知的人类社会中，似乎都存在着不同程度的自由漂浮的侵略行为。"[5] 克鲁克霍恩接着用反应性假设解释道，在大多数文化中，社会化过程都会为儿童施加限制。在所有社会中，人们在整个长大成人的阶段，都会经历严重的剥夺和挫折。因此，人们的侵略冲动一定会日积月累地和增长。有时，这种慢性刺激会造成大量模糊的、互不相关的抱怨；有时，当人们的生活较为平顺的时候，这种侵略行为可能会发生得相对较少。

这个概念直到这一点上都是能够被接受的。无论是对整个社会还是对具体个人而言，这种说法似乎都是讲得通的。当我们遇到一名喋喋不休地抱怨、充满怨恨、对外群体持有严重偏见的个体时，我们自然而然地会猜想他可能有很多反应性的侵略需求没有得到解决，他无疑是受到了长期的挫折，而不知道如何去处理。

但是，我们无法认可克鲁克霍恩接下来对侵略性行为的归因，他使用蒸汽锅炉和安全阀等意象来描绘它：

> 在许多社会，这种"自由漂浮的侵略行为"主要是通过定期发生（或几乎连绵不断的）的战争而得到释放的。一些正在繁荣期的文化，能够把社会上大部分的攻击性导向创意渠道（文学艺术、公共建设、发明创造、地理探索等）。在大多数社会的大多数时间里，这种能量都能够通过各种渠道得到分流：进入日常生活中的小型愤怒爆发之中；进入建设性活动之中；进入偶尔发生的战争之中。但是历史表明，在大多数国家的大部分年代里，侵略性的能量始终存在，并或多或少地集中在或集中、或分散的少数群体之上。[6]

然而，认为自由漂浮的侵略行为能够通过文学、艺术、公共建设等创造性工作得到疏导显然不切实际。在通常情况下，创作绘画作品或为建筑绘制蓝图这些活动并不包含任何侵略性。上文引用的这段话似乎全然回归到了弗洛伊德学派的观点，即人类本身就具有一定的侵略性。侵略性会漂浮到任何地方。甚至可能被升华，成为非侵略（和平追求）。换言之，即使在根本不存在侵略行为的地方，也有可能存在侵略性。

同样值得怀疑的是，自由漂浮的侵略行为能够通过战争得到"发泄"这个论断。而证据表明，事实恰恰相反。如果发泄理论成立，那么在战争时期，国家内部的纷争应该显著减少。当第二次世界大战，美国公民自由漂浮的侵略欲完全指向德国、意大利和日本的敌人时，他们在国内就应该和睦平静地生活。然而，现实却与此大相径庭。在前几章中我们注意到，在战争年代，敌对的谣言所造成的严重种族骚乱，相较于和平时期要频繁得多，情况也更为激烈。当前，国内朝着共产主义苏联、自由党派、知识分子、劳工、犹太人、黑人、华盛顿政府等方面所"发泄"的敌意也使现实情况更为恶化。

史塔格（Stagner）对大学生侵略行为的表现形式做过一个研究，结果表明，在一个方面上的侵略行为并不会减少学生在其他方面的侵略性。相反，一个以一种方式"引导"攻击性的人可能也会以其他方式"引导"它。不同发泄渠道之间的相关系数为+0.40。[7]

一项文化间的比较研究也证实了这一点。在好战的社会中，个体之间更倾向于产生侵略性行为，并且这种侵略性在这个社会文化的神话中也会有所体现。在一个爱好和平的社会中，并没有找到上述依据。里夫人（Rif）和阿帕切族（Apache）就是前者的例证，而霍皮人（Hopi）和阿拉佩什人（Arapesh）则是后者的例子。博格斯（Boggs）在社会中通过各种方式对个人、群体和意识形态层面的侵略性进行测量，发现其间的相关性在+0.20到+4.48之间。[8] 他由此得出结论，的确存在侵略性高的社会和侵略性低的社会，而且侵略性高的社会就是在一般意义上更好斗。

所有这些证据都无法为以下理论提供支持，即自由漂浮的侵略行为可能会由一个对象"发泄"至另一个对象。这些依据甚至都不足以支撑沮丧—侵略过程。因为侵略性更强的那个社会（或个人）不可能总是感到更多挫败感的那个。就整体而言，霍皮人和阿拉佩什人的生活并不见得比里夫人或阿帕切族更为轻松。但是，在这个案例中我们可以推断出，霍皮人和阿拉佩什人已经学会了如何以非侵略的方式对应挫折，而里夫人和阿帕切族的文化则鼓励用侵略性的方式处理挫折。然而，似乎发泄理论是站不住脚。因为根本不存在固定数量的自由漂浮的侵略行为，能够通过这种、那种、或任何其他方式得到发泄。

否定"发泄"并非否定"错置"。这两者在两个方面是完全不同的：（1）错置只是指反应性侵略中有时出现的特定倾向。这种倾向的存在得到了实验证明。其中只有数量有限的几种冲动才需要发泄在替代对象身上。然而，带有发泄情绪的、"自由漂浮的"侵略性行为暗示着她可以通过各种不定的渠道得到发泄，并且能够被升华，甚至升华成非侵略的行为。（2）在错置理论中，侵略性的"释放"并不会减少侵略性通过另一个渠道得到"释放"的可能性。这与表现出越强的侵略性意味着拥有着更多的侵略性这一发现是一致的。而发泄理论则恰恰相反。

侵略性作为人格特质

虽然我们一直在批判弗洛伊德关于侵略性的观点的某些方面,但我们同意弗洛伊德关于它与人格特质之间关系的观点,个体如何处理其侵略性冲动是其性格结构中的重要特征。

然而,与弗洛伊德不同的是,我们认为侵略性是一种能力,而非本能。它主要是一种反应性的行为。对一些人而言,它与某个特定的客观刺激有关,而并非是人格的深层特质。正常的反应性侵略行为具有一定的适应性特征,贝格勒(Bergler)将其归纳如下:

(1)仅用于自卫或捍卫其他人;
(2)针对一个真正的敌人——即挫败感的真正来源;
(3)不会伴有内疚,因为这种行为被感知为完全合理的;
(4)是适度而不过分的;
(5)出现在适当的时刻——当敌人脆弱时;
(6)以个体期待会有效的方式被使用;
(7)并不会被轻易激发,只出现在相当明显的冒犯时;
(8)不会与过去无关的挫折混淆,例如童年早期的挫折。[9]

这些适于理性的侵略行为并不会导致神经性疾病,也不会导致偏见的发展。只有在我们的侵略性行为打破了这些正常的标准,才会在人格中遇到不健康的攻击性形成。个体可能无法了解挫折的真正根源(打破第2条标准),因此他不得不将自己的敌意错置于一个不真实的敌人身上。而有些人,在了解造成其困境的根源时,他依旧可能无法找到能够直接解决它的方式(打破第6条标准)。另一些人可能会将自己所有的日常烦恼都归咎于童年时受到的挫折(打破第7、8条标准)。

按照这种思路,我们得出结论,只有对于那些由于某种原因不能遵循正常路线的人,处理侵略性冲动才成为一个严重的问题。他们的侵略性并非只是一种能力,而是构成了一种特质。它不再是理性的、适应性的,而是习惯性的、强制性的。他们的侵略性反应可能过激、错置、不合时宜。真正的神经质侵略性行为会打破正常侵略性行为的所有八项标准。

无序的侵略性可能因此成为一种根深蒂固的性格紊乱。这可能是因为正常的反应性侵略行为由于许多家庭和个人因素被阻断了,精神分析特别提醒我们去注意这些因素。另外,这部分也是因为文化压力。

侵略性的社会格局

美国竞争激烈的生活方式很看重某些类型的侵略性。人们期望小男孩在必要的时刻用拳头保卫自身的权益。在某些地区,习俗制裁针对特定少数群体的口头和身体敌意。但是文化不仅为侵略性行为的发展提供了规范,也提供了许多个体遭受的典型挫折的根源。

以西方文化为例。帕森斯指出了社会结构的某些特征,这些特征对侵略性特质的演变有着显著的影响,从而使个人倾向于偏见。[10] 在西方的家庭中(也许特别是在美国),父亲大部分时间都不在家。孩子总是跟母亲在一起,她成了孩子的唯一模范和导师。因此,孩子小的时候一定是认同母亲的。因为一个家庭中的女儿很早就知道她也将成为家庭主妇和母亲,这种身份给她带来的麻烦很少或根本不存在——至少在几年内是这样。然而,年轻的儿子很早就陷入了冲突。女性的行事方式不适合他。就在他渐渐适应这些的同时,他也很早就感觉到社会对自己有一套不同的期望。他了解到男性拥有权力、行动自由和力量。女人要更弱。然而他和母亲的关系却很亲密。她给他的爱满足了他最深切的需求。然而,这种爱可能取决于他是否勇敢,是否算得上一个小男子汉,因此,他要在某种意义上否认他认同的女性特质。年龄大些的男性会产生大量神经质障碍,这源于"母亲依恋"和儿子试图逃避的"娘娘腔情结"。

作为一种过度补偿,男孩们在年纪稍长时可能会对父亲,尤其是其男性化的行事方式极度认同。男孩文化中的粗暴、强硬和恶劣的行径至少可以部分解释为对母亲统治的过度反应。虽然大多数男性都会以某种方式进行过渡，最终在对母亲的爱意与必要的成年男子气概之间取得平衡。而在有些案例中，也会出现男性对母亲持续过度依赖的情况，并伴有对外界过度的侵略性行为。有证据表明，这些案例中的男性，很大一部分都是反犹太主义者。他们幻想自己是充满男子气概的、富有侵略性的、坚强的，但是他们并无法控制自身被动和依赖的态度。其结果就是补偿性的敌意——错置于社会所认定的替罪羊之上。[11]

父亲也经常在儿子身上诱发出强迫性的男子气概。他是具有拓进传统的竞争文化的载体。他鼓励儿子表现出超出其年龄，甚至超越青年人所能达到程度的强力和英勇果敢。而在儿子方面，一个常见的回应是把纯粹的侵略行为与男子气概混淆至少，男孩们能够言谈粗鲁、破口大骂、斥责外群体。这种暴虐的模式可能会转化为真正的敌意。在我们的文化中，帮派模式和"坏男孩"模式基本上都是强迫性的男子气概的标志。在某种程度上，种族偏见也是如此。德国的文化与我们的文化有所不同，但是纳粹对强迫性男子气概的狂热崇拜，伴随着对犹太人的迫害，也与盛行的家庭模式有关。

美国家庭中的女儿们逃脱了这一种冲突。但她们同样遭受了文化上的挫折感。她们中许多人憎恨我们文化分配给女性的劣势地位。同样，女人几乎把一切都押在成功浪漫的婚姻上。如果失败了，她比男人有更少的逃跑途径。因此，她在婚姻中的挫折感可能而且经常比男人更强烈。同样，她也没有逃脱文化中对男性理想的强调。她也想适度地"强硬"，但这种趋势可能会因为她在社会秩序中的女性角色而受到更多的压抑。

研究表明，这种情况与种族偏见的发展有关。人们发现反犹太主义的女大学生在传统女性的外表之下有大量被压抑的攻击性。这种模式在对犹太人宽容的女性中并不存在。[12]

美国的职业状况，似乎也很容易招致反应性的侵略性和错置。成就的标准如此之高（每个儿子通常都被期望在财富和声望上超过他的父亲），以至于失败和挫折经常发生。然而，煽动侵略性的职场氛围根本没有提供任何合法的渠道来排泄它。

有人可能会认为，由于就西方社会总体而言，直接攻击造成侵略冲动的源头是被强烈禁止的。因此，有大量的愤怒亟待错置。我们在家庭中和职场上所遭受的挫折是如此同质化，而控制如此大量的、未得到表达的敌意，我们应该感到奇怪的，是为什么还有那么多人没有发展出对外群体的偏见呢？

这里提出的社会学分析类型有助于说明社会中偏见模式的一致性。然而，它并没有解释我们所遇到的，个体之间的巨大差异。要解决这个问题，我们需要把注意力转向作为选择主体的人格发展。

仇恨的本质

愤怒是一种暂时的情绪状态，由阻挠某些正在进行的活动引起。因为它是在给定的时间被一个可识别的刺激唤醒的，所以它会导致产生直接攻击挫折来源，并对这个来源造成伤害的冲动。

在很久以前，亚里士多德就指出，愤怒与仇恨不同，因为愤怒通常只针对个人，而仇恨可能针对一整类的人。他也观察到，一个屈服于愤怒的人事后经常为他的爆发感到抱歉，同情他攻击的目标，但在表达仇恨的时候，很少有人表现出悔意。仇恨更为根深蒂固，并不断"渴望消灭其厌恶对象"。[13]

换句话说，我们可以认为愤怒是一种情感（emotion），而仇恨则必须被归类为一种情绪（sentiment）——一种持续的、有组织的、针对特定群体或个体的侵略性冲动。因为它是由习惯性的痛苦感觉和指责性的思想组成的，所以它在个人的精神情感生活中构成了一个顽固的结构。它会造成社会的动荡，并受到宗教的谴责。它具有强烈的伦理色彩，尽管憎恨者本人会避免这个层面上的冲突。由于仇恨的本质是极端的外罚性，这意味着仇恨者将所有错误都归咎于其仇恨的对象。只要他坚信这一点，他就不会为自己不仁慈的心态而感到内疚。

有一个很好的理由能解释为什么是外群体，而非个体常常被选择为仇恨和攻击的对象。毕竟，一个人和另一个人是很像的，他人会让我们想到自己。人们会情不自禁地同情受害者。攻击他会引起我们自己的一些痛苦。我们自己的"身体形象"会被牵涉进来，因为他的身体就像我们自己的身体。但是，群体没有身体形象可言。它更抽象，更不具备人性。群体一旦具有某些显著的区别特征（见第8章），例如，不同的肤色，会使人们对他们进一步产生距离感。我们能够更易于将不同肤色的个体作为外群体的成员，而非个体看待。然而，即使如此，他依然至少有一部分与我们相像。

同情心的这种倾向似乎能够解释我们常观察到的另一种现象，在抽象的意义上仇恨某个群体的人，在日常生活中，对该群体中的个体往往是公平的，甚至是友好的。

仇恨群体比仇恨个人更容易，还有另一个原因。我们不需要通过比照现实来检验我们对一个群体不利的刻板印象。事实上，如果我们可以将我们认识的个人成员当成"例外"，我们就能更容易地持有它。

弗洛姆（Fromm）指出，区分两种仇恨是至关重要的：其中一种可以被称作"理性的"，而另一种则是"基于性格的"。[14] 前者具有重要的生物功能。当人的基本自然权利受到侵害时，就会产生这类仇恨。人会仇恨任何威胁到他个人的自由、生命和价值的东西。此外，如果社会化程度高的话，他也会讨厌威胁其他人自由、生命和价值的东西。在第二次世界大战期间，荷兰，挪威和其他国家遭到了纳粹的入侵，绝大部分居民们仇恨纳粹的程度令人难以想象。这是一种"冷"仇恨，只在非常少的情况下会导向公开的攻击行为。这种仇恨并非一时的愤怒，而是持久的蔑视。只要有可能，入侵者就会被视若无物。一名纳粹士兵挤入了荷兰拥挤的铁路车厢，所有乘客都对他视而不见。他注意到了人们对他的仇恨，但仍然试图给自己挽回一些颜面，他说："能让我稍微有点空间喘口气吗？"没有人理睬他。

相较于理性的仇恨，我们更关注"基于性格的"仇恨。正如弗洛姆所指出的那样，我们有一种持久的憎恨的意愿。这种仇恨情绪与现实状况几乎没有关系，尽管它可能是生活中长期经受痛苦失望的产物。这些挫折融合在一起，成了一种"自由漂浮的恨意"——对应着不受控的侵略行为。这个人有一种模糊的、任意的被冤屈感，而他想要将其清晰化、极端化。他必须去憎恶些什么。仇恨的真正根源可能会让他感到迷惑，但人们会制造一些方便的受害者，编造一些借口。犹太人正在密谋反对他，或是政治家们执意要将情况变得更糟。生活中的挫折是仇恨的最典型对象。

无论是哪种仇恨，都只会在人们的价值遭到挑战后出现（第2章）。爱是仇恨的前提。只有到了一段亲密的关系被打破后，个体才会对其破坏者产生仇恨。这一事实与我们在第388页所引用的齐美尔的论断互相矛盾，他认为在个体获取爱的能力之前，首先受自身与环境的原始仇恨关系支配。这是一个严重错误的观点。

在一个人生命开始的时候，支配他的是与母亲的依赖和从属关系。几乎没有破坏性本能的迹象。出生后，在哺乳、休息、玩耍时，孩子对环境的依恋仍然占主导地位。发育早期产生的社交微笑就象征着他对人们的满意。对于他的整个环境，婴儿是积极的，接近几乎每一种刺激，每一种人。充满渴望的外向性，和正面的社会关系，都在他的生活中留下了标志性的印记。

当受到威胁与挫折时，最初的亲密倾向就会被警觉与防御所取代。伊恩·斯蒂伊这样形象地对其做了描绘："地球上本没有仇恨，但人们因爱生恨；地狱中本没有愤怒，只有一个受了嘲弄的婴儿。"[15] 因此，仇恨的起源是次要的、偶然的，而且在发展过程中相对较晚。其原因永远是受了挫折的从属性欲望，及其伴有的，对一个人自尊或价值的羞辱。

也许在整个人际关系领域，最令人困惑的问题是这个：为什么我们与他人的关联中，只有相对极少的一部分符合和满足我们的依恋需求？为什么人们在心底都渴望爱和关怀，但忠诚和爱意却仍然如此稀少和有限？

这些问题似乎能在三个方向上找到答案。其中一个是生活中时时侵袭的挫折和艰辛。严重的挫折感很容易是一再出现的愤怒化为被合理化的仇恨。为了避免伤害并至少获得一个避风港，排挤外界要比吸纳外界更为安全。

第二个解释与习得过程有关。在前几章中，我们已经读到，在排斥氛围中成长、暴露在既有偏见之中的儿童,很难形成信任、友好的社会关系。由于几乎没有受到父母的关爱,他们也无法给予别人关爱。

最后,在人际关系中采取排他性路线是一种经济的适应方式(在第10章中,我们谈到过"最小程度的努力")。通过对大部分群体持有负面的态度,我们的大大简化了自己的生活。例如,如果我排斥所有的外国人,我就不必再理会他们——只需要让他们离开我的国家就可以了。如果我能够给所有黑人贴上低贱和负面的标签,那我就能轻易地抛弃十分之一的同胞。如果我能将所有天主教徒归为一类,并排斥他们,那么我的生活则进一步简化了。接着,我猜把犹太人划为异类……

因此,偏见的模式涉及了各种程度和种类的仇恨和侵略,是个人世界观中重要的组成部分。我们无法否认,它具有简便经济的特征。然而,在人们为自己构想的愿景中,仇恨与侵略并无法占有一席之地。在低落的时期,人们依旧渴望来自生活的善意,以及与他人建立和平友好的关系。

参考文献

1. S. FREUD. *Civilization and Its Discontents.* London: Hogarth Press, (Translated) 1949, 90.
2. E. SIMMEL (ED.) *Anti-Semitism: A Social Disease.* New York: international Universities Press, 1948, 41.
3. 这个分析部分地与此相似:FRANZISKA BAUMGARTEN, Zur Psychologie der Aggression, *Gesundheit und wohlfahrt*, 1947, 3, 1-7。
4. LOIS B. MURPHY. *Social Behavior and Child Personality.* New York: Columbia Univ. Press, 1937.
5. C. M. KLUCKHOHN, Group tensions. analysis of a case history. In L. BRYSON, L. FINKELSTEIN AND R. MACIVER (EDS.), *Approaches to National Unity.* New York: Harper, 1945, 224.
6. Ibid.
7. R. STAGNER. Studies of aggressive social attitudes: I. Measurement and interrelation of selected attitudes. *Journal of Social Psychology*, 1944, 20, 109-120.
8. S. T. BOGGS. *A Comparative Cultural Study of Aggression.* Cambridge: Harvard University, Social Relations Library, 1947.

9. E. BERGLER. *The Basic Neurosis*. New York: Grune & Stratton, 1949, 78.
10. T. PARSONS. Certain primary sources and patterns of aggression in the social structure of the western world. *Psychiatry*, 1947, 10, 167-181.
11. ELSE FRENKEL-BRUNSWIK AND R. N. SANFORD. Some personality factors in anti-Semitism. *Journal of Psychology*, 1945, 20, 271-291.
12. Ibid.
13. ARISTOTLE. *Rhetoric*. Book II.
14. E. FROMM. *Man for Himself*. New York: Rinehart, 1947, 214 ff.
15. I. D. SUTTIE. *The Origins of Love and Hate*. London: Kegan Paul, 1935, 23.

第23章

焦虑、性、内疚

> 我们现在能够理解反犹太主义者的立场了。他是一个充满恐惧的人。但可以肯定的是,他所惧怕的不是犹太人,而是他自己——自己的意识、自由、本能、自己的责任、孤独、变化、社会和世界——除了犹太人的一切。
>
> ——让-保罗·萨特(Jean-Paul Sartre)

恐惧、性欲、内疚与偏见的关系在许多方面都与我们对侵略性的心理动力学分析很相似。

恐惧和焦虑

理性和适应性的恐惧必然要求对危险来源的准确感知。疾病、即将到来的火灾或洪水、拦路抢劫都属于会造成现实恐惧的条件。当我们准确地察觉到威胁的来源时,我们通常会反击,或撤退到安全地带。

有时,人们能够正确感知到恐惧的根源,但却无法控制它。一个害怕失去工作的工人,或生活在对核战争模糊的忧虑中的公民,他们感到恐惧,却对此无能为力。在这种情况下,恐惧变成了一种持续状态,即我们所说的焦虑。持续的焦虑使我们保持警觉,我们会将各种刺激都视作威胁。一个生活在失业恐惧下的人感到被危险包围。他可能会认为黑人或外国人想要抢走他的工作，这是一种现实恐惧所导致的错置。

有时恐惧的来源不为人知，或者已经被遗忘或压抑。恐惧可能仅仅是在处理外部世界的危险时内心脆弱感的一种不断累加的残余物。受害者可能一次又一次在与生活的交战中失败。因此，他产生了一种普遍的缺失感。他害怕生活本身。他害怕自己的无能，开始怀疑其他人，他认为他人更强的能力是一种威胁。

于是，焦虑成了一种弥散的、非理性的恐惧，而非针对一个适当的目标，它不受自我的控制。就像衣服上的油渍一般，它会污染生活中的方方面面，并在个体的社会关系之中留下痕迹。因为他无法满足自身的亲和需求，所以他可能对某些人（也许是自己的孩子）变得专制、富有占有欲，同时抗拒其他人。但这些强迫性的社会关系进一步加剧了他的焦虑，形成一个恶性循环。

存在主义者认为，焦虑是所有人生活中的基本元素。由于人类生存的处境本身就是神秘可怖的，尽管人们并非时刻都在遭受挫折，焦虑依旧比侵略性更为显著。正是由于这个原因，焦虑相较于侵略性更易于扩散，也更具备扩散的条件。

然而，焦虑与侵略在这一点上是一致的：人们常常为此感到羞耻。我们的道德准则奖赏勇气和自立。自豪与自尊心让我们试图掩盖我们的焦虑。当我们压制焦虑时，也开启了一个发泄错置焦虑的出口——被社会认可的恐惧源头。有些人对我们中可能存在"共产党人"几乎感到歇斯底里的恐惧。这是一种被社会所容许的恐惧。如果他们承认自己真正的焦虑很大一部分来自自我的缺失和对生活的恐惧，那他们就不再会得到相同的尊重。

当然，事实是真实的恐惧和错置的恐惧常常混合在一起。尽管共产党人所能造成的威胁远不及许多煽动者和恐惧者所宣扬的那样严重，我们中的共产党人确实构成了一种威胁。在打败日本之后，舆论出现了显著的转变。在此之前，我们对日本的敌意是无限的。不仅仅是日本这个国家，所有日本人也都被认为是狡猾的。甚至连忠诚的日裔美国人也为此被赶入了集中营。在1943年，人们喜爱俄国人，害怕日本人。五年后，情况已经或多或少地发生逆转了。这种转变表明，即使在严重错置的情况下，仍然存在一个现实的内核。人有足够的理性,只要有可能的话,他们就会选择看似最为合理的目标来排遣恐惧。

就我们现在所知的而言,似乎性格中的焦虑主要来源于童年的不幸。在前几章中,我们多次注意到养育方式中的一些特点可能会引发持续的焦虑。对于男孩尤为如此。男孩们为了符合社会对男性的期待而不断努力,他们可能由于过分在意成功与否而长期处于焦虑的状态。排斥性的父母所制造的深深的恐惧,可能会给孩子埋下神经失调、犯罪和敌意的种子。以下的案例绝非极端,但它能够说明其中可能涉及的过程的微妙之处。

当乔治(George)四岁时,他的母亲又生下了他的弟弟。乔治害怕弟弟夺走母亲的爱。他非常忧虑,并开始讨厌他的弟弟。他的弟弟生病了,而他的母亲的确将更多的注意力放在了弟弟而非乔治的身上。这个四岁孩子的怨恨与不安全感与日俱增。他多次试图伤害弟弟,并因此受到父母的制止与惩罚。不幸的是,他的母亲在安抚好乔治前就去世了。乔治再也没能够从这种双重剥夺中恢复。

他上学时性情多疑。他对新搬入的邻居尤为憎恨,他会与所有新来的孩子斗殴。这种测试陌生人的方法在少年时代的圈子里很常见。新来的孩子必须证明自己是能够得到接纳的正常人。在几个星期内,孩子们就能够消除对陌生人的不信任感,与其和解。

但即使在与他们斗殴之后,乔治仍然不会接受某些类型的陌生人。在他眼中这些孩子完全是社区的外来者。他们是如此地不同,以至于看起来像是无法被同化的入侵者(就像他的弟弟那样)。他们住在奇怪的房子里,吃奇怪的食物,有奇怪的肤色和庆祝奇怪的节日。这种陌生感不会减退。新来者是如此格格不入,每一处都能够识别出他们的与众不同(就像他的弟弟小时候那样)。乔治的初始怀疑和敌意始终无法消融。他会接纳那些与他的自我形象一致的男孩(自恋),但排斥那些与自我形象不同的男孩(他的弟弟的象征)。对乔治而言,种族成员的差异就像他与弟弟之间的对立一样,有着相同的功能意义。

在社区中,有许多像乔治这样的孩子。他们并非都与自己的兄弟姐妹处于敌对状态,但都因为各种其他原因产生了被剥夺感,承受着无以名状的恐惧。他们像乔治一样,将个体间的差异视为威胁。他们因为无法确定的缘由而感到焦虑,他们苦苦寻求导致自身焦虑的原因。最终,他们将某些差异作为自身恐惧的合理来源。当所有和乔治一样饱受焦虑折磨的个体同处于一个社区之中,他们就会将自身的恐惧汇聚在一起,并认可同一个虚构的源头(黑人、犹太人、共产主义者),继而产生大量恐惧所导致的敌意。[1]

经济上的不安全感

虽然很多焦虑起源于童年,但在成年之后,依旧有一些因素,特别是经济的匮乏,能够成为焦虑的源头。关于这点,我们已经引用了相当多的证据(尤其是在第14章),其中经济的下行、失业和经济萧条都与偏见水平存在正相关。

有时候,正如我们所看到的那样,可能存在一定的现实冲突,例如黑人地位的提升使其成为一些岗位的有力竞争者,特定民族的成员也可能实际上的确想要阴谋垄断一个行业、工厂或职业。但在通常情况下,这些"威胁"在现实中并不存在。任何外群体的成员所展现出的野心或地位提升的迹象,无论是否可能构成现实的威胁,都令被边缘化的人群陷入模糊的恐惧之中。

在大多数国家,人们对他们的财产变得占有欲极强。这成了保守主义的支柱。任何真实的或虚构的威胁都会引起人们的焦虑和愤怒(它们混合在一起,共同助长了仇恨)。这种关系的残酷性,在纳粹统治的德国,许多犹太人被送往中欧的集中营这段历史中就有所体现。这些犹太人将他们的财产委托给某个外邦朋友。而他们中的大部分后来都被杀害了,这些财产也顺理成章地成了朋友的财产。但是,有些犹太人侥幸活了下来,当他们向朋友们讨回财产时,他们通常面对的不是欢迎而是憎恨。他们所托付的朋友可能已经花完了这些钱,可能是为了购买食物。一名犹太人预见到了这个结果,于是拒绝请求外邦朋友保管他的财产,他说:"我的敌人想要我死还不够吗?我不想让我的朋友也想要我死。"

彻头彻尾的贪婪肯定是偏见的一个原因。如果我们从历史的角度去看待人们对殖民地人民、犹太人和原住民（包括美洲印第安人）的负面感情，我们可以发现对自身贪婪的合理化是偏见的一个主要来源。这一过程非常简单：贪婪–攫取–合理化。

人们常将经济恐慌与反犹主义联系在一起。在美国，反犹主义似乎尤为受成功人士欢迎。[2] 这可能是因为犹太人常常被视为象征性的竞争对手。打压犹太人就是在象征意义上扫除所有的潜在威胁。因此，他不仅被排除在特定职业之外，还被排除在学校、俱乐部、社区之外。人们通过这种方式，获得一种模糊的安全感和优越感，麦克威廉斯（McWilliams）将这整个过程称为"特权掩护"（mask for privilege）。[3]

自　尊

经济方面的担忧还源于饥饿和生存的需要。但是，在这种理性需求实现之后很久，这种忧虑依旧存在。它们衍生出对地位、声望和自尊的需求。食物不再是问题，金钱也不再是问题——除了，它能买到生活中永远短缺的一样东西：**地位差异**。

并非每个人都处于"顶尖"阶层。也并非所有人都渴望成为精英。但是大部分人都希望自身的地位得到提升。"这种渴求，"墨菲（Murphy）写道，"就如同对短缺的维生素的需求一样。"他认为对地位差异的渴求是种族偏见的主要根源。[4]

对地位的渴求与困扰着个体的，对地位不保的恐惧是一致的。维持摇摇欲坠的地位的努力可能会导致个体对他人近乎条件反射性的蔑视。阿施（Asch）给出了一个案例：

> 我们从南方人的种族自豪感，以及对保全面子和自我辩护的专注中观察到这一点，这可能是出于一种深刻的，虽然多半只是位于潜意识中的，但却无法忍受的对其地位稳定性的疑虑。他们在面对北方时，为自己是南方人而自豪；在面对新兴的工业秩序时，为自己

是腐朽的地主群体而自豪；在面对没落贵族时，为自己是新实业家而自豪；他们在面对贫穷的白人，处于劣势的黑人面前，都展现出自身的骄傲——这些都是一个不确定他们的失败是否是他们自己的错的民族的反应。[5]

哲学家休谟（Hume）曾经指出，嫉妒似乎只有在我们和那些比我们幸运的人之间的距离足够小的时候才会出现，这样我们才能合理地把自己和他们进行比较——这也是"微小差异的自恋"。小学生不会嫉妒亚里士多德，但他可能会嫉妒得了"A"的邻班同学，因为他的成绩使自己的分数显得格外差劲。奴隶可能并不会嫉妒他们富有的主人——二者差得太远了——但是，他们可能会嫉妒其他拥有更好职位的奴隶。每当严苛的阶级壁垒瓦解，或阶级的流动性增加时，人们都会产生更多的嫉妒。美国人在教育、机会、自由层面彼此足够相近，因此会互相嫉妒。虽然听起来很矛盾，但这就是为什么仇恨的增加总是伴随着阶级距离拉近的原因。

人们最乐意被劝说接受的观点就是，他比其他人要好。三K党和种族主义者的吸引力都基于这个类型的煽动。势利是一种紧紧抓住自己地位不放的方式，在那些地位较低的人中间也同样普遍，也许还要更普遍。通过将注意力转移至遭到反感的外群体身上，他们能够从中获得些许自尊。外群体格外适于充当自身获致地位的踏脚石，是由于其具有唾手可得的特性，并往往被公认处于较低的地位，从而为自己的地位提升感提供社会支持。

自我主义（地位）这个主题贯穿了我们的许多章节。也许墨菲认为它是偏见的"主要根源"，这是对的。我们现在讨论的目的是把这个主题与恐惧和焦虑的因素以正确的方式联系起来。我们认为，崇高的地位会消除我们的基本忧虑，因此我们努力为自己争取一个安全的位置——通常是以损害我们的同胞为代价。

性

性，像愤怒或恐惧一样，可能会贯穿我们一生，并可能以迂回的方式影响社会态度。像这些其他情绪一样，当它被理性和适应性地引导时，它就不会向其他的领域扩散了。但是在性失调、性挫折和性冲突之中，一种紧张情绪就会从情色领域蔓延至其他的方方面面。一些人认为，如果不提及性失调，就不可能理解美国的群体偏见，尤其是白人对黑人的偏见。英国人类学家丁沃尔（Dingwall）写道：

> 在美国，性以一种在世界上任何地方都找不到的方式主导着人们的生活。如果不充分认识到它的影响和结果，就不可能阐明黑人问题。[6]

我们也许可以忽视这个未经证实的断言，即美国人比其他国家的人更加热衷于性爱，但我们不得不承认这种说法中所隐含的一个重要的问题。

一个北方城市的家庭主妇被问及是否会反对与黑人住在同一条街上。她的回应如下：

> 我不想和黑人一起生活。他们体味太重了。他们来自不同的种族。这就是为什么会有种族仇恨。如果我能和一名黑人同床共枕，那么我也能和黑人们一起生活。但你知道我们不能。

在此，性方面的障碍被牵涉到了一个逻辑上毫不相关的问题之上——关于住在同一条街上的这个简单问题。

并非只有针对黑人的偏见才反映出性方面的兴趣和指控。一本抹黑天主教的小册子上这样写道：

> 由于拒绝服从教士的要求，一个修女被绑住了手脚，堵上了嘴，躺在地牢里……阅读关于在一间上锁的房间里，一个浑身赤裸

的修女与三个喝醉了的教士的故事……毒药、谋杀、强奸、酷刑和闷死婴儿……如果你想知道在修道院的围墙后面发生了什么，请阅读《死亡之屋，或修道院里的暴行》(*House of Death, or Convent Brutality*) 这本书。

将淫乱与罗马天主教会（也被称为"妓女的母亲"）联系在一起，是对天主教徒怀恨在心的人所使用的一种古老的、熟悉的伎俩。早在一个世纪之前，这些有关荒淫行为的黑暗寓言就很普遍了，这也是当时蓬勃发展的"无知"政党所开展的耳语运动的一部分。

在19世纪，针对摩门教徒的激烈迫害既与他们的教义，也和他们偶尔实行的一夫多妻制有关。尽管1896年在法律上被废除的多元婚姻是一项不健全的社会政策，但当时的反摩门教宣传中显露出对这方面兴趣的特别关注和对幻想的放纵。对该教派的反对意见，是从许多人自己性生活的冲突中汲取资源的。为什么允许其他人选择比我们自己更广泛的性伴侣？在20世纪20年代，对共产主义苏联最常见的指控可能是它"国有化"了它的妇女。

在欧洲，对犹太人严重的性不道德的指控很普遍。犹太人被认为是纵欲的、强奸者、性变态。希特勒自己的性生活也绝不正常，然而他一次又一次地编造指控，指责犹太人堕落、患有梅毒和其他希特勒本人所恐惧的疾病。纳粹中的头号犹太人猎人施特莱歇尔（Streicher）至少在私下交谈中，提到割礼的次数和他提到犹太人的次数一样多。[7]某种特殊的情结似乎在困扰着他，（会不会是他的阉割焦虑？）而他设法将其投射到犹太人身上。

在美国，人们很少听到针对犹太人在性方面的控诉。是因为美国的反犹主义者比较少吗？是因为美国犹太人比欧洲犹太人更有道德吗？这两个解释似乎都说不通。正如我们在第15章中所读到的，更可能的原因是，在美国，黑人才是我们投射性情结的首选目标。

黑人的特征在我们的想象中倾向于与性产生关联，其原因牵涉到了一种微妙的心理。黑人看起来黑暗、神秘、遥远——但同时又温热、人性化，并且有可能接近。这些神秘和禁忌的元素内含于清教徒社会对性感的理解之中。性是被禁止的，有色人种也是被排斥的；于是这两种观念逐步融合。因此，持有偏见的人将持有宽容态度的人称为"黑鬼爱慕者"（nigger lovers）也就不足为奇了。他们所选择的称呼表明了他们正在与内心所受到的吸引做斗争。

存在于种族之间的性吸引力可以从美国有数以百万计的混血儿这一事实中得到证实。肤色的不同和社会地位的差异所引起的似乎更多的是性兴奋，而不是性排斥。人们常常回忆说，来自更低阶级的成员似乎比来自上层阶级的成员更具有吸引力。在文学作品中，贵族家庭的女儿与马车夫私奔，贵族浪子抛弃家产与底层的女性过着颠沛流离的生活，类似的故事层出不穷。这两者所揭示的都是同样的道理。

日光浴是为了使皮肤变黑——从而更具有吸引力，无论男女都沉迷于这种消遣。肤色的差异本身就有性方面的诱惑力。莫雷诺（Moreno）在报告中提到，处于青春期的黑人女孩与白人女孩之间一见钟情，成为同性恋人的情况很普遍。因为在许多情况下，肤色的差异似乎可以代替性别上的差异，并具备与之相同的功能。[8]

现实中（或传说中）黑人对生活开放、没有一丝羞耻感的态度进一步增强了他们的吸引力。许多压抑了性欲的人也想要得到同样的自由。黑人对待性的开放与直接招致了人们的嫉妒和愤怒。他们指责拥有极强性能力的男性和毫无羞耻感的女性。即使是生殖器的大小都能够招致夸大与嫉妒。人们很容易将幻想与事实搞混。

这种不正当的幻想可能在一些生活无趣的地方变得极端严重。莉莲·史密斯在她的小说《奇异的果实》（Strange Fruit）中，描述了一个情感贫瘠的南方小镇。他们在宗教狂热或种族冲突之中寻求释放。或许，人们也可能在黑人身上看到了自己所缺乏的欲望。于是，他们嘲笑和迫害黑人。禁果唤起了强烈的情绪反应。海伦·麦克莱恩（Helen McLean）写道：

在我们将黑人称作"自然之子"，认为他们单纯、可爱、没有野心并且屈服于自己的每一个冲动的时候，白人就为自己设立了一个象征，为那些抑制本能或本能残缺的人提供了一种秘密的满足。实际上，白人非常不愿意放弃这样一个象征。[9]

如今，这种在性层面普遍的跨种族迷恋已经很少通过正常渠道表现出来。青少年们几乎不会约会任何其他种族的人。在所有人都能够建立合法的跨种族婚姻的情况下，跨种族婚姻依然是罕见的，即使是最恩爱的跨种族夫妇都会受到社交方面的严重困扰。因此，跨种族的性接触是秘密的、不正当的、伴有罪恶感的。然而，这种迷恋是如此强烈，以至于人们经常愿意打破哪怕是最为严格的禁忌。而在这些打破禁忌的人中，白人男性要多于白人女性。

将这种性状况与偏见联系起来的心理动力学过程，在白人女性和白人男性两方面是不一样的。（当然，我们也应该明白，并非所有个体都受到相同方式的影响；但是这类心理动力学过程十分普遍，足以成为偏见的建立与持续中的重要因素。）

假设一名白人女子对与黑人男性的禁忌之恋非常着迷。她不太可能对自己承认，她是被黑人所属的种族与更低的社会地位所吸引。然而，她可能"投射"她的感觉，并相应地想象欲望存在于另一边——黑人男性对她有性攻击倾向。内在的诱惑摇身一变，成了外部的威胁。她过度泛化了自身的冲突，继而对整个黑人群体都产生了焦虑和敌意。

对于白人男性而言，这一过程可能更为复杂。假设他对自己的性能力和性吸引力充满焦虑。一个针对成年囚犯的研究发现，这种情况与高度的偏见态度之间有着密切的关系。对少数群体充满敌意的男性，整体上表现出更强烈的对自身性被动、半阳痿与同性恋趋势的不满。这种不满通过夸张的强硬和敌意得以展现。这些个体，相较于那些在性吸引力方面拥有安全感的罪犯，实施了更多性犯罪。而他们所伪装出来的男子气概使他们对少数群体更具敌意。[10]

一个在婚姻中感到不满的男人在听到有关黑人性能力之强、生性放荡的传言时，可能会产生嫉妒。他也可能会产生怨恨，并恐惧黑人可能会与其争抢白人女性。这导致了与之前讨论过的那种情况相似的对立，即在就业机会有限的情况下，黑人可能抢走白人的工作机会。

或者，我们可以假设白人男性已经与黑人女性有了性接触。但是这种接触是不正当的，于是引起了罪恶感。一种扭曲的正义感迫使他认为，黑人男性原则上也有着接触白人女性的平等机会。嫉妒和内疚会产生不愉快的冲突。他也通过"投射"找到了出路。真正的威胁是好色的黑人男性。他们会玷污白人女性的贞洁。并在公义愤慨的爆发中轻易地忘记了自己对黑人女性的蹂躏。愤怒能够减轻内疚，恢复自尊。

因此，牵涉性犯罪的黑人男性（当受害者为白人女性时）会受到格外严苛的惩罚。虽然事实上，大部分性犯罪都是白人实施的。1938年至1948年，在南部13个州里，有15名白人和187名黑人因强奸指控而被处决。而在这些州中，黑人只占其人口的23.8%，除非我们认为黑人男性犯下强奸罪的概率是白人男性的53倍（依据人口比例），否则就不得不认定，此类案件中处决人数的不成比例很大程度上要归咎于针对黑人的偏见。[11]

取消性禁止毫无疑问会同时减少黑人的魅力和因黑人而起的冲突。但是，在性禁止中，存在几个难以消弭的因素。首先，它是基于清教徒对一切性活动的态度之上的。性本身就是禁忌。但是，由于黑人和白人之间几乎不可能发生正常的社会交往和婚姻，所以任何亲密的关系似乎都带有不贞的色彩。[12]

据称，核心问题在于跨种族婚姻。由于这听起来像是一个合法的，因而可尊敬的问题，它成为几乎所有讨论的焦点。两个健康人之间的跨种族通婚并不会对后代产生负面的影响，但是，这一事实被忽略了。从生物学的角度来看，异族通婚是不能被合理反对的。然而，在目前的社会状况下，它可能会引起父母和子女的不便和冲突，因此可以基于此被理性地反对。但是反对意见很少用这些温和的词语来表达，因为这样做意味着社会的现状应该得到改善，这样人们就可以安全地推进种族杂居。

我们谈论婚姻问题的时候，大多不是理性的。它常常是包含了性吸引、性压抑、罪恶感、地位优势、职业优势和焦虑的激烈融合。正因为如此，跨种族婚姻才能够代表偏见的废除，并引发激烈的斗争。

也许在整个情况中，最有趣的一点就是，跨种族婚姻成了一切讨论的焦点。当一个黑人得到了一双好鞋子，并写出第一封有文化的信时，有些白人都会觉得他想和他们的姐妹结婚。可能大多数关于歧视的讨论最后都以一个致命的问题作结，"但是，你想让你的姐妹和黑人结婚吗？"其中的逻辑似乎是，除非我们维持目前一切形式的歧视，不然就要面对种族通婚的后果。同样的逻辑也被用于捍卫奴隶制。一百年前，亚伯拉罕·林肯（Abraham Lincoln）被迫抗议"这种虚假荒谬的逻辑假定，如果我不希望黑人女性当我的奴隶，那么我就一定想让她做我的妻子"。[13]

为什么持有偏见的人在说理时几乎一定会使用婚姻话题作为挡箭牌？因为他所给出的是最有可能使对方陷入困惑的论据。即使是最宽容的人也不会欢迎跨种族婚姻——因为在一个有偏见的社会中，这是一种实践上不明智的做法。所以他就可能会说："不，我不想。"如此一来，持有偏见的人就占据了优势，他会理直气壮地说："看，不同种族之间存在一个不可逾越的鸿沟。因此，我认为我们必须将黑人作为一个不同的、不受欢迎的群体对待是对的。我对他们的所有指责都是有理有据的，我们不应该去除种族之间的隔离，因为这样会提升黑人对婚姻的期望。"持有偏见的人强行引入了婚姻问题（实际上大多数黑人问题还远远到不了婚姻那一步），以袒护并合理化偏见。[14]

内疚

一名非天主教的男孩与一名天主教的女孩分手了，在此之前，这个男孩还短暂地迷上过另一个天主教女孩。他写道：

> 两个女孩都求我回来，与她们结婚。她们说为此愿意答应我任何事。她们的苦苦哀求让我恶心。我意识到，天主教徒是一个无知的群体，我的偏见由此而来。

于是，这种令人不快的状况就被归到了天主教会而非他本人的头上。一位外邦商人为自身不道德的做法导致犹太竞争对手的破产而内疚，他安慰自己说：

> 他们总是试图把基督徒赶出这个行业，所以我不得不先下手为强。

这名学生是个无赖，而这名外邦人则是个骗子。但主观上，他们都通过投射的方式逃避自身的内疚感；将错误归咎于他人，免除自己的责任。

来自临床研究的证据能够为我们提供更多细节。在第18章中，我们提到了在压抑的养育方式下成长的孩子会对自身的冲动产生恐惧，继而也恐惧他人的冲动。我们也提到了加利福尼亚的研究显示，在持有偏见的人群中存在一个明显的倾向，即他们将他人（而非自己）视作怪罪的对象。来自印度的类似研究也为此提供了证据，心理学家米特拉（Mitra）发现，对穆斯林偏见最为严重的印度教男孩在罗夏测试中都表现出无意识的内疚反应。[15]

虽然几乎所有的人都在不同程度上面临负疚感的困扰，但并不是所有人都会将这种内疚情绪与自身的种族态度混合起来。就如同愤怒、仇恨、恐惧和性方面的情况一样，人们对于内疚也可以产生理性与可调节的反应。只有某些人格才会将这些感受纳入受性格控制的偏见之中。

人们处理内疚感的一些方式是良性的、健康的；而另一些方式则不可避免地将矛头指向外群体。在此，我们将列举处理内疚感的几种主要模式。其中的一些模式与第20章所述的处理精神冲突的方法密切相关。

1. **悔悟与补偿**。这是伦理上最受认可的反应。这是一种完全内罚型的方式，并抵制了一切迁怒于他人的诱惑。一个人如果能够为自身的错误而感到悔悟，那么他就不太会将错误归咎于他人，尤其是外群体。

虽然这不常发生，但有时，我们还是能够发现某些迫害过外群体的个体，会对其一开始所表达出的憎恶感到悔恨，并从此开始转变。圣保罗（St. Paul）的皈依就代表了这种转变。我们还经常会发现一个敏感的人会为他所处集体的行为感到内疚。一些致力于改善黑人生存条件的白人可能就怀有这样的动机。他们处于一种高度的内罚状态，并想为自己所处集体犯下的错误努力做出弥补。

2. **部分和零星的补偿**。有些人尽管自己坚信白人至上的原则，但在某种程度上，他们会为黑人的进步而努力。他们觉得，只要他们偶尔表现得好像偏见根本不存在一样，他们就能心安理得地保留其基本的偏见。"我们经常做好事，"拉罗什富科（La Rochefoucault）写道，"这样我们就能够不受惩罚地作恶。"最积极地将黑人拒之门外并"希望他们知道自己的位置"的妇女，同时也被发现最积极地投身于黑人慈善事业。这是我们在第20章中所讨论过的"交替"和"妥协"的情况。

3. **否认内疚**。摆脱内疚感的一种常见方式，就是断言自己没有任何理由感到内疚。为歧视黑人开解的一个常见的理由就是，"他们和自己所属的群体待在一起更自在"。一个在南方人之中普遍的观点是，黑人相较于北方雇主，更偏爱南方雇主，因为后者更"理解"他们。在第二次世界大战期间，黑人经常被认为是出于这个原因，而宁愿在南方白人，而非北方白人军官手下服役。而且，他们坚称，黑人更偏爱白人军官而非黑人军官。然而事实恰恰相反。在针对黑人士兵的调查中，只有4%的北方黑人与6%的南方黑人更愿意在白人军官之下服役。此外，仅有1%的北方黑人与4%的南方黑人更偏爱南方白人军官。[16]

4. **怀疑控诉者**。没有人会喜欢别人对其不当行为的指责。在面对指控时，一种常见的防御方式就是声称控诉者不可信任。哈姆雷特当面质问自己的母亲背叛了父亲，嫁给了谋杀其父亲的凶手。而他的母亲非但没有直面自己的罪责，而是责备哈姆雷特"子虚乌有"，指控他发了疯。哈姆雷特试图向她表明，她正在对自身行为进行合理化以摆脱良心的不安。

> ……母亲，看在上帝分上，
> 请不要再安慰自己的良心，
> 以为我这一番话，只是出于疯狂，而非针对您的过失；
> 那样的想法只不过是骗人的油膏，给您溃烂的良心附上一层

薄膜，

　　而内心那些看不见的地方却溃烂发臭。
　　向上帝承认您的罪恶吧！忏悔过去，以戒将来；
　　不要将肥料浇在莠草上，使它们蔓延生长。[17]

而在民族关系领域，那些唤起良知的人被称作"煽动者""麻烦制造者""共产党人"。

5. 对境遇的合理化。最简单的逃避方式就是将错误完全归咎于憎恶的人。在第20章中，我们看到很多持有偏见的人都采取了这种路径。这是不会伴有内疚感的偏见。"谁能够容忍他们？看，他们肮脏、懒惰又淫乱。"事实上，这些特质也完全可能是我们自身正在努力与之搏斗的，因此，我们也更容易在他人的身上观察到这些。无论如何，这种借助于应有的名声理论所表现出的完全的外罚性，使个体摆脱了内心的愧疚煎熬。

6. 投射。根据定义，内疚意味着我为自身的错误行为而感到自责。但是，这个列表中只有第一项（悔悟与补偿）是严格符合这个定义的。只有这项是一种理性的、可调节的反应模式。而其他的几项都是逃避内疚的手段。逃避内疚的手段有着一个共同的特点：自我指涉的知觉被压抑，而倾向于某种外部（外在）知觉。存在一个错误，是的，但这不是我的错。

因此，在所有逃避内疚感的行为中，都有某种投射机制在起作用。我们列举了一些例子。但它们并不涵盖我们发现的所有类型的案例。例如，有一种指向他人的更大罪责以减少我们自己的罪感的方法。在这一节开始时我们引用的那位商人认为，鉴于整个犹太人群体更加不诚实，他的欺诈就是可以原谅的了。

无论何时，无论通过什么方式，当个人无法正确评估自己的情感生活，并因此对他人做出错误的判断时，我们所面对的就是投射这一心理动力学过程。它对理解偏见极为重要，所以我们将会在下一章对此进行更深入的讨论。

参考文献

1. Cf. A. H. KAUFMAN, The problem of human difference and prejudice, *Journal of Orthopsychiatry*, 1947, 17, 352-356.
2. H. H. HARLAN. Some factors affecting attitudes toward Jews. *American Sociological Review*, 1942, 7, 816-827.
3. C. MCWILLIAMS. *A Mask for Privilege.* Boston: Little, Brown, 1948.
4. G. MURPHY. Preface to E HARTLEY, *Problems in Prejudice.* New York: Kings Crown, 1946, viii.
5. S. ASCH. *Social Psychology.* New York: Prentice-hall, 1952, 605.
6. E. J. DINGWALL. *Racial Pride and Prejudice.* London: Watts, 1946, 69.
7. G. M. GILBERT. *Nuremberg Diary.* New York: Farrar, Straus, 1947, passim.
8. J. L. MORENO. *Who Shall Survive*? Washington: Nervous and Mental Disease Publishing, 1934, 229.
9. HELEN V. MCLEAN. Psychodynamic factors in racial relations. *The Annals of the American Academy of Political and Social Science,* 1946, 244,159-166.
10. W. R. Morrow. A psychodynamic analysis of the crimes of prejudiced and unprejudiced male prisoners, *Bulletin of the Menninger Clinic*, 1949, 13, 204-212.
11. J. A. DOMBROWSKI. Execution for rape is a race penalty. *The Southern Patriot*, 1950, 8.1-2.
12. 我们的报告并不涵盖对黑人的观点。肤色的差异和禁忌可能会对黑人跨种族的约会交往增添优势，同时也会对白人产生相同的效应。与性欲共同释放的敌意与怨恨偶尔会导致残忍的强奸。但是似乎这并无法有力地证明黑人男性比白人男性更为冲动。实际上，一些研究认为恐惧、依赖和破碎的家庭在很大程度上都对黑人男性产生了消极的影响。Cf. A. KARDINER AND L. OVESEY, *The Mark of oppression,* New York. W. W. Norton, 1951.
13. *Reply to Judge Stephen A Douglas at Chicago,* July 10, 1858.
14. 宽容的人应该如何回答这个致命的问题"你希望你的姐妹嫁给一个黑人吗？"引起了一些创造性的猜测。一个建议是回答"也许不，但我同样也不希望她嫁给你"。
15. 由 G. MURPHY 引用于 *In the Minds of Men,* New York: Basic Books, 1953, 228。
16. S. A. STOUFFER, et al. *The American Soldier Adjustment During Army Life.* Princeton: Princeton Univ. Press, 1949, Vol. 1, 581.
17. *Hamlet*, Act III, Scene 4.

第 24 章

投 射

投射可以被定义为一种错误地将自身的动机或特质,或是可以在某种意义上解释或辩护我们自己的特质归于他人的倾向。投射至少可以被分为三类。我们将分别称之为:

(1) 直接投射,

(2) 刺-梁木式投射,

(3) 补充投射。

在我们就每一种做出详细讨论之前,最好先了解一些基础知识作为准备,因为投射是一个隐藏在潜意识中的过程,并不那么容易理解。

妒 忌

我们从最简单的情况开始讨论。一个妒忌他人的人是知道自己嫉妒的。这部分情绪并不是被排除在意识之外的,但是,简单的嫉妒会立刻引发一些奇怪的心理过程。

以第二次世界大战前线部队的态度为例。他们嫉妒任务危险性较小的部队——分到后勤组管理军需,或从事任何不上前线的工作。那些无法获得此类特权的人,常常发展出两种我们可能称之为初期偏见的观点。[1](1) 他们对不参与战斗的部队感到愤怒,并动辄批判所有后方人员。大约有一半的前线士兵公开对此表现出愤慨,虽然很明显的是,没有一位后方人员需要为前线部队所面临的危险与不适负责。我们能从这一现实中看到，对那些碰巧比其他人享有更多特权的无辜的群体，人们可能会感到不满，并有可能将自己感受到的剥夺胡乱归咎于该群体。这个群体被视作造成他人不安的缘由，即使其他人的不安实际上与该群体无关。我们会在"补充投射"这个标题下进一步讨论这种倾向。(2)同时，前线部队发展出了一种优越感。尽管他们也希望能够与任务安全性更高的部队交换岗位，但是他们觉得自己要比其他那些部队优越。强烈的内群体自尊成了一种弥补缺憾的方式。在此，我们能够看到对群体的忠诚与对外群体的蔑视之间的相互关系，它们是同一个硬币的两面。

当然，嫉妒并不总会导致偏见。尽管在这种情况下，一旦缺乏部队轮调制度，这种初现的偏见似乎就会落实为真正的偏见。我们的观点是，在心怀嫉妒的时候，我们很容易形成基本的投射机制。嫉妒使我们对别人充满恶意——这种恶意比情况本身所能允许的恶意要恶劣得多。

外罚型作为一种人格特质

我们已经指出过，外罚很可能是一种人格特征（第21章）。有些人总是不断为自己的过错开脱。希特勒就是这样一个人。他将早年的许多失败归咎于世界、学校、命运。当他没有能够通过学校的考试时，他责怪疾病。当他在政治上遭遇挫折时，他指责他人。他认为斯大林格勒战役的失败，全是他的将军们的错。他指责丘吉尔、罗斯福和犹太人发动了战争。似乎没有他因任何失误或失败而责备自己的记录。

外罚型的愤怒有其令人兴奋的地方。认为自己是无过错的好人，痛斥他人或命运对我不公，有一种类似狂欢的快感。快乐是双重的。一部分是对被压抑的紧张和沮丧的一种身体上的解脱，另一部分原因是它有助于修复自尊。错误全在于他人，而不是我。我是无可指摘的、充满美德的、所受惩罚超过所犯过失的。

对儿童的多项研究表明，推卸自己应负责任的倾向从很早就开始发展了。幼儿园中充斥着孩子们的各种借口。"我不能喝纸杯里的橙汁；纸杯会让我呕吐。""我不能侧躺着睡觉，因为妈妈不让。"渐渐地，这种趋势可能会让位于责怪其他孩子的习惯。有趣的是，在六七岁之前，孩子们几乎不会将自己的不端行为归咎于他人，尽管他们早就学会了找借口逃避责任。

一位心理学家对有着"肮脏交易情结"的人格进行了研究。有这种情结的人，通常声称自己周围的许多人都行为不端，而自己是其受害者。研究人员对此写道：

> 将不幸归咎于他人使他们感受到纯粹的愉悦。这种将自身错误投射到他人身上的情结是个体最为令人不悦的性格特质。[2]

这种倾向于指责他人的人格特质也分为不同程度——从最强烈的偏执（第26章）到最温和的吹毛求疵。无论哪种情况，它都代表着从理性和客观思维向投射思维的倒退。

下面这个尤为温和的归咎倾向的例子可以展示出人们是如何脱离对现实的分析的：

大学校长被邀请就偏见问题向犹太人听众发表演讲。他接受了邀请，但在演讲中一直劝诫犹太人，希望他们能表现得更好，这样非犹太人才更容易对犹太人产生好感。

有些人听闻了这件事，说："他话说得太直接了，不够圆滑。"又有人说："也许这是种勇敢的行为，因为犹太人当然不是完美的。很多犹太人都挺令人反感的。"

这名校长的评判方式具有典型的归咎倾向。让犹太人使自己不要那么让人反感；让天主教徒证明自己不是法西斯主义者；让黑人表现出更多抱负。这种方法（尽管貌似合理）是基于错误假设之上的。就犹太人而言，这种言论暗示着他们比非犹太人具有更多令人反感的特质（这点从未得到证明）。此外，这种假设还意味着仅仅是某个群体的成员身份本身就足以构成排斥一个人的理由。它假定了那些令人反感的个体本人是造成错误的罪魁祸首，但实情是，他们令人反感的性格特质往往是防御性反应导致的，是他们被排斥的结果而非成因。校长将改变现状的所有责任都推给了犹太人一方。

既然对于群体差异及其原因的客观讨论是一个合理的话题，我们注意到，即使一个以自身的公正为荣的人也很容易陷入一种将责任过分推及他人的态度之中。

压 抑

投射只会出现在对当下情况的内部知觉（洞察）不知何故受到阻碍之时。我们所讨论的例子已经揭示了这一点。受"肮脏交易情结"所困扰的人缺乏对情况全貌的了解；他不知道自己该为当下的情形负有多少责任。他拒绝面对他的内在缺陷，并积极在外部寻找恶人。希特勒就缺乏自我洞察。否则，他不会始终将"犹太寡头–民主贩子"视作造成自身困境的罪魁祸首。

压抑意味着将一个个人冲突情景的全部或部分排除在意识和可调节反应之外。任何不受意识欢迎的事情都可能被压抑，尤其是冲突中的那些如果坦白面对的话会降低我们自尊心的因素。被压抑的东西通常与恐惧和焦虑有关：仇恨，尤其是对父母的仇恨；不被认可的性欲；过去的如果直面就会导致内疚的行为，以及之前的罪恶感和羞耻感；贪婪；残忍和侵略的冲动；对婴儿式依恋的渴望；受伤的自尊心；以及所有不加掩饰的自我主义表现。这个列表可以扩展到包括任何反社会或不受欢迎的冲动、情绪，或个人因将其成功纳入意识生活而没有处理的情绪。（必须指出，并非所有的压抑都是有害的，因为有些压抑可能是为了更大的利益而牺牲不良的冲动。因此，一个人的人生哲学可以完全有效地排除贪婪、不诚实或放荡的倾向。从这个意义上说，压抑是必要的，也是良性的。我们在这里谈论的只是无效的压抑，在这种压抑下，一个麻烦的残余物可能会持续困扰着此人的人格和社会关系。）

无效的压抑会使人生活在痛苦之中。使其困扰的动机依然蠢蠢欲动。他无法将其调节成合适的行为。因此，投射机制就可能会介入他的动机和行为之间。他会**外在化**（externalize）整个局面。他会否定自身视角，而完全从外部世界的角度进行思考。如果自身破坏性的冲动困扰着他，他会将其视为外部世界的其他人的冲动。

墨迹测试

如果外部物体缺乏自身的坚固结构，将内在状态投射到外部物体上就容易得多了。白天，我们很难把路边的树苗视为拦路强盗。我们内心可能很焦虑，但如果暴徒不在那里，我们仍然不会在光天化日之下看到他们。晚上，当物体轮廓模糊时，恐惧的投射就更容易了。

临床心理学中所谓的"投射测试"总是使用可供个体自由投射内在状态的非结构化形式。一个人可能会将一张模糊的，印有一位年长女性和一名年轻男性的图片解读为一位母亲和她的儿子。而他所叙述的关于这张图片的故事很可能会流露出他自身压抑的某种感情（也许是过度依赖、敌意，甚至是疯狂的欲望）。

最著名的投射媒介是墨迹测试（罗夏测试）。人们会从不成形的墨迹之中读出具有丰富含义的图案。而且，重要的不只是他们看见的东西本身，还有他们处理和组织墨迹图案细节和构图的方式。

"对于反犹主义者而言，"阿克曼（Ackerman）和亚霍达（Jahoda）写道，"犹太人就是个有生命的罗夏测试。"[3] 这句话的意义很清楚。犹太人是神秘的、未知的。他们没有固定结构。他们可以是任何样子的。传统认为犹太人是邪恶的。人们可以将犹太人作为其内心压抑着的内疚、焦虑、仇恨的外在代表。

还有一个因素也使犹太人成了优质的投射对象。那些遭受严重压抑（甚至可能到了神经质的程度）的人往往会对自身感到疏离。在无意识折磨的影响下，他们感到陌生和非人格化。这种自我疏离的感觉促使他们寻找一个同样陌生疏离的投射目标——对于他们自身无意识而言不熟悉的对象。他们所需要的是一个陌生的人类群体。犹太人就是这样的一个群体。黑人也是一样。社会规范（刻板印象）会使个体明确哪些特质是能够归属于该群体之上的。我们已经注意到,性放荡这样的指控更经常被用于欧洲犹太人群体,而非美国犹太人群体。黑人也易于遭受此种指控,类似的指控还有肮脏和懒惰。犹太人(与历史上基督教的建立和一神论有关)对于基督徒自身的道德衰败,是一个很好的现成投射对象。

并非只有犹太人和黑人能够作为投射对象。在许多情况下,波兰人、墨西哥人、大公司、行政当局等也会成为人们投射的对象。一个偷税漏税的公民会将华盛顿视为一个充斥着贪污腐败的巨型官僚机构。(也许此处重复了我们之前所提及的,指控中的确存在一个"真理核心"并不意味着它就不涉及偏见。大多数人都有足够的理性去找到一个合理的投射对象,如果有可能的话。然而事实仍然是,一个人仍然会从他提出的指控的类型、他提出指控的敏捷和愉快感觉,以及他所选择注意到和夸大的对象的特殊缺陷中,暴露他自己心理中的负疚冲突。)

让我们考虑一个互相指控的案例。纳粹集中营前囚犯贝特尔海姆(Bettelheim)报告称,集中营中的犹太人囚犯和盖世太保们看待彼此的方式是相同的。

> 双方都坚信对方是虐待狂、肮脏、智力低下、更为劣等的民族、沉迷变态性行为。双方都指责对方只关心物质,而不尊重道德与智慧的价值。[4]

为什么双方对彼此的指控会是全然相同的呢?我们很难找到如同纳粹和犹太人一样截然相反的两个群体。无论从任何角度而言,他们的群体特征(第6章)都绝非一致。所以这两种观点不可能同时是准确、现实的描述。(显然,并非被归于这两者的所有特质都是正确的——在当前的案例中,显然存在过分泛化。)

这种针对彼此的相同指控似乎都是在说:"我讨厌你所在的群体,我通过声称你所在的群体背离德国的传统价值以合理化这种仇恨。"纳粹和犹太人有着共同的文化,也拥有相同的参照群体(见第3章),所以他们会以相同的方式塑造恶棍的形象——与其文化理想中的美德相背离的形象。

直接投射

没有什么比纳粹控诉犹太人是"虐待狂"更明显的投射行为了。不仅犹太文化传统中完全没有施虐的元素，而且在受到极端迫害的生活环境中，即使哪个犹太个体具有类似的冲动，他身处的社会环境也不会允许他这样做。另一方面，许多纳粹在折磨犹太人时所获得的明显快感表明，虐待行为实际上是一项被认可的党卫军政策。

这是一个明显的**直接投射**的例子。一个完全属于自身而绝不属于另一方的特质被归属到了另一方身上。这种手段所具有的保护意味很明显：这是一种使良心得到宽慰的虚伪。人们可以反对某种邪恶的品质——然而只有当他们认为这些品质都在别人而非自己身上的时候，才能心安理得地这样做。**直接投射是通过将情绪、动机、行为归因于另一个人（或群体）以化解自身冲突的手段，而这些元素本属于自身，而非归咎对象。**

了解直接投射与刻板印象之间的关系是非常重要的。假设自身拥有一些糟糕的特质——也许是贪婪、肉欲、懒惰、邋遢，他们所需要的是这些特质的一幅讽刺漫画——为这些邪恶特质找一个人性化身。他需要如此极端的东西，只有这样他才不会感到自己有任何做错的地方。因此，所有犹太人都被视作放荡下流的，所有黑人都被视作懒惰的，所有墨西哥人都是肮脏的。持有这种极端刻板印象的人甚至不会怀疑自己具有这些令人生厌的倾向。

直接投射可能关于自身的一些具体特质，也可能关于自身的总体观点。希尔斯（Sears）的一个实验具体阐释了这种特定倾向。他发现，兄弟会中的某些个体倾向于将自己身上严重的固执与吝啬归到他人头上。[5]

在临床观察中可以发现一种一般性的投射倾向：对自己评价低的人很可能对他人评价也很低。治疗工作中的这一发现表明，比起直接提升个体对他人的尊重，通过帮助个体提升自尊的迂回方式更为有效。只有在自尊方面与自己和平相处的人才能尊重他人。对他人的仇恨可能是自我仇恨的镜像。[6]

阿道夫·希特勒（Adolf Hitler）对犹太人的仇恨是直接投射的最经

典案例。以下重要的事实是基于他早年的生活记录拼凑得来的。

他的父亲是一个叫作谢克尔格鲁贝（Schicklgruber）的女子的私生子，他是个坏脾气的退休海关职员，阿道夫和他有过多次争吵。而他的母亲是一个工作勤奋的女人，她与阿道夫很亲密，然而却在阿道夫青春期时死于癌症。阿道夫是如此依恋他的母亲，以至于有传闻称他有强烈的俄狄浦斯情结。他的父亲和母亲是表亲，他们的婚姻需要主教的特许。母亲去世后，希特勒强烈地依恋他同父异母的姐姐安吉拉（Angela）。之后，他和安吉拉的女儿吉丽（Geli）展开了一场轰轰烈烈的恋爱。这种关系的本质是乱伦。就在吉丽要与阿道夫分手的时候，她被枪杀了（没有人知道是自杀还是谋杀）。这些不愉快的事实都指向了阿道夫有充足的理由对乱伦这个主题负有罪恶感（无论有意识地还是无意识地）。

那么，投射是如何进入他的心里的？据他自己的说法，在十四岁或十五岁时，他独自生活在维也纳，过得贫穷落魄，这时"犹太人问题"吸引了他的注意力。在他的写作中，他批判犹太人在性方面的不当行为（包括乱伦）。例如，在《我的奋斗》（Mein Kampf）中的一个段落，他写道："那个黑头发的犹太男孩脸上洋溢着恶魔般的喜悦，一连几个小时等着伏击不明真相的女孩，并用自己的血统玷污她。"希特勒是黑头发的。所以他的朋友会开玩笑地称他为犹太人。在离开维也纳，到了慕尼黑之后，他已经开始憎恶维也纳。"我憎恶各个种族混杂在一起……犹太人，更多的犹太人。对我来说，这个都市似乎是乱伦的化身。"除了乱伦外，他还将各种各样的不道德性行为归属于犹太人：卖淫和性病（从阿道夫的写作中可以看出，这些都是他极为在意，而且无法容忍的事）。虽然我们不需要就此展开讨论，但是有力的证据表明，希特勒的性欲是扭曲的，有时他甚至厌恶自己——当他无法厌恶他人身上的相同倾向时。

从这个证据可以看出，希特勒将自己身上的低劣特性赋予了犹太人，并通过谴责后者来逃避对自身的批判。格特鲁德·库尔特（Gertrud Kurth）指出了他这种直接投射行为对历史造成的深远影响，她写道："吞没了六百万犹太人的灾难性洪流，源于阿道夫·希特勒竭尽全力也无法消灭的海德先生（Mr. Hyde），那个淫荡的黑发怪物。"[7]

这种类型的（或任何一种类型的）投射都不会解决任何基本的问题。这只是一种暂时的、自我修复的伎俩。我们不明白为什么大自然会创造如此适应不良的一种机制。它本质上是一种神经质的手段，无法从根本上减轻患者的负疚感，或建立持久的自尊心。将仇恨转移至替罪羊身上，只是掩盖了一种持久的、未被辨认出的自我仇恨。如此形成的恶性循环使患者越发地憎恶自己，继而越发地憎恶替罪羊。但是，他对替罪羊的憎恶越增强，他自身的逻辑与良知就变得越微弱，因此，他能够将更多的罪行归咎于替罪羊之上。[8]

刺 – 梁木机制

伊奇瑟（Ichheiser）已经阐明了，将他人所不具备的特质归到其身上是一种病态行为。同时，即使自身也存在同样的问题，但对他人身上的缺陷（或美德）进行夸大——即使只是轻微的程度——则是更为普遍的人性弱点。[9]

刺 – 梁木机制可以被定义为**夸大他人和我们共同拥有的品质的过程，尽管我们可能没有意识到我们自己也拥有这些品质。**

大多数作者不会在这个过程与直接投射间做出区分。两者确实很接近，但它们的区别更值得观察。"投射对象"很少是完全不具备我们所归属的邪恶特质的。任何人都能够找到某些不诚实的犹太人、某些懒惰的黑人。这些群体之中总会存在一些"刺"。结果是，看到污点的人紧紧抓住了这个细节（因为它反映了他自己的冲突），夸大了它的重要性。他这样做，就可以避免看见自己眼中的梁木了。

纳粹与犹太人用相同的罪状控诉彼此的例子也反映了这个机制。例如，双方大多数个体都毫无疑问地承受着一些压抑的性冲突。因此，他们在夸大对方的性变态时会获得特殊的快感。再次，双方都注意到了对方不符合德国知识分子的理想形象，因此，他们抓住对方身上的完全相同的缺点，批判对方缺乏对文化的尊重与对国家的热爱。

刺 – 梁木投射是一种"感知强化"（第10章）。我们看到的比客观存在的更多。而我们之所以看到得更多，是因为它所反映的是自身的无意识状态。

刺－梁木机制与我们所谓的直接投射之间的区别可以借助教皇的训谕来总结："在黄疸病人的眼里，一切都是黄色的。"这指的就是直接投射。然而，如果我们对这句话稍加修改，"在黄疸病人眼里，一切黄色的东西都看起来更黄了"。此处则包含了刺－梁木机制。

补充投射

我们接下来要讨论一种截然不同的投射形式。它并非一种镜像感知，而更多的是一种合理化的感知。我们为饱受困扰的情绪体验寻找根源。我们可以简单地将补充投射定义为：**通过参考想象中的他人意图和行为来解释并合理化自身的想法**。补充投射的成立必须基于对他人意图和行为不符合实际的构想之上。如果这种构想是准确的，那么个体的认知就是基于现实的，也就根本不涉及投射。[10]

一个实验能够说明补充投射的运作机制。研究人员要求一群参加派对的孩子们看一组陌生男性的照片，并依次评定其友好度、可爱程度等。随后，孩子们在一座阴暗的房子里参与了一场令人毛骨悚然的"谋杀"游戏。当他们做过游戏后再次对照片进行评定时，所有陌生的男性对孩子们而言都成了威胁。他们似乎全都是危险的陌生人。孩子们通过表示我们（We）害怕，来暗示他们（They）构成威胁。[11]

补充投射能够应用于无数的偏见问题之上，尤其是焦虑或低自尊而造成的偏见。怯懦的家庭主妇（不知道自身究竟为何焦虑重重）对流浪汉感到恐惧。她给大门加上两道锁，怀疑所有经过的路人。她也可能很容易受到谣言的影响，她会轻易相信黑人们正在囤积冰镐准备攻击白人，或者是某个天主教堂的地下室堆满了枪支。在她的眼里，周围充斥着会威胁到自己的群体，这合理化了她莫名其妙的焦虑。

让我们回到贝特尔海姆关于纳粹和犹太人的报告，他们彼此都将对方视作"劣等民族"。我们能将这种特殊的合理化视为补充投射。因为每一个群体的成员都想要提高自己的自尊。但取得极高的自尊水平必然需要践踏别人的自尊。因此，将他人归为"劣等"就自然而然地满足了这种需求。

结　论

在此前的四个章节里，我们对偏见的心理动力学的各个方面进行了专门讨论。本章所描述的心理过程是人类本质中的非理性冲动。它们代表了精神生活中无意识的婴儿期的、压抑的、防御性的、侵略性的、投射性的部分。一名拥有显著的此类性格特征的个体几乎无法成为一个可以在成熟的社会关系中按需求做出调整的成年人。

同样重要的是，在解释偏见时，我们不能将过多的权重赋予这些过程。文化传统、社会规范、孩子的教育内容、教学方式、养育模式、语义混乱、在群体差异上的无知、形成分类的原理等诸多因素都对偏见有所影响。其中最重要的是个体处理这些影响的方式，包括自身无意识的冲突和心理动力学的反应，这些因素编织在一起，构成了一种完整的生活方式。我们的下一个任务，就是检视这个问题的**结构性**特征。

参考文献

1. 下列材料引用自 S. A. STOUFFER, et al. *The American Soldier Combat and Its Aftermath,* Princeton: Princeton Univ. Press, 1949, Vol. 2, Chapter 6。
2. FRANZISKA BAUMGARTEN. Der Benachteiligungskomplex. *Gesundheit und Wohlfahrt,* 1946, 9, 463-476.
3. N. W. ACKERMAN AND MARIE JAHODA. *Anti-Semitism and Emotional Disorder.* New York: Harper, 1950, 58.
4. B. BETTELHEIM. Dynamism of anti-Semitism in Gentile and Jew. *Journal of Abnormal and Social Psychology,* 1947, 42, 157.
5. R. R. SEARS. Experimental studies of projection, I. Attribution of traits. *Journal of Social Psychology,* 1936, 7, 151-163.
6. ELIZABETH T. SHEERER. An analysis of the relationship between

acceptance of and respect for self and acceptance and respect for others in ten counseling cases. *Journal of Consulting Psychology*, 1949, 13, 169-175.
7. GERTRUD KURTH. The Jew and Adolf Hitler. *Psychoanalytic Quarterly*, 1947, 16, 11-32.
8. 投射的无意义性在这本书中得到了讨论：A. KARDINER AND L. OVESEY. *The Mark of Oppression*, New York: W. W. Norton, 1951（特别参阅 p. 297）。
9. G. ICHHEISER. Projection and the mote-beam mechanism. *Journal of Abnormal and Social Psychology*, 1947, 42, 131-133.
10. 关于这两种投射的区别的讨论：H. A. MURRAY. The effect of fear upon estimates of the maliciousness of other personalities, *Journal of Social Psychology*, 1933, 43, 310-329（特别是 p.313）。
11. Ibid.

第七部分

性格结构

第25章

偏见人格

正如我们所看到的那样,偏见可能成为一个人生活组织的一部分,它会蔓延至人格的方方面面,成为生活秩序中至关重要的部分。但是偏见并不总是通过这种方式发挥作用,一些偏见仅仅只是顺应性质的、温和的民族中心主义,与整体人格并无本质关系(第17章)。但另一些偏见通常是有机的,与生命过程密不可分。我们现在将对这种情况做更仔细的研究。

研究方法

有两种方法在研究受性格影响的偏见中卓有成效,即纵向研究(longtitudinal)与横向研究(cross-sectional)。

在纵向研究取向中,研究人员试图追溯到可能对目前偏见模式的特定生活史产生影响的因素。在加利福尼亚大学的阿克曼(Ackerman)和亚霍达(Jahoda)的研究中,研究人员使用了访谈和精神分析的研究技法。以及高夫(Gough)、哈里斯(Harris)和马丁(Martin)在比较目前的儿童偏见水平与目前养育观念的关系中,也使用了巧妙的手段,从而揭示了当前偏见中可能起到作用的情境因素。所有这些研究,我们都在第18章描述过了。

横向研究方法试图找出当代偏见的模式,特别是它试图探讨种族态度如何与其他社会态度和一个人的总体人生观相关联。通过这种方式，我们发现了一些有趣的关系。例如，福伦科尔-布伦斯威克（Frenkel-Brunswik）报告说，持有高度种族偏见的儿童倾向于赞同以下信念（其中没有任何一项直接涉及种族问题）：[1]

> 做任何事情都只有一个正确方法。
> 对他人稍少防范，就会遭到欺骗。
> 教师越严格越好。
> 只有和我相似的人才有权利享乐。
> 女孩只需学习怎么更好地做家务。
> 战争总会发生；它是人类本性的一部分。
> 你出生时星宿的位置能够揭示你的个性与人格。

当同样的方法应用于成人时，也会得到类似的结果。相较于持宽容态度的人而言，某些特定主张更受到持有高度偏见者的推崇。[2]

> 世界上充满危险，人们都是邪恶的。
> 美国人的生活方式缺乏足够的纪律性。
> 总体而言，我更怕遇到骗子，而不那么怕被帮派抢劫。

粗略看来，这些主张似乎与偏见无关。然而，结果证明这些主张中都含有偏见。这一发现仅仅意味着偏见常与人的生活方式合而为一。

功能性偏见

在所有严重的性格所导致偏见的案例中都有一个普遍因素，纽科姆（Newcomb）将其称为"威胁导向"（threat orientation）。[3] 某种不安全感似乎深植于人格的根源。个体无法无畏地、坦率地面对世界。他似乎对自己、自己的本能、自己的意识、周遭的变化和所处的社会环境都感到恐惧。他无法与他人和睦生活，也无法与自身和平共处，他被迫将自己的生活方式，包括他的社会态度，重新按照自己的人格缺陷重组。畸形的并不是他具体的社会态度，而是他的自我。

他需要的"拐杖"必须具备几种功能。它必须为过去的失败提供慰藉，为现在的行为提供安全的指导，并确保面对未来的信心。尽管偏见本身并不能解决所有这些问题，但它会在全面保护性调整中起到重要作用。可以肯定的是，并非所有受性格制约的偏见在每一个持有偏见的个体人格中都具有相同的目的。因为"威胁导向"在本质上因人而异。例如，这可能和与父母或兄弟姐妹的未解决的婴儿期冲突有关，也可能和年长后的连续受挫有关。但是，无论如何，我们从中都很可能发现自我异化，渴望确定性、安全感和权威的迹象。无论出于任何原因，感到受威胁的个体都很可能求助于相同的总体适应模式。

这种模式的一个重要特征是**压抑**（repression）。由于个体无法在有意识的生活中直面并驾驭自身的冲突，于是他对其进行了全部或部分的压抑。这些冲突成了一些碎片化的、被遗忘的、不被面对的念头。自我根本无法整合人格中产生的无数冲动与外在的无数环境压力。挫折导致了不安全感，这些感受反过来又造成了压抑。

因此，偏执人格研究的一个突出成果似乎是发现了意识层和无意识层之间的明显分裂。在对反犹太主义大学女生的研究中，人们发现她们表面上是迷人的、愉快的、情绪稳定的、完全正常的女孩。她们彬彬有礼、品格端正、对父母与朋友全心全意。这些特质都是普通人能够观察到的。然而，当我们深入挖掘她们的内心时（通过投射实验、访谈、案例），我们发现了这些女孩截然不同的另一面。在传统的外表之下，她们的潜意识处于激烈的斗争状态，她们对父母怨气冲天，具有很强的破坏性和残酷的冲动。然而，对于持有宽容态度的大学生而言，是不存在这样的分裂的。他们的生活是整体的。他们的压抑更少也更温和。他们呈现给世界的**人格面**（persona）不只是个面具，也是他们真实的人格。[4] 他们几乎没有压抑自我，也没有出现自我异化，他们坦率地面对自己的失败，不需要"投射屏幕"。

这些研究揭示出压抑会造成下列后果：

对待父母的矛盾心理
道德主义
非黑即白的心理二分法
对确定性的需求
对冲突的外部化
制度主义
威权主义

所有这些特征都可以被认为是用来加强一个羸弱自我的手段，这些个体无法直面自我，勇敢面对冲突。它们都指向一个偏见对其极为重要的人格特性。

对待父母的矛盾心理

上文所引用的对反犹太主义女大学生的研究中，研究人员发现"这些女孩都无一例外地宣称自己喜欢自己的父母"，但是她们对图片的阐释（即主题统觉测验，Thematic Apperception Test）反映出她们对父母的形象有着强烈的不满，认为他们刻薄、残忍、嫉妒、多疑，这反映出女儿们对父母怀有的敌意。相比之下，没有偏见的受访者在同样的测试中对父母表现出了更多的批判态度，他们能够就此话题开诚布公地与调查人员交流，但是他们在投射测试中流露出更少的仇恨。[5] 后者对他们父母的看法更为**差异化**。也就是说，他们看到父母的错误，并能够公开批评它们，与此同时，他们也能够看到父母的美德。总体而言，后者与父母在一起是愉快的。而持有偏见的女孩们则处于撕裂的状态：表面上，在公众的眼里，她们都是甜美和阳光的；但是，在她们的内心深处充斥着激烈的反叛。她们的情绪被割裂了。反犹太主义女孩有着更多关于其父母死亡的幻想。

尽管存在这种隐藏的敌意，持有偏见的青年与其父母之间似乎更少有意识形态上的摩擦。他们从小就继承了父母的观点，特别是种族态度。他们这样做是因为意识形态模仿是被要求和奖励的。在第18章中，我们研究了偏见主导的家庭中儿童的养育方式。在这样的家庭中，我们看到了服从、惩罚、实际的和被威胁的排斥。在家庭中占主导地位的不是爱，而是权力。在这种情况下，孩子往往难以充分认同自己的父母，因为他对爱意的需求无法得到满足。他通过模仿学习，受到奖励、惩罚和责备的胁迫。他不能完全接受自己和自己的失败，但必须时刻警惕失宠。在这样的家庭环境中，一个孩子永远不知道自己的处境如何。威胁笼罩着他的每一步。

道德主义

这种焦虑反映在大多数偏见人格所采取的严苛道德观念之中。相较于态度宽容的人群，他们更多地严格坚持保持清洁、良好的礼仪和社会习俗。当被问及，"最让你感到尴尬的经历是什么？"反犹太主义女孩给出的答案往往是在公开场合违反习俗的经历。而不大有偏见的女孩们则更常谈到个人关系中的困窘和遗憾，例如让朋友失望。此外，反犹太主义女孩在对他人的道德判断中更为苛刻。她们会说："我会判处所有违法者50年有期徒刑。"而持有宽容态度的被试则会显示出对越界者更多的宽恕。他们不会对犯下轻微罪行（包括在性方面越界）的人恶言恶语。他们能够宽容人类的弱点，就像他们宽容少数群体一样。

针对孩子的研究也表现出相同的趋势。当被问及一个完美的男孩或女孩的标准时，持有偏见的孩子通常会提到纯洁、干净、举止有礼懂规矩，而更为宽容的孩子往往只提到陪伴和一起度过的愉悦时光。[6]

纳粹以其对传统美德的强调而闻名。希特勒宣扬全方位的禁欲主义。公开的性变态行为会受到强烈谴责，有时甚至会判处死刑。纳粹不断指责犹太人违反社会守则——肮脏、吝啬、不诚实、不道德。但是在道德主义高涨的同时，纳粹党成员的个人行为似乎并不符合这种道德。这是一种虚伪的约束，以使对犹太人的剥削和折磨成为"合法的"。

这种道德苛求背后的遗传理论与孩子早期的生理冲动受到的挫折有关。假设他每次把自己弄脏、玩弄自己的生殖器（我们记得持有偏见的孩子们的母亲更可能因为这样的行为而惩罚孩子）、发脾气、打父母而遭到惩罚，感到内疚，那这个孩子就会认为自己的所有冲动都是邪恶的——并感到自己一旦屈服于冲动就会不再被爱——他很可能变成因自己犯下的过失而仇恨自己的人。他背负着沉重的婴儿期的内疚。因此，当他看到他人违背了习惯守则时，他就会变得怒不可遏。他想要惩罚越界者，就如同自己之前被惩罚那样。他对困扰他自己的冲动产生了恐惧。当一个人变得过于关心别人的罪错时，这种倾向可以被视作"反应形成"。这样的个体不得不与自身的不洁冲动斗争，因此他无法对他人抱持宽容的态度。

相比之下，宽容的个体似乎在早年就学会了如何接受被社会不容的冲动。他不惧怕自身的本能，他不是一个过分拘谨的人，他以很自然的态度看待身体功能。他知道任何人都有可能犯错。在他的成长过程中，父母有技巧地向他指出社会守则的红线，而且即使他犯错，也不会收回对他的爱。持有宽容态度的人学会了接纳自身本性中的邪恶一面，而不会在见到（或想象）他人相似的罪恶时感到恐惧与焦虑。他的观点是基于人性、同情和理解的。

道德主义只是形式上的循规蹈矩；而无法改善内在冲突。道德主义生活中充斥着紧张、强迫性和投射。真正的道德是更为轻松、更为整合、更内在于生活方式本身之中的。

二分法

研究证实，相较于没有偏见的儿童，持有偏见的儿童更倾向于认为"世界上只有两种人：弱者和强者"和"任何事情都只有一种正确的解决方式"。持有偏见的成年人也显示出相似的二分倾向。具有种族偏见的男性也更为赞同这一主张，"世界上只有两种女人，纯洁的和堕落的"。

那些认知运作倾向于两极化的人（第10章）看重内群体与外群体的差别。他们**不会**赞同下面这句打油诗表达的观点：

> 从我们的缺点中也能发现不少优点。
> 而我们的优点中也存在不少缺点。
> 我们中很少有人有权利，
> 肆无忌惮地谈论他人。

这种"两极化逻辑"对于持有偏见的人而言，具有十分显著的功能意义。他们的挫折源于无法接纳自己身上善恶交杂的本性。因此，他长期对是非判断敏感。这种内部分歧会投射到外部世界。他对外部世界给出明确的赞同与否定。

对确定性的需求

在第 10 章中，我们提到，近年来最重要的心理学发现之一，就是偏见的动力学与认知的动力学是相似的。也就是说，偏见所特有的思维方式，大体上反映了偏见者对一切事情的思维方式。我们已经在关于二分法的案例中证明了这一点。现在，我们需要着重引入一系列有关"模糊容忍度"的实验。

> 实验人员安排被试处于黑暗的空间中。在这个空间中只有一个点光源，没有任何视觉锚定或习惯来引导他们。在这种情况下，所有被试看到的光都是四处摇摆的。（这可能是视网膜结构或大脑的内部状况导致的。）然而，实验人员发现，持有偏见的人很快就会为自己制造一套规则。他们报告称自己看到光束一次次朝着恒定的方向摇摆。他们需要稳定感，并在客观上不存在这种稳定感时为自己创造它。然而，宽容态度的人倾向于用更长时间来建立规则。也就是说，他们能够在更长一段时间里容忍模糊性。[7]

另一位实验者就高度偏见和低偏见的群体进行了记忆痕迹的研究。他使用了一幅金字塔截面的图画作为实验材料，如图 13 所示。[8]

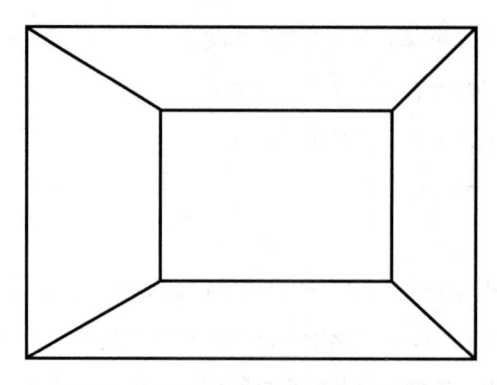

图13 记忆痕迹研究中使用的图像

在简短观看过实验材料之后,被试们需要根据记忆画出这个图案。

两组中都有40%的人倾向于绘制一个对称的图案。这种对称化的倾向是很正常的,因为我们的回忆倾向于简化以达到"更好的秩序/格式塔"(better Gestalt)。有趣的是,在四周后的另一次实验中,更多持有高度偏见的人会将图案对称化。这次有62%的高度偏见群体与34%的低偏见群体这样做了。

我们可以看到,持有高度偏见的人似乎无法忍受图案中的模糊性;他们需要一个坚定、简单、绝对的记忆。另一方面,偏见水平较低群体的感受似乎是:"我知道这是一个金字塔的截面,但我也知道它没有那么简单,有着一些独特和不寻常的地方。"简而言之,虽然偏见水平较低的人也倾向于形成简化过的记忆痕迹,但是,相对而言,他们的头脑中有更多的威廉·詹姆斯称之为"似乎……,但是……"感的东西。

持有偏见的人对之前的解决方式更为坚持,这是他们的确定性需求的另一种表现。如果他们见到了一幅猫的线描画,并且在随后的一系列短暂显现中,这幅画逐渐发生变化,直到一幅狗的线描画浮现出来,持有偏见的被试会在更长的时间内执着于(cling to)猫的形象。他们不会那么快意识到变化,也不会报告说"我不知道这是什么"。[9]

从这个实验中,我们看到,持有偏见的群体是更为"坚持不懈的"(perseveration),这意味着他们认为陈旧的、经过了考验的解决方案是安全的方式。这个实验揭示了一个有趣的相关现象。持有偏见的人似乎对说

"我不知道"有某种恐惧。这样做会使他们失去认知上的锚定。范围很广的不同调查都验证了这一发现。在一项实验中,罗克奇(Rokeach)要求被试将姓名与面孔进行配对。那些持有高度偏见的人做出了很多错误的猜测,而偏见水平较低的人则更频繁地承认自己不知道,并放弃猜测。[10] 罗伯(Roper)在研究一次民意调查的结果中发现,反犹太主义者更少在被问及对当前事件的看法时回答"我不知道"。[11] 似乎持有偏见的人能够通过给出"明确答案"而获得更多的安全感。

对确定性的需求可能导致认知过程的受限。个体无法看到问题的所有相关方面。罗克奇将这种解决方式称为"心智狭隘的(narrow-minded)"。下面这个实验能够说明这一过程。

下列十个概念按照首字母序列被呈现给大学新生:佛教(Buddhism)、资本主义(Capitalism)、天主教(Catholicism)、基督教(Christianity)、共产主义(Communism)、民主(Democracy)、法西斯主义(Fascism)、犹太教(Judaism)、新教(Protestantism)、社会主义(Socialism)。学生需要指出其中某些或所有概念之间存在什么样的关联。罗克奇将结果整理如下:

分析显示,由描述所代表的认知组织可以沿着从**全面**到**孤立**再到**狭隘**的单一连续体排序。全面的组织方式是指将所有十种概念组织为一个整体(例如,"都是信仰")。孤立的组织方式是指将十种概念分为两种或以上的子结构,这些子结构之间存在很少的联系,或根本没有联系(例如,"五种是宗教,五种是政府组织")。狭义的组织方式是这样一种组织,其中客观存在的一个或多个部分从描述中省略,其余部分被组织成一个或多个子结构(例如,"只有佛教、天主教、基督教、犹太教和新教之间存在联系,因为他们都信仰神")。[12]

结果证明,在很大程度上,那些持有高度偏见的群体给出了更狭隘的分组,即省略了一些相关的对象;那些偏见程度较低的群体则将所有对象考虑在内,并给出了全面的分组,而那些具有中等偏见的群体则倾向于孤立的分组。

赖卡得(Reichard)报告了同样的思维设限,他指出,与其他更倾向于看到整体、更善于联想的群体相比，接受罗夏测试的有偏见的受试者倾向于给出更受抑制、过度强迫性地整齐的反应。[13]

所有这些实验都指向了同一个立场。有偏见的群体需要自己的世界具有明确的结构，即使这种结构是狭隘的、不足的。当不存在外部秩序的时候，他们就会自己在上面强加一个。当需要新的解决方案时，他们会坚持久经考验的习惯做法。只要有可能，他们就会抓住熟悉、安全、简单、明确的东西。

至少有两种理论能够解释为什么他们无法忍受这种模糊性，两者可能都是正确的。其中一种认为，偏见者的自我形象被严重混淆了。从童年开始，他们就从未能够整合自身的本性；结果是他们的自我本身并没有提供稳固的锚定点。作为补偿，个体必须找到一个外部的确定之物作为自身行为的指导，因为他们没有内在的明确性。

另一种理论略微复杂一些，它认为，持有偏见的个体在童年遭受了太多剥夺。很多事情对他们而言是被禁止的。于是，长大后的他们为延迟满足感到恐惧，因为延迟可能就意味着剥夺。因此，他们产生了一种对快速、明确答案的渴望。抽象的思考意味着要冒模糊和不确定的风险。最好不要犹豫，最好采取具体的、即使是僵化的思维模式。我们之前提及的案例就支持了这一理论，持有偏见的人似乎的确更容易感觉到挫败（第378页）。他们的低容忍度导致他们总是过度在意自身所站的位置，因为只有结构清晰的感知才能避免挫折的威胁。

客观化

在上一章中，我们提到，持有偏见的人倾向于将自身的品质投射于不具有该品质的他人身上。事实上，持有偏见的人对自身的洞察似乎总是存在缺陷。[14]

具有偏见的人似乎总是认为，事情就是自然而然地发生了，和自己没有关系。他无法控制自身命运。例如，他认为"即使许多人对其不屑一顾，但是占星术的确可以解释很多东西"。相比之下，宽容的人往往认为我们的命运掌握在自己的手中，而非受星宿掌控。[15]

持有偏见的女孩在讲述关于图片的故事（主题统觉测验）时更经常将事件看作在没有女主角积极参与的情况下发生。行动是由命运决定的（例如，女主角的未婚夫在战斗中丧生），而不是由她自己决定的。当被问及，"什么会使人发疯？"持有偏见的被试会回以某个外界威胁，或类似于"在我脑海中不断出现的念头"这样的东西。两种回答都指向不受控制的外部因素。在他们眼中，"使人发疯"的绝非自身的缺陷或行动。[16]

为了解释这种倾向，我们可能需要再次将自我异化视作潜在的影响因素。对于内心冲突的个体而言，避免自我参照是更为容易、安全的做法。他们希望将事件视作发生在自己身上的，而非由自己所造成的。外罚型作为一种特质，是个体表现这种泛化倾向的一种方式。它与群体偏见的关系是显而易见的：并非我憎恶和伤害他人；是他们憎恶并伤害了我。

制度主义

持有由性格而导致的偏见的个体爱好秩序，尤其是**社会秩序**。在明确的制度成员身份中，他能够得到他所需的安全感和明确性。家庭、学校、教会、国家都可以作为他对个人生活中不安的防御。依靠这些可以让他免于依靠自己。

研究表明，总的来说，有偏见的人比没有偏见的人更热衷于制度。反犹太主义的大学女生更热心参加她们的姐妹会；他们在制度上更信奉宗教；他们更加"爱国"。被问及"最令人敬畏的经历是什么？"他们通常用外部的爱国行为和宗教事件来回答。[17]

许多研究都发现了偏见与"爱国主义"之间的密切联系。正如下一章中将要提到的，极端偏执者几乎都是热诚的爱国者。民族主义与对少数群体的迫害之间的联系在纳粹德国的案例中显而易见。这似乎也适用于其他国家的情况。南希·莫尔斯（Nancy S. Morse）与奥尔波特（F. H. Allport）针对美国郊区中产阶级人士的一项调查尤其具有启发性。[18]

这些调查人员承担了一项雄心勃勃的任务，即发现反犹太主义的几个被指控的原因中，哪一个事实上最为突出和明显。他们使用的方法很复杂，需要一个92页的满是测试、量表、问卷的小册子。为保证175名被试的合作，研究者为每本完整填写并寄回的小册子支付一笔费用，付给他们当地俱乐部的金库。

首先，研究人员使用了多种方法对反犹太主义的不同方面进行衡量：被试对犹太人的憎恶程度如何；他们会用什么程度的言语表达憎恶（反对言语）；他们的敌对和歧视使他们做出了多大程度的伤害行为（反对行为）。

然后，研究人员测试了几个假设，例如：反犹太主义与不安全感，或与对未来的恐惧之间的联系；反犹太主义与实际经济匮乏，或不确定性之间的联系；反犹太主义与挫败感之间的联系；反犹太主义与关于犹太人"本质"的信念之间的联系；反犹太主义与"民族参与感"之间的联系。

与"民族参与感"之间的联系是通过对一系列命题的赞同与否进行衡量的，使用的命题如，"有些人觉得自己是世界公民，他们属于人类，而非任何一个国家，但是我认为自己首先，最后，永远都是一个美国人"。

研究人员通过这种方式，发现被试中的反犹太主义者比例非常之高。只有10%的被试完全没有反犹太主义倾向。而16%的被试的反犹太主义程度到达了一种极端的、几乎是暴力的程度。

虽然也有一些证据表明不安全感和挫败感在反犹太主义的形成中发挥着核心的作用，但是研究人员发现，对反犹太主义而言，最重要的影响因素是"民族参与感"（national involvement）。它是所有变量成立的前提。"民族参与感"符合与偏见"独一共变"（unique covariation）的条件。"对本质的信念"，即相信犹太人具有与其他人不同的本质，也是一个重要因素。但是，只有当个体同时持有相同强烈的民族观念时，这种"本质观"才与偏见密切相关。因此，"爱国主义"可能只是偏狭观念的掩饰。

这项研究的结果很重要。值得注意的是，反犹太主义并不仅仅是一组负面态度。相反，反犹主义者有一个明确的为之行动的目标：寻找一种能够提供安全感的机制。国家即是他所选择的庇护所，是他信念的锚定之处：无论是对是错，这都是**他的**国家，国家高于人性，民族国家比世界国家更可取。它具有他所需要的明确性。研究证实了一个人的民族主义程度越高，反犹太主义程度也越高。

请注意，这里的重点是正面的安全感。反犹太主义并不只是恐惧和焦虑投下的影子。经历了大量焦虑和挫折的人并不必然会发展成为反犹太主义者。重要的是对恐惧和挫折的处理方式——以**制度主义**，特别是民族主义的方式处理这些感情——似乎是这个问题的症结所在。

发生的情况是，持有偏见的人按照他自己的需求定义"国家"（参见第40页图1）。国家对他个人而言，首先是一种保护（而且是主要的保护）。他将国家视为他的内群体。他将自己所认为的威胁入侵者和敌人（即美国的少数群体）排除在国家的利益圈之外，并视其为理所应当的。另外，国家代表的就是现状。国家是一个保守的代理人；里面有他认可的所有安全生活的装置。他的民族主义是保守主义的一种形式。所以，他不相信自由主义者、权利法案的支持者和"共产主义者"：他们威胁到了他的国家概念。[19]

威权主义

民主国家中的生活是复杂多变的。持有偏见的人在发现这一点后，有时会声称美国不应是一个民主国家，而只是一个"共和国"。他们认为个人自由会带来不可预测的后果。个体性造成了不确定性、无序性和变化。在一个等级分明的制度下生活更为简单，群体的分类是明确的，群组也不会持续变化、不断解体。

为了避免这种不确定性，持有偏见的人在社会中寻找等级制度。权力安排是确定无疑的——这是他所能够理解和指望的事情。他喜爱权威，认为美国需要的是"更严明的纪律"。当然，这种纪律更偏向于指外部纪律，换言之，他们更希望从外部而非内部把人约束起来。当学生们被问及他们最崇拜的人物时，我们发现持有偏见的学生最崇拜的伟大人物常常是拥有控制他人权力的强力领袖（拿破仑、俾斯麦）。而没有偏见的人则更倾向于崇拜艺术家、人道主义者、科学家（林肯、爱因斯坦）。[20]

这个权威的需要反映了持有偏见者对人类深深的不信任。在本章前面的内容里,我们注意到持有偏见者倾向于认同"世界上充满危险,人类根本上是邪恶而阴险的"。而民主哲学的本质则恰恰相反。只有在对方被证明不可信任之后,我们才会不信任他。而持有偏见者则并非如此。他不信任任何人,除非对方证明自己是可信任的。

在对以下问题的回答中,偏见者也表达出相似的多疑。"我对以下类型的犯罪感到更为恐惧:(a)强盗,(b)骗子。"两个选项的支持率相仿,但是更恐惧骗子的群体总体具有更高的偏见得分。相较于直接的身体攻击,他们觉得欺骗造成了更大的威胁。通常,对强盗(身体攻击)的恐惧似乎更为自然和正常——这也是没有偏见者所倾向的恐惧类型。[21]

对于持有偏见者而言,控制其疑虑的最好办法是拥有一个有序、威权主义、强大的社会。强大的民族主义是一件好事。希特勒和墨索里尼一定程度上是正确的。美国需要的是一个强大的领导者——一个马背上的将军!

有证据表明,在儿童阶段,孩子们就可能养成威权主义的人格模式。相较于其他孩子,持有偏见的孩子更有可能相信"老师应该告诉孩子们该去做什么,而无须考虑孩子们想要什么"。即使到了七岁,持有偏见的孩子依旧会因为没有得到明确指令而感到苦恼。[22]

讨 论

我们对偏见人格(一些研究者也会称之为"威权人格")的描述主要基于近来的研究成果。虽然我们明确了这一模式的轮廓,但是不同证据之间的权重和联系并未完全得到归纳。相较于威权型人格,研究人员归纳了与之截然相反的人格特征,这种人格有时会被称为"民主""成熟""创造性""自我实现"人格。[23] 我们将在第27章中对这种人格模式进行更为详细的探讨。

这章所讨论的大部分研究结论都是基于极端的或对比显著的被试群体——那些在偏见测试中得分非常高或非常低的群体。处于中位数,或"平均"水平的被试没有被计算在内。这样的研究方法论是合理的,但它的缺点在于过分地强调了类型化的一面。我们很可能会忘记，有很多混合型的人格，他们所持有的偏见并不符合我们所描述的理想模式。

目前，我们的研究方法还需要进一步的改良。大多数的方法还处于起步阶段。这种方法将高度偏见的群体与低度偏见的群体放在一起，得出了一些结论，如前者在感知或问题解决任务中对模糊性的容忍度更低。它并没有使用逆向控制法，即测试对模糊性容忍度较低的被试是否一定也持有更强烈的种族偏见。在我们做出完全肯定的结论前，必须对此进行相关性的双向证明。

尽管存在诸多不足——主要是由于该领域的研究仍然是前沿的、年轻的——本章中所呈现的结论趋势仍然是足够显著的。我们目前的观点可能有些过度，需要此后对其做出修改和补充。但基本事实已经得到了确定——偏见并不只是生活中的一个个独立事件；它通常根植于人格结构之中。因此，我们不能治标不治本。要想改变偏见，必须改变其主体的整个生活模式。

参考文献

1. ELSE FRENKEL-BRUNSWIK. A study of prejudice in children. *Human relations*, 1948, 1. 295-306.
2. G. W. ALLPORT AND B. M. KRAMER. Some roots of prejudice. *Journal of Psychology*, 1946, 22, 9-39.
3. T. M. NEWCOMB. *Social Psychology.* New York. Dryden, 1950, 588.
4. ELSE FRENKEL- BRUNSWIK AND R. N. SANFORD. Some personality factors in anti-Semitism. *Journal of Psychology*, 1945, 20, 271-291.
5. Ibid.
6. 见上面的注释1。
7. J. BLOCK AND JEANNE BLOCK. An investigation of the relationship between intolerance of ambiguity and ethnocentrism. *Journal of personality*, 1951, 19, 303-311.
8. J. FISHER. The memory process and certain psychosocial attitudes, with special reference to the law of Pragnanz. *Journal of personality*, 1951,19, 406-420.

9. ELSE FRENKEL-BRUNSWIK. Intolerance of ambiguity as an emotion and perceptual personality variable. *Journal of Personality*, 1949, 18, 108-143. 高偏见人群中无用的坚持的倾向在下文的问题解决实验中得到了清晰的阐述：M. Rokeach, Generalized mental rigidity as a factor in ethnocentrism, *Journal of Abnormal and Social Psychology*, 1948, 43, 259-278。
10. M. ROKEACH. Attitude as a determinant of distortions in recall. *Journal of Abnormal and Social Psychology*, 1952, 47, Supplement, 482-488.
11. E. ROPER. United States anti-Semites. *Fortune*, February 1946, 257ff.
12. M. ROKEACH, A method for studying individual differences in narrow mindedness, *Journal of Personality*, 1951, 20, 219-233; also, "narrowmindedness" and personality, *Journal of Personality*, 1951, 20, 234-251.
13. S. REICHARD. Rorschach study of prejudiced personality. *American Journal of Orthopsychiatry*, 1948, 18, 280-286.
14. 相当多的证据可以在这里找到：T. W. ADORNO, et al. *The Authoritarian Personality*, New York: Harper, 1950, also in G.W. ALLPORT AND B. M. KRAMER, op. cit.。
15. ELSE FRENKEL-BRUNSWIK AND R. N. FORD. The anti-Semitic personality: a research report. In E. SIMMEL (ED.), *Anti-Semitism: A Social Disease*. New York: International Universities Press, 1948, 96-124.
16. Ibid.
17. 见上面的注释4。
18. NANCY C. MORSE AND F. H. ALLPORT. The causation of anti-Semitism an investigation of seven hypotheses. *Journal of Psychology*, 1952, 34, 197-233.
19. 其他研究证实了偏见与政治、经济和宗教保守主义之间的相关性。Cf. R. STAGNER, Studies of aggressive social attitudes, *Journal of Social Psychology*, 1944, 20, 109-140.
20. 见上面的注释4。
21. G. W. ALLPORT AND B. M. KRAMER. Op. cit.
22. B. J. KUTNER. *Patterns of Mental Functioning Associated with Prejudice in Children*. (Unpublished) Cambridge: Harvard college Library, 1950.
23. 对这两种基本类型人格的最充分和最标准的比较包含在T. W. ADORNO, et al., op. cit.。同样相关的是以下讨论：E. FROMM, *Man for Himself*, New York: Rinehart, 1947, 以及马斯洛的两篇文章 A. H. Maslow, The authoritarian character structure, *Journal of Social Psychology*, 1943, 18, 401-411 和 Self-actualizing people: a study of psychological health, *Personality Symposium*, 1949, 1, 11-34。

第26章

煽　动

煽动者编造虚假的问题来转移公众对真实问题的注意力。他们中并不是所有人都将少数群体的不当行为选作他们的错误问题——但是很多人这样做了。他们的说法对上一章中描述的威权型人格特别有吸引力。

据估计，美国有一千万种族主义煽动者的追随者。然而，这个估计是很不精确的，而且可能过高了，因为并不是每个参加煽动者集会的人都是其追随者。然而，据福斯特报告说，在1949年，美国有49种反犹太主义期刊，60多个有反犹太主义记录的组织。[1] 除此之外，还有专门从事反天主教和反黑人活动的期刊和组织——尽管三者间有重叠，但其总量之大还是令人惊叹。

样本材料

从煽动者口中和笔下流出的言论很奇怪地具有一种恒定的性质，尽管这种恒定性很难简单定义。以下来自1948年"基督教民族主义党"会议记录的节选即为典型：

> 我们从美国的各个角落聚集到这里，唯一的目的是采取必要的步骤，抗击物质主义的侵蚀，挫败威胁着、吞噬着我们所爱的国家——美利坚合众国的邪恶势力浪潮。我们聚集在耶稣基督和美利

坚共和国的旗帜之下，在十字架和国旗之下，向华尔街的国际金融家、莫斯科的国际共产党人和全世界的国际犹太恐怖分子表明，他们已经失败了。我们所孕育的政党，就是我们仍然抵制存在于这个世界的邪恶、奴隶制和无神论共产主义的纪念碑。

为什么美国人没有被告知，马歇尔计划（Marshall Plan）筹集的9000万美元，其实支付给了国际上的几个银行业家族，以喂养和充实黑人鼓吹者和社会主义诈骗犯的钱包，他们已经在欧洲摧毁了基督教，而且一有机会，就会将美国的基督教也摧毁？在两党制的外交政策下，我们被迫背负了已死的前独裁者富兰克林·德拉诺·罗斯福（Franklin Delano Roosevelt）所进行的秘密交易和做出的秘密承诺的后果！在两党制的外交政策下，我们成了纵容强加于德国人民之上的罪恶的摩根索政策（Morgenthau Policy）的恶人。数以百万计的基督教妇女和儿童因此饿死。现在，为什么美国人民没有被告知摩根索政策实际上是由一群疯狂攫取权力的虐待狂、亲共产主义的犹太人所制定的呢？他们想要摧毁德意志民族，使苏联军队能够占领并奴役整个基督教欧洲。

在已有的旧政党的纲领中寻求解决国际犹太人阴谋问题、共产主义犹太人叛国问题，以及犹太复国主义者的恐怖活动问题的方案时，我们看到的只有对同理心的呼吁，因为旧政党已经在巴勒斯坦创立了所谓的犹太国家。我们没有看到他们提及美国的犹太盖世太保，他们胁迫并诽谤为基督教美国而发声的美国公民。我们没有看到旧政党提及共产主义犹太人，他们已经渗透进了我们的政府，目的是为共产主义美国的统治和奴隶制铺平道路。我们没有看到旧政党对犹太复国主义双重效忠的谴责，他们压榨美国人，并为外国军队提供武装。我们没有看到旧政党对复国主义犹太人有任何谴责，他们在美国的大街小巷进行监听跟踪，目的是剥夺美国基督徒自由言论和集会的权利。

基督教民族主义党的使命就是在美国宣布共产党为非法，它是对所有正派的人的犯罪，对美国政府的犯罪，也是对所有我们基督教民族主义者珍视的事物的犯罪。我们打算把每一个共产党成员、每一个共产主义兄弟会成员和每一个把对约瑟夫·斯大林的爱置于他对美国星条旗和美国宪法的爱之上的人投入美国的监狱。

现在,在华盛顿,所有已经暴露的犯罪分子都是费利克斯·法兰克福特(Felix Frankfurter)的学生,我想是时候找出他在哈佛大学都教这些家伙什么了,如果他们最后都被发现成了共产党间谍的话。他还就职于美国最高法院。如果这些人在政府中位高权重的话,我们的政府怎么能安全呢?是时候让美国政府清理门户了,我们组织基督教民族主义党就是为了将这些败类从我们的政府中清除出去。

现在,我们并非想要就黑人问题煽动人心。我们要说出实话,我们要说出我们所相信的,我们要说出我们找到了解决美国现有的种族混居困局的唯一方案。我们主张和倡导制定一项宪法修正案,将黑人与白人之间的种族隔离制定为美利坚合众国的一项法律。并且,我们主张将黑白种族间的通婚视为联邦的犯罪行为!

在这里我想分享一个前几天我在密西西比州的杰克逊见朋友时听说的小故事。一个黑人去了圣路易斯,在那里与一名白人女子结婚了。当他回到密西西比州的杰克逊时,一群男子将他围在街角说:"摩西,你不能和那个白人女子待在这个镇上。你知道,我们不允许黑鬼和白人女人在一起,和白人女人结婚。"他说:"老板,你大错特错了,那个女人一半是北方佬,一半是犹太人,她身上没有一点白人的血。"

无论是右派的共产党人,还是左派的共产党人,都是迫害柯夫林神父(Father Coughlin)、查尔斯·林德伯格(Charles Lindbergh)、马丁·迪斯(Martin Dies)、伯顿·惠勒(Burton Wheeler)、杰拉德·史密斯(Gerald Smith)的幕后黑手。威胁他们、激怒他们、压迫他们、嘲笑他们、摧毁他们、让他们销声匿迹,看在上帝的分上我拒绝被消声。我对戴斯委员会(Dies committee)的看法是正确的,我对阿尔杰·希斯(Alger Hiss)的看法是正确的,我对斯退丁纽斯(Stettinius)的看法是正确的,我对联合国的看法是正确的,我对埃莉诺·罗斯福（Eleanor Roosevelt）的看法……也是正确的！

从来没有那么多商人受到迫害，从来没有那么多男人和女人受到虐待，能像过去十五年里那两个被称为罗斯福夫妇的刽子手、骗子、斯大林绥靖主义者、战争贩子所做的那样！上帝把美国从罗斯福夫妇手中拯救出来！

这篇杂糅的混乱论述，初看上去似乎完全无法分析。

最明显的主题是仇恨。在这个相对较短的篇幅中，作者提及的反派有物质主义者、国际金融家、犹太人、共产主义者、黑人鼓吹者、社会主义者、摩根索、苏维埃军队、犹太复国主义者、费利克斯·法兰克福特、哈佛大学、黑人、阿尔杰·希斯、当时的国务卿斯退丁纽斯、前总统罗斯福、罗斯福夫人和罗斯福家族。其中主要的恶人似乎是犹太人，他们被更频繁地提及，与其相关的组合也更多。此外，演讲者似乎对罗斯福恨之入骨。天主教徒没有受到谴责——因为在一场大型的城市集会中，听众中可能有很多是天主教徒，煽动者也需要他们的支持。

我们从这种多样化的敌意中可以看到（正如我们从第5章的统计分析中得知的那样），对少数群体的仇恨并非是孤立的。仇恨会被泛化。任何被感知为威胁的东西都会遭到憎恨。

然而，威胁从未得到明确的界定。但所有这些辱骂似乎都指向同一个显著的主题——即对自由主义或社会变革的恐惧。罗斯福夫妇首先是变革的象征，他们所倡导的变革对保守的经济生活与种族关系模式造成了尤为明显的威胁。人们也憎恶（哈佛大学所象征的）理智主义。因为它也带来了变化，同时也加剧了反智主义者心中的自卑感。社会主义和共产主义也带来了变革。黑人情况的改善也同样如此。犹太人长久以来都被与冒险、投机、边缘价值联系在一起（第15章）。具有专制人格的个体无法面对所有这些不确定性和非常规性，这一切使他们失去了熟悉的锚定点（第25章）。

他们提到的安全感的象征和他们认为恐惧的象征一样有趣。演讲中作为偶像被提及的有耶稣基督、美利坚共和国的旗帜、十字架和国旗、柯夫林神父、查尔斯·林德伯格、马丁·戴斯、伯顿·惠勒、杰拉德·史密斯。在演讲中此处没有引用的部分里，演讲者还向保罗·瑞威尔（Paul Revere）、内森·黑尔（Nathan Hale）、林肯、李（Lee）以及乔治·华盛顿（George Washington）——"有史以来最伟大的基督教民族主义者"致敬。在演讲者和听众的眼里，这些偶像都是保守主义的象征，代表着民族主义、孤立主义、反犹太主义，或是一种传统宗教，它们为制度主义者提供了终极的安全堡垒（第28章）。

从这个演讲样本中，我们看到了许多正面与负面的象征，以及这些象征是如何营造恐惧和不安感的。我们会在接下来的篇幅中进行更为详尽的讨论。所有煽动性言论都是大同小异的。重要的是它们的模式。

煽动者的计划

洛文特尔（Lowenthal）和古特曼（Guterman）在他们合著的作品《欺骗的先知》（*Prophets of Deceit*）中分析了大量与此类似的演讲和作品。煽动者所宣讲的内容似乎能够归结为以下几点：[2]

你被欺骗了。你的社会地位不保是由于犹太人、新政支持者、共产主义者和其他改革者的阴谋。像我们这样普通诚实的平民总是被当作笨蛋。我们必须采取行动。

想要置你于不利的阴谋无处不在。我们被恶魔所包围——华尔街、犹太银行家、国际主义者、国务院。我们必须采取行动。

阴谋者在性方面也是腐化堕落的。他们"在财富中翻滚，在美酒中沐浴，被受他们引诱的美国女孩所环绕"，"东方的色情作品是为了腐蚀外邦人的青年，使他们道德沦丧的"。外国人正享受着所有的禁果。

我们现在的政府充斥着腐败。两党制是虚伪的。民主只是一种"花言巧语"。"自由主义就是无政府主义"，公民自由是些"愚蠢的自由"。我们不可能在伦理上将人们一视同仁。我们必须对此保持谨慎。

厄运近在咫尺。看看工会首席信息官和工会激进分子会议上的"新政版共产党充公税制"。他们和犹太人正在迅速掌权。马上就会发生暴力革命。我们必须采取行动。

资本主义和共产主义都威胁着我们。毕竟，无神论共产主义最初产生于犹太资本主义和犹太人的理智主义之中。

我们不能相信外国人。国际主义是一种威胁。但我们也不能信任自己的政府。外来的白蚁正在内部进行腐蚀。华盛顿是一个"布尔什维克党的贼窝"。

我们的敌人是低等动物。他们是爬行动物、昆虫、细菌、类人生物。我们需要对其赶尽杀绝。我们必须采取行动。

没有中间地带。世界是分裂的。不支持我们的人就是与我们对立的人。这是一场有产者与无产者之间的战争，是一场真正的美国人与"外国人"之间的战争。"欧洲－亚洲－非洲的塔木德（Talmudic）哲学，还有新政，与基督教义是截然对立的。"

一定不要玷污血统。我们必须保持种族的纯洁性与精英地位。自由主义的道德沦丧者是邪恶的污染源。

灾难近在咫尺，你能够做些什么？可怜的、单纯的、真诚的人民需要一名领导者。看啊，我就是这名领导者！美国没有错，错在那些被腐化了的执政者。将执政者换成我。我会改变混乱不堪的局面。我会让你们的生活变得更加愉悦和安全。

情况如此紧迫，没那么多时间思考了。快把钱交给我，然后我就会告诉你该怎么做。

所有人都在反对我。我是你们的殉道者。媒体、犹太人、腐朽的官僚都在试图使我闭嘴。敌人们正在策划着阴谋取我性命，但上帝会保护我。我会引领你们，我会启蒙公众，我会清洗数以百万计的官僚和犹太人。

也许我们会向华盛顿挺进……

计划到这里就逐渐继续不下去了。因为法律禁止煽动暴力与主张以武力推翻政府。煽动者为追随者许诺了一幅模糊的，流着奶和蜜的乌托邦图景，并暗示存在某种合法或非法的手段能让进入这个"新耶路撒冷"成为可能。这让追随者们感到兴奋。当然，在欧洲的一些国家，这种煽动显然已经转化成了行动。整个政府都被受类似的野心家煽动的暴民推翻了。

煽动者对其追随者感觉到的不满和不适的成因做出了夸张而错误的诊断。毫无疑问，他们感到沮丧、痛苦，与自己和社会格格不入。然而，真正的问题没有被陈述。煽动者们会将矛头指向经济结构中的缺陷，人类无法避免战争这一缺点，人们在学校生活中、工作生活中、社区生活中对基本原则的忽视，以及精神健康和坚定自我的缺乏。

真正的因果关系是复杂的，也是煽动者所完全避开的。追随者们确信他们自己完全不应受到责备。他们岌岌可危的自尊受到基督徒、真正的爱国者、精英人士等身份的安抚。他们甚至被告知，憎恶犹太人并非反犹太主义的标志。在每一处，他们的外罚倾向都是合理的，他们的自我防御都得到了加强。

煽动者从来没有提出过一个理性的方案，以缓解社会的动荡与个人的痛苦。他也没有提出一个清晰的武力推翻这个拥有着坚定政府结构的国家的计划。煽动者只有在类似于德国、西班牙、意大利、俄国等社会结构已经摇摇欲坠的国家发起革命才可能成功。煽动者的言论无法在繁荣稳定的土壤中生根发芽。

但是，有时即使在一个稳定的国家中，煽动者也有可能由于具备本地根基，在城市或州县中获得一定的政治权力。

无论成功与否，煽动者在本质上都是在倡导一场遵循法西斯主义模式的极权革命。在美国，为了显得不太过分地侵害这个国家的立国价值，某些维持形象的掩护是必要的。煽动者通常会辩称自己不是反犹太主义者，自己也反对法西斯主义，就如同他们也反对共产主义一样。有人指出，如果法西斯主义要落地美国，一定会打着反法西斯运动的幌子。然而煽动者的特征仍然是显著的，煽动者在所有国家的计划本质上也都是相似的。

在"民主之友"机构以《如何识别美国的亲法西斯主义者》为题的备忘录中,列举了以下特点:

1. **种族主义**普遍存在于所有亲法西斯群体。事实上,在任何地方,种族主义都是亲法西斯理念的基石。而在这个国家,亲法西斯主义呈现为白人至上的形式。

2. **反犹太主义**是所有亲法西斯主义者与"百分之百美国人"群体的共同特征。在新教徒占绝对多数的地区,反天主教有时也会取代反犹太主义,成为这个共同特征。但煽动者一般认为反犹太主义才是最有效的政治武器。

3. **反对外国人**、**反对难民**、**反对外国的一切**,都是主要特点。世界各地的法西斯主义者都强调"本土保护主义",并对"外国人"和其他民族的人持负面态度。

4. **民族主义**是关键。极端民族主义者会声称自己的国家是"主人国家",正如他将自己国家的人民称为"主人民族"一样。权力是他理论的主旨。

5. **孤立主义**是模式中的一个显要部分。孤立主义者认为,这个国家被夹在两片无垠的海洋之中是坚不可摧的。

6. **反国际主义**也是模式的一部分。这种反国际主义包括反对联合国和所有其他为和平达成国际谅解与合作的努力。

7. 将所有对立者不分青红皂白地扣上共产党人和布尔什维克的标签。共产主义被用作恐吓欺骗人们接受法西斯主义的手段。除此之外,亲法西斯主义者还会使用诸如自由党、进步分子、犹太人、知识分子、国际银行家、被称为共产党或"同路人"的外国人之类的群体作为恐吓。

8. **反对劳工**,尤其是反对劳工组织,是一个主要的特征。这个特征常常会受到掩饰。

9. **对其他法西斯主义者的同情**在亲法西斯主义者中很普遍。在珍珠港事件发生前,这种同情包括将希特勒和墨索里尼辩护为"抗击共产主义的伟大堡垒"。在战争期间,这种同情针对贝当(Petain)和维希政府(Vichy government)。之后,这种同情演变为对佛朗哥(Franco)和庇隆政权（the Peron regimes）的维护。

10. **反对民主**是另一个共同点。"民主是颓废堕落的"，所有的法西斯主义者都会这样说。在美国，最主要的是我们国家是个"共和国"而非"民主国家"。"共和国"是精英统治，而民主实际上是共产主义的同义词。

11. **颂扬战争**、**武力和暴力**也是他们的一个主题。战争被认为是创造性活动，军事英雄拥有至高无上的荣耀。亲法西斯主义者的一条口号称"生活就是斗争，斗争就是战争，战争就是生活。"

12. **一党制**是法西斯模式的一个显著特征。极权主义以"同一个人民，同一个政党，同一个国家"的口号被颂扬。[3]

美国民主具有无与伦比的韧性，成功抵御了此类煽动数十年而不倒。[4]然而如今，随着压力的恶化，文化的滞后（即社会技能无法跟上技术发展的步伐），煽动话语的吸引力比以往任何时候都大。这不是一夜之间突然诞生的运动。法西斯主义的种子一直存在，然而它最初的成长可能是渐进的、无法察觉的。直到在某个时间点，它突然以惊人的速度传播开来。它的兴衰与特定的煽动者有关。但有时，它在国会委员会，地方和国家政治团体之间，某些报刊、广播的评论员中也能获得坚实的信念基础。

总体而言，民主传统似乎仍然处于优势地位。每场法西斯运动都会造成强大的逆流，然而社会压力的增加和社会变革的加速在我们今天的世界上制造了一种危险的状况。问题在于，我们是否能够在更多的民众受煽动者的蛊惑开始慌乱恐惧之前，开发出现实的判断和政策，以改善国内外目前所存在的弊病。

追随者

追随煽动者的人们对他们自己所致力于的事业并没有明确的概念。他们对要达成的目的本身与达成目的的手段都感到迷惑。煽动者本人可能并不认识他们。即使双方相识，他也认为把注意力完全集中在自己身上是更有利的。他了解到，具体的形象（领导者）比抽象的形象更能让人牢牢记住。

既然没有办法摆脱困境（除了遥远而尚未明确的采取暴力的可能性），追随者被迫信任煽动者的指导，并盲目地效忠于他。煽动者为他们提供了抗议和仇恨的渠道，迁怒使他们得到了暂时的愉悦和满足。美国人是美国人，基督徒是基督徒，这些人是最出色的群体，是真正的精英，此类同义反复的保证给人以安慰。一个人是基督徒，因为他不是犹太人；是美国人，因为他不是外国人；是朴实的老百姓，因为他不是知识分子。这种安慰似乎很单薄，但是却能够增强自尊。

我们需要对本土主义组织的成员进行全面的、科学的研究。根据研究人员的观察报告，这些组织的成员似乎是那些显然没有在生活中取得成功的人，大多超过40岁，没有受过教育，困惑，表情刻板严峻。成员中还有许多看起来严肃古板的女性，这暗示出其中有些人可能是由于缺乏爱情而将煽动者幻想成一位爱人和保护者。

事实很可能证明，煽动者的追随者都是感到自己遭排斥的个体。他们普遍有着不愉快的家庭生活和不满意的婚姻。他们的年龄表明，他们已经活了足够长的时间以对自己的职业和社会关系感到绝望。因为他们在个人或财务资源方面几乎没有积累，他们害怕未来，并乐于将自己的不安全感归因于煽动者挑选出的恶性力量。现实满足感和主观安全感遭到剥夺，使他们对社会持虚无态度，并沉迷于愤怒的幻想。他们需要一个专属的安全岛，满足自身受挫的希冀。所有的自由主义者、知识分子、偏离正轨者和其他可能带来变革的个体都必须被排除在外。可以肯定的是，他们自身也想要某种改变，但是这种改变仅限于能够为其提供个人安全感，并给予其自身弱点以支撑的程度。

我们在前几章中探讨的每一种由性格所致的偏见源头，都有助于解释煽动者的追随者们的心理。煽动活动招致仇恨和焦虑的外化；这是一种制度性的投射；他合理化并鼓励小报式思维、刻板印象与世界上充斥着骗子的信念。他将生活划为判然两分的选择，遵从简单的法西斯主义公式，不然就会有灾难产生。没有中间地带，也没有国家层面上的解决方案。虽然终极目标是模糊不清的，但"追随领袖"规则仍然满足了人们对明确性的需要。煽动者宣扬所有社会动荡都是外群体的不当行为所导致的，他们想避免追随者关注自身内部的冲突。这样，追随者的压抑感才能够得到保护，而自我防御机制也能就此得到加强。

一项小规模的实验研究使我们对易受煽动人群的特质有了一定的了解。这项研究选择生活在芝加哥的退伍军人为样本，研究人员之前对他们做过采访，因此对其背景与观点有了一定了解。在这项研究中，被试首先会通过邮件收到两份反犹太主义宣传资料。在两周后，研究人员将对他们进行再次采访。结果显示，有些被试接受并赞同宣传资料上的观点；而有些被试则对此表示排斥。前者包括：之前就显示出狭隘态度的被试，或宽容态度只停留在言语层面的被试。而对宽容态度有着强烈倾向的退伍军人则不会信服其观点。此外，他们坚信这些宣传资料来自于权威可靠的公正来源。最后，他们还是那些觉得这些宣传材料让人安心的人；其内容减轻了他们的焦虑，并且没有引起新的恐惧或冲突。总结以上证据，就其本身而言，煽动言论的吸引力建立在人们先前的态度和与其相一致的态度和信念上；在它的消费者看来，它是权威的；这减轻了他的焦虑。如果煽动信息符合以上所有标准，那就有可能被接受。[5]

作为个人的煽动者

煽动者之所以能够得逞，是因为威权型人格的个体需要他们。然而，煽动者这样做并非出于利他的动机，而是为了实现自身的谋划。

在许多情况下，煽动行为是有利可图的。会费、礼物、会员购买的衬衫和徽章都能使党派头目大赚一笔。[6]煽动者能够通过煽动活动赚取财富，而由于管理不善、法律困难或追随者转投其他的新鲜事物而发生的运动失败，也会让一笔可观的财富落入煽动者的口袋中。

煽动者具有政治动机的情况也很普遍。煽动者们通过夸张而含糊的承诺（仇恨言论）而当选参议员、国会议员或进入当地政府部门工作。煽动技巧足以使他们登上报刊头条，或被邀请至电台接受采访，夺人眼球。这些煽动者会因此声名鹊起，在下一次选举中占有优势。煽动者的技巧之一就是唤起希望（例如"分享财富"），或是唤起恐惧，"投票给我，不然共产党人（或黑人、天主教徒）就将控制政府"。正是这两种技巧使希特勒迅速攫取了权力。

但煽动者的动机往往更为复杂。他们也具有受性格制约的偏见。全然冷酷精明、只是在利用反犹太主义攫取利益的政客很少。

让我们来仔细看看希特勒的反犹太主义策略。它的一些根源可能在于其自卑和性层面的内在冲突，我们在本书第424页曾对此进行过探讨。但是，似乎他不可能仅仅出于满足自己的个人情感需求，而将反犹太主义作为一项国家政策。可能他和他的同僚贪图的是犹太人的财产。对犹太人财富的直接征用可能是一个促成因素，虽然这些掠夺而来的财富是否能够冲抵市场中商业活动中断所造成的资本损失依然存疑。希特勒的主要动机是为经受了1918年的战败和随后的通货膨胀的德国人民提供一个替罪羊。他通过迁怒加强民族主义和内部的团结。所有这些动机都可能同时存在。不仅在德国，希特勒在整个世界上试图通过摆出屠龙骑士圣乔治的姿态以获得青睐。他希望借此被普遍存在反犹太主义的国家视作盟友。在许多地方，人们说他们喜欢希特勒只有一个原因，因为他反对犹太人。他依靠这一点招揽人们的同情，与其他国家完成了许多难以达成的交易。无疑，他获得了一些好感；然而他高估了反犹太主义的长期价值。

已经掌权的煽动者可能会通过煽动性的呼吁转移人们的注意力。他们一边忙于自身的筹划，一边不断向人们灌输自己是如何拯救他们于危难之中。他们如同罗马皇帝们利用面包与斗兽一般，利用少数群体。

除非存在大量不满的人群，否则煽动者们就无法得逞。他们无法煽动具有安全感和发展出了成熟自我的群体，使他们追随自己。但在通常情况下，煽动者总能够找到充足的潜在追随者（有人将他们称为"宣传受众"）。对于煽动者而言，大众是必需品。一旦离开了煽动者，大众就很难被唤起。在珍珠港事件之后，麦克威廉斯（McWilliams）将日裔美国人遭到的不公正对待归咎于特定的爱国人士和猎巫者。[7] 如果希特勒不存在，第二次世界大战的暴力和对德国犹太人的迫害是否可以避免，这是一个永远无法回答的问题。尽管煽动者似乎对灾难的发生至关重要。但是当时机成熟时，即使一个煽动者不出现，很可能也会出现另一个。

总而言之，煽动者的动机可能十分复杂。但是，大多数煽动者自身都是威权型人格，拥有极佳的表达能力。虽然一些煽动者所寻求的是权力与金钱，但是大部分煽动者之所以能够成为煽动者是性格所致的，尤其是对于那些既没有钱又没有能力印刷属于自己的宣传手册或是发表肥皂箱演讲的小人物而言，更是如此。也许他们具有些许表演性倾向，然而只有当他们的偏见态度十分强烈时，他们才会通过这种渠道表现出来。某些小的煽动者——可能某些大煽动者也是如此——似乎已近于偏执狂。

偏执狂

克莱佩林（Kraepelin）在对精神疾病进行分类的过程中，将**偏执念头**（paranoid ideas）定义为"无法被经验纠正的错误判断"。根据这一相当宽泛的定义，包括偏见在内的许多念头都是偏执的。

然而，真正的偏执狂有着难以穿透的坚硬性。他的想法都是妄想，是与现实脱节，并且不受任何因素影响的。

> 一个患有偏执狂的女人有着一个顽固的妄想，她认为自己是个死人。医生尝试了通过逻辑推理使她察觉自己的观念是错误的。医生问她："死人会流血吗？""不会。"她说。"嗯，如果我刺伤你的手指，你会流血吗？""不，"女人回答，"我不会流血，我死了。""那让我们来看看吧。"医生说着刺了一下她的手指。当病人看到指尖涌出的鲜血时，她惊讶地说："噢，所以死人也会流血，不是吗？"

偏执观念的特点是，它们通常具有局部性。也就是说，受偏执所害的人可能除了在他观念紊乱的那个领域，其他方面都是正常的。与其生活中所经历的所有苦难一样，他的所有内心冲突都被凝缩成了单一的、有限度的妄想体系。在第327—328页中，我们看到排斥性的家庭生活是大多数偏执狂的特征之一。他们将早期的痛苦进行合理化，并纳入了其单一的观念体系之中——通常得出的结论是，他们遭到了邻居、共产党或犹太人的迫害。

偏执观念有时会与其他形式的精神疾病混杂在一起，但是，它们似乎经常会构成一个所谓的"纯偏执狂"的整体。有时，这种折磨是温和的，所以我们会对其作出一个边界性质的诊断——"偏执狂倾向"。

大多数心理分析师和许多精神科医师所持有的理论是，任何程度或类型的偏执狂都是同性恋倾向被压抑的结果。有一些临床证据也支持这种说法。[8] 人们对此有如下解释：对于许多同性恋孩子，尤其是那些曾由于性活动而受到严惩的孩子，当他们无法面对自身的同性恋冲动时，他们就会压抑这种冲动，对自己说，"我不爱他，我讨厌他"。（类似的"反应形成"还包括我们在第23章中所提到的对黑人的性仇恨。）这种冲突逐步外化，并出现补充性的投射。"我讨厌他是因为他讨厌我。他跟我过不去。他正在迫害我。"这一系列曲折的合理化的最后一步是置换和泛化。"不只是他在恨我，设计陷害我，黑人、犹太人、共产党也是如此。"（偏执狂这种"总**有人**在迫害他"的感受可能会被认为是替代性质的性象征，或仅仅是便利的、被社会认可的替罪羊。）

无论这一详尽的理论整体上是否合理，偏执观念的发展史通常包含以下几个步骤：（1）存在剥夺、挫折、某种缺失（如果不是在性方面，那么就是其他高度个人化的方面）。（2）通过压抑和投射机制将缘由完全外化（偏执狂在其症结所在的领域内完全缺乏洞察力）。（3）由于外部因素被视为一种严重的威胁，这个威胁来源会受到憎恨和攻击。在极端的情况下，偏执狂会对"有罪"者进行攻击或消灭之。一些偏执狂嗜杀成性。

当一个真正的偏执狂成为煽动者，将会导致灾难。如果他在其领导活动中表现得足够正常，行事精明，那么他会取得更大的成就。如果是这样的话，他的妄想体系将会显得貌似合理，他会吸引许多追随者，尤其是那些自身怀有潜在偏执观念的人。一旦有足够多的偏执狂，或是足够多的具有偏执倾向的个体集结在一起，那么就会出现一群危险的暴徒。[9]

偏执倾向解释了为什么反犹太主义者执着于对犹太人和共产党的迫害。偏执狂始终冥顽不化。即使遭到公开的反对、嘲笑、曝光或监禁，他们也不会放弃自己的偏执观念。也许他们会暂时停止煽动追随者使用暴力，但没有什么能够动摇他的强烈信念，他不苟言笑、咄咄逼人。无论是论证，还是经验都不会改变他的观点。即使有与其观念矛盾的证据浮现出来，他也会扭曲证据以适应自己原来的信念，就像那个认为自己"死了"的女人一样。

我们尤其需要关注的是，不同程度的偏执可能存在于任何正常的个体身上。投射机制是偏执的核心，哪怕是正常人也会出现投射机制。病态者与正常人之间并非泾渭分明。

偏执是偏见所导致的极端病态。目前似乎不存在任何治疗的方法。谁发明了治疗偏执狂的方法，谁就是人类的恩人。

解决癌症问题的一个途径，就是研究有助于生物体保持健康的条件，并防止细胞的恶性生长。同样，我们也希望通过研究宽容人格的特征以控制偏执、投射和偏见等这些无法植根于宽容人格的精神功能。是什么构成了宽容人格呢？

参考文献

1. A. FORSTER. *A Measure of Freedom*. New York. Doubleday, 1950, 222-234.
2. L. LOWENTHAL AND N. GUTERMAN. *Prophets of Deceit: A Study of the Techniques of the American agitator*. New York: Harper, 1949.
3. How to spot American pro-fascists. *Friends of democracy's Battle*, 1947, 5, No. 12. Issued by Friends of Democracy Inc, 137 East 57th, St, New York 22, N. Y.
4. Cf. L. LOWENTHAL AND N. GUTERMAN, Op. cit., 111.
5. B. BETTELHEIM AND M. JANOWITZ. Reactions to fascist propaganda—a pilot study. *Public Opinion Quarterly*, 1950, 14, 53-60.
6. A. FORSTER. Op. cit.
7. C. MCWILLIAMS. *Prejudice*. Boston: Little Brown, 1944, 112.
8. J. PAGE AND J. WARKENTIN. Masculinity and paranoia. *Journal of Abnormal and Social Psychology*, 1938, 33, 527-531.
9. 然而，像一位作者在讨论希特勒统治下的德国时所做的那样，宣称一个国家可能是偏执狂是太过分了。见 R. M. BRICKNER, *Is Germany Incurable*? Philadelphia: J. B. Lippincott, 1943。但是少数偏执狂，甚至一个偏执狂，就可以造成足够的伤害了。

第27章

宽容人格

宽容（tolerance）似乎是个软弱无力的词。当我们说我们容忍头痛，或容忍我们破旧的公寓或邻居，这并非意味着我们喜爱它们，而仅仅是在说，即使我们不喜欢，也要选择忍受它们。容忍社区中新来的邻居只是一种消极的体面行为。

不过宽容也有一个更强的含义。当我们描述某个个体对所有人都怀着友好的态度时，我们会称其为宽容的人。无论他人是何种种族、肤色或信仰，宽容的人总是对其表达出认同。我们在本章中希望探讨的就是这种更为温暖和正面的宽容。然而，在英语中没有一个术语能够表达这种对于自身及外群体的友好、信任的态度。

一些作者更偏好使用"民主人格"或"富有成效的人格"等概念。虽然这些概念明显都是相关的，但就我们的目的来说，它们涵盖了太多的内容。它们并不一定像我们所需要的那样从种族态度出发。

在讨论偏见人格（第25章）时，我们提到过两种广泛应用的研究方法。纵向研究方法注重于偏见态度的发展，始于最早期的儿童养育阶段。横向研究方法则致力于研究当下的偏见模式，并提出一系列问题，如种族态度的组成形态，以及它对于整体人格的功能是什么。这两种研究方法在对宽容人格的研究中都是适用的。但是，不幸的是，对"好邻居"的研究不如对"坏邻居"的研究多。相较于守法公民，违法者更吸引社会研究者的注意力。就如同相较于健康，疾病更能引发医学研究者的兴致；相较于健康的宽容，社会学家更受病态的偏执所吸引。[1]因此，我们对宽容的了解比我们对偏见的了解要少得多。

早年生活

我们的大多数一般性知识来自偏见研究中使用的对照组。正如我们在第25章中看到的，研究者习惯上把一群宽容的人和一群不宽容的人配对，然后关注将这两者区分开来的背景因素。

宽容的孩子似乎很有可能来自拥有宽容氛围的家庭。无论他们做什么，他们都能受到欢迎、接纳和喜爱。他们受到的惩罚既不会苛刻，也不会反复无常，孩子们不必时刻提防父母因为自己的冲动而暴怒。[2]

因此，相较于偏见儿童的成长背景，宽容儿童的生活经历中所存在的"威胁取向"更少。他们的生活充满安全感，而非威胁性。随着自我意识的发展，宽容的孩子们能够适应外界对他们的要求，发展出属于自身的良知与愉悦。他的自我不会被压抑，而是得到了充分的满足。他不会因为感到内疚而通过投射将责任归咎于他人，因此，在他的精神-情感生活中，意识层面与无意识层面之间不存在明显的断裂。

宽容的孩子与偏见的孩子对待其父母的态度差异明显。也就是说，虽然宽容的孩子总体来说接纳父母，但他可能会毫无畏惧地批评他们。然而偏见的孩子会在有意识层面感到爱他的父母，却在无意识的层面憎恶他们。他的态度是模式化的，在公开场合，他会表达对父母的爱意，但这种爱是虚伪的。他们对父母表示接纳，是为了避免生活在对他们权力的恐惧之中。

由于宽容个体的道德冲突在整体上能够得到令人满意的处理，因此，对于他人的过错，他的反应并没有偏见个体那么严厉和死板。他们能够对违背习俗和准则的行为持有宽容的态度。良好的友谊和愉悦的相处，被视作比良好的举止和"得体的"行为更重要。

宽容人格的个体（即使在童年时期）显示出更大的心理灵活性，这体现为对两极化思维的排斥。他很少会赞同"世界上只有两种人：弱者与强者"；或"任何事都只有一种正确做法"这样的论断。他很少将自身环境中的事物区分为完全正确与完全不正确两个极端。对他而言，是存在灰色地带的。他也不会明确区分性别角色。他不会赞同"女孩只需要学习家务就可以了"这样的观点。

在学校中（和后来的生活中），宽容的个体会显示出与偏见的个体截然相反的行为。他不需要完全精确、有序、清晰的指示就能够推进任务。他们也可以"容忍模糊性"。他们没有对持续的明确性和结构性的需求。他们觉得说出"我不知道"，并等待一段时间才得到答案是安全的。他们对延迟没有那么恐惧，也不会迅速形成分类，或是过分执着于既成的分类。

宽容的个体对挫折的容忍程度也相对较高。当受到剥夺的威胁时，他们不会陷入恐慌。他们能够从自我之中，而非通过外部化（投射）冲突获取安全感。当事情出了差错时，他不会归咎于他人；他也许会感到自责，但并不会由此陷入惊恐状态。

这似乎是宽容的社会态度的普遍基础。毫无疑问，这种基础在很大程度上是养育方式、父母对孩子的奖惩模式，以及家庭生活中的微妙氛围的产物。然而，我们也不能忽视先天气质所起到的作用。一位学生这样写道：

> 从我记事起，我就被教导要热爱一切生物。父母告诉我，大概在我五岁左右时，有一天我哭着跑回家，说一个男孩在外面"摇动大自然"。他们向窗外望去，看到一个男孩正在从树上摇橡子。即使在这个年龄，我就厌恶暴力，这种感情持续至今。从我很小的时候起，父母就教育我不要盯着残疾人或盲人看，并对贫穷的人施以援手。我确信，这种教育使我免于形成对待少数群体的偏见态度。

这个案例表明，温和宽容的态度，是先天气质和适当教育共同造成的。

针对反纳粹的德国人的研究揭示了许多构成宽容态度的因素。（我们十分乐于采纳这种跨文化的证据，这有助于发现哪些是人类本质的普遍原理，哪些是文化所导致的结果。）大卫·利维（David Levy）针对抗拒希特勒不容异己的政权的德国男性进行研究[3]，发现他们与其父亲的关系相较于一般德国人而言更为亲密，整体而言，他们的父亲都不是严厉的纪律约束者。而且，他们的母亲也常常对他们表达出爱意。在很多宽容人格的案例中，我们发现没有兄弟姐妹也会加强这种早期的、基本的安全感。这些发现支持了我们在美国研究中得到的结论，这使我们进一步相信，早期的养育方式是使孩子形成宽容人格的重要因素。

利维的研究还发现，这些反纳粹者的家庭往往存在跨越宗教信仰与民族的通婚现象；相似地，广泛的阅读或者旅行也能够扩宽他们的视野。也就是说，家庭氛围并非形成宽容人格的唯一要素，后来获得的经验也很重要。

我们能够就此得出结论，宽容极少是单一因素的产物，而是受到不同力量的推动。这些推动宽容人格形成的力量（气质、家庭氛围、特定的父母教育、多元的经验、学校和社区影响）越多，就会使人格越具有宽容的特质。

宽容的类型

不同程度的宽容个体在种族态度方面可以分为两类，**显著**（salient）的宽容与**非显著**（nonsalient）的宽容。某些人在特定问题上似乎总是将公平作为首要的关键因素，并将其视为自身行为动机中的重要部分。反纳粹的德国人就是很好的例子。他们时刻关注着希特勒的种族主义，并与其进行抗争。然而，这样的抗争会危及自身生命安全，他们不得不时刻维持它的显著性。

其他的宽容个体就不会有这样的问题。他们习惯于用民主的态度对待所有人，无论对方是外邦人，还是犹太人。在他们的眼里，人生而平等：大多数人作为某群体成员的身份对他们的态度不会造成任何影响。我们在第8章中提到，相较于对犹太人群体持有严重偏见的个体而言，对犹太群体没有偏见的个体往往更难以通过面部表情辨别犹太人，因为对他们来说，犹太人与非犹太人的区分不如对前者来说显著。

可以说，最宽容的人是不会表现出任何种族态度的。对他们而言，一个人只是一个人而已。但是这种良性的意识缺失在我们现今的社会里是很难实现的，因为人类关系大部分都构建于阶级的框架之中。很多人都希望能够只是简单地将黑人当作单独的个体来看待，然而环境迫使他们注意到种族的差异。这种普遍的社会歧视使种族态度变得尤为显著。

除了显著的宽容与非显著的宽容，我们还可以将宽容人格区分为**顺应的**（conformity）宽容与**基于性格形成的**（character-conditioned）宽容，就如同我们在第17章中对偏见作出的分类一样。在没有种族问题的社区中，或是习惯于按照宽容标准处理种族问题的社区中，人们会将宽容视为理应如此的态度。其中的人顺应了宽容的群体规范。然而，基于性格所形成的宽容是一种正面的人格结构，对于整个人格的建设具有功能意义。

基于性格形成的宽容总是意味着，个体对他人始终抱有积极的尊重——无论对方是谁。这种尊重可能会延伸到生活方式中的方方面面。一些人似乎怀有一种总体上的友善情感，一种真诚的善意。而另一些人的价值倾向则更具美学意味，文化差异让他们感到愉悦，外群体的成员对他们来说是新鲜有趣的。还有些人则将自己的宽容态度根植于自由主义政治观点与进步哲学的框架之中。另一些人则主要由正义感驱动。还有一些人认为，在国内公平地对待少数群体，是与国际上的和平联系在一起的。他们认为，只有更加公平地对待国内的有色人种群体，自己才能够与全世界的有色人种和平共处。[4] 简而言之，基于性格形成的宽容是基于某种积极的世界观的。

战斗的宽容与和平主义的宽容

有些宽容的人是战士。他们无法忍受任何侵犯他人权利的行为。他们也无法容忍不宽容。有时，他们会组成一个团体（例如，种族平等委员会），对餐馆、酒店和公共交通进行是否存在歧视的考察。他们作为间谍潜入对立方的组织，使煽动者与狭隘的亲法西斯组织得到曝光。[5] 他们支持并执行法律诉讼以挑战并最终击溃种族之间的隔离。他们会加入更为激进的改革派组织，我们能够在立法听证会，或者任何涉及公民权利的热点问题讨论中见到他们的身影。

我们能说这样的狂热者自己也有偏见吗？答案有时是肯定的，有时是否定的。在这些战斗的宽容者之中，有一些是"反向的偏见者"，例如，他们会没来由地憎恶南方的白人，就像许多白人不理智地憎恨黑人一样。在他们的内心，可能有着同样的过度分类与同样潜藏着的心理动力过程。反向的持有偏见者可能会将所有持有偏见的人都称为"法西斯主义者"，或控诉所有的雇主都在剥削雇员。许多为"平等"信念而奋斗的共产主义煽动者似乎也是恰当的例子。在第1章中，我们将偏见定义为针对群体的不理性的敌意，将其他群体邪恶的属性进行夸大与过度泛化。基于这一定义，一些改革者和他们试图改变的人一样都有偏见。

然而，其他一些好战的宽容者似乎有能力更好地分析这个问题。他们认为，在特定的时间采取特定的行动，比如通过某个特定的立法法案，将会促进少数群体的利益，于是他们就会投入战斗。他们的行为是基于对自身价值的现实评估之上的，而非基于对对方的刻板印象。或者，他们可能会故意无视社会习俗，并冒着被驱逐的风险对被排斥者展示友好的态度，以实现自身的价值。这种情况下，好战分子并没有对其所反对的群体进行歪曲。其坚定的信念与偏见是不同的。有人就**信念**（conviction）与**偏见**的区别做出定义，说："你可以做到不带感情地谈论你的信念。"这个答案绝非完美——但却道出了真相。信念绝非完全缺乏情感，但它所带有的是一种能够控制的和不同寻常的情感，指向消除现实的障碍。相比之下，偏见中的情绪被扩散和过度地泛化了，影响了与此无关的事件。

强烈的民主情绪也可能导致个体成为好战分子。这个发现来自多布洛斯（Dombrose）和莱文森（Levinson）的研究。[6] 研究人员对被试进行了两次测试：一个"民族中心主义"测试（E-scale）和一个"好战与和平的意识形态"测试（IMP-scale）。结果发现，对民族中心主义持温和的反对态度的被试往往认同温和的改革方式。而对民族中心主义持强烈反对态度的被试往往更为激进。二者的相关系数为+0.74。例如，好战分子会赞同如下的主张：

> 我们应该通过包括法律在内的一切可能的手段，给予黑人与其他群体平等的社会地位和权利。
>
> 一个人可以是民主的，相信言论自由的，但他仍然能够否认法西斯有言论自由和聚会的权利。
>
> 共和党和民主党人目前的差异很小，我们需要一个真正代表人民的党派。

正如研究的作者所指出的，许多具有民主信念的人都有一种超越种族和民族问题的气质上的好战性。他们想要广泛的改革，而且他们现在就想要。

和平的民主派人士（他们对种族中心主义的反对倾向并没有那么激烈）会使用较为温和的方式，并赞成渐进的改革运动。他们会赞同如下的主张：

> 聪明人能够在处于斗争的"左"与"右"两种意识形态之间找到中间地带。
>
> "把你的右脸也给他打"依然是一条实用的生活哲学。
>
> 对反犹主义言论的过分反对没有益处；这只会让你陷入无意义的争论之中。
>
> 国际上的紧张局势主要是缺乏对其他人和国家的了解所导致的。
>
> 首选的行动方式是教育、耐心、渐进的——"和平主义"的模式。

正如这项研究所证明的那样，事实上，具有强烈的反民族主义感情者倾向于成为好战分子，然而两者并不具有完美相关性。极为民主的个体完全有可能怀有渐进主义和"和平主义"的改革理念。伟大的黑人领袖布克·华盛顿（Booker T. Washington）就是一个例子。

自由主义和激进主义

无论是好战的宽容者还是和平主义的宽容者,他们在政治上都更有可能属于自由派。而持有偏见的个体往往是保守主义者。两者的相关性达到了+0.50。[7] 这项研究量表所定义的"自由主义者",是一位对现状持批判态度,向往社会进步的个体。他不再强调粗糙的个人主义和商业成功的重要性;他将通过增加工会和政府在经济生活中的作用来削弱商界的力量。他倾向于对人性持乐观态度——人性可以变得更好。大多数量表所定义的激进主义都是同一模式中更强烈的一个等级。

但是,正如我们所指出的那样,完全反对目前社会结构的自由主义者和极端的激进分子(例如,共产主义者)之间似乎存在着质的差别。激进分子的民族情绪往往包含在对社会整体的激烈抗议之中。他们对系统的仇恨远比想要改善少数群体状况的愿望更强烈。

因此,认为激进主义只是程度极端的自由主义是不正确的。两种观点的功能意义有着显著的差异。自由-平等主义者可能会认为社会总体上说运行得很好,只是需要加强对每个个体的关怀,无论对方是穷人、病人还是少数族裔。他的生活目标是改善主义——让事情变得更好。而另一方面,激进分子整体的生活框架则是否定的——以仇恨为底色。他们想要彻底颠覆现状,而不怎么担心后果。

事实上,自由主义和激进主义都与宽容的种族态度具有正向相关性这一事实,成了持有偏见者(很可能是政治保守主义者)手中的有力武器。他们会以部分真实的证据控诉那些信仰平等权利的"激进分子"。一位来自南方的议员声称:"人人都知道,共产党在南方的主要目标是混合种族。"因此,对他来说,代表黑人要求温和改革的对手就是一个共产主义者。这样的逻辑是错误的。这就像是在说,所有75岁以上的人都赞同社会保障;因此,所有支持社会保障的人都超过了75岁。然而,他混乱的逻辑却帮助他达成了目的。他将"共产主义者"的标签强加于改革者之上。而事实上,他们中很少有人属于共产主义者。

教　育

　　宽容的个体除了比持有偏执者更为自由（或更为激进）之外，是否也更聪明？初看上去是这样，因为难道两极分化、过度概括、投射、错置不都是智力低下的标志吗？

　　然而这个问题是复杂的。即使是偏执狂，在他们的紊乱区域之外也可能是十分理智的。持有偏见的个体也经常会取得成就，而不会表现出与"低智商"相关的普遍愚蠢。

　　如果我们援引对儿童的研究，就会发现宽容人格与更高的智力有着轻微的关联。两者的相关性在+0.30左右。[8] 这种相关性不算高，并且受到所属社会阶级的影响。低智商的孩子往往来自贫困家庭、受教育机会更少，无知和偏见程度可能更高。因此，我们无法确定宽容与智商之间是否存在着基本的相关性，或者所属阶级和家庭养育方式是否是两者背后的共同基础。

　　如果我们的问题是：受过良好教育的人是否比没有受过教育的人更易于形成宽容的态度？来自南非的一项研究能够给出肯定的答复。[9] 研究人员针对教育程度不同的白人对当地人的态度进行了调查，调查结果如下：

赞成当地人拥有更多工作机会者：
受过大学教育84%
只受过小学教育30%

赞成当地人拥有平等的教育机会者：
受过大学教育85%
只受过小学教育39%

赞成当地人拥有更多政治权利者：
受过大学教育77%

只受过小学教育27%

从这些数据看，教育的影响是显著的。也许更高的教育程度能够减轻个体的不安与焦虑。也许教育能够使个体看到社会全景，并理解一个群体的福祉是与所有群体的福祉相关联的。

在美国进行的类似研究也得出了相同的结果——虽然没有那么显著。美国的研究人员在使用了南非研究中使用的问卷后，测出受高等教育者与未受教育者的答案间存在10%~20%的差异，而非南非研究人员所报告的50%。[10]

我们需要注意两种问题之间的差异（这点在第1章中也有提及）：考察态度的问题，以及考察信仰与知识的问题。就关于少数群体知识的了解而言，受过高等教育的群体相较于只有小学教育程度的群体，在有关少数群体的**知识**方面存在很大差异。例如，前者中有更多人知道黑人的血液成分与白人的血液成分没有任何本质差别。而且大部分黑人都对自身的命运感到不满。两者态度间的差异有30%~40%是可以由两者知识的差异所解释的。但是，宽容态度与知识水平并不同步。平均而言，道德态度与教育程度没有太多联系。

一项研究表明，大学生的宽容程度与其父母的教育水平存在相关性。超过四百名学生参与了偏见的测试。研究人员将被试按照得分分成两组——宽容程度更高的群体与宽容程度更低的群体。表12显示了这项研究的结果。[11]

表12　父母受教育程度与偏见得分的相关性

	更宽容的那一半	更不宽容的那一半
父母双方都有大学学位	60.3	39.7
父母中一方有大学学位	53.0	47.0
父母均没有大学学位	41.2	58.8

因此，我们得出的结论是，通识教育在一定程度上有助于提高宽容

水平，并且这种收益会显著地传递给下一代。教育的这种成果究竟是来源于增强的安全感、更带批判性的思维习惯，还是更优越的知识，我们尚无法判断。我们无法将这种成果都归结于**特定的"跨文化教育"**项目，因为这是近年来学校才开展的一项培训。

有证据表明，在存在此种特定类型教育的地方，人们的宽容程度的确有所提升。研究发现，在报告自己接受过特定跨文化教育的大学生中，超过70%的个体属于**宽容程度更高的群组**。[12]

这些学生报告——引用他们自己的话来说——自己学习到了关于"种族优势和劣势理论"的基本课程，或是"少数群体与其他群体一样——有好人，也有坏人"。

虽然教育——特别是专门的跨文化教育显然有助于宽容态度的形成，但是，我们也能够注意到，它并非唯一的影响因素。而且它与宽容态度之间的相关性也并不十分显著。因此，我们无法赞同"偏见的问题都是教育的问题"这个观点。

移情能力

影响宽容态度的另一个重要因素是我们所不了解的一种能力。这种能力有时被称为共情，也许我们也可能称之为"理解人们感受的能力""社交智慧""社会敏感度"，或者，借用一个富有表现力的德国词语——"知人之明"（Menschenkenntnis）。充分的证据能够表明，相较于苛刻狭隘的群体，持有宽容态度的群体对于他人人格的判断更为准确。

例如，在一个实验中，研究人员将一组在衡量专制主义量表中得分很高的大学生，与另一组年龄性别相同，但得分较低的大学生进行配对。在二十分钟的交谈中，每对学生就自己所喜爱的广播、电视、电影进行闲聊。在与一个陌生人进行了短暂的谈话后，所有人都不可避免地通过这种方式对对方形成了印象。所有被试都不了解实验的目的。在谈话结束后，每个学生单独在另一个房间中，完成一份他认为刚与他进行对话的人会如何反应的问卷。有27对学生参与了这项研究。

结果表明，高度威权主义人格的学生会将自身态度"投射"到对方身上；也就是说，他们认为他们的对话者也会以一种高度威权主义的态度回复量表（尽管实际上那些人在量表中得分都很低）。与之相反，低威权主义的学生则更为正确地判断了其谈话对象。他们不但判断出对方是高威权主义的，还更正确地估计了对方对显示其他性格倾向的问题的回答。简而言之，相较于苛刻狭隘的学生而言，持有宽容态度的学生似乎普遍更擅长对谈话对象做出正确判断。[13]

诺琳·诺维克（Noreen Novick）做过的另一个（未发表的）研究能够使问题变得更加清晰。在美国的一所训练学校中，一些外国学生被要求在其同学中挑选出那些如果作为外交人员被派遣到他们自己的国家服役的话，最能够在自己国家的社会中成功者。他们对这项问题的答案显示出惊人的一致性：某些美国人将在任何国家受到欢迎；而有些美国人在哪里都不受欢迎。研究人员将两个极端组别——得到所有人提名者与无人提名者作为他们的研究对象，寻求两者之间的差异性特征。为什么有些人总是能够成为受欢迎的人物，而其他人则不会这样？

这里面最关键的因素在于"共情能力"。那些受到欢迎的学生有着显著的设身处地为他人着想的能力。他们对他人的想法很敏感。他们有"知人之明"。而不受欢迎者则缺乏这种社会敏感性。

这项研究中有两个尤为重要的发现。（1）人际关系的技巧并非因文化而异，来自所有国家的代表都会选择同样的一群具有某种天赋的个体。（2）这种天赋主要在于共情能力，一种设身处地、调节自我的灵活性。

让我们来考察一下为什么共情与宽容有关。难道不是因为一个可以正确估计他人的人没有必要感到忧虑和不安全吗？他能够准确感知他人所流露出的情绪线索，他对自身在有需要时能够回避不快而感到自信。正确的感知使他能够避免人际摩擦，并拥有成功的人际关系。另一方面，一个缺乏这种能力的人不能相信他自己与他人相处的技巧。他被迫保持警惕，将陌生人归类以一起（en masse）做出相应的反应。由于他缺乏察言观色的能力，他只能依赖于刻板印象。

我们还不能够明确地判断共情能力的基础是什么。它也许是安全的家庭环境，美学上的敏感性和高尚的社会价值观所共同造成的。无论它来自哪里，它都似乎是具有种族宽容的人格的一个显著特征。

自我洞察

自我洞察的特质也是类似的。研究表明，对自我的了解往往与对他人的宽容态度联系在一起。有自知之明、懂得自我批评的人不会惯于把自己的责任归咎于他人。他们了解自身的能力与缺陷。

还有很多证据能够证明这一点。加利福尼亚大学的研究者针对持宽容态度的群体与有偏见的群体进行研究，发现持有宽容态度的个体的自我理想中常常会出现自己所缺少的特质；而有偏见的个体所勾画的自我理想则是与其自身相似的。持有宽容态度的个体，"似乎在根本上更有安全感，能够轻易发现自我理想与现实的差距"[14]。他们了解自己，并不会对自身感到不满。他们的自我觉察能降低将自己的缺点投射到他人身上的诱惑。

另一项研究询问了宽容和偏见的受试者，他们是否觉得自己比普通人更有偏见。几乎所有持有宽容态度的被试都知道自身的偏见程度较低，而只有五分之一持有偏见态度的被试知道自己的偏见水平高于平均水准。[15]

一些研究人员提示我们注意宽容人格个体所具有的普遍的内向性（inwardness）。他们对想象过程、幻想、理论思考、艺术活动更感兴趣。相比之下，偏见人格的人格倾向是外向型的（outward）。他们会将自身冲突外化，并通过环境而非自我进行调节。持有宽容态度的个体渴望获得个人自主，而非外部制度性的锚定。[16]

共情、自我洞察、内向性都是难以在实验，甚至临床调查中观察得到的特质。我们现在能收集到这种程度的证据已经很令人惊讶了。然而，到目前为止，一个同样与此相关的特质——**幽默感**（sense of humor）至今无法通过心理学研究得到证实。我们有理由假设一个人的幽默感与他自我洞察的程度密切相关。[17]然而，幽默感是难以定义的，以目前心理学研究的水平，我们很难对其进行精确的测量。但是我们大胆断言幽默感可能是影响偏见的一项重要因素。那些在集会中向神情严肃的听众鼓吹苛刻狭隘态度的煽动者们，常被评价为"毫无幽默感的"。这是一个印象主义的判断。然而，如果我们在第25章中对于偏见人格的综合界定是正确的，那么我们就可以认为缺乏幽默感的个体，也缺少了宽容人格中所需的一项特征。一个能够自嘲的人不大可能觉得自己比别人优越。

内罚型

这种内向性、自知之明以及自嘲能力构成了内罚型倾向，我们在第9章与第24章中对其做过讨论。自责取代了向外投射的责备。

一名研究人员研究人们对苏联的态度时，问了他的许多被试一个问题："当事情的发展不乐观时，你更有可能归咎于他人，还是为当前情况而感到自责？"结论发现，报告自责的被试对苏联口出恶言的倾向更低。因此，内罚型特质在国际态度上也是适用的。自责的人对共产主义持批判态度，但并不会非理性地将罪责归咎到替罪羊身上。[18]

这种特质具有另一个更为积极的效果：对失意者的同情（有人给它起了一个名字infracaninoophilia）。这种同情可能是一种混合性的心态。它可能是真诚的，也可能会带有施恩的色彩。帮助弱势群体很容易使人的自我膨胀。有时，这种偏向几乎会带上强制性、神经质的意味。但无论这种同情是无私的还是自私的，它都可能与内罚性有关。

在这里，我们有必要提示人们注意一种相当普遍的社会化人格模式。这种类型的宽容个体会对弱者产生真正的同情；他对自身有着强烈的自卑与无价值感；他感到自责；他能够快速敏锐地发觉并同情别人的痛苦，在帮助许多同胞的过程中，他能够感受到愉悦。并非所有的内罚型都会发展为这种人格，但这种人格模式并不罕见。

对模糊性的容忍

读者可能会回想起我们关于持有偏见的个体在心理操作中所具有的独特认知过程的几次讨论。我们已经在各章节（尤其在第10章和第25章中）就他们的类别僵化、倾向于两极化思维、选择性感知、简化记忆痕迹，以及对明确的心理结构的需求——即使与偏见没有直接联系的过程中也是如此——进行了讨论。所有案例都基于对有偏见的被试组和没有偏见的被试组的对照研究。因此，我们可以断言，为宽容人格者所特有的心理操作也具有与偏见者相反的明显特征。

我们很难用一个词来概括宽容人格者精神生活的特征——它具有灵活性、差异性和现实主义等特点。对此最好的概括可能是由埃尔斯·福伦科尔-布伦斯威克（Else Frenkel-Brunswik）所提出的"对模糊性的容忍"。[19] 不过，标签本身并不重要，重要的是我们需要牢记其背后的原理，即对种族群体的宽容心态，与偏见心态一样，都是认知操作的整体风格的反映。

个人价值观

然而，宽容思维不仅反映了个体认知操作的风格，还反映了个体的整体生活方式。

当我们谈论整体生活方式的时候，我们想到的其实是本章中提到的所有离散变量是如何组织和整合在一起的。宽容不仅是一种态度，还是一种**模式**。气质、情绪安全感、内罚性、细分类别、自我洞察、幽默、对挫折的容忍、对模糊性的容忍——所有这些因素，可能还有许多其他的因素，都将被纳入宽容模式之中。一种模式即一种综合，但是心理学家更倾向于以分析的方式工作。因此，心理学在处理模式或者"总体风格"时会遭遇困境。

但是，一项研究就模式问题进行了分析。它揭示了宽容是如何植根于个体的整体生活价值之中。[20] 研究人员基于最初由爱德华·斯普朗格（Eduard Spranger）所提出的六大价值观对大学生进行了调查。[21] 研究人员还通过利文森-山福特的反犹太主义量表（Levinson-Sanford Anti-Semitism Scale）对大学生的偏见程度进行了测量。[22] 他们将偏见程度极高的25%被试与极低的25%被试按照价值观排序，结果如下：

	反犹程度高的 25%	反犹程度低的 25%
排序高的价值	政治的	审美的
	经济的	社会的
	宗教的	宗教的
	社会的	理论的
	理论的	经济的
排序低的价值	审美的	政治的

两者的价值排序似乎是截然相反的。当我们考虑到量表所定义的这些价值观的性质时，这项发现就具有了重大意义。**政治性**（political）价值观意味着对权力的兴趣；这意味着人们习惯于从等级、控制、支配和地位的角度来看待日常生活中的事务。有些东西被认为比其他东西更高、更好、更有价值。一个用这种视角看待生活的人会自然而然地认为外群体地位低、价值低，也许还将他们看成是可鄙的；或者他会把他们视为对自己地位的威胁，或是要篡夺社会控制权。我们的这一解释得到了来自宽容被试组的数据支撑，与偏见群体恰恰相反，他们几乎不具有通过权力–层级看待生活的倾向。因为他们对政治性价值的排位最低。

审美（aesthetic）价值观（在宽容群体中得分最高，在偏见群体中得分最低）代表着对**特殊性**（particularity）的兴趣。它意味着生活中的所有事件——无论是日落、花园、交响乐或者是一种人格——都作为其本身而被欣赏。审美的态度不是分类的，每一种体验都作为独立的经验而具有内在价值。持有审美价值观的个体是个人化的。当他遇见某人时，他会将其作为一个人，而非一个群体的成员来进行评价。由于偏见群体很少持有这一价值观，而宽容群体则很大程度上倾向于该价值，这个发现具有指导意义。

排在第二位的价值观也很有趣。**经济性**（economic）价值观代表对效用（utility）的兴趣。"这有什么用处？"是持有经济性价值观的群体最常问的问题。这种价值观常见于商品的生产与分发过程中，或银行和金融行业中。在一个竞争激烈的社会中，政治性价值观与经济性价值观自然而然地具备相关性（在"价值观量表"［Study of Values］中，它们的相关度为+0.30）。反犹太主义者能够轻易地将犹太人的形象阐释为一种经济威胁、金钱至上的代表（自身金钱至上思维的投射？）和竞争对手。宽容的个体即使在生活中经济条件较差，也不会过分敏感于少数群体对其经济状况所产生的威胁。

社会性（social）价值观在宽容人格中的认可度达到了第二的位置。它代表着爱、同理心、利他主义。个体对这种价值观的重视，使种族偏见无法在其生活中发挥出显著的作用。尤其是当社会价值观与**审美**价值观相结合时，个体的注意力会聚焦在对象的优点上，继而对泛化思维产生抗拒。

显然，这两种人格中**宗教性**（religious）价值观与**理论性**（theoretical）价值观的排位都不高。这很容易解释。我们将在下一章中读到，宗教既可能倾向于加强偏见，也可能倾向于减轻偏见，这完全取决于个体对宗教的理解。在这项研究中，宗教的效应互相抵消，使宗教性价值居于中间位置。而理论性价值观代表着对普世真理的兴趣。这在反犹太主义群体中是最不被看重的价值观。持有偏见的个体显然并不关心真理的价值。这个价值观之所以没有能够在宽容群体中具有重要位置，是因为审美价值观、社会性价值观与宗教性价值观在宽容态度的形成过程中更具有决定性。

生活哲学

在福斯特（E. M. Forster）关于偏见的经典小说《印度之旅》(*Passage to India*)中，几位英国人正在筹划一个聚会。受邀嘉宾的名单变得越来越长，甚至包括了一些穆斯林和印度教徒。其中一位英国人惊愕地说："我们必须排除一些人，不然谁也不会参加这场聚会。"

而宽容的人会持有与此相反的观点。越多人参加他的聚会，他就会感到越满足。排外主义的生活方式不适合他。

本章就很多人为什么会更偏爱包容的生活方式，给出了一些影响因素。一些人似乎生来性格温厚。另一些人的性格则显然反映了他们早年受到的养育方式。他们看重审美价值观和社会价值观。受教育程度也具有举足轻重的影响，这也会使他们具有整体上偏向自由主义的政治观点。自我洞察也是影响因素之一。类似的还有换位思考的能力（共情）。总而言之，基本的安全感与自我的强韧度能够抵消在追求个人安全保障的过程中压迫性、归咎于他人、依赖于制度主义，以及专制主义所带来的影响。

问题的核心似乎在于，所有个体都试图完成自身的本质，即通过沉浸式习得（第19章）。他在探索中可能走上的路有两条。一条路要求他通过排斥性的平静获取安全。选择这条路的人执着于狭小的安全地带、不断缩减社交圈、敏锐地选择能够抚慰自己的对象，并排斥对他产生威胁的一切。另一条路则是放松的、自我信任的，因此也需要对他人的信任。走上这条路的个体不再需要将陌生人排斥在自己的聚会之外。对自身的爱是能够与对他人的爱共容的。基于在处理内心冲突和社会变迁中所获取的安全感，我们可能能够形成宽容的导向。与持有偏见者不同的是，宽容的个体不会将世界视为一个人性本恶且充满危险的丛林。

正如我们在第22章中所读到的那样，一些关于爱与恨的现代理论，都坚持认为所有人的原始导向都指向信任与爱。这种天性会在母亲与孩子之间、地球与生物之间自然而然地生长形成。爱是所有幸福的源头。生活中的仇恨与敌对可能只是对这种自然生长的爱的扭曲。对挫折与剥夺的错误处理才会滋生仇恨，它是自我核心所不能整合的部分。[23]

如果这个观点是正确的，那么民主人格和向成熟的人格发展在很大程度上是建立在内心的安全感之上的。只有当生活中不再有狭隘的威胁时，或者个体能够通过自身内心的力量化解这些威胁时，人们才能够与所有类型、处于所有状况的他人彼此和平共处。

参考文献

1. 在社会研究领域的重点似乎将有所改变。哈佛大学的助学金研究完全致力于研究正常大学生的身心健康。Cf. C. L. HEATH, *What People Are: A Study of Normal Young Men*, Cambridge: Harvard Univ. Press, 1945. 在同一所大学，

帕·索罗金领导着一个专门致力于发现有利于"好邻居"的条件的研究中心。Cf. P. A. SOROKIN, *Altruistic love: A Study of American "Good Neighbors" and Christian Saints,* Boston: Beacon press, 1950.

2. 第18章和第24章给出了这些断言和本节中其他断言的证据（除非另有说明）。

3. D. M. LEVY. Anti-Nazis: criteria of differentiation. *Psychiatry,* 1948, 11, 125-167.

4. Cf. J. LAFARGE, *No Postponement,* New York: Longmans, Green, 1950.

5. Cf. J. R. Carlson, *Under Cover,* New York: E. P. Dutton, 1943, Also the publications by Friends of Democracy Inc.

6. L. A. DOMBROSE AND D. J. LEVINSON. Ideological "militancy" and "pacifism" in democratic Individuals. *Journal of Social Psychology,* 1950, 32, 101-113.

7. 见S. P. ADINARAYANIAH的研究：A research in color prejudice, *British Journal of Psychology,* 1941, 31, 217-229。另见T. W. ADORNO, et al, *The Authoritarian Personality,* New York: Harper, 1950, 特别是第179页。

8. Cf. R. D. MINARD, Race attitudes of Iowa children, *University of Iowa Studies in Character,* 1931, 4, No 2. Also, RUTH ZELIGS AND G. HENDRICKSON, Racial attitudes of 200 sixth-grade children, *Sociology and Social Research,* 1933, 18, 26-36.

9. E. G. MALHERBE. *Race Attitudes and Education.* Johannesburg, S. A.: Institute of Race Relations, 1946.

10. S. A. STOUFFER, et al. *The American Soldier Adjustment during Army Life.* Princeton: Princeton Univ. Press, 1949; RIVA GERSTEIN, Probing Canadian prejudices: a preliminary objective survey, *Journal of Psychology,* 1947, 23, 151-159; BABETTE SAMELSON, *The Patterning of Attitudes and Beliefs Regarding the American Negro,* Cambridge: Radcliffe College Library, 1945.

11. G. W. ALLPORT AND B. M. KRAMER. Some roots of prejudice. *Journal of Psychology,* 1946, 22, 9-39.

12. Ibid.

13. A. SCODEL AND P. MUSSEN. Social perceptions of authoritarians and nonauthoritarians. *Journal of Abnormal and Social Psychology,* 1953, 48, 181-184.

14. T. W. ADORNO, et al. Op. cit., 430.

15. G. W. ALLPORT AND B. M. KRAMER. Op. cit.

16. Cf. E. L. HARTLEY, *Problems in Prejudice,* New York: Kings Crown, 1946.

17. Cf. G. W. ALLPORT, *Personality: A Psychological Interpretation,* New York: Henry Holt, 1937, 220-225.
18. M. B. SMITH. *Functional and Descriptive Analysis of Public Opinion.* (Unpublished.) Cambridge: Harvard College Library, 1947.
19. ELSE FRENKEL-BRUNSWIK. Intolerance of ambiguity as an emotional perceptual personality variable. *Journal of Personality*, 1949, 18, 108-143.
20. R. I. EVANS Personal values as factors in anti-Semitism. *Journal of Abnormal and Social Psychology*, 1952, 47, 749-756.
21. Also G. W. ALLPORT AND P. E. VERNON, A test for personal values, *Journal of Abnormal and Social Psychology*, 1931, 26, 231-248. 这个测试于1951年被修订了，参见G. W. ALLPORT, P. E. VERNON, AND G. LINDZEY, *Study of Values*, Boston: Houghton Mifflin, 1951。
22. D. J. LEVINSON AND R. N. SANFORD. A scale for measurement of anti-Semitism. *Journal of Psychology*, 1944, 17, 339-370.
23. 对于这个观点的详尽阐释见：E. FROMM, *Man for himself*, New York: Rinehart, 1947; I. SUTTIE, *The Origins of love and Hate,* London: Kegan Paul, 1935; G. W. ALLPORT, Basic principles in improving human relations, Chapter 2 in K. W. BIGELOW (ED.), *Cultural Groups and Human Relations*, New York: Columbia Univ. Press, 1951。

第28章

宗教与偏见

神从一本造出万族的人。

——《使徒行传》

宗教是一个诅咒——使已经四分五裂的世界进一步分隔。

——第二次世界大战老兵

宗教的作用是矛盾的。它既会制造偏见,也会消解偏见。虽然各个伟大宗教的信条都是普世的,都会强调兄弟情谊,然而这些信条在实践的过程中往往是充满分裂和残酷的。以崇高的宗教理想之名所进行的可怕迫害,削弱了宗教理想的神圣、高尚。一些人认为解决偏见的唯一途径就是更多的宗教信仰;而另一些人则认为解决偏见的唯一途径就是废除宗教信仰。部分有宗教信仰个体的偏见程度比平均水平更高;也有部分有宗教信仰个体的偏见程度比平均水平更低。我们将试图揭开这一悖论。

现实冲突

首先,我们应该对宗教在各个方面所固有的某些本性,或可能无法解决的冲突保持清醒的认识。

我们先看一下某些伟大宗教的以下宣称:它们都声言自己掌握了绝

对的、终极的真理。信仰不同的绝对真理的人们无法对彼此产生认同。在各宗教的传教士都在积极游说他们各自真理的情况下，这种冲突就变得更为尖锐了。例如，在非洲的伊斯兰教和基督教传教士长期以来处于对立状态。双方都坚持认为，如果其信条在实践中得以完全实现，它将消除人与人之间的所有种族区隔。的确如此。但实际上，任何一种宗教的绝对真理都从未被多于一小部分人类所接受。

天主教因其本质就必须相信犹太教和新教是错误的。犹太教和新教中的一些教派也会认为其他教派与自身的信仰在很多方面互斥。世界上的伟大宗教中，印度教在原则上似乎是最宽容的，"真理只有一个，但人们用许多名字称呼它"，神也有许多同样有效的面向和化身。然而与此同时，历史上的印度教在其信徒中生成了种姓这种恶的制度，也并不是没有分裂冲突。

由于没有一个宗教能够成功地征服全世界，人们的这些分歧点可能是冲突的真正焦点。当一个真诚的信徒试图用武力改变一个不信的人时，那个不信的人（信奉另一套截然相反的绝对真理的人）也会以死相搏。殉道者有时是偏见的受害者，但他们也可能是现实的理想冲突的受害者。只要是核心价值相异的人，就会有分歧。那些勇敢地为自己的信念辩护的人，或者那些誓死捍卫自己信念的人，不一定是有偏见的，也不一定是偏见的受害者。

虽然能够导致现实冲突的因素很多，但大多数宗教都包含旨在减轻冲突的教义。例如，他们认为即使外群体现在生活在谬误之中，他们也将在未来获得上帝的救赎。同情是一种美德。即使在实践中，宗教所带来的残酷压迫很普遍，但是在原则上，神学很少认可对异教徒的残忍。在现代，关于纯粹宗教问题的公开冲突也较少。现在的情况是，希望表达某些绝对信条的个体退进了自己专属的小群体，而且大多数时候他们也认可其他人同样享有这样的权利。

目前在美国，关于天主教会是否对民主自由构成潜在威胁，如果天主教徒获得政府的多数控制权，他们是否会取消他人的宗教信仰自由，有相当多的讨论。这样陈述出来的问题是现实的，也能够获得一个现实的答案。如果答案是肯定的，那么必定会出现绝对信仰所造成的现实冲突。如果答案是否定的，那么这些问题就应该合理地被弃置。如果尽管有明显的与之相反的证据，指控却仍然存在，那么就是偏见在起作用。

但是，像许多其他问题一样，人们很少能够基于现实对这个问题进行讨论。双方都会对对方提出无关的指控。反天主教主义者仅仅想利用这个问题掩饰自身的仇恨。他们痛恨天主教，他们能够迅速地将任何天主教教义或做法视作对民主自由的"威胁"。他们的感知和解释是选择性的。相反，四面楚歌的天主教徒极为憎恨这些无关紧要的指控，以至于他们也从基本问题上分心，做出相反的指控。

总之，虽然对立的绝对信仰之间的矛盾是不可调和的。但是，我们能够在实践中找到通过和平方式弭除这些差异的方法。事实上，一些宗教所倡导的绝对真理本身也欢迎这种适应，积极帮助我们找到适应的方法。然而，好战分子很可能使争论升级为公开的冲突。最为显著的就是，与宗教有关的所有问题都会成为各种与此无关的挑衅。而偏见则弥漫在所有与问题本质无关的冲突之中。

宗教中的分裂因素

宗教成为偏见焦点的主要原因是，它通常不仅仅代表信仰——而是群体文化传统的核心。无论一个宗教的起源如何崇高，它都会通过接管文化功能而迅速世俗化。伊斯兰不仅仅是一个宗教；这是一个紧密相连的相关文化的群体，与非穆斯林世界有着天壤之别。基督教与西方文明如此紧密地联系在一起，以至于现在人们已经很难记住它最初的核心，基督教各教派已经被捆绑在各亚文化和民族团体中，因此宗教分裂与民族分裂相伴而生。这些情况都在犹太人的案例中得到了最清楚的体现。虽然犹太人主要是一个宗教团体，但它同时也会被视为种族、国家、民族、文化（第15章）群体。当宗教上的区分又承载了其他区分的功能时，就会产生偏见。因为偏见意味着使用恒定的、具有过分囊括性的分类取代差异化思维。

教会的神职人员可能常会成为一种文化的卫护者。他们也使用不恰当的分类。在捍卫自身绝对信仰的同时，他们也将自己所在的内群体作为一个整体来捍卫，并认为它是神圣不可侵犯的，在信仰的绝对性中为他们团体的世俗行为找到正当理由。他们经常用宗教制裁来辩护和美化种族偏见。一位波兰裔美国移民分享了以下经验：

> 我能够生动地回忆起12岁时在学校所受到的宗教教育。有些学生问牧师是否可以抵制犹太商店。牧师的回答让他们感到安心："虽然上帝教我们爱人，但他没有说我们不能够偏爱一些人。因此，相较于犹太人，我们更偏爱波兰人，只光顾波兰商铺是没有问题的。"

牧师是一个虔诚的骗子，他将宗教按照世俗的偏见进行了扭曲，并在孩子们的心里种下了偏见的种子，而这种偏见可能会成长为掠夺和大屠杀的基础。新教徒歪曲神学以合理化自身种族利益的行为也是同样虚伪的。

因此，虔诚可能会成为掩盖与宗教本质无关的偏见的借口。威廉·詹姆斯（William James）在以下段落中提到了这一点：

> 对犹太人的诱捕，对阿尔比派（Albigenses）和瓦勒度派（Waldenses）的追杀，对贵格会的捣毁，对卫理公会（Methodists）的逃避，对摩门教徒的谋杀，以及对亚美尼亚人的屠杀，更多地是在表达人原始本性中对新事物的恐惧症，而非在表达他们的各种信仰本身有什么冒犯我们之处。他们与我们相同的外貌激起了我们的好斗心，我们天生就会将那些异样的和奇怪的人当成外人对待。虔诚是种掩饰，部落本能才是内在的驱动力量。[1]

我们之所以引用这段话，是因为它指出了宗教与迫害之间的不相关性。我们不需要赞同詹姆斯的观点：将偏见的本能根源视作"人原始本性中对新事物的恐惧症"。

当人们用他们的宗教为追求权力、声望、财富和民族私利辩护时，不可避免地会产生令人憎恶的结果。宗教与偏见由是融合在一起。人们常常可以从民族中心主义的口号中发现这种融合："十字架与星条旗""白人、新教徒、外邦人、美国人""被神所拣选的人""神与我们同在（Gott mit uns）""上帝的国家"。

一些神学家通过宣扬将宗教建立在自身利益之上的人即为罪人这一点，来解释这种对宗教的歪曲。每当人们转向上帝，而不背离自我时，就会产生罪恶。换言之，犯下骄傲之罪的人没有学到宗教的本质，宗教的本质绝非自我开脱、自我肯定，而是谦逊、自我节制、爱人。

按照自身的偏见而扭曲对宗教教义的理解是很容易的。一位极其反犹太人的天主教牧师会宣称，基督教不是爱的宗教，而是仇恨的宗教。对他而言的确如此。一系列新教教派因类似的对福音书的歪曲而繁荣。[2]

历史上有许多这样的曲解。使我们注目的是，信仰宗教的人们似乎更容易从虔诚滑向偏见。即使是教会中的圣人也无法避免这种倾向。下面这段布道摘录能够说明这一点：

> 犹太会堂比妓院更龌龊……它是恶棍的巢穴……是犹太罪犯的聚集地……他们在那里策划暗杀基督……这是贼窝，恶名昭著的地方，恶人的住所……我对他们的灵魂持相同的态度……滥情纵欲的恶人和醉汉使他们转生为色鬼和猪……我们对他们不应该有任何敬意，或者和他们有任何的交谈……他们是些贪婪的、好色的、背信弃义的强盗。[3]

诚然，这篇布道写于4世纪；但是它出自当时教会中最伟大的圣人，圣约翰·屈梭多模（St. John of Chrysostom）笔下。这位圣人创造了最古老的礼拜仪式和许多崇高的祷文。我们不得不得出结论，有些人在他们生活的某些领域可能真正富有普世的宗教情怀，而同时在其他领域可能是偏见和狭隘的。天主教历史上对犹太人的评断就充满着这种冲突。在某些时期，会流传着特定的一些偏见，但在另一些时候则怀有真正广泛的同情，正如如今教宗庇护十一世所发表的演讲那样："我们基督徒不能参与反犹太主义。我们在精神上都是犹太人。"

像在美国的吉姆·克劳教会（Jim Crow church）中，也能够发现种族中心主义对普世主义的污染。大多数黑人新教徒都会去种族隔离的教堂做礼拜。[4] 而种族隔离在天主教会的教堂中并不明显。虽然无论是新教还是天主教，种族隔离的比例都在缓慢缩减[5]，但这种批评似乎是有道理的，在美国历史的大部分时间里，教会一直是种族关系现状的维护者，而不是寻求改善现状的十字军战士。

我们认为，虽然宗教间的现实冲突时有发生，但大多数所谓的宗教偏见实际上是出于自身利益的民族中心主义与宗教相混淆的结果，而后者为前者的合理化提供了借口。

体制化宗教中所存在的极端多样性加剧了这种情况。1936年，美国宗教机构的普查显示，全国约有5600万名教徒。其中约3100万名是新教徒，还有2000万名天主教徒和460万犹太教徒。总共有256种教派，52个团体。每个团体中拥有超过5万名成员，占总数的95%。另外，还有少数的印度教徒、穆斯林、佛教徒和美洲本土宗教信仰者。世界上的任何地方都不可能像这个国家一样，存在形式如此之繁杂的宗教信仰（与无信仰）。许多教派之所以存在，是因为移民将旧世界的分裂带到了这个国家，虽然也存在一些本土教派，如后期圣徒（Latter Day Saints），基督门徒（Disciples of Christ），以及各种五旬节团体（Pentecostal）。尽管新教团体之间近来不断发生温和的摩擦，但我们有理由相信它们在可预见的将来会发生相当程度的统一。

因此，宗教因其机构组织形态就是分裂的。如今，教义间的区别不再像以前那样尖锐与重要了。此外，自美国殖民地建立之初，就有数量惊人的普遍的宗教大赦运动。宪法和权利法案标志着旧世界和殖民地长期以来对宗教实行的严苛政策的巨大改善。但与此同时，现存的分裂使人们很容易用种姓、社会阶层、民族血统、文化差异和种族等无关的考虑污染宗教的普世信条。天主教徒较少因他们的信仰而受到轻视，但他们仍然被困于最初针对移民的偏见——移民往往教育程度低。圣公会教徒不再因为他们的教义而受到迫害，但他们会由于自身的势利和上层优越感而受到厌恶。五旬节派被认为是原始的，这一信念中的感情色彩远大于宗教因素。耶和华见证人派因为政治上的轻微偏离而受到迫害。以上这些偏见都不是宗教性质的。

事实上，伴随着对这个问题的深入探讨，我们会疑惑偏见是否可以为宗教所专属？教义的差异的确存在，现实冲突也可能发生。只有当宗教成为给群体内优越性辩护的借口，并因超越信仰差异的原因贬低外群体而过度扩张时，偏见才会出现。

各宗教群体的偏见是否存在差异？

有许多实验将新教徒和天主教徒作为研究对象，以观察哪个群体所显示出的偏见更为强烈。而结果往往是模棱两可的。一些研究发现天主教徒偏见程度更为强烈，而另一些研究则认为新教徒的偏见程度更为强烈。还有一些研究没有发现两者间有任何差异。[6]

在发现差异的实验中，似乎宗教并非引起差异的直接变量。在天主教徒普遍受教育程度低，社会经济地位也更低的地方，他们可能会表现出轻微的更高程度的偏见。而在新教徒受教育程度更低，地位也更低的社区中，他们似乎也持有更高的偏见水平。

虽然研究人员没有发现整体的差异，但是该领域的一项研究呈现出尤为有趣的结果。研究人员使用博加斯社会距离量表对一所东部大学的900名新生进行了测试。[7] 平均而言，天主教、新教和犹太学生之间的测试结果没有区别。每个群体所欢迎或排斥的民族的数量都是相近的。然而，研究人员发现，来自不同宗教团体的学生有着各自特殊的排斥模式。

> 犹太学生最为排斥加拿大人、英国人、芬兰人、法国人、德国人、爱尔兰人、挪威人、苏格兰人和瑞典人（总体上说，他们排斥这个国家里地位较高，较受偏爱的族群）。天主教学生最排斥中国人、印度人、日本人、黑人和菲律宾人（对有色人种群体尤为排斥——可能与关于"异教徒"的观念有关）。新教徒学生最为排斥亚

美尼亚人、希腊人、意大利人、犹太人、墨西哥人、波兰人、叙利亚人（排斥他们在自身文化中所熟悉的"少数"群体）。

这项富有启发性的研究表明，虽然偏见的平均程度可能相同，但不同的群体可能会根据自身的价值观形成不同的憎恶对象。因此，犹太学生似乎憎恨肤色白皙、占主导地位的多数群体，这些群体传统上把他们置于较低的地位。天主教徒将非天主教徒、距离较远的种族（有色人种）视为厌恶的对象。而新教徒则选择在自己的社会中地位较低的群体作为偏见的对象。

虽然这项研究并没有发现犹太教被试的平均偏见较低，但大多数研究人员确实注意到了这一趋势。例如，在一项研究中，78%的犹太教被试对黑人的友善态度高于平均值。[8] 而这类发现并不少见。在第9章中，我们就迫害对犹太人态度所产生的影响进行了讨论，并发现这导致了犹太人对弱势群体的认同与同情。而这是这类遭受过迫害的群体的普遍反应。

我们缺乏数据以进行更为精细的比较：例如，两个新教教派之间的差异。但是，就目前的发现而言，类似的分析很可能没有意义。

然而，研究人员就宗教教育的强度与偏见之间的关系得出了惊人的发现。他们针对400名学生进行采访，"宗教在你的成长中有着多大程度的影响？"之后，研究人员发现，报告宗教在其成长过程中是一个显著的或中等程度因素的学生的偏见程度，远高于报告宗教在其成长中起到了轻微的或不存在的作用的学生。[9] 其他研究也揭示了这一点，相较于教徒，无宗教信仰的个体所持有的平均偏见程度更低。

两种宗教性

尽管会让宗教人士不快，但这个发现仍然需要进一步深入考察。它指向教会似乎在宗教教育中以普世论为掩盖，向信徒输入了不良的信念，然而它却似乎与其他证据相矛盾。在同一调查中，研究人员还要求学生说明他们所接受的宗教教育是如何影响到他们的种族态度的。人们对此的观点分为两类。一些人坦白地认为宗教的影响是负面的，它使人对其他宗教与文化群体产生鄙夷。但是，也有人提到宗教的影响完全是正面的：

> 教会使我知道，我们都是平等的，无论出于何种原因，都不应该有迫害。
>
> 它帮助我理解了这些群体的感受，我意识到他们和我一样都是人类。

在第25章中提到的加利福尼亚大学的调查中，研究人员也注意到了宗教教育的双重影响。他们发现，许多反犹太主义者是清教徒式的、道德主义的、（在制度意义上）献身教会的。然而，研究人员也报告说：

> 在反犹太主义量表中得分较低的群体中也有许多教徒，但是他们的宗教信仰是以另一种形式存在的。他们似乎对信仰有着更深层次上的体验，并注入了伦理和哲学的特征，而不持一般认为宗教是手段而不是目的的那种功利而刚硬的观点。[10]

因此，虽然总的来说，教会成员似乎更多地与偏见联系在一起，但仍有许多情况下，其影响恰恰相反。宗教是高度私人化的事情。对于不同的个体而言，宗教的意义也各不相同。它的功能意义可能既包括为停留在婴儿期的幼稚自我和不理性臆想提供支撑，也包括使人形成包容的思维方式，继而从自我中心主义转向真正的爱他人。

为了得到更多启发，一个在大学研讨会中进行的（未发表）实验，对一位天主教牧师和清教神职人员分别做了访谈。

他们在天主教和新教群体中各选出了两组可以分别被称作"虔诚的"和"制度性的"的普通教徒。在天主教教区，他们是由一个对实验一无所知，但对教区居民非常熟悉的人挑选出来的。他选择了20名"怀有真正信仰"的教徒，与20名"似乎因宗教活动在政治与社会方面的影响而加入"的信徒。而两组新教徒（浸信会教徒）则是通过另一种方式被挑选出的。一组被试由参加圣经研习课程的 22 名常规成员组成，而另一组则由 15 名非常规成员所组成。所有被试都需要完成一份要求回答他们对下列陈述同意与否的问卷：

> 虽然会有一些例外，但总的来说，犹太人都差不多。
> 我可以设想这样一些情形，在其中对黑人的私刑是合理的。
> 一般来说，黑人是不能够被信任的。
> 犹太人的一个严重缺点就是，他们从来不会满足，他们总是想着得到最好的工作，赚更多的钱。

两项研究中所使用的问题略有不同，在提供给浸信会被试的问卷中，还包含了反对天主教的言论。

但是，这两项研究都得出了同样的结果。那些被认为是最虔诚的，比其他人更真诚地献身于自己宗教的人，偏见程度远远低于其他人。而那些制度性的信教者，因其外在和政治性的特质，似乎是与偏见相关联的。

通过第 25 章和第 27 章的讨论，我们很容易理解这个发现。因为教会是一个更为安全、强大、优越的组织而依附于它，很可能是威权人格的标志，这些动机可能与高度偏见有关。而由于教会关于兄弟情谊的基本教义真诚地表达了自己的信念，而归属于教会者，很可能是更宽容的人。因此，"制度化"的宗教观念和"内部化"的宗教观念对个体而言，具有截然相反的作用。

西蒙 – 彼得的案例

宗教对偏见的两面性作用，能够通过《圣经》中使徒彼得的经典故事得到生动诠释。[11] 在教会成立早期，基督教徒对福音的普世性感到困惑。《新约全书》只是属于犹太人群体的吗？其他的族群是否也是其受众呢？基督和他的早期门徒都是犹太人，而基督教的框架也是基于犹太教的。因此，很容易将基督教视作为犹太人所专属的一种救赎教义。更重要的是，当时的犹太人对所有非犹太人都持有强烈的偏见，甚至信仰基督教的犹太人也自然地认为外邦人是得不到救赎的。

一名叫科尼利乌斯（Cornelius）的意大利百夫长，住在离彼得所在的雅法（Joppa）不远的凯撒里亚（Caesarea）。当时的彼得正在四处传教，而科尼利乌斯渴望了解更多新的基督教教义。因此，他写信给彼得，邀请他来凯撒里亚做客传道。

科尼利乌斯的邀请使彼得内心产生了剧烈的冲突。他知道，根据自己部族的习俗，"与异族为伍，或造访其他国家，对犹太人而言是种犯罪"。同时，他也了解耶稣同情那些被遗弃者。在科尼利厄斯的信使到来之前不久，彼得看到了异象。他饿着肚子睡着了。

> 看见天开了，有一物降下，好像一块大布，系着四角，缒在地上。
> 里面有地上各样四足的走兽和昆虫，并天上的飞鸟。
> 又有声音向他说：彼得，起来，宰了吃！
> 彼得却说：主阿，这是不可的！凡俗物和不洁净的物，我从来没有吃过。
> 第二次有声音向他说：神所洁净的，你不可当作俗物。

这个梦反映了彼得的内心冲突，向他指出了他之后所（不大情愿地）遵循的做法。因此，他造访了科尼利乌斯的家，坦率地告诉了他自己内心的冲突，并指出了束缚他的部族禁忌。最后，他才询问科尼利乌斯为何如此紧急地邀请他过来。

科尼利乌斯说话时，彼得为他的真诚和正直所感，说道："我真看出神是不偏待人"。于是，彼得向他们布道。科尼利乌斯及其同僚对基督教的热情也逐渐增长。彼得和他的犹太伙伴们对此"就都希奇，因听见他们说方言，称赞神为大"。最后，彼得为这些异邦人施洗——即使这很不寻常。

在彼得回到耶路撒冷后，他的犹太同胞愤怒地质问他为什么要这样做，指控他"进入未受割礼之人的家和他们一同吃饭了"。这些犹太同胞可能依旧对彼得给外族人施洗愤慨不已，他们认为福音仅限于他们的内群体。

于是，彼得将故事从头至尾地告诉了大家，并分享了自己的心路历程。他描述了科尼利乌斯是如何让他抛弃了基督教的种族中心主义观点，获得了真诚的信仰。因为上帝赋予外邦人拥有同样信仰的权利。彼得总结道："我怎么能够反抗上帝的旨意呢？"

在故事的结尾，耶路撒冷的犹太人群体被彼得说服了。他们对教会的政策进行了改进：

> 众人听见这话，就不言语了，只归荣耀与神，说，这样看来神也赐恩于外邦人，叫他们悔改得生命了。

内群体与宗教普救论的冲突持续至今。并非所有人都能像彼得和他们的同伴们一样接受这种观念。与此相反，研究人员发现，平均来说教会成员似乎比无宗教信仰的群体持有**更高程度的**偏见。

对宗教的种族主义解读的流行，使很多持有宽容态度的人远离了教会。他们成了叛教者，因为历史上宗教承受了太多由寻求安全感的内群体成员所带来的偏见。[12] 他们并非从纯粹经文的角度对宗教做判断，而是通过大部分追随者所歪曲的现实对其作判断。正如我们所说，"制度化"的宗教观点和"内部化"的宗教观点是截然不同的。

宗教与性格结构

我们已经很清楚，宗教与偏见之间的口径并非是统一的。宗教的影响是重要的，但它所起到的作用则是相反的。信徒们忽略了信仰本身所含的民族中心主义和自我拔高，而其反对者则看到了其缺陷。只有清晰地了解到宗教对狭隘的、不成熟的人格的功能作用，与对成熟的、创造性的人格所起到的作用所存在的区别，才能够对此进行有效的分析。[13] 一些人紧紧依附于部族的传统宗教，以求安慰与安全；另一些人则将宗教所宣扬的普救论作为现实生活中的行为守则。

许多热心工作者出于宗教与爱人，而致力于改善群体关系。以布克·华盛顿（Booker T. Washington）为代表，他说："我不会为了任何人，将我的灵魂沦陷到仇恨的水平。"正如他们在《箴言》(Book of Proverbs)中所引述的那样，上帝痛恨"抛弃同胞的人"。他们真诚地相信"他痛恨出于黑暗中的同胞"。他们也明白，宗教对他们的意义远大于此——例如，所有伟大宗教都遵循这一黄金法则——对犹太教、佛教、道教、穆斯林、印度教以及基督教而言，都是如此。他们知道，任何绝对的差异，都能够通过普世的爱——包括人类之间的兄弟情谊得以消解。

贝特尔海姆和贾诺威茨在对退伍军人种族态度的调查中发现，"有稳定宗教信仰的退伍军人更倾向于持有宽容态度"。他们将稳定性定义为教义内核的内化。

> 如果个体能够将教会的道德教育作为行为的绝对标准，而非因为害怕受到侮辱，或引发社会的不满，或一切来自外部的威胁或赞许，那么他就做到了道德戒律的"内化"。

作者区分了外部世界——包括父母的主导与制度化的宗教——带来的确定感和内在的控制感。[14]

宗教不但能够提供稳定的自我控制与清晰的行为守则，还能够通过对骄傲的警示促成宽容的态度。虔诚的人必须承认自己的缺点。正如我们的其他发现，自责—内罚—形成宽容；宗教倡导谦逊，不鼓励傲慢。

许多民主个体没有宗教信仰。他们的稳定性和控制性能够通过非宗教的伦理术语进行表达。他们认为"所有的人都是自由平等的"，或只是赞同这样的格言："自己活，也让别人活"（live and let live）。他们对西方文化中，犹太-基督教所衍生而来的道德规范并不感兴趣，即使信仰消失，伦理也许还是能够持续下去。

然而，宗教是大多数人的生活哲学中的一个重要因素。我们已经看到，它可能遵循着民族中心主义的规则，促成偏见和以排他性为特征的生活方式。它也可能按照普救论，将兄弟情谊的理想融入教徒的思想和行为。因此，我们无法就宗教与偏见之间的关系进行明确的说明，也无法解释特定宗教信仰在个人生活中所起到的作用。

参考文献

1. W. JAMES. *Varieties of Religious Experience*. New York: Random House, 1902, Modern Library edition, 331.
2. R. L. Roy 描述了当代新教中致力于复仇和仇恨的教派。R. L. ROY. *Apostles of discord.* Boston: Beacon Press. 1953.
3. 引自 M. HAY, *The Foot of Pride*, Boston: Beacon Press, 1950, 26-32。作者介绍了天主教对犹太人态度从早期到现代的长期历史。
4. F. S. LOESCHER. *The Protestant Church and the Negro*. New York: Association Press, 1948.
5. 黑人与白人隔离的教堂并非完全出于白人不愿与黑人融合，尤其是在北方，白人教堂很欢迎黑人的到来。但是，有时他们都更偏好与自己所属的种族成员一同集会，因为这样他们会感到更为放松，也希望为黑人牧师提供就业机会。如果白人或融合族群的集会能够聘用更多的黑人牧师，那么教堂中的肤色禁忌将会更快消失。
6. 这种模棱两可能从下面的两个调查中一目了然：A. ROSE, *Studies in Reduction of Prejudice*, Chicago: American Council on Race Relations, 1949 (mimeographed) 和 H. J. Parry, Protestants, Catholics, and prejudice, *International Journal of Opinion and Attitude Research*, 1949, 83, 205-213。
7. DOROTHY T. SPOERL. Some aspects of prejudice as affected by religion and education. *Journal of Social Psychology*, 1951, 33, 69-76.
8. G. W. ALLPORT AND B. M. KRAMER. Some roots of prejudice. *Journal of Psychology*, 1946, 22, 9-39, 27.
9. Ibid, 25.
10. ELSE FRENKEL-BRUNSWIK AND R. N. SANFORD. The anti-Semitic personality research report. In E. SIMMEL (ED.), *Anti-Semitism: A Social Disease*, New York: International Univ. Press, 1948, 96-124.
11. *The Acts of the Apostles*, Chapters 10 and 11.
12. 一项研究表明，这种对历史上宗教的不满是大学生经常背教的主要原因之一，尤其是犹太学生，他们对许多世纪以来以宗教名义进行的迫害特别警惕。Cf. G.W. ALLPORT, J. M. GILLESPIE AND JACQUELINE YOUNG, The religion of the post-war college student, *Journal of Psychology*, 1948, 25, 3-33. 早期犹太基督徒对非犹太人的偏见或现代基督徒对犹太人的偏见，都不会从根本上影响犹太教或基督教的普遍教义，但看到这一点需要格外宽广的视野。

13. Cf. G. W. ALLPORT, *The Individual and his Religion*, New York: Macmillan, 1950, especially Chapter 3.
14. B. BETTELHEIM AND M. JANOWITZ. Ethnic tolerance: a function of social and personal control. *American Journal of Sociology*, 1949, 55, 137-145.

第八部分

缓解群体间的紧张态势

第29章

是否必须制定法律？

有数以千计的组织在致力于改善群体之间的关系——它们能够被分类为**公共机构**和**私人机构**。

前者包括所谓的市长委员会、州长委员会或公民团结委员会——通过行政或立法条例在城市或州设立。公共机构同样包括有权执行反歧视法的市、州或联邦委员会——所执行的有时包括所有相关法律，有时只是一些具体的法律，如那些涉及住房或公平就业做法的法律。有时候，一个公共机构只是一个事实调查组织，例如总统民权委员会。在1947年，总统民权委员会所撰写的透彻的报告促成了宽容人士力量的联合。[1] 然而，除了这些公共机构，还有各社区的基层执法机构——尤其是地方和国家的警察，他们的职责是确保骚乱、失序和公开的攻击行为可以得到避免并为少数群体提供一切法律保护。

私人机构的类型甚至要更多。从小型的专注"种族关系"或"和睦邻里"的妇女俱乐部、服务俱乐部或教会，到大型国家组织，如反诽谤联盟、民主之友协会、全国促进有色人种发展协会，还有关系协调机构，如全国群体间关系协调协会，以及许多社群设立的公共机构，例如市长委员会、普通公民委员会。

总体而言，公共机构比私营机构更为保守，因为它们不断受到社区内持有偏见者与宽容人士两方面的压力。私营机构更有能力成为监管者，来规划和启动改革。它们作为公共机构的激励和批评者特别有用，能够防止后者变得官僚和无能。但从声望和法规执行的角度来看，公共机构具有优势。原则上，一个社区两种类型的组织都需要，在很多情况下，这两种组织也都能为了一个共同的目标和谐地工作。

在本章中，我们只关心一种类型的公共机构（立法机构），与他们活动的一个阶段（民权立法）。然而我们应该意识到，政府的补救措施显然不都是立法性质的。行政命令能够，而且已经取得了很大成果。罗斯福总统在1941年紧急成立的公平就业实践委员会就是历史上的一个恰当例子。在任职期间，他裁定不与在政策上拒绝雇佣少数群体成员的公司签订联邦合同。此前，罗斯福在大萧条期间也采取了类似的举措，要求所有的公共工程合同中都必须包括非歧视性条款。黑人、西班牙裔美国人、印度人——所有受到压迫的群体——都从中受益。总统手下的行政人员也利用他们的权力来确保联邦住房项目和其他由政府补贴的设施为所有群体所平等享有。近年来，武装部队的高层也发布了废止传统的部队隔离的措施命令。

立法简史 [2]

宪法、权利法案、宪法第十四和第十五修正案为美国国内的所有群体建立了民主和平等的框架。然而在这个框架内部存在各种各样不同的阐释。

内战结束后，国会通过了若干法律，旨在确保解放的黑人奴隶拥有切实的平等："废除并永远禁止奴隶制"，宣布三K党为非法，将以种族或肤色为理由干涉他人的投票权视为犯罪，甚至禁止在旅馆、公共交通工具或其他公共场所的歧视。与此同时，惨败后的南方各州立法机关忙于制定与此精神相反的法律，通常被称为"黑人法典"（Black Codes），旨在尽可能全面地否定被解放种族的新权利。然而，这样的情况只持续了一段短暂的时期，到了之后那个混乱的重建时期，联邦军队入驻南方后，国会确立的民权系统得以实行。

不久以后，通过一系列的事件，南方又重新获得了"统治黑人"的权利。"1877年，民主党议员投票决定废除重建时期的大部分民权立法。

最高法院对第十四和第十五修正案做出了非常狭隘的解释，将其法律实施主要留给各州自己判断。在这种鼓励下，一些州立即通过了种族隔离法，并通过各种借口在法律上剥夺了黑人的投票权。1896年著名的普莱西诉弗格森案（Plessy v. Ferguson decision）支持了各州自主权的论点。在这个案件中，法院接受了"隔离而平等"的原则，根据该理论，法令规定了种族隔离，但在实际上并不否认他们是平等的。这项特殊的决议主要维持了路易斯安那州的火车按照肤色将乘客进行隔离的法规；但是它实质上在宪法上认可了各种形式隔离的原则。

也许在恢复南方对黑人的统治方面更重要的，是参议院阻挠议事的举措。通过援引无限辩论权，任何反对民权立法的参议员（通常在一些志同道合的同事的帮助下）都可以永久阻碍民权法案的通过。这个手段被证实是有效的，自1875年以来，参议院没有通过任何民权法律。除非参议院能够修订议事规则，控制对法案的阻挠，不然将不会有任何类似的法律能够得以执行，或可能被颁布。正因为如此，民权立法的支持者将注意力集中在达成有效的封闭规则上；但是，即使是对参议院规则进行这种修改的提议也会招致阻挠。主要因为阻挠议事，反对人头税、私刑和支持平等就业机会的联邦法律都未能通过。即使众议院通过了这些措施，并且大部分参议员也赞同它们，这些提案也依然无法成为美国法律的一部分。

最高法院的裁决和阻挠议事造成的僵局在北方许多州引起了反响。他们承担起代表少数群体立法的责任。然而直到最近几年，在立法机关的努力下，真正的民权法案才得以普遍施行。在1949年这一年里，提出了一百多项反对歧视的法案，虽然只有一小部分获得通过，但每年积累的保护法规总数也令人印象深刻。有些禁止就业、公共住房和国民警卫队中的歧视。另一些则消除了教育、公共设施和投票所需的人头税方面的隔离。还有一些将反少数群体宣传判为诽谤。而一些南方州则逐步废除了一些较为歧视性的法律，消除了对教育和投票的障碍。

时代的变化也影响了最高法院。自它在19世纪宣布"立法无力根除种族本能"的时候以来，其判决趋势已经发生了变化。近年来，最高法院裁定各州法院不能强制执行土地买卖方面的限制性契约；并判定外来人口土地法（禁止东方人拥有财产）和跨州交通工具中的种族隔离为违宪；勒令专业培训机构必须为所有学生提供真正平等的教育设施。通过坚持平等获得公共设施权，法院能够在不扭转普莱西诉弗格森案的决定的前提下有效对抗种族隔离。实行隔离的大多数州发现，提供两套真正平等的设施需要花费令人望而却步的成本。据估计，在南方，在保持种族隔离的前提下，确保有色人种儿童与白人儿童具有平等的教育机会，需要花费十亿美元。因此，最高法院对真正平等的规定加速了隔离政策的崩溃，因为它使隔离政策变得令人经济上无法负担。

但争论的焦点在于"隔离但平等"这个逻辑本身是否能够成立。种族隔离的出发点只有一个，即将一个美国人群体视作比另一个美国人群体劣等的。有越来越多的注意力被集中在这个问题上，反对隔离的呼声也越发高涨。我们即将在本章稍后的部分看到，如今，这个问题比以往任何时候都更加明确地摆在了最高法院面前，它是否愿意面对这个问题，以及是否愿意推翻普莱西诉弗格森案的裁决，将是对正在发生的社会变革程度的一种衡量。

立法类型

广义上说，对少数群体的法律保护有三种类型：（1）民权法，（2）就业法，（3）群体诽谤法。[3] 当然，我们必须认识到，许多不直接旨在保护少数群体的法律可能会产生更大的影响。例如，最低工资法帮助被压制的群体提高生活水平，从而改善他们的健康、教育和自尊。这样他们就会更容易地被主流群体接纳为邻人。同样，打击犯罪的有效法律可能会消除犯罪团伙，这些犯罪团伙通常是按照族裔组织的，有时会将自己的族裔偏见带入帮派斗争。反对私刑法也有着类似的作用。

民权法包括禁止任何公共娱乐场所、酒店、餐馆、医院、公共交通工具、图书馆内，基于种族、肤色、信仰或国籍歧视顾客的法规。北部和西部的大部分州都颁布了类似的法律。但是，这些法律并不会始终被严格执行，一部分原因是执法官员不重视，一部分原因是特定地区的偏见足以限制官员，还有一部分原因是因为受到歧视的人很少会选择投诉（很多人只会默默溜走）。当检察机关严肃处理这些案件时，罚款通常也只有十美元至一百美元，于是检察官认为不值得为此大费周折。法律很少规定撤销违反者的营业许可。排挤中国人或黑人的酒店经营者可能会被判有罪，但只会被罚几美元。他只需要乖乖付钱，并将这一小笔记在广告支出或是营业日常损耗的账上，就可以继续他的歧视性做法。

这些法律的合宪性已经确立，它们目前的普及也预示着将来会有更严格的执行。然而，人们普遍认为，应该设立一个专门的委员会来执行它们，这个委员会的职能包括与违法者非正式协商、对违法者做法律教育，如有必要则撤销其执照。

公平教育的实践也是近期立法的主题。在某些国家特许经营的私立学校在实际招生中排挤某些少数群体成员（例如，一些医学院歧视犹太和意大利申请人）的消息被披露之后，立法机构已经对其做出了限制。法律禁止学校（通过照片或问卷）询问申请人所属群体的信息，录取只依据成绩。这项法律对许多从未实施歧视的学校造成了行政上的不便。然而法律的支持者认为它实现了一个理想的目标。不用说，在那些法律上许可了教育隔离的州，就不存在这样的制度。

公平就业法：罗斯福总统下令建立一个战时机构，以确保公平就业机会。这种做法似乎吸引了公众的关注。[4] 然而，国会由于没有为其有效运作提供足够的资金。所以，对违反这项命令者的惩罚，或是委员会起诉并调查违法行为的权力，并没有得到法律的保障。战时机构期满后，国会也未能通过法律将其确立为一个常设的政府机构。

尽管这项命令遭到国会的反对，但FEPC仍然是个"时机成熟的想法"。在1945年，纽约通过了埃维斯－奎因法令（Ives-Quinn law）。然后，约有一半的北方州与西部州都颁布了类似的法律。许多城市也已经通过了FEPC法令。在通常情况下，违反该法律并不会被处罚，但是委员会令人不适的审讯和对其公众形象的损害足以构成对违法者的惩罚。然而，调解已经取得了如此多的成就，以至于在大多数存在有策略的执行活动（实际上就是"调解"）的地方，其结果都被认为是非常成功的。除了由此产生的新的就业机会，少数群体的士气还因为知道他们作为劳动公民的权利受到了公众关注而有所提高。

1950年，《商业周刊》(*Business Week*)向实施FEPC法令的州中的大型雇主进行调查，"FEPC是否对你造成了不便？"编辑们总结了答案："FEPC法律并没有如其反对者所想的那样使人沮丧。也没有不满的求职者抱怨投诉。个人摩擦并没有那么严重……即使那些反对FEPC的人现在也没有公开与之为敌的意思。"此外，雇主们似乎认为，法律并没有对他们选择能力最为突出的雇员这一基本权利形成干涉。[5]

从这种法律中获得的经验为我们解决偏见问题提供了新的洞察。这展示了说服、调查、宣传所能起到的作用。而这种做法并非是强制性的，而是一种调解。事实证明，很少有雇主的偏见是得到了证实的；他们只是在遵循一般做法而已。当他们意识到客户、员工和法律所偏好的，或至少是所期望的，是一个非歧视的环境时，他们就会采取合作的态度。

实际上，如果事先要求员工或客户与少数群体成员共同工作，或为少数群体成员提供服务，那么，他们往往会在口头上拒绝。但事实证明，当雇主采取平等实践的时候，并不怎么会招致反对。甚至许多人都没有意识到发生了变化。

在纽约市的一家大型百货公司中所进行的那次实验就能展示出口头表达的偏见与平等主义行为之间的矛盾（第62—63页）。[6] 在那里，黑人售货员和白人售货员共同为顾客提供服务。研究人员一路跟随那些由黑人售货员提供服务的顾客走出商场，并对没有意识到自己被跟踪的顾客进行了采访。有一些客人表达出"不想被黑人售货员服务"。但是，当他们被问及是否见到百货公司中有黑人售货员时，四分之一的人给出了否定的答案。显然，他们没有感知到（或回想起）刚才是一名有色人种服务员为他们提供服务的。口头表达的偏见和行为之间如此奇怪的脱节是具有启发性的。这表明人们在日常的生活之流中会默认平等原则，只要这个问题没有被语言明确表达出来并从而进入意识。

同一项研究还显示，那些回忆起是黑人售货员为自己服务的顾客，所持有的偏见被大大削弱了。他们会说，"在某些柜台使用黑人售货员还挺不错的"。一位在服装柜台受到黑人售货员服务的顾客赞成这种安排，但是他认为黑人售货员不能被安排在一些与顾客关系更紧密的柜台之中，如食品柜台。但是那些在食品柜台受到黑人售货员服务的顾客表示，这种安排是可以接受的，但是认为黑人售货员不能够被安排在服装柜台。偏见依旧存在，但是显然被削弱了不少，而且是处于守势的。

FEPC法律不仅在实践中所受到的阻碍很少，并且在改善群体关系中也具有战略意义。它为一些少数群体提供了相较于之前更高的收入以及地位更高的工作。这一过程符合梅德尔对改善黑人与白人之间关系所提出的一个重要原则。[7] 他认为其中存在一种"歧视排序"（rank order of discrimination）。白人，至少南方的白人，对种族通婚的抗议最为激烈，甚至高于对社会平等的抗拒；之后，则是对公共设施、政治平等、法律平等的抗拒，他们最不反对的是工作机会平等。黑人自身的歧视排序则几乎完全相反。他们最为渴望的是平等的就业机会（因为他们中的很多人都处于经济困境之中，即使不是极端贫穷，谋生对他们而言也是一个难题）。因此，FEPC法案的通过能够以造成白人最小不满的方式，对歧视进行打击，并给予黑人最大程度的满足，这是心理上的核心。

作为法律补救措施的**群体诽谤法**和**煽动法**则更有争议。

立法旨在遏制对群体的诽谤，这是对已经确立的法律原则的逻辑延伸。一个人能够发表他的看法，称X先生是一个骗子、一个叛徒，但是，如果他不能证明他的指控，他需要支付X先生损失赔偿金，尤其是如果他让X先生丢了工作，或使其在社区的声望受损的话。然而，一旦他声称日本人，或犹太裔美国人都是骗子和叛徒，那么作为日裔美国人的X先生即使也因此遭受了相当的抵制与蔑视，却得不到任何补偿。公司和志愿协会（例如哥伦布骑士，the Knights of Columbus）能够援引诽谤罪对其进行控诉；但种族群体依旧没有这方面的保障。在过去几年中，有些州（如马萨诸塞州）已经通过了类似的法规，但是执法层面依旧没有什么进展。

虽然这些法律在原则上是合理的，它的强制执行仍然存在着一定的困难。如果法律规定诽谤罪成立的前提是诽谤者必须怀有恶意，那么，这种恶意是难以证明的。在目前群体差异研究所处的这个早期阶段，我们也难以证明诽谤内容是错误的。此外，这些法律在宪法上是不受欢迎和边缘化的，因为它们似乎削弱了言论自由的权利。除非有意煽动暴力，公开的批判无论公正与否，都是民主权利传统所支持的一部分。正如我们在第26章所读到的，煽动者们往往不会走到明目张胆宣扬暴力那一步。

在仔细考虑了支持和反对群体诽谤立法的理由后，总统民权委员会没有批准这类法律。他们认为，对批判的应对方案应该是反驳，更多的反驳，所有光明正大的批驳都应该被准许。然而，委员会也将通过邮件发送匿名仇恨信确定为一项联邦罪名。在偏见和民权力量之间发生如此严重的斗争时，至少参战方应该表明自己的身份，从而允许直接的回应才算公平。

所有控制煽动者的法律都遇到了宪法障碍。公开破坏和平或煽动暴力总是受到法律的惩罚。因此，针对控制种族主义狂热者的专门立法，反对者认为是没有必要的。而支持者则认为，针对少数群体的煽动存在恶劣且深远的影响。每篇诋毁文字的力量都会累加起来，最终到达一个临界点就会酿成灾难。最高法院不太可能接受这样的推理，因为按照1919年法官奥利弗·温德尔·霍尔姆斯（Oliver Wendell Holmes）的裁决，只有当存在"明显和当下的暴力危险"时，才允许限制言论自由。只有当煽动暴行的行为看上去真的迫在眉睫的时候，警察才会进行干涉。许多人认为这是明智的管理，因为如果给警察更多的自由，他们可能会在一项广泛的反仇恨言论法律的掩护下，压制对他们不利的批评。

同样的论点也适用于限制公共设施使用的提案，即拒绝向其发布的信息绝对不符合公共利益的煽动者发放许可证。这样的法规不会阻止煽动者在私人场所讲话。诚然，这样的法律将明确规定民主的良心必须在公共场所受到尊重。然而，它们也可能为反复无常的政府开方便之门。许可机构可能允许某些类型的偏执狂说话，而让其他人保持沉默；或者，最坏的情况是，在法律的掩护下，他们可能会剥夺其政敌的发言权。

然而，很多诽谤法案的倡导者持有与上述观点相反的观念。对偏见的补救途径并非对其进行压制，而是采取一种平和中正的反对。同样的观点也适用于反对电影、广播、报刊的审查。

立法会影响偏见吗？

我们已经注意到，最高法院在19世纪末以法律无力反对"种族本能"的理由对保守决议进行了辩护，这种自由放任的态度是这个时期一种典型的社会观念。威廉·格雷厄姆·萨姆纳（William Graham Sumner）表示："国家无法改变民间约定俗成的规矩。"即使在如今，也经常听到相同的观点，"你无法通过立法禁止偏见"。

这个观点听起来似乎有理，但实际上，它存在两方面的缺陷。首先，我们可以完全确定，带有歧视性的法律将增加偏见，那么，为什么反方向的立法不会减少偏见呢？

其次，立法实际上根本不是针对偏见本身的，至少不是直接针对。立法的目的在于平衡优劣条件，减少歧视。正像我们在第16章中看到的那样，平等地位的交往和正常的结识能给人带来好处，而这种好处只能作为少数群体地位提升的副产品存在。提升少数群体的工作技能、改善他们的生活条件、改良他们的健康与教育条件，都有着类似的间接影响。此外，法律规范确立了公共良知和预期行为的标准，制止了明显的偏见行为。立法的目的不在于控制偏见态度，而只是限制偏见的公开表达。但是，当表达发生了变化之后，想法也会随之改变，那么长远看也能起到改善偏见态度的效果。

然而，也有一些有力的论据反对针对偏见立法。例如，这可能会导致对法律的蔑视与漠视。总的来说，美国人被认为是执法不力的。正如梅德尔所说："美国已经成为一个在实践中允许太多做法，同时却在法律上禁止太多做法的国家了。"[8] 因此，不被遵守，或遭遇无知与漠视的法律是否依旧还有存在价值？即使经过多年的运行和大量的宣传，大多数纽约人依旧不知道FEPC法的存在。那些受到公开明确歧视的人通常不会投诉、援引法律或采取任何其他措施。这种普遍的冷漠态度可能源于一些个人的观念，即一些更高的"自然法"规定了人们有权憎恨他人，并将自己与讨厌的人分隔开来，或漠视法律的干涉。只有多管闲事的人才会试图通过立法将道德强加于别人。

另外一点，法律，尤其是美国通行的清教徒式法律，所打击的只能是行为，而非行为的缘由。强迫酒店经理接受菲律宾客人无法改变他对东方人偏见的根源。强迫孩子在学校中与黑人孩子做同桌，并不能消除经济上的恐惧，这种恐惧可能是他的家庭反黑人情绪的根源。造成人们偏见的是更为深层的力量，而不是表面的压力。

最后，"书本上的"法律和"实践中的"法律之间有着相当大的差距。如果政府没有有效执法的能力，那么任何法律都只能是一纸空文。有人认为，由于美国的执法水平低，所以在人际关系领域立法是白费干戈。这些法律难以得到执行；有时，这些法律与公众习俗相悖，有时，这些法律不为人所知——或人们知道了也不在乎。

以上的观点都使一部分人认为立法在减少群体冲突方面，所能起到的作用微乎其微。

但是，对这些争论中的大多数观点，我们都有很好的回应。虽然，大部分人认为法律是无效的，但这并非意味着民间做法总是优于法律规定。南方的吉姆·克劳法案就塑造了民间做法。同样的，我们也看到FEPC法案在工厂或百货商店内迅速建立起了全新的民间习俗。在几个星期内，黑人、墨西哥人或犹太人就能够开始从事几十年来一直将它们排除在外的职业。

人们经常说，必须从教育入手为偏见方面的补救性立法铺平道路。这种观点无疑是正确的。辩论、听证会、予以关注的选民都是必不可少的条件。但是，在一切就绪之后，法律必须经由教育才能够深入人心。群众因既成事实而转变，而非预先了解法律并表示愿意遵守它。这是一个众所周知的心理事实，大多数人在愤怒消退后，往往能够平静接受选举的结果或通过的法案。即使是那些青睐民主党候选人的群体，也能够毫无怨言地接受当选的共和党人。那些在一开始抵触"公民权利和政治权利国际公约"或民事权利立法的人，在法律通过之后，往往也能够遵守。人们是能够因广泛应用的新规范而得到重新教育的。

在这里，我们所讨论的是民主社会的基本习惯。经过往往很激烈的自由辩论之后，公民们会屈服于大多数人的意志。**如果这些法案与自身**

良知一致，他们会尤为愿意接受它。在这一点上，民权立法具有明显的优势。在第20章中我们读到，大多数美国人都深信，歧视是错误的、不爱国的。虽然他们自身的偏见可能会导致他们对特定的法律提出反对。但是，如果法案与他们自身"更好的品性"相契合，那么这些法案的通过就会使他们感到深深的宽慰。人们需要，并希望他们的良知能够得到法律的支持，这一点在群体关系领域更为重要。

其实，在美国，官方指导方针——至少在宪法上是这样——领先于民间的做法。宪法明确表示以民主为本。因此，尽管在许多方面，人们的个人道德标准很低，国家的"官方"道德标准却是相当高的。相较于某些国家，例如希特勒时期的德国，这种差距是惊人的。纳粹德国官方的道德标准相当低（歧视、迫害、针对少数民族的剥削），许多公民的个人道德标准则更低得不可估量。然而，美国将官方道德标准设定在很高的理想状态。此外，美国的法律也引导着民间的做法。即使是违法者，在原则上也会赞成美国的法律。我们都知道，常常有人会触犯交通法规，但是没有人愿意在没有交通法规的情况下生活。

虽然法律无法完全制止违法行为，但是法律能够抑制它们的发生。法律能够震慑违法行为。虽然法律无法制止偏执的煽动者或持有偏见者的行为，就如同法律也无法震慑神经质的纵火狂。但是，我们可以认为，法律限制了行为需要得到指导与规范的普通违反者。

赞成补救立法的最后一项论据，是其打破恶性循环的能力。当群体关系处于恶劣状态时，情况往往会加剧。因此，被剥夺了平等就业机会、平等受教育机会、平等健康保障的黑人陷入了劣势。他们继而被视为低等的人类，并遭受人们的蔑视。他们的机会越来越少，情况也越发糟糕。个人努力和教育都无法打破这种局面。只有强有力的、被公开支持的立法才能对此做出改善。为了促进弱势群体在住房、保健、教育、就业方面的改善，可能还需要出动警力。

当歧视被消除时，偏见也会倾向于减少。一旦恶性循环被打破，一切都会向好的方向发展。就业、住房和加入武装力量方面的歧视终于走向了尽头，人们建立起了更为友好的种族态度（第16章）。经验证明，迄今为止，隔离的群体在整合融入的过程中，所受到的阻碍比预期的要少得多。但是，这一进程通常需要一项法律，或强有力的行政命令来启动。梅德尔称之为"累积原则"，他认为，提高黑人的生活状况能够有效降低白人的偏见水平，继而，随着白人偏见的消失，黑人生活条件将得到进一步的改善。这个良性循环完全建立在法律所造成的初始效应之上。

总而言之：尽管许多美国人不会服从自身强烈反对的法律，但大多数人的良心深处都赞同民权和反歧视法。即使他们在抗议游行时大声喊叫，他们也深信不疑。人们愿意遵守符合自己良知的法律。如果他们抗拒，这可能是由于他们依然停留在之前与自身形象相符的个人伦理规范之中。法律所带来的刺激往往能够突破恶性循环，并开启良性的进程。与法律无关的个人力量和社区力量因此能够得到解放。立法不必等待教育的完善——因为立法本身就是一个教育的过程。

并非任何旨在改善群体关系的法律都是明智的。有很多设计不善的法律。其中一些可能是如此模糊、如此不可行，以至于其所能达到的教育效果与对良知的引导为零。审查制裁法从长远来看是自欺欺人的。虽然某些法律可能涉及严厉的处罚，但是关于少数群体的立法依旧需要依靠尽可能的调查、宣传、说服、和解，以建立起一个健全的规则。

对此观点，有一项特殊的解释。持有偏见者会对这个问题尤为敏感。一个人可能会由于说谎或盗窃而受到指控，但绝不会由于偏见而被指控。我们在之前的章节中曾多次指出，偏见观念是无意识的，持有偏见者现成的防御机制与合理化借口使他不会感受到自身的敌对行为。因此，如果违反反歧视法的个体是抗拒的，或者他无法感到内疚，那么，明智的做法是给他留足颜面。相较于惩罚，和解能够获得更为理想的结局。

法律如果能够与人们自身的良知相符，或者受到了巧妙的管理，那么就会得到遵守。对此，另一个附加的条件是，法律不能被认为是受外部意志而强加于人的。在南方，对"北方佬的插手"（Yankee interference）有着强烈的抵触情绪。即使是一条能够被接受的法律，一旦被认为受到了特定个人（或地区）意志的影响，也会招致抵制。同样的法律如果是由自身立法会代表人发起，就可能得到成功运作，但这种"外来人的统治"意味使法律的效力大大减少。法律无法减少偏见，而法律的通过方式却往往能够引起偏见。

立法与社会科学

尽管最近代表少数群体发起了不少立法活动，但是，在各州的法条中，相较于反歧视法，种族**隔离**（apartheid）法依旧占有一席之地。[9] 即使反歧视法的立法行动正在美国平稳开展，但是似乎依然需要很长时间才能够被写入宪法。

为了了解目前的局面，我们有必要采取广泛的历史观点。南方在内战中遭受的痛苦和屈辱成了南方人民心中不可估量的创伤。他们对北方人、黑人、社会变革的敌对心理——都是导致当下其狭隘态度的缘由。南方人民为了恢复自尊，他们产生了在心理上反对北方人与黑人的需求。即使他们不再采用奴隶制，他们也至少希望黑人处于劣等的地位。

即使美国最高法院也无法抗拒这种强烈的需求。于是在之后的一系列裁决中，如普莱西诉弗格森案，法院最终还是偏袒了南方的势力。随后，法院使用了一系列心理假设以论证自身的判决，但仅仅在随后的几年内，这些假设就都被推翻了。假设如下：（1）隔离并不意味着将有色人种贴上劣等民族的标签。（2）立法无力消除"种族本能"，或消除种族之间的物理隔阂。因此政府干预在解决种族隔离的问题上无济于事。（3）如果对隔离制度置之不理，那么种族之间的和谐关系将逐渐演变为相互调整的过程。[10] 但随着时间的推移，所有这些假设都已经被推翻。

现在我们所面临的问题是，现代社会科学是否能够向法院和立法机构提供切实的帮助，这样，就不会出现上述的错误假设。在19世纪，这个问题可能会被认为为时过早；但是在20世纪，也许已经到了解决这个问题的成熟时机。在本书中，我们引述了近年来对社会立法具有潜在影响的客观研究。我们目前的立场是公平的，可以对种族隔离的后果与取消这一政策的后果进行客观的预测；我们也了解遭受歧视的少数群体会做出的反应；我们理解人们对民权法律做出的冲动性抗议，以及其背后的普遍原因。和许多其他调查结果一样，这些知识都代表着社会科学对澄清和改进法律裁决的潜在贡献。

法院和国家和联邦立法机关对社会科学方面的证词都不太欢迎。他们认为，科学与人类行为之间的联系不大，这样认为的人不在少数。到目前为止，社会科学与立法之间的合作只处于初期阶段，且范围很小。最高法院裁决的一起案件可能有助于说明现状。

首先，我们需要了解的是，在向最高法院提起诉讼之前，准备诉讼需要大量的技能和资金。一个人无法完成这些任务，只有在受过专业训练的律师的支持下，加以慈善个人或机构资助，他才能够提起有效的诉讼。经验表明，专门从事民权问题的律师和组织能够帮助个体取得理想结果。[11]

专门从事歧视方面诉讼的机构将准备案件的材料。这个过程是十分重要的，因为材料的中心论点，及其大部分证据都源自关于群体关系的社会科学研究。律师将代表原告声明，"独立而平等"在现实中并未得到实现。

案件的关键在于是否存在强制隔离，即使被告提供了相同的设施，强制隔离本身也是具有歧视性的，因此违宪。诉讼由亨德森先生提出，这位原告是一个黑人，诉讼原因是南方铁路公司的一节餐车拒绝为其提供服务。[12]

随后，铁路部门就改变了政策，他们将每个餐厅13张桌子中的一张专门设为黑人乘客保留座。并将这张桌子与白人乘客进行隔离。州际商务委员会认为，这一规则符合"州际商业法"。地方法院也认同这一观点。目前的摘录就是来自该案的诉讼文件，此案随后将向最高法院提出上诉。

诉讼文件清楚地表示，关键并非在于争取种族融合。没有人能够被强迫要求在黑人面前吃饭。个人偏见是个人问题。但是强制隔离否定了有色人种与其他乘客的自由选择。

诉讼文件写道，隔离制度会使黑人种族处于劣势。所有人都明白，强制隔离是劣等的标志。在这一点上，起诉书引用了大量权威意见，并引用了揭示污名之下黑人群体痛苦现状的研究。

诉讼文件抨击了普莱西诉弗格森案的判决，并展示了在饮食、旅行、排队中的种族隔离,已然成为黑人劣等社会地位标志的证据。

因此,该案的论点在于种族隔离对公众利益有害。其影响并不局限于黑人。此时,诉讼者介绍了社会心理学的研究。[13] 849名在种族关系方面有着特殊成就的社会学家们被邀请就强制隔离发表看法;其中517人给出了自己的答复。他们之中,90%的人认为,即使在设施公平的情况下,种族隔离依然对双方产生了恶劣的影响;2%的人认为,种族隔离没有负面影响;而8%的人没有回答这个问题,或没有意见。当被问及种族隔离对强制承受的一方的影响时,83%的人认为这是有害的。这些负面的影响会引起焦虑、反抗甚至失控;同样,那些强制施加隔离的一方也会成为自身眼中的伪君子,并不得不生活在一个由虚伪口号构成的世界中自欺欺人。

诉讼文件还引用了权威的精神病学诊断,证明心理疾病是由分裂和其他形式歧视引起的紧张引起的。

诉讼者对此进行更进一步的辩论,他认为,强制隔离所造成的彼此不信任和无知使国家福利受到了损害。实验和非正式意见都认为,种族之间的正常接触能够减少偏见。在许多不存在肤色差异的国家中也存在偏见,这表明种族偏见既非出于本能,也不是遗传性的,而是通过诸如隔离等人为障碍所造成的。

随后,诉讼者以超越国内情况的视角,指出了如果最高法院继续姑息隔离制度,美国将在国际上处于不利地位。

法院为原告查明了真相,并将州际餐车中的种族隔离视为非法。我们无法肯定社会科学研究在论证中的作用是否影响了法院的判决。但是,来自社会科学调查的数据在这个诉讼中得到了引用,这一点是意味深长的。

结 论

执行得当的法律可能是打击歧视的有效途径。许多法庭的判决也能够取消歧视法条的效力。然而,法律诉讼只能够减轻个人偏见所带来的间接影响。它无法控制个体的思想，也无法将宽容态度强制灌输给个体。实际上，"你的态度和偏见是你的个人问题，但是你不可以使它威胁到他人的生命、和平、美国公民群体"。法律只能控制狭隘心理所导致的行为。但是，通过心理学我们能够了解到，外显的行为最终都会对内心的感受与观念产生影响。所以，我们倾向于将立法行动视为减少公共歧视及个人偏见的主要手段之一。

近来的发展趋势使我们相信，在未来，种族关系领域的社会科学研究可能能够在制定公共立法政策方面发挥更大的作用，从而间接减少群体之间的紧张局势。

参考文献

1. President's Committee on Civil Rights (C. E. WILSON CHAIRMAN). *To secure these rights*. Washington: U. S. Government Printing Office, 1947.

2. 一个更详尽的报告见 *Report on civil rights legislation in the States*, Chicago: American Council on Race Relations, March 1949, 4, No. 3，另见 J. H. BURMA, Race relations and anti-discriminatory legislation, *American journal of Sociology*, 1951, 56, 416-423。特别有价值的是 W. MASLOW AND J. B. ROBISON, Civil rights legislation and the fight for equality, 1862-1952, *University of Chicago Law Review*, 1953, 20, 363-413。

3. 对这三种类型的立法更为详细的讨论见 W. MASLOW, The law and race relations, *The Annals of the American Academy of Political and Social Science*, 1946, 244, 75-81。

4. 大多数对民意测验做出回应的人都被认为赞同 FEPC。该结果总结自 MASLOW AND ROBISON, op. cit., 396。

5. *Business Week*, February 25, 1950, 114-117 对 FEPC 法律运作的其他评估也同样得到了赞同。Cf. M. Ross, *All Manner of Men*, New York: Harcourt, Brace, 1948.

6. G. SAENGER. *The Social Psychology of Prejudice: achieving Intercultural Understanding and Cooperation in a Democracy*. New York: Harper, 1953, Chapter 15.

7. G. MYRDAL. *An American Dilemma*. New York: Harper, Vol. 1, 60 ff.

8. Ibid, 17.

9. W. MASLOW AND J. B ROBISON. Op. cit., 365.
10. T. I. EMERSON. Segregation and the law. *The Nation*, 1950, 170, 269-271.
11. 采用法律手段保护少数群体的主要组织有全国有色人种协进会、美国公民自由联盟、法律和社会行动委员会（美国犹太人大会）。一篇匿名文章描述了这些群体日益增多的活动：Private attorneys-general group action in the fight for civil liberties, *Yale Law Journal*, 1949, 58, 574-598。
12. Henderson vs. The United States of America, Interstate Commerce Commission and Southern Railway Company. 对案例的描述改编自 T. S. KENDLER, Contributions of the psychologist to constitutional law, *American Psychologist*, 1950, 5, 505-510。
13. 报道于 M. DEUTSCHER AND I. CHEIN, The psychological effects of enforced segregation: a survey of social science opinion, *Journal of Psychology*, 1948, 26, 259-287。

第30章

方案评估

我们目前的任务是将针对偏见和歧视原因的研究应用到设计补救方案中。

在前一章，我们讨论了通过立法进行补救的方案，并基于特定科学研究对此进行了审议和肯定。我们通过几个方面的证据支持这一特定的补救计划。我们的逻辑如下：

在关于偏见的社会文化根源的调查中（第14章），我们注意到美国社会中存在的各种会加重偏见的因素，例如流动的便利性，这使少数群体能够迅速迁移至工业地区，其结果是少数群体的相对密度骤增，当地居民也会视其为"威胁"。如果采取限制性的措施，例如设立种族隔离的学校，或者其他针对少数群体的歧视性"隔离"做法，都会使双方陷入交流的困境，并由此滋生怀疑、怨恨，使群体之间的关系紧张。能够减少偏见的接触类型（第16章）将随之消失。邻里之间不再其乐融融，而是彼此提防。

现在，民权立法的论据在于为了促进共同利益，法律可以改变社会文化结构，增加彼此以平等地位进行接触的机会。例如，最高法院废除了限制性约定之后，黑人在社区中的居住选择将更为多元，也更为分散，从而避免了高度密集而导致的"威胁"论。同样，所有的反歧视法律都有助于消除种族隔离所带来的区隔，并能够借由"以平等地位进行的接触"减少双方的偏见和关系的紧张。

其他社会科学研究的结果与立法补救措施也是密切相关的。研究人员就持有偏见者是否会遵守反歧视法进行了探讨。这一点与我们就偏见所引起的精神冲突（第20章）的讨论，与我们关于顺应（第17章）及人们处理内疚（第23章）的讨论都是相关的。正是这些社会科学的发现使我们有能力做出预测，即使反歧视法在初期会遭到抗议，但是大多数美国公民将在原则上接受并遵守这一法律。

我们无须对此进行更进一步的阐述。我们想要强调的是，**社会科学告诉我们，如果我们希望减少社会偏见，就应该对能够消灭隔离行为（通过政策、法律或其他方式）的科学依据采取高度的重视。**

然而，立法补救只是改善种族关系，改变偏见态度的几种可能途径之一。以下列表展示了细分后的其他方式：

正式教育方法

接触与结识方案

集体再培训

大众媒体

训诫

个体治疗

这个列表不包括广泛的历史和经济变化的因素。虽然这些因素可能是最为重要的，但是它们太过广泛，以至于无法将其作为任何方案的改造目标，或者这些因素应当是立法行动的目标。例如在经济领域，薪资的提升能够使少数群体的生活水平得到改善，并可能提高其自尊，降低其防御性，同时也使其能够以平等地位与社区中的其他成员接触。

我们的列表涵盖了目前被改善美国各群组关系的众多机构所采用的补救方案的类型。尤其是对于私营机构而言更是如此，它们每年在这项事业上花费数百万美元。这些机构越来越多地采用社会科学作为政策的指导。

社会科学可以通过两种方式提供帮助。首先，正如我们刚才所展示的那样，社会科学能够将问题从原因到结论进行剖析。基于对偏见根源的心理学与社会分析，社会科学能够成功预测特定运作模式的成败。其次，社会科学也能够作为评估工具，对所采取的方案进行测量。

社会科学在评估方案方面所做出的贡献是我们接下来所要讨论的。[1]

研究进路

衡量态度变化的方法是一项近来的发展成果。我们越多地使用它，就越能发现其中蕴含的复杂性。[2]以下案例展示了目前所面临的一些困难：

1950年，全国有色人种研究生护士协会在独立运作了42年之后解散了。这是由于黑人护士终于受到了大多数地方上的美国护士协会的接纳。这就是隔离措施废除之后，人们态度转变的例子。

但是，是什么导致人们态度转变的呢？是针对特定黑人护士和白人护士的改革努力实现的吗？还是现在颁布的FEPC法案，还是最近最高法院所作出的判决呢？各州机关对于善意和兄弟情谊的宣传是否发挥了作用？还是所有这一切和许多额外压力所导致的结果？

这可能是特定一个原因或一些原因的结果，但是要回溯其效应产生的次序并不容易。

评估研究需要三个理想要素：（1）首先，必须有一个明确的可供评估的方案（一组过程指导，一项规律，一部电影，一种新的接触方式）。这个因子被称为**自变量**。（2）必须有一些可量化的变化指标。在实验前后、访谈结束后，或社区内紧张态势的量化指标（例如，向警方报告的群体冲突案件数量）达到一定值时所采用的态度量表。这些指标被称为**因变量**。（3）对照组没有那么重要。当应用自变量时，我们应该证明测量得到的变化是事实所导致的。对照组（与实验组在年龄、智力、地位相匹配的被试）能够显示自变量所带来的影响。如果对照组（出于一些未知的原因）也显示出一定量的变化，那么我们就不能断定这些自变量的效度，因为有一些其他的因素对两组被试也产生了影响。

研究人员很少能够成功找到所需对照组。在针对十八项大学跨文化教育课程的评估中，只有四项课程的评估使用了对照组。[3]我们必须承认，控制变量并非总是有效的。假设两组学生正在接受调查——一组学生接受了指导,另一组学生则作为对照组。现在学生们在学校外聊天。实验组学生所受到的指导可能不自觉地传递给了对照组的学生。在这种情况下,实验组的学生就对对照组的学生产生了影响。

评估研究的理想设计可以总结如下:

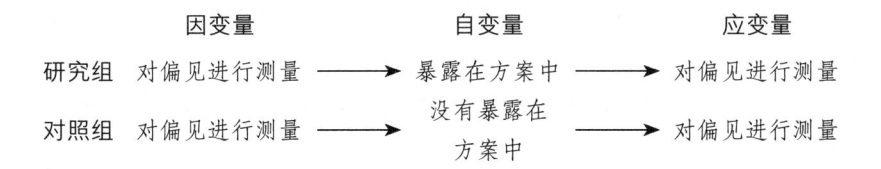

	因变量	自变量	应变量
研究组	对偏见进行测量 ⟶	暴露在方案中 ⟶	对偏见进行测量
对照组	对偏见进行测量 ⟶	没有暴露在方案中 ⟶	对偏见进行测量

在不同时间点对方案进行评估,结果也会产生变化。在方案结束后,立即对其进行评估(测试、采访等)通常是最为简单的方法。但是,如果评估发现了态度变化,那么这种变化会持续多久呢?如果评估没有发现态度变化,那么该方案是否具有"睡眠者效应",在几个月甚至几年之后才会显示其影响?也许理想的计划是在方案结束后立即进行评估,并在一年后再次对其效果进行测量。

在评估研究领域存在着很多障碍。我们难以维持自变量的单纯性;很难制定适当的测量改变的方式;即使研究有所发现,人们也无法自信地解释其缘由,因为各种不必要的变量已经侵入到实验的设计中。复杂的社群生活与实验室环境大相径庭。

然而,除了诸多困难,更让人沮丧的是,一些针对特定人群的特定方案在评估研究中显得成效斐然,而事实中却收效甚微。[4] 这些方案的评估研究人员对此感到绝望:

> 调查结果令人难以置信。有时候,结果显示该方案能够减少偏见,至少能够扭转负面意见。有时,结果又显示偏见丝毫没有得到改善。有时,结果显示虽然偏见有所减少,但是群体关系却更糟糕了。有时,一组学生的反应更为良好,而有时,另一组学生的反应更为良好。[5]

情况虽然复杂,但也并非像这位研究人员所认为的那样绝望。

正式教育方案

一名研究人员对斯普林菲尔德"跨文化教育计划"的效果进行了评估。[6] 该计划(自变量)具有广泛性和灵活性,涉及城市公立学校中各年级的各类教学。[7]

在马萨诸塞州斯普林菲尔德的一所私立大学授课的研究人员有机会对该市大量接受此教育计划成长的大学新生进行研究。同时,也有大量来自斯普林菲尔德以外的新生——他们没有接受跨文化教育的背景。这些非斯普林菲尔德的新生能够成为对照组。

研究人员采用了博加斯社会距离量表作为因变量。新生们(总共764人)允诺,他们不会将自己对祖国、邻里、亲属的感情代入到调查中的种族群体之中。

研究结果总结如表13。

表13 博加斯量表平均分(平均分越高,偏见程度越高)

教育	人数	平均数	标准差	标准差平均数
在斯普林菲尔德受教育	237	64.76	26.21	1.70
未在斯普林菲尔德受教育	527	67.60	24.39	1.06

我们注意到,这种特殊的实验设计中并不包含实验**前后**的测量。因此,我们无法证明,这些年轻人在接受教育计划前后的偏见程度是否相同。例如,假设由于某些原因,斯普林菲尔德具有与其他地方不同的社会结构,或者斯普林菲尔德的孩子在偏见氛围更为淡薄的环境中成长,那么,他们与其他地方的孩子的偏见程度所产生的对比就并非斯普林菲尔德跨文化教育计划的成就。然而,研究人员没有理由在研究开始之前就对两组样本中的孩子做出这样的假设。

研究人员发现,两组被试间的差异的确与斯普林菲尔德学校系统有关。相较于其他孩子，参与该计划的孩子的社交距离更小。就统计上而言，差异所产生的临界比为2.00。虽然这种较小程度的差异存在概率误差的可能性，但事实不太可能是这样。研究人员指出，斯普林菲尔德的孩子在校时，只花了少量的时间接受该教育计划，但是在之后的学习生涯中，计划的效果不断被放大。因此，在将来，该计划在他们身上所取得的效果会更为显著。

该研究的另外一个有趣的方面是，它所取得的结果与整个研究趋势相反，斯普林菲尔德学校的犹太学生相较于斯普林菲尔德之外的犹太学生，表现出更为狭隘的态度。这完全是新教和天主教所导致的。一个可能的解释是，犹太年轻人过分在意到少数群体的问题，因此，在之后的学习生涯中也变得更为不满。

我们无法在此列举所有对教育计划的评估研究。这些评估研究种类繁多。有些类似于斯普林菲尔德计划，是"综合的"，包含了许多教学手段。有些评估是针对特定教育计划的影响而言的。劳埃德·库克（Lloyd Cook）将后者分为六大类。[8]（1）"传递信息的方法"，通过举办讲座和课本教学传授知识。（2）"间接体验的方法"，通过电影、戏剧、小说等手段，使学生对外部群体成员产生认同。（3）"社区学习–实践方法"，学生参与实地考察、地区调查、社会机构工作或社区计划。（4）"展览、节日庆祝活动"，鼓励学生对少数群体的习俗和旧世界的遗留传统产生好感。（5）"小群体过程"应用了群体动力学中的许多原理，包括讨论、社会戏剧和集体再培训。（6）"个人研讨"，对学生进行治疗性面谈和咨询。

我们无法断定以上哪一项是最卓有成效的方法。然而，我们能够确定的是，大约在三分之二的实验中，这些方法都带来了积极的结果，而鲜有负面影响。但是，我们依然无法知晓哪些方法是最为成功的教育方式。正如库克指出的那样，证据似乎倾向于证明那些间接的方法更为有效。间接的方法指的是既非针对少数群体，也非专注于偏见现象的研究。在社区项目中越是迷茫的学生，他在现实生活中的参与与发展中，得到的收益越是显著。正如威廉·詹姆斯所说，**熟悉**（acquaintance）这一领域，而非**了解这一领域的知识**（knowledge about）。

传递信息的方法。这个初步的结论清楚地将传递信息的方法作为防御性的方式。人们向来认为，种瓜得瓜，种豆得豆。许多学校的建筑上都会铭刻苏格拉底的箴言，"知识是美德"。然而，目前广为认可的事实是，学生们是否准备好了习得知识取决于他们的态度。信息的传递往往包含着态度。事实本身是客观的，而态度是主观的。只教授单纯的事实往往会导致三种形式的失败：被迅速遗忘、按照现成态度被扭曲，或者与影响生活准则的主要因素相隔离。

研究人员对学生的态度与观念进行了测试，进而揭示了这种常见于行为准则中的隔离思想。跨文化教育的指导可能会纠正错误信念，但不能够明显改变人们的态度（第471页）。例如，孩子们可能会学习黑人历史而仍然没有获得宽容态度。

然而，反对意见认为，这种结果也许是由于学生在短时间内无法显示出收获，也有可能是由于他们对事实的扭曲增强了自身的偏见。但从长远来看，准确的信息也许有助于改善人际关系。例如，梅德尔指出，不存在任何能够合理化黑人在这个国家中的较低地位的有理有据的"种族"理论。如果人们能够保持理性，那么推翻种族劣等学说的证据也能够逐步瓦解其偏见态度。

跨文化教育的根本前提是，没有人会只封闭于自己的文化之中。在所属群体中成长为信仰于日出日落的孩子，会将从外部而来的陌生人视为外国人，在这样的成长模式中长大的孩子缺乏对自身生活的洞察。他永远以美国人的视角看待世界——许多为了满足自身需求而创造的生活模式。如果孩子们无法在学校获取跨文化的信息，那么他也不太可能从家庭和邻里之间学会以一种客观的态度看待外部群体的方式。因此，我们能够总结，教授正确信息无法自动改变偏见；但是长远看来是有效的。

但是，在面向孩子们的科学和事实教育中是否可能包含对少数群体不利的信息呢？答案是肯定的。我们能够想象一个群体成员所具有的不良特质比例可能高于另一组群体的情况（第6章、第7章、第9章）。如果事实是这样，我们不应该压制这些信息。如果我们选择追求真理，我们就必须坚持于此，而非仅仅选择和谐的部分。开明的少数群体成员会赞成所有科学和事实调查结果的公布，因为他们相信，一旦人们能够了解全部事实，那么这些证据就能够消除大多数普遍的错误的成见与指控。如果小部分指控得到了证实，那么少数群体生活的逆境也能够为此提供合理的解释。这样做能够改善人们对问题的视角，并激励社会改革。例如，有时，一些受到迫害的群体成员可能会申辩，我们不应该压制这一事实，而是应该直面现实，并给予同情与理解。

我们应该如何对此进行总结？我们承认，单纯的信息并不一定能够改变任何一种态度或行为，而且，根据现有的研究，相较于其他教育方式，单纯的信息传递似乎成效更为微小。同时，几乎没有任何证据可以表明，传递真实信息会造成任何伤害。也许其所带来的效益需要很长的时间才能够得到体现，并且真实信息可能会伴随着偏见者对自身成见的怀疑与不安。也许其他需要更为健全的实际指导作为支撑的教育方式（例如，参与项目）能够帮助学生获取更大的收益。总而言之，我们能够抵制完全放弃传统的正规教育理念和方法的非理性立场。即使单凭事实无法满足教育的需求，但是传授事实是教育不可或缺的部分。

直接的教学方式与间接的教学方式。在群体问题上对双方优点的关注引申出了一个类似的观点。例如，让孩子们就"黑人问题"进行讨论是否合适？还是通过偶然事件对孩子们进行教育更为合适呢？有些人认为，在英语课或地理课中进行跨文化教育比直接关注社会问题的课程更好。为什么要加剧孩子们的内心冲突？对孩子们而言，了解人类群体之间的相似之处，在求同存异的情况下保持友好态度是一种更好的方式。

我们无法对此进行绝对的评判。虽然一个孩子可能通过间接的方式习得对多元文化的接纳。但是，他还是会为可识别的差异感到困惑，如不同的肤色，不断出现的犹太假期，宗教的多样性。在他理解这些差异之前，他所受到的教育都是不完整的。孩子们需要一定程度上的直接教育。对于一些年长的学生而言，尤其是当他们已经拥有了相关的生活经验，并准备好面对这些问题的时候，直接教育所带来的益处更是深远。

在一个针对为期一周的研讨会上的三种教学模式的实验中，卡根拉比（Rabbi Kagan）通过直接的教学方法得到了超凡的结果。[9]他向一组基督徒学生教授了旧约文学，并避免提到任何当下基督教与犹太教所存在的摩擦。在这种间接的方式中，他只强调了犹太人对圣经历史的证明贡献。对于第二组学生，他教授了同样的内容，但他在教学过程中频繁提及偏见问题，并在课堂上邀请学生分享自己的个人经历并允许学生进行情感宣泄。这种直接的教学方式成果更为显著。针对于第三组学生，他采用间接的方式，但辅以对学生个人经验的私人研讨并允许学生进行情感宣泄。他称这种方式为重点访谈。一位信仰基督教的同事负责对所有学生进行实验前后的测试。研究人员指出，间接的方法没有得到显著变化，而直接的方法具有显著的效果；而重点访谈也取得了积极的成果。总体而言，他赞成直接的方法。值得注意的是，这些方法都无法改变一些极端的反犹太主义学生。

这项研究中的直接方法所取得的相对成功似乎是由于被试样本的构成。被试均为高中生，并通过他们对宗教的兴趣而甄选得到。因此，他们中的大多数人都能够坦然面对种族问题，并能够将自身态度向有利的方向进行转变。

那么，我们是否可以得出结论？就此而言，目前的证据是不完整的。只有在将来，我们确定了不同群体在不同的情况下，适合直接或是间接的方式，才能够做出定论。

间接体验的方法。有相当的证据表明，电影、小说、戏剧可能是有有效的跨文化教育手段。也许是由于这些方式都能够引起观众对少数群体成员的认同。有迹象表明，对于某些儿童而言，这种方法可能比传递信息或参与项目的方法更有效。如果未来的研究能够支持这一点，那么我们将面临着有趣的可能性。现实讨论的策略可能对一些人而言是过于强烈的威胁。但是，基于幻想层面的认同感可能能够成为更为温和的教育方式。也许，在将来，我们会将小说、戏剧和电影作为跨文化教育的第一步，并逐渐走向更为现实的教育方法。

项目参与的方式。其他大多数的跨文化教育方式都需要学生的积极参与。学生会对少数群体居住的街道进行实地考察；他们会与少数群体一同参与节日或社区活动。他们会与少数群体相熟，而非仅仅了解他们的信息。大多数研究人员都倾向于这种参与式的教学方法。这种方法不仅仅适用于学校的课程，也适用于亲子活动。

接触与熟人方案

各种参与和行动方案的目的在于与接触对象与熟人建立起友善的关系。然而，从第16章起，我们就了解到，事实并非总是如此。在等级社会制度中，或在双方同样处于底层地位的情况下（贫穷的白人和贫穷的黑人）所发生的接触，常常会被彼此视为威胁，相较于帮助，人们更倾向于将此视为有害的接触。

然而，我们在此所讨论的方案，力求于将各个群体的成员聚集在一起，增进彼此的尊重。这绝非易事，因为人们所做出的努力往往会因为虚假刻意而付之东流。莱文（Lewin）指出，许多种族群体关系或社区关系无法切实加入仅出于共同关心的同一项目之中。人们只是进行会面，并口头对此问题进行讨论而已。由于缺乏明确的客观目标，这种"善意"的接触可能导致挫折，甚至对抗。[10]

只有在日常有目的的追求、避免虚假刻意、满意社区裁决、倡导平等社会地位的情况下，接触和熟人方案才能够获得最大的成效。人们的联系越是深入与真诚，效果就越是显著。这不仅提供了能够使来自不同种族的成员并肩工作的机会，一旦这些成员能够将自己视为团队的一部分，则该方案能够获取更大的收益。

再次，我们看到了在采取接触和熟人方案之前，废除隔离政策的重要性。被人们所铭记的甘地（Gandhi）在印度所推行的方案中，首要的一点就是呼吁消除贱民阶级。我们也应该将此作为美国方案中最重要的一点。

接触和熟人方案的形式繁多。社区大会或区块委员会是在芝加哥和其他地方所成功尝试的手段。这些组织的目的明确，即在不同种族关系紧张的街区中改善群体之间的关系。在这个过程中，共同的活动使仇恨消减，并助长了人们的宽容态度。

蕾切尔·杜波伊思（Rachel Du Bois）对增进彼此之间熟悉的一种特殊手段进行了广泛的介绍。[11] 我们在第16章中看到了这种手段能够将不同种族背景的人汇聚于同一个"邻里节日"之中。组织者可以就秋天的会议、假日、童年最爱的事物对参与者展开提问。对此的报告称，这样的活动能够勾起参与者们的回忆，并迅速引起大家对不同地区和种族习俗的比较。回忆、温暖与人们的幽默，使现场充满了生机。人们会发现群体习俗及其意义其实极为相似。一名参与者可能会开始演唱民间歌曲，或教大家学习民族舞蹈，人们其乐融融。这种手段并不会使大家产生过久的接触，但它是很好的破冰手段，并能够加速人们之间的了解，打破社区中一度存在的障碍。

虽然大部分接触和熟人方案计划尚未得到评估，但我们知道（在第16章中有所介绍），无论是平等地位的关系，还是更为亲密的熟识，都可能增加人们对彼此的宽容。

这种手段并不仅仅适用于成年人，也同样适用于儿童。我们在上文所引用的几位教育工作者的判断认为，如果能够使社区中不同种族群体中的孩子产生有目的的、现实的接触，那么学校中的跨文化教育将会更为有效。对于这种观点，我们能够引用一项针对一年级学生的对照试验作为说明。

特雷格（Trager）和雅罗（Yarrow）将来自费城的一年级被试学生分为三组，按照背景和智力进行配对。一组被试按照精心准备的课程安排接受了14堂跨文化关系教育，包括社区参观、参加在黑人家中的派对、以及其他多为活跃的经历。该方案的重点在于让孩子们看到每种职业、每种宗教、每个种族，在社区的多元化生活中都发挥着积极的作用。

第二组被试也接受了14堂跨文化关系的教育。但是教学方式是截然不同的。这种教学方式强调，美国的社会结构是存在等级制度的，偏差群体具有一些"有趣的习俗"，但是，"所有事情都存在正确的处理方式"。尽管教学者并没有向这组的孩子们强制灌输偏见，但是，教学者也并没有对他们所形成的刻板印象进行纠正，并且孩子们能够通过公立学校所普遍采用的、具有偏见导向的教材进行自己的推论（例如，将荷兰孩子或小黑人桑波进行带有歧视性描绘的书籍是一种会导致偏见的做法）。

第三组被试则根本没有接受类似的教育，他们将时间用于手工作品之上。

在连续七周的实验前后，研究人员采用标准采访与其他方式测量了孩子们的偏见。结果发现，平均而言，"文化多元化"组中的被试所持有的刻板印象与狭隘态度都有所减轻，而"现状"组中的被试所持有的刻板印象与狭隘态度都有所增强。而对照组则没有产生显著变化。

这个实验所具有的一个突出特征是，在两种风格的教学方式中，所采用的是同样的教学者。每位教学者都采用文化多元主义的方式对一组学生进行教学，而对另一组学生则采用现状的教学方式。因此，研究人员并非是对于两位教学者的（一位"民主"，一位"专制"）教学成果进行评估，而是对同一位教学者的两种形式或风格的教学进行测量。通过合适的培训，每位教学者都能够掌握这种教学形式。在这个案例中，教学者所扮演的角色对他们自身而言也是极具启发性的，他们由此转化为文化多元化教学方式的推崇者。[12]

在这里，我们有一个被称作"行动研究"的有趣的案例，即特定的、为了测试其效度而采取的方案的研究。该研究的结论增强了我们对跨文化教育效度的信念，并强调了文化多元化和在社区内愉悦的接触的重要性。同样，研究也指出了目前学校传统课程中，对于群体差异的教学所产生的有害影响。最后，就教学者本身而言，研究指出了角色扮演与移情所带来的教学者的态度的转变。

集体再培训

现代社会科学最显著的进步之一，就是创造了通过角色扮演和其他手段而形成的"强迫共情"。我们刚刚所提到的学校老师对此已经有所尝试，但是当这种形式应用于更为广泛的领域中，它也被称为"重新培训"——一种"群体动态"的特殊形式。研究已经发现，很多人乐意在帮助自身提高人际关系技能的项目中携手合作。他们想要学习拥有民主领导力的技巧。虽然他们没有明确地加入再培训组织以摆脱偏见，但他们可能很快就会明白，正是自身的态度与偏见，阻碍了他们作为工头、老师、高管时的工作效率。

与通过阅读宣传手册，或聆听布道的公民所不同的是，这些个体需要通过自身的目光加入重新培训项目之中。他需要履行其他人的职责——作为一名雇员、学生、黑人仆人，通过这种"心理剧"，他切实体会到了他人的感受。他也能够从自身的动机、焦虑、投射中得到对自己的洞察。有时，这种培训方案会由一位咨询师对此进行补充，咨询师会帮助他进行更深层次的自我检查。随着个体视角的不断发展，他对其他人的感受和思想的了解也在不断深入。伴随着这种个人参与，个体能够更好地概括出人际关系中的原理。[13]

对这种训练的评估表明，个体所维系的社会支持会不断扩大收益。例如，在一项旨在提高社区关系工作技能的研究中，研究人员发现，单独生活在没有计划成员居住的地区中的个体，其所受到的训练收效甚微。他们感到挫折，并感到被带有偏见的社会规范所吞噬。而只要有两个或以上的计划成员能够维持关系，并给予彼此支持，他们就会更有效地运用再训练中所获取的洞察与技能。[14]

并非所有的再培训都是直接的、具有自我意识的、自我批判型的。它可能是更为客观的。一项针对参与社区自我调查成员的再培训，是让这些志愿者通过携手合作，共同研究各自城市或地区的群体关系。他们从设计研究、制定问题、进行采访、计算"歧视指数"（通过住房、就业、学校获取信息）的经验中获取高度的教育。这些志愿者所开展的后续活动更加深了他们对此的了解，并进一步提高了自身的社交技能与共情能力。[15]

另外一个例子就是第20章所述的"事件控制"手段，针对任何一个群体的再培训，其目的都在于消灭一些个体内心的抑制与僵化的态度，使他们能够更为有效地追求共同的目标。在特殊的情况下，参与培训的个体希望能够习得一种日常所需的技能——即打消偏见者在谈话中习以为常的偏见言说方式。例如，作为旁观者，在公共场所听到陌生人所发表的针对犹太人的恶毒言论时，应该说些什么？当然，在很多情况下，我们会采取沉默。但在一些其他情况下，沉默似乎是种默许。因此我们的正义感促使我们发声。研究表明，以平静的语调与明显的诚意，表达出这种言论很不符合美国精神的观点，能够带来最为有利的影响。但是，在公众场合发言需要很大的勇气，并且还需要发言者采取正确的话语，并控制自己的声音。这需要在群体的监督下进行长时间的练习。[16]

大部分再培训方案都存在明显的局限性。这些方案旨在释放宽容群体内心的压抑，并为他们提供所需的技能。显然，集体再培训无法适用于抵触其方式与目的的人群。然而，只要有耐心和技巧，出于其他目的而组成的群体或课程也许能够引导这些人群实践群体动态中的简单技能。

此外，这些手段也能够在生活中被部分采用。例如，孩子们可能很容易就能够被引导入一段角色扮演之中。[17] 通过与外部群体的儿童演员们一起扮演不同角色，这些年轻的小演员们能够真实感受到歧视所带来的不安与自身所产生的防御性。亚瑟兰（Axline）在针对一组年幼儿童的游戏治疗中发现，通过这种相似的手段，孩子们在组内所表现出的严重种族冲突得到了改善。[18] 他将三到四名白人与黑人孩子置于玩偶与过家家的玩具场景之中，通过这种安排，能够观察到孩子们内心冲突的投射与新生的敌意。而随着过家家游戏的进行，孩子们之间也不断进行着彼此适应与真正的关系调整。

大众媒体

我们有理由怀疑，大众宣传是否能够成为控制偏见的有效手段。大众媒体所进行的别有用心的信息轰炸，使人们被媒体宣传挟持。在有关战争、阴谋、仇恨和犯罪的报道之中，怎么可能会出现一条宣扬兄弟情谊的新闻？另外，人们选择性地感知支持宽容态度的宣传。而那些不想接受这套信仰体系的群体也能够轻松逃避这一切。这些不认可该信仰的群体也不需要这些宣传。但是，这种普遍的悲观情绪不应该阻止我们寻求更为详细的知识。毕竟，我们知道广告和电影已经对我们的民族文化产生了相当的影响。一旦有利可图，是否媒体也能够重塑我们的民族文化呢？

此类研究虽然很少，但其中的规律依旧有迹可循。[19]

（1）虽然一个节目——也许是一部电影——可能对人们能够产生轻微的影响，但几个相关节目所能产生的效果显然比将单一节目所带来的影响进行简单的叠加更为显著。媒体工作者对这种**金字塔刺激**（pyramiding stimulation）原理了解颇为深刻。任何媒体从业者都知道，单凭一个节目（program）是不够的，必须构成一项运动（campaign），才能够引起轰动。

（2）第二条暂定的原则涉及**效应的特殊性**。在1951年的春天，波士顿的电影院上映了电影《愤怒之声》(The Sound of Fury)。电影清楚地呈现了一点，道义上的冲突只能通过耐心和理解来解决，而非暴力。这个具有戏剧性的故事深深打动了观众，人们为电影所表达的高风亮节而赞赏有加。在电影结束后，播放了一段新闻短片，描述的是已故参议员塔夫特（Taft）谈国际关系。他同样持有电影中所表达的观点，他认为，只有通过耐心和理解，而非通过暴力，才能解决冲突。同一批观众对此嗤之以鼻。他们在一种环境中所习得的经验无法适用于另一种环境。一些研究已经证实了这一点。观点可能会受媒体影响而变化，但是这种变化往往限制于一个狭隘的语境中，并难以泛化。

（3）第三个原则与**态度的回归**（attitude regression）有关。经过一段时间之后，观点会倾向于回归到原来的视角，但并不会完全复原。

（4）然而，这种回归并不普遍。霍夫兰（Hovland）及其同事对军队中的教条性电影所产生的短期和长期效应的研究发现，虽然态度的回归是普遍的，但是，在特定个体身上事实却恰恰相反。[20]"睡眠者效应"也由此显现出来。这些延迟效应主要发生在对电影所传达的信息极为抵触的群体之上，但是之后，他们接受了这些信息。特别是对于受过良好教育的、初始意见相左的群体而言，其睡眠者效应更为显著。研究人员认为，这些个体首先必须克服内在的抵触，才能够接纳自己潜在的对宣传信息的认同倾向。支持宽容态度的宣传会对受过良好教育的群体的态度产生尤为深远的影响。

（5）在人们没有深层次的抵触情绪时，宣传将更加有效。研究表明，相较于那些更投入的个体而言，"保持防御"的个体往往会受到更大的宣传影响。我们能够回想起大量隔离既有特定条件而形成偏见者的防御性手段（第25章）。

（6）**具有明确领域**的宣传更为有效。在极权主义国家，宣传的垄断对手无寸铁的公民造成了单调的束缚，人们无法一直对此保有抵抗。如果条件允许，反宣传能够使个体重新获取自身的判断力，并使他摆脱对现实的片面观点。鉴于这一原则，支持宽容态度的宣传是必要的——这并非由于其所带来的积极影响，而是它能够消除处于对立面的煽动者所带来的负面影响。

（7）宣传应该**消除焦虑**，继而使宣传更为有效。贝特尔海姆和贾诺威茨发现，宣传会影响到个体安全感框架的根源，继而引发个体的抵触。[21]在现有安全感体系中的呼吁会更为有效。

（8）最后一条原则是关于声望标志的重要性。凯特·史密斯（Kate Smith）可以通过电台广播，在一天之内销售数百万美元的战争债券。埃莉诺·罗斯福，宾·克劳斯贝（Bing Crosby）都在广大人民群众之中拥有极高的声望。如果他们能够支持宽容态度，那么他们会赢得许多宽容人士的支持。

训 诫

我们不了解传道、训诫或者伦理动员讲话所能起到的效用。数世纪以来，宗教领袖始终倡导其追随者实践同胞之爱。然而，其所带来的收效似乎是极为微小的。即便如此，我们也无法确定该方法就是徒劳的。如果没有宗教领袖反复的训诫，可能情况会更为糟糕。

对此的合理的猜测可能是，训诫有助于加强已经皈依于此的人们所持有的良好意图。这一成就不应该被鄙视，因为没有宗教和道德对其信念的强化，皈依的信徒可能不会继续致力于改善团体关系。但是，对于基于特定条件的偏见者，与认为社会环境过于强势，不得不对此保持顺应的群体而言，循循善诱或许无法产生可观的影响。

个人治疗

理论上，也许转变态度的最好的方法，就是参与心理治疗。偏见往往会深深地嵌入整体人格的运作中。寻求精神科医生或咨询师帮助的苦恼个体往往渴求改变。他可能已经准备好了对生活导向的重新调整。虽然，几乎从未有患者会向治疗师明确提出要改变自身的伦理态度，但是随着治疗过程的推进，这些态度可能会起到至关重要的作用，并且可能会融入或重构患者的原有世界观。

尽管各种精神分析都为我们提供了大量临床经验，但并没有结论性的研究能够证实这一假设。[22] 由于大多数病人会将精神分析视为"犹太人所发起的运动"，所以治疗师的精神分析经验尤为令人信服，单凭患者的这一观点，就足以引起现存的偏见。治疗过程可能如下所示：

早期的心理分析被称作为负迁移（negative transference）阶段。他将治疗过程中所遭受的痛苦归咎于治疗师，并对治疗师所占据的主导地位和优势产生憎恨，患者会认为他们目前是父母角色的替代者。有时，治疗师是犹太人；有时，即使治疗师不是犹太人，患者也会认为精神分析是一种犹太人所发起的运动，并引发自身的反犹太主义情绪。但这种情绪不太会针对治疗师而爆发。随着治疗的深入，当患者深入了解整个价值观念时，其自身的反犹太主义可能会消减。事实上，就原则而言，神经症患者的偏见态度会随着神经症的治愈而减轻。

精神分析只是一种治疗方式。几乎所有有关个人问题的长时间访谈都会揭示其主要的敌意所在。通过讨论这些个人问题，患者往往能够获得新的视角。如果在治疗过程中，他能够发现一种总体而言更为健康、更具有建设性的生活方式，那么他的偏见可能会就此减轻。

一名研究人员正在对一名女士进行长时间的采访。他想要了解这位女士与少数群体的接触经验和对少数群体的态度，其中并没有任何治疗意图。但在进行自我报告的过程中，这位女士向研究人员倾诉自身的反犹太主义情绪。她回顾了与犹太人、与反犹太主义邻里之间的过往经历，并逐渐获得了大量的自我洞察。最后，她惊呼道："可怜的犹太人，我猜我们将一切都归咎于他们，不是吗？"只有在长期注意力集中的情况下（约三个小时），她才能够发觉自身偏见的来源，并从理性的角度看待它。

在治疗或准治疗的条件下的转化频率是未知的。这需要更多的研究才能够一探究竟。但是，即使心理治疗被证明是所有方法中最有效的方法之一，由于其深度与来访者人格中的所有部分都有着内在关联，所以能够成功转化的个体——在人口比例中所占的部分应该是很小的。

宣　泄

经验表明，在某些情况下——特别是在个人治疗和群体再培训的课程中——参与者时常会产生一种情绪爆发。当谈话涉及偏见时，感受到了伤害与反对的个体往往需要情感的宣泄。

宣泄具有类似于心理治疗的功效。它能够暂时缓解紧张，并为个体态度上即将发生的转变提供准备。就如同释放完管道中的空气能够使修补工作更简单。一首打油诗这样表述宣泄与紧张之间的关系。

我对我的朋友很生气；
我大发雷霆，将愤怒宣泄一空。
我对我的敌人很愤怒；
我压抑心中怒火，使它越烧越旺。

并非所有的敌意表达方式都具有宣泄所带来的效果。与此恰恰相反；正如我们在第22章所看到的那样，侵略性行为不是情绪的安全阀，而是一种养成的行为习惯——外显的侵略行为会越来越频繁。只有在某些特殊情况下，起初"出离愤怒"的人会在愤怒平息后变得愿意，并能够理解对方的观点。

在一座东部的城市中，发生了一些令人不快的种族冲突事件。群情激愤的居民向当地警察部队施加压力，要求他们接受针对种族对抗处理预案的指导，预防并处理不断爆发的冲突。

参加这一强制教育的警务人员充满怨气，因为这种安排似乎是要求他们对自身能力和公平进行反思。这种受到冤枉的感受，连同他们对某些少数群体的偏见，使警察局内部气氛紧张，这使得教学难以实现——成了几乎不可能实现的任务。每当指导人员指出目前社区内黑人的客观现实时，就会有一些警务人员以恶性黑人事件作为回应，例如黑人会在被捕时咬人。

教学过程中的每一步都会遭遇警务人员的刻板印象、尖酸的逸事，以及敌对情绪的表达。没有任何指导能够得到贯彻，讨论只能够激起部分针对指导者、部分针对少数群体的谩骂。在课堂上，学员们会抱怨："为什么每个人都要挑警察的刺？""我们从来没有制造任何麻烦。为什么要接受这个课程？""为什么犹太人不管好自己的事？就算他们在灰土中发现一只死猫，他们都会称其为反犹主义者的恶意。""黑人领袖应该管好自己的人民，而不是让他们与警察对立。"

在这种自尊受到伤害的情况下，警务人员现有的偏见不可能得到改善。认为自己遭受了攻击的人无法接受任何教育。

课程持续了八个小时。而在最初的六个小时中，大部分的课程都被这种宣泄所占据。指导者没有反驳学员们的言论，并尽可能地以共情的姿态倾听这些充满敌意的愤怒谩骂。然而，局面似乎逐渐发生了改变。大家厌倦了抱怨。而最后学员们的态度似乎是："我们说够了；现在我们会听听你对此有什么看法。"

此外，学员们还在愤怒的情绪中发表了一些显著夸大了事实的言论，并将一切责任归咎于替罪羊。但是，一名学员在声称"我们从来没有遇到任何麻烦，这里没有问题"之后不久，就倾诉起作为一名警察，不知该如何处理所遇到的几起冲突案件的事实。一名起初对犹太群体大发雷霆的学员，在后来的言论中尝试对此进行弥补。在某种程度上，宣泄可能是有效的，个体非理性情绪爆发会使自身的良知受到冲击。

当造成紧张局面的情绪得到释放后，学员们似乎能够更为自如地重塑自己的视角，以看到总体的情况。即使在表达敌意的时候，他们也能够以一种社区整体更为接纳的方式，制订未来个人行为规划。一位始终在对此进行思考的警官在课程结束时这样说道:"好吧,我想我一定是出离愤怒了。我有权利这样做。但我们所选择的方式是糟糕的。每个人都有偏见,但我不想我所管辖的区域内发生任何麻烦。我最好还是注意那些可能对黑人和犹太人采取不利行动的人。我想我会的……"接着,他开始以自己的想法构建未来处理此类问题的计划。

我们无法证明这一心理过程发生于宣泄期间,但是观察这种特殊教学方法的研究人员的印象是,在最后的两个小时中,指导人员与学员之间的对抗已经全然消失,学员们开始接受教育,并获得了可观的自我洞察。[23]

单独的宣泄并非一种治愈,我们只能将其称为一种缓和紧张局势的方式。在说完所要说的话之后,受委屈者能够更好地准备倾听另一种观点。如果他的言论是夸张的、不实的——通常都是这样——那么其所导致的羞愧感能平息他的愤怒,并引导他通过一个更为平衡的视角看待问题。

我们并不建议所有方案都以宣泄的方式开始。这样做会造成负面的气氛。一旦人们需要宣泄时,一切都是自然而然的。而当人们认为自己受到了攻击的时候,则是最为需要宣泄的时候。只有进行了适当的宣泄之后,情况才能够取得进展。领导者的耐心、技巧与运气能够使他们在正确的时刻引导人们以具有建设性的渠道进行宣泄。

参考文献

1. 以下讨论的某些部分摘自 G. W. ALLPORT, *The resolution of intergroup tensions*, New York: National Conference of Christians and Jews, 1953; L. A. Cook (ED.), *College Programs in Intergroup Relations*, Chicago: American Council on Education, 1950; P. A. SOROKIN (ED.), *Forms and Techniques of Altruistic and Spiritual Growth*, Boston: Beacon Press, 1954, Ch. 24。
2. 关于偏见态度测量的技术讨论,读者可以参考 MARIE JAHODA, M. DEUTSCH AND S. W. COOK, *Research Methods in Social Relations With Special Reference to Prejudice,* New York: Dryden Press, 1951, 以及 SUSAN

DERI, DOROTHY DINNERSTEIN, J. HARDING AND A. D. PEPITONE, Techniques for the diagnosis and measurement of intergroup attitudes and behavior, *Psychological Bulletin*, 1948, 45, 248-271。

3. L. A. Cook (ED.). Op. cit.
4. 对这些评价研究的调查见O. KLINEBERG, *Tensions affecting international understanding: a survey of research*, New York: Social Science Research Council, 1950, Bulletin 62, Chapter 4，R. M. WILLIAMS, JR. *The reduction of intergroup tensions: a survey of research on problems of ethnic, racial, and religious group relations*, New York: Social Science Research Council, 1947, Bulletin 57，以及A. M. Rose, *Studies in the reduction of prejudice*(Mimeographed), Chicago: American Council on Race Relations, 1947。
5. R. BIERSTEDT. Information and attitudes. In R. M. MACIVER (ED.), *The More Perfect Union*. New York: Macmillan, 1948, Appendix 5.
6. DOROTHY T. SPOERL. Some aspects of prejudice as affected by religion and education. *Journal of Social Psychology*, 1951, 33, 69-76.
7. J W. WISE. *The Springfield Plan*. New York: Viking, 1945.
8. 见上注释1。
9. H. E. KAGAN. *Changing the Attitudes of Christian toward Jew*. New York: Columbia Univ. Press, 1952.
10. K. LEWIN. Research on minority problems. *Technology Review*, 1946, 48, 163-164, 182-190.
11. RACHEL D. DUBOIS. *Neighbors in Action*. New York: Harper, 1950.
12. HELEN G. TRAGER AND MARIAN R. YARROW. *They Learn What They Live*. New York: Harper, 1952.
13. 对群体动力学的初步阐述见S. CHASE, *Roads to Agreement*, New York: Harper, 1951, Chapter 9。
14. R. LIPPITT. *Training in Community Relations*. New York: Harper, 1949.
15. M. H. WORMSER AND C. SELLTIZ. *How to Conduct a Community self-survey of Civil Rights*. New York: Association Press, 1951.
16. A. F. CITRON, I. CHEIN, AND J. HARDING. Anti-minority remarks a problem for action research. *Journal of Abnormal and Social Psychology*, 1950, 45, 99-126.
17. G. SHAFTEL AND R. F. SHAFTEL. Report on the use of "practice action level" in the Stanford University project for American Ideals. *Sociatry*, 1948, 2, 243-253.
18. VIRGINIA M. AXLINE. Play therapy and race conflict in young children. *Journal of Abnormal and Social Psychology*, 1948, 43, 279-286.

19. 一个这方面研究的文献综述见 J. T. KLAPPER, *The Effects of Mass Media*, New York: Columbia University Bureau of Applied Social Research, 1950 (Memeographed)。
20. C. I. HOVLAND, et al. *Experiments on Mass Communication*. Princeton: Princeton Univ. Press, 1949.
21. B. BETTELHEIM AND M. JANOWITZ. Reactions to fascist propaganda a pilot study. *Public opinion Quarterly*, 1950, 14, 53-60.
22. N. W. ACKERMAN AND MARIE JAHODA. *Anti-Semitism and Emotional disorder*. New York: Harper, 1950. R. M. LOWENSTEIN. *Christians and Jews: A Psychoanalytic Study*. New York: International Universities Press, 1950. E. SIMMEL (ED.). *Anti-Semitism: A Social Disease*. New York: International Universities Press, 1948.
23. 对该案例的更详细描述见 G. W. ALLPORT, Catharsis and the reduction of prejudice, *Journal of Social Issues*, 1945, 1, 3-10。

第31章

局限与展望

> ……我们不能等到"一切事实都了然"的时刻再做出行动，因为我们非常清楚，我们永远不会了解所有的事实，也无法"让事实自己说话"，等到"政治家们和公民们自己得出实际的结论"。事实太过复杂，以至于不能期待它直接呈现出不言自明的结论。只能在相关的价值前提下，遵循实际目的对事实进行组织，没有人比我们更能充分地做到这一点。
>
> ——贡纳·梅德尔

在之前的两章中，我们列举了各项旨在减少歧视，或使人们的态度向更宽容方向转变的一般性补救方案。我们从基础研究的角度，对歧视和偏见的成因进行了评论，并在可能范围内对这些方案做出了评判。我们的研究并不需要是详尽无遗的，近几年来，这些方案已经如雨后春笋般涌现，学界对这些项目的兴趣也广泛传播开来。[1]

只是在过去这十年里，我们才发现对方案评估的迫切需求。这样的需求本身就值得评论。一个项目的负责人或董事，要将他们的活动提交给公正的判断，是需要勇气的。有时这个提议来自捐助者（通常是商人），他们会说："我会为这个项目提供资金，但是你需要告诉我这笔钱是否花在了正确的地方。"这种态度体现了客观性的提升，以及公益领域时有出现的盲目信念和情绪化的减弱。我们已经对社会科学开始在法律领域发挥作用的方式进行了探讨（第29章），然而，社会科学在私人事业领域受到了更为广泛的欢迎和寻求。(顺便说一句,我们希望提请注意这样一个事实,即并非只有致力于群体关系的机构对社会科学所能提供的评估有需求,在以改变态度为目的的教育、社会工作、犯罪学、心理治疗以及其他领域,都存在评估的需求。[2])

虽然这一趋势无疑是社会和科学进步的标志,但在某种程度上也可能起到反作用。操作者可能会过于依赖研究人员,然而研究人员却无法满足他被寄予的巨大希望。我们无法将种族关系问题一概而论。正如我们在前一章所看到的,研究人员几乎不可能设计出一个能够考察到全部变量的评估实验。这个问题的根源过于复杂,以至于无法完全依赖于科学研究部进行解答。正如梅德尔所说,我们不能等到"一切事实都了然"的时刻再作出行动;也许这个时刻永远不会到来。

但是我们仍然可以依靠基础研究和评估性研究继续做出努力,并获得越来越多的关注。在我们想到限制研究的适用性的各种实际和理论障碍时,应该牢记这种鼓励。

特殊障碍

任何在文化关系领域工作的人,都常会在其工作的社区中听到这样的话:"这里没有任何问题。"父母、老师、公职人员、警察、社区领导人似乎并没有意识到摩擦与敌对正暗流涌动,除非暴力冲突爆发,否则在此之前都"没有任何问题"。[3]

我们在第20章中谈到"否认机制",即当冲突威胁到了自我平衡时,我们会倾向于自我防御。否认的策略是对令自己不安的想法的一种快速反应。

有时,否定并非深思熟虑的结果,而更多是对现状的纯粹依赖。人们习惯于现行的等级制度和歧视规则,他们认为它们会永久保持下去,并视其为一个皆大欢喜的局面。我们提到过这样的一个发现,大多数美国白人认为,美国黑人对现状应该是完全满意的,而这种猜想与事实恰恰相反。即使我们承认其中一些否认是出于纯粹的无知与习惯化,我们也必须认识到，经常还有一些更深层次的机制在起作用。我们曾经读到，那些持有严重偏见的个体倾向于否认自己有偏见。由于缺乏个人洞察，他们无法客观地观察自己所在的社区的局限。甚至，即使一个没有偏见的公民也可能对不公正和紧张视而不见，因为这些东西一旦得到承认，只会打乱他生活的正常进程。

人们在学校系统中广泛遇到这一障碍，校长、教师和家长经常反对引入跨文化教育。即使在充满偏见的社区，我们也听到："没问题，我们不都是美国人吗？""为什么要往孩子们的脑袋里放进这些乱七八糟的念头？"这种态度让我们想起了许多父母、学校和教堂对性教育的抵制，理由是孩子们可能会产生禁忌的想法（当然，即使没有性教育，这些想法肯定也已经产生了，只是以一种错误的方式）。

除了冷漠和否认之外，补救工作还面临着其他的障碍。在第二次世界大战结束后的五年内，受私人资助的美国种族关系委员会对偏见补救工作的进展进行了紧密的跟踪调查。在其最终的报告中，调查人员总结了补救工作所遇到的主要障碍。[4] 除了否认，在群体关系领域，不同组织之间的竞争也产生了负面的影响。报告还提到，单一因素解决方案的效度不足，一些专注于单一手段的组织将其视为灵丹妙药，然而，只有多种手段相结合，才能对受众产生有效的影响。尤其是，它批评对大众媒体和教育项目的过分强调。例如，它强调社会结构的重要性，指出南方传统的社会体系似乎阻碍了该地区的所有努力，同时给整个国家带来沉重而深远的影响。

最后，报告提到，许多人出于无知或恶意，倾向于将所有的民权倡导者和所有为种族关系改善而努力的工作人员都视为社会中的"反动"因素。麦卡锡主义是一个困扰着所有社会工作者的幽灵。虽然受害者本身能够通过人们对其的称呼发现人们的非理性观念，但是，大多数公民都无法看透这一点。他们受到引导，认为社会工作者和他们所推行的方案与共产主义之间存在千丝万缕的关系。如何对抗这种非理性的过度分类是一个令人困惑的问题。东西方意识形态之间的现实冲突蔓延至各种与此无关的事件。我们在第15章中讨论了这个问题，但是要找到一个解决方案并不容易。

所有这些障碍都是严肃而深刻的，它们代表着人与社会制度中最非理性，也是最根深蒂固的一面。没有人会认为改善群体关系是一项简单的任务。

结构论证

美国种族关系委员会的报告似乎对单一方案所能产生的影响持悲观态度。它强调了社会规范对所覆盖人群的影响，并将其比作抵制补救活动的铁幕。这个重要的观察值得我们进行细究。它是整个问题的核心。

社会学家正确地指出，我们所有人都被限制在一个或多个社会系统之中。虽然这些系统有一些可变性，但它们并不是无限可塑的。由于经济竞争、拥挤的住房、交通设施或传统习俗的冲突，群体之间将不可避免地存在紧张关系。为了应对压力，社会给予某些群体优越的地位，而给予其他群体低劣的地位。习俗规定了有限特权、商品和声望的分配。既得利益者在这个体系中占有关键地位，因此他们抵制任何基本变革的企图。此外，传统习俗也将体系内的某些群体指定为合法的替罪羊。人们对这些替罪羊群体的敌意被认为是理所当然的。例如，少数种族群体的小型暴乱可能会被视作当下紧张态势的副产品而得到宽容。警察局长可能会默许不同种族之间的帮派斗争，并声称这些都是正常和自然的"孩子们玩玩"。当然，如果事态过于严重，政府会召集防暴队伍，或改革者会要求立法，以缓解紧张的局势。但是这种缓解仅仅足以恢复不稳定的平衡。如果救济走得太远，也会对制度产生破坏。

经济决定论者的观点（第13章和第14章）与此相似。他认为，所有讨论个体因果关系的理论都是空话。存在一种基本结构，在这种结构中，社会经济地位较高的人不能也不会容忍劳动者、移民、黑人和其他匮乏者与自己享有平等的地位。偏见只不过是为了攫取自身经济利益而发明出来的借口。在彻底革命带来真正的工业民主之前，附着于基本社会基础之上的所有偏见都无法得到有效的改变。

你和我都不会意识到我们的行为如何受到社会体制这些特征的约束和调节。我们也不应该期待社会环境向个体所施加的总体压力，通过几个小时的跨文化教育就能完全消弭。看了一场亲宽容态度电影的观众会将其视为生活中的一个小插曲，而不会允许其所蕴含的价值观威胁到自身所在的系统的基础。

这个理论进一步认为，人们无法做到改变种族隔离、雇佣习俗或移民法律，同时却不释放一系列累积起来会在整个结构中产生威胁性断裂的影响。所有传统习俗都是彼此的盟友。如果我们允许一个过大的颠覆性初始力量出现，那么它会不断加速，以至于毁掉整个给予我们安全感的体系。这就是社会学的结构观点。我们在第3章中对这种"群体规范"的偏见理论进行了探讨。

我们应该记得，心理学家也有一个结构性的论点。偏见态度并不是偶尔吹进眼睛的灰尘，可以在不破坏整个有机体完整性的情况下被分离提取。相反，偏见常常深深地根植于性格结构中，除非生活的整个内部机制得到彻底改革，否则偏见是无法改变的。每当态度对有机体具有"功能意义"时，这种嵌入就会发生。你不能指望不改变整体就改变部分。从整体上重塑一个人从来都不是容易的事情。

但是，心理学家紧随其后补充了一点，并非所有的态度都深嵌于个体的性格结构之中。在此，我们对三种持有不同类型态度的人群之间所存在的差异进行描述。

（1）第一类人群在顾及社会习俗和需求的同时，保持自己的态度与自己的第一手经验密切相关。他会设法在尽量不与社会产生摩擦的前提下调整他对社会现实的态度，同时完全忠于自己积累的经验。尽管他身处社会制度之中，他的个体态度仍然是灵活可变的。他能够清晰地认识到外群体所遭受的不公正待遇，即使在制度对他们不利的情况下，他也会友善地对待这些群体。无论他是会成长为一名好战的，还是温和的改革者，或者根本不成为改革者，他的态度都只取决于他自己，而不会被周围的群体规范过度决定。

（2）第二类态度是我们已经谈到过的，它们形成了一种自私、僵化、有时显得神经质的内部整合。他们的现实主义程度很低。个体对少数群体一无所知，对他们的事实也漠不关心。他们不明白长远而言普遍的歧视性习俗将造成的伤害会有多大。这些态度所具有的功能意义是深层次的，只有角色结构中发生剧变才会改变它们（第25章）。

（3）我们经常发现许多人的种族态度缺乏内部的整合。他们的态度经常变化，并没有定型，并且在很大程度上与当前的形势相关联。这样的个体自身可以说是矛盾的——或者，更准确地说，是多面的。由于缺乏一个坚定的态度结构，任何压力都可以让他们改变态度。正是在这个群体中，支持宽容的呼吁才可能有效。愉快的经历、戏剧性的教训、对美国信条的引述，都足以为他们形成友善的态度提供良好的开端。这一类群体容易受到教育和大众传媒影响。他们的精神组织方式也容易被有益体验改变，而在没有获得这种经验之前，他可能只会机会主义地遵循既有的流行偏见。

我们无法知晓每一类人群的具体数量。严格的结构观点将坚持认为，个人和社会制度对这三类人群的影响都远超我们现在所估计的程度。

一些研究人员强调个体和社会制度之间的互锁依赖。他们认为，对一种态度的抨击必须结合对两种体系的同时考量，将态度置于结构模型之中进行探讨。[5] 纽科姆（Newcomb）如此陈述这个案例："如果个体通过一个较为稳定的参考框架看待一种态度，那其所客观感知到的态度往往是持续的（相对不变的）。"[6] 稳定的参考框架可以锚定在社会环境之中（所有的移民都住在轨道的一边，所有的美洲原住民都住在另一边）。或者，它也可能是一个内在的参考系（我受到任何外来人士的威胁）。或者，这种参考框架也可能结合了两者。这种综合性的结构性观点坚信，在改变态度之前，一定要改变相关的参考框架。

批判。无论是社会学的、心理学的，还是结合了两者的结构观点都具有显著的优点。它解释了为什么零碎的渐进式努力并没有理想中那样有效。它告诉我们，我们要解决的问题已经融入了社会生活结构之中。它使我们相信，"灰尘入眼"式的理论过于简单了。

然而，如果我们不加以小心，结构性的观点就可能会导致错误的心理学和错误的悲观主义。说在我们改变个人态度之前，我们必须改变整体结构是不明智的，至少在某种程度上，这种结构也是许多个体所持有的态度的产物。改变必须从某个地方开始。事实上，根据结构理论，改变可以从任何地方开始，因为每种体系都能够通过对其部分的改变而发生变化。一种社会或心理体系是不同力量的平衡，但它是个不稳定的平衡。正如米德尔所展示给我们的那样，"美国的两难困境"就属于这样一种不稳定的平衡。所有关于社会制度的官方定义都要求人人平等，而这个体系内有许多（但并非所有）非正式的特征都是不平等的。因此，即使在我们最为结构化的体系之中，都存在"非结构化"的状态。而你我的人格也是这样的一种体系，那是否就意味着无法做出改变，或者说，必须改变整体才能改变部分？这样的观点显然是荒谬的。

尽管美国拥有一个相当稳定的阶级体系，在这个体系中，各种族群体拥有一种被赋予的地位，并伴随着与之相关的偏见，但在美国的体系中仍然有一些因素导致了不断的变化。例如，美国人似乎对态度的可变性很有信心。基于这种信仰，人们积极宣传美国的信条，并坚信教育的力量。我们的制度本身排斥"你无法改变人性"的说法。总而言之，美国的制度反对"血统说明一切"。美国的科学、哲学、社会政策都显然倾向于"环境主义"。虽然这种信仰可能无法得到完全的证实，但信仰本身就是更为重要的影响因素。如果群体中的每个人都期待通过教育、宣传、心理治疗以改变态度，那么相较于没有这种期待的群体，他们当然更有可能实现这一期待。我们对变革的渴望可能就会带来变革。社会制度也并非一定会阻碍变革，有时，社会制度是鼓励变革的。

积极的原则

我们并非排斥结构性观点，而是指出它不能被用来证明完全悲观是合理的。它强烈呼吁人们注意现存的局限性，但并不否认人际关系的新局面正在形成。

例如，应该在什么时机下作出社会结构或人格结构的改变。在之前的章节中，我们已经得到了一些启发，但是，这些都不是最终的答案。以下原则似乎尤为相关。

1. 由于这个问题是多面的，所以并不存在最高的解决方案。最明智的做法是同时着手解决问题的各个方面。如果一次打击无法取得大规模的效应，那么从各个方面的大量小规模打击可能会取得巨大的累积效果，甚至可能推动整个系统。这将加速变革，直到达成一个新的、更令人满意的平衡。

2. 我们应该将社会改善论作为指导。发表"将所有少数民族最终同化为同一个民族"言论的人，似乎是在谈论一个遥不可及的乌托邦。但是，可以肯定的是，在同质社会中不存在任何种族群体的问题，但是，似乎在美国，同化所造成的损失将大于我们的收益。在任何情况下，人为加速同化的尝试都会以失败告终。我们应该通过与多元种族和文化的相处来改善人类关系。

3. 我们的努力可能会带来一些意想不到的效果。对体制的攻击总是会伴有副产品。因此，一个暴露于跨文化教育、容忍态度的宣传、角色扮演之中的个体，其行为的改变可能非同小可。但是，就态度转变的角度而言，这种"非结构化"的状态是必经的阶段。这是一个逐渐扩大的作用的开端。虽然个体会相较于之前更为不适，但他至少有机会在将来成为更为宽容的人。调查显示，意识到，或对自己的偏见态度感到难为情的个体，是正在消除自身偏见的个体。[7]

4. 偶尔，也会出现"回旋镖效应"。努力可能只是加强了对现有态度的维护，或者无意支持了敌对观点。[8] 这些都证实了努力的效果是相对轻微的。而且，由于任何有效的策略都会引起防御性行为，并同时植入不安的种子，那么其效果是否只是暂时的效应呢？似乎"回旋镖效应"主要发生在具有偏执倾向的个体身上，任何类型的刺激都有可能被纳入他们僵化的机制之中。可以肯定的是，当下的危险还在于，给定方案的错误呈现可能会导致公众无法理解其意图。[9] 然而，这个意义上的回旋镖效应仅仅是出于方案的执行不力，因此是可以避免的。

5. 就我们所了解的大众媒体而言，似乎不应期待单凭这种方式获得任何显著的成果。很少有人能够在处于"非结构化"的准确阶段中与恰为正确的思想框架中，吸收新的信息。进一步而言，在现有证据的基础上，将大众宣传集中在具体的问题上，例如，作为公平就业实践，而不是单纯发出可能不被理解的模糊呼吁。

6. 关于群体的历史和特征的科学信息，以及关于偏见的本质的教学与出版物有益无害。然而，这并非许多教育工作者所认为的灵丹妙药。信息的呈现可能具有三种良性的效果：（a）它使少数群体看到了人们为了消除偏见而做出的努力，并进而增强了信心。（b）它鼓励并增强了宽容人士对其态度与知识的整合。（c）它往往会削弱固执的偏见者的合理化。例如，采取防御姿态的种族主义者在科学事实的影响下，会动摇自身对于黑人生物劣等性的观念。斯宾诺莎观察发现，错误的想法会导向激情——因为他们是如此的困惑，以至于无法将自身的观念作为现实调整的基础。相比之下，正确和充分的观点为正确评估生活问题铺平了道路。虽然并非所有人都会立刻认同正确的观点，但是呈现这些观点总是良好的。

7. 行动通常比单纯的信息更有效。此类方案收效良好，因此邀请个体参与一些项目，也许是社区自我调查，或邻里节日。当他参与项目时，他就成了其中的一部分。随着个体与他人的熟悉程度加深，彼此之间的联系就越为现实，最终产生更好的收益。

例如，通过在社区工作，个体能够了解到，自尊和其所依恋的对象实际上都不会受到黑人邻居的威胁。他也可能学习到，他作为一名公民的安全感能够通过社会条件的改善而加强。虽然布道和劝诫可能在这个过程中发挥作用，但是这样的一课是无法仅凭言语而传授的。个体必须通过肌肉、神经、腺体的参与，才能够习得。

8. 我们常用的方法都无法应用于难以接近的性格结构。因为这样的性格结构会将对外部群体的排斥作为生活的限制之一。然而，即使对于僵化的个体而言，也可能通过个人治疗得到改善——这是一种昂贵的方式，个体也一定会对此产生抵触；但是至少在原则上，我们目前还不需要对这种极端的情况采取绝望的态度，尤其是对于年轻人的处理，也许诊所的儿童指导，或者智慧的教育者都能够对其进行开导。

9. 虽然没有针对于此的研究，但是玩笑和幽默似乎会刺激到煽动者的自负与非理性的诉求。笑声是对抗偏见者的武器。当改革者变得不必要地严肃庄重时，这种武器也会生锈。

10. 现在转向社会方案（社会制度）。人们一致认为，相较于针对偏见的直接攻击，打击种族隔离和歧视条例更为明智。即使个体在孤立的情况下转变了态度，在社会规范面前，他可能还是会回归原样。只要种族隔离被削弱，社会规范的限制也就不复存在。那么，人们才能够将彼此地位平等的接触作为所追求的共同目标。

11. 利用最有可能发生社会变革的薄弱方面似乎是明智的。正如森格尔（Saenger）所说，"将火力集中在阻力最小的地区"。总体而言，在住房与改善经济的机会中获取收益，是最为简单的。幸运的是，这些方面对于少数群体而言，也是非常具有吸引力的。

12. 一般来说，在经历了起初的抗议活动之后，符合我们民主信仰的既成事实都能获得接纳。在引入黑人走上公共工作岗位的城市中，这一变化很快就失去了关注。玩呗的法律也会得到类似接纳。官方政策一旦实施，就难以撤销。一旦人们接受了设定，就会创建新的习惯与条件以维持当下局面。

而在人们还没有意识到的时候，行政长官就有权在工业、政府、学校中做出理想的改变。1848年，有一名黑人申请入读哈佛大学。群众对此进行了激烈的抗议。当时的校长爱德华·埃弗里特（Edward Everett）对此回应说："如果这个男孩通过了入学考试，那么他就会被录取。如果白人学生选择退学，学院所有的经费都将投入到对他的教育之中。"[10] 无须多言，没有一个白人学生选择退学，反对的声音也迅速消退。学院的收入与声望都没有受到最初似乎存在的威胁的影响。当清晰的行政决议与群众的良知相一致时，人们会很快地接纳之，而不会产生其他的争论。

13. 不能忘记武装改革者所起到的作用。自由主义者的纷杂要求是迄今所取得的许多成果的决定性因素。我们在第28章看到，立法运动有时是由激进的私人机构所发起的。个人主义者约翰·布朗（John Brown）将黑人奴隶的困境进行了戏剧化的加工，小说家哈里特·比彻·斯托（Harriet

Beecher Stowe）不断煽动人们良知的火焰，直到奴隶制被废除为止。个人可能是改变社会制度的决定性因素。

这些结论代表了研究和理论中的一些积极的原则。它们并非完整的蓝图——如果我们这样想那就显得自负了。这些要点代表了特定的变化开端，如果能够辅以技巧，那么就能够对当下的偏见和歧视的核心产生打击。

跨文化教育的必要性

我们在此不再过分延长对于方案的讨论，而只是希望大家重视学校所起到的作用。我们之所以这样做，部分原因是学校的作用是美国人在教育方面的特点，另一部分原因是，相较于在家庭中实施补救方案，在学校中实行更为简单。学龄儿童是极为投入的受众，他们会习得所有设置的内容。虽然学校的董事会、校长和老师可能会对跨文化教育产生抵触，但是，跨文化教育正越来越多地被纳入课程。

正如我们在本书的第五部分中所看到的那样，偏见与宽容的习得是微妙和复杂的过程。家庭所扮演的角色无疑比学校更为重要。家庭的氛围与父母对孩子就少数群体的具体教育对孩子态度的发展而言都很重要，前者也许更为重要。

也许期待老师的教育能够抵消家庭环境的影响并不实际。但是正如上一章提及的评估研究所表明的那样，学校教育能够取得很好的效果。如同教会、和这片土地上的法律一样，学校能够使孩子遵守另一套高于家庭所习得的习惯行为准则。学校教育也可能帮助没有完全克服家庭偏见教育的孩子们形成自身的良知，并产生有益的内心冲突。

正如家庭氛围之于孩子的重要性，学校氛围也对孩子有着举足轻重的影响。如果校园中普遍存在着性别或种族的隔离、专制主义以及阶级主导的制度，那么孩子就会耳濡目染地将权力和地位作为人际关系中的首要因素。另一方面，如果学校的制度是民主的，那么教师和小孩都能够受到彼此的尊重。孩子们也会很容易地接受尊重他人的教育。与整个社会一样，教学体系的**结构**将会覆盖，并可能否定具体的跨文化教学课程。[11]

我们已经看到，需要孩子全身心投入的跨文化实践活动可能比只有言语训导更有成效。虽然传授信息同样重要，但是寓教于乐是最好的教育方式。

基于这些观点，我们还是心存疑虑，儿童或青少年在学校培训过程中应该学习那些具体课程呢？跨文化教育的内容应该是什么？在此，我们无法穷尽所有的依据。但是，我们能够对群组关系教育提出一些要求。

授课对象的年龄并不是问题。通过简单的教育方式，即使是年幼的孩子也能够理解所有的知识点。并且，高中高年级的学生或者大学生也能够通过更为完善的方式接受跨文化教育。实际上，通过不同程度进阶的"分级课程"，同样的内容能够年复一年地教授给不同的学生。

（1）**种族的含义**。各种电影、电影录像带和小册子都可以作为人类学知识提供给学校进行教学。孩子可以尽可能多地吸收其中的细节。孩子一定要学会区分种族遗传和社会定义之间所存在的混淆。例如，他应该理解，许多"有色人种"个体，就种族而言，白人血统与黑人血统所占有的比例是相似的。但是社会等级的定义掩盖了这个生物学事实。年纪稍长的孩子需要了解自身对各种形式的种族主义的误解，以及种族主义神话背后的心理学。

（2）**习俗及其在各民族群体中的意义**。学校具有教授该课程的传统，但是其方式十分特殊。现代的展览和节日能够给人以一种更为深刻的印象，正如具有不同种族背景的孩子们齐聚一堂。在教授不同的宗教背景和语言，以及宗教圣日的意义时，尤为需要孩子同理心的配合。参观社区中的祭祀场所有助于巩固课程所得。

（3）**群体差异的性质**。这一点并不容易通过教学使孩子们理解。但是，为了使孩子们更好地理解上述两项课程，他们首先需要理解人类群体的差异和类同。在这一过程中，错误的刻板印象会自相矛盾，例如"对本质的观念"。一些差异仅仅是虚构而来的，有些差异则与正态分布相重叠，还有一些差异遵循J曲线分布（第6章）。教学中可以对这部分内容进行简化。了解了群体差异的确切性质的孩子不太可能会形成过度泛化的分类。

在这门课程中，教育者也应该重申造成这些差异的生物因素和社会因素所起到的作用。

（4）小报思想的本质。孩子们在早年就能够对自己过分简单的分类方式进行批判。他们会了解到，外国人甲与外国人乙不一样。教师可以向他们说明学习中言语先行会造成危险的后果（第330页），特别是以"黑鬼"和"意大利佬"这种贬低的短语对特定群体进行称呼。简单的语义学和小学心理学课程对孩子而言，既不乏味也不难理解。

（5）替罪羊机制。即使是七岁的孩子也可以理解内疚的置换与侵略行为（第382页）。随着儿童年龄的增长，他们能够发现这一原则与对少数族群的迫害有关。良好的教育能使孩子在家庭中也能够应用这一理论，目的是使其注意到自身的投射，并避免在个人人际交往中将他人当作替罪羊。

（6）受害所可能导致的特质。不难理解，迫害会导致自我防御的发展（第9章）——尽管这是一堂微妙的教学。人们所创造的刻板印象会导致危险的发生，即所有的犹太人都通过野心与侵略性弥补自身的短板，或者黑人都倾向于陷于仇恨之中，或擅长偷窃。但是，教学也无须参照少数群体的遭遇。这本质上是一项精神卫生的教育。首先，通过小说，一个年轻人可能会学到，拥有一项残疾的（比如，瘸腿的）孩子会发展出其他方面的补偿。他可以从这个角度，对课堂中的案例假设进行讨论。通过角色扮演，他可以洞察到自身防御性的行为。教师能够引导十四岁以上的青少年发现自身的不安全感可能并不存在事实依据。他有时被期待有着如同孩子一般的举止，有时又被期待着如同成年人一样行事。他想成为一个成年人，但他人的行为使他不确定他是否仍处于童年，或已经迈入了成年人的世界。老师能够在此指出，青少年的困境与许多少数群体必须生活在长期不确定性的状态相近。少数群体成员如同青少年一样，他们有时会表现出不安、紧张、自我防御，这些偶尔会导致令人反感的行为。对于年轻人而言，相较于对单一概念的学习，了解自我防御行为的缘由更为重要。令人反感的特质在某些人类群体中是固有的。

（7）关于歧视和偏见的事实。学生们不应该对他们所居住的社会中的缺陷一无所知。他们应该知道，美国信条中对平等的要求在现实中还远远没有得到实现。孩子们应该了解到，在住房、教育、就业机会中所存在的种种不平等。他们应该知道黑人和其他少数群体对这种情况的看法；他们所怨恨的是什么；是什么伤害了他们的感情；有哪些基本的礼貌。在这一过程中，教师可以采用电影，也可以介绍"抗议文学"，尤其是年轻的美国黑人的传记，如理查德·赖特（Richard Wright）的《黑人男孩》（*Black Boy*）。

（8）**允许多重忠诚**。学校一直向学生灌输爱国主义，但忠诚的条件往往是狭隘的。人们很少提及的是，事实上，忠于国家意味着忠于国家中的所有少数群体（见第40页图1）。我们注意到，在第24章中，体制化的爱国者、民族主义狂热分子，往往是一个彻头彻尾的偏见者。对专属忠诚的教育——无论是对于国家的忠诚、学校的忠诚、兄弟会的忠诚还是家庭的忠诚，都是灌输偏见的一种方法。成长于共同忠诚氛围之中的孩子，可能会看到忠诚是允许互相包含的，互为兼容的，而非绝对排他的（见第48页，图2）。

对理论的定夺

歧视和偏见存在于社会结构之中，还是人格结构之中？我们给出的答案是，两者皆是。为了更精确地表述，我们可以认为通常所说的歧视，与现行社会制度、普遍文化习俗密切有关，而偏见这一术语则特指给定人格的态度结构。

虽然这点申明是有帮助的，但是我们认识到，这两个条件会同时出现在事件的方方面面。我们再次强调社会科学研究需要多重的方法。在第13章中，我们介绍了不同的分析方法，有历史、社会文化、情境的分析，以及从社会化、人格动力、现象学等方面的分析，以及最后针对真实**群体差异**的分析。对偏见及其条件的理解必然是基于这些层面的研究之上的。这绝非易事，但没有其他捷径。

补救方案往往能够分为两类。强调社会结构变化的方案（例如立法、住房改革、行政法规）和强调个人结构变化的方案（跨文化教育、儿童训练、劝诫）。但是，就实际而言，这两种方案是相辅相成的。因此，为了使跨文化教育更为有效，我们可能需要改变学校制度，或者改善大众媒体的做法，或是沟通体制的政策本身。虽然如今的社会科学能够以特定方式成功预测各种方案的结果，但是，社会科学也赞成多元化的方式。希望改善群体关系的人需要投身于对偏见与歧视多管齐下的打击之中。

此书的目的是说服读者，偏见的问题是多面的。它也旨在提供一项组织方案，通过此方案，读者可以对许多因素进行考量。最后，此书还试图对每个主要因素进行深入的分析，以便为未来理论和补救措施的进展做好准备。

尽管我们的目的是大胆的，但是我们也意识到，书中所举出的案例在未来将得到修正与扩展。人类行为科学仍处于发展的初期阶段。即使我们偶尔会遇到瓶颈，但是我们相信进步是看得到的，在未来一定会有所飞跃。

对价值观的定夺

我们如何向开明人士解释越来越受关注的偏见问题，以及全体人类的非理性行为？（关注的证据在于大量产出的研究、理论和补救措施。）答案在于20世纪极权主义对民主价值的威胁。西方世界将民主思想认为是源于犹太-基督教伦理，并经由许多国家的政治信仰所强化，逐渐扩大至全世界，这是错误的。现实并非如此，取而代之的是可怕的文明倒退。人类的弱点一一得到揭示：失业、饥荒、不安、战争的后果，使人类成为煽动者的牺牲品，他们毫无内疚感地摧毁了民主的理想。

现在我们认识到，民主对个人性格提出了很高的要求。有时候，这种负担令人相当难以忍受。成熟的民主人士必须具备一些微妙的美德和能力：理性思考事件因果关系的能力，能够根据种族群体和其特质形成适当的、具有差异性的类别的能力，赋予他人自由并能够掌控自身自由的能力。这些品质都是难以获得并维持的。人们更易于屈服于过度泛化和教条主义之中，排斥民主社会固有的模糊性，对明确性有着自身的需求，并"逃避自由"。

这是民主信仰的一部分：针对人类行为中不合理性与不成熟的因素的客观研究将有助于我们对其进行抵制。无论是纳粹德国还是苏维埃俄国，还是任何其他实行极权主义的国家，都禁止研究非理性心理。舆论分析、精神分析、谣言、煽动、宣传、偏见的研究都是被禁止的——除非这些研究与剥削人类的地缘政治利益相同。然而，在世界上的自由国家，针对非理性的研究正在加速进步，因为我们的信仰使我们坚信，造成文明退化、民族中心主义和仇恨的社会力量和人格力量可以得到控制。

有人可能认为，包括偏见在内的非理性行为是一件好事。我们引用了西方文化中的作家言论。他们说，紧张是生命的本质；想要存在就要奋斗，想要生存就是征服。自然是残酷的，人类是残酷的，打击偏见是对弱势种族的姑息。这种观点取得了一定的地位，有时也被称为达尔文主义。但是民主的价值观所追寻的是不同人类群体之间的平等权利，显然这并不常见，也无法被伦理所接受。正如本书所示，在民主价值观的导向下，为人类多样化的群体寻求产生种族冲突和偏见的根源及补救办法，是科学家们的使命。如同其他人一样，科学家也会情不自禁地被个人价值观所驱使。

在科学领域，价值观具有两点意义。首先，它驱使科学家（或学生）进行并维持他的研究。其次，它为研究人员的最终努力所得来的研究成果指明了应用的方向，并服务于其所认可的、理想的社会政策。价值观不会参与科学工作的以下重要阶段，因此，也不会对科学工作产生歪曲。（1）它不影响问题的识别或定义。在第1章，我们明确表示，偏见是现有的心理事实，正如歧视是现有的社会事实一样。无论科学家是为了支持，或反对偏见和歧视，都无法改变事实。偏见不是"自由知识分子的发明"，它只是精神生活的一个方面，可以像其他任何事物一样被客观研究。（2）价值观不会影响科学的观察、实验或事实收集的过程。（在很罕见的情况下，这一过程能够检测到研究人员的偏见，研究人员因此会受到相应的责备。）（3）价值观不会影响科学方法推广的过程。数据歪曲对科学家有百害而无一利。并可能导致其推导出毫无根据的结论。他这样做只会招致他在将科学应用于改善人际关系方面的价值否定。(4) 价值观不会渗透到结果和理论的沟通过程中。除非研究人员明确、无偏差地表明实验无法被重复，无须进行长期积累以获取终极的价值。

总之，目前的卷宗及其报告是受作者们的价值观所驱动而作的。他们将此与持有民主意识形态的其他人共同分享；同样，本书也希望提出的事实和理论有助于改善群体之间的紧张局势。同时，它是人类知识现阶段所能达到的一个准确而客观的科学作品。

对于价值观的问题，还有必要提及最后一个方面。虽然我们的目标在于缓和紧张局势，增加群体之间的宽容和友善。但是，处理文化和少数群体的合理长远政策仍然是模糊的。将所有群体进行融合是一种有效的理想方式呢？还是努力维持种族的多样性与文化的多元主义呢？例如，美国的印第安人应该维护自己的生活方式，还是应该逐渐通过移民和通婚，融入美国的大熔炉之中呢？来自欧洲的许多移民群体、东方人、墨西哥人、黑人又该何去何从呢？

赞同同化（一种价值判断）的人指出，当群体完全融合时，就不再存在任何可识别的，或心理层面的偏见。特别是对于受教育程度低的群体而言，他们无法理解外国的价值体系，似乎只有同质化的群体才能够使他们放弃偏见思维。对他们而言，团结意味着一致。

另一方面，赞成文化多元主义的群体则将同质化视为一种巨大的损失（又是一种价值判断），这意味着抛弃种族群体所特有的别具一格的、多彩斑斓的生活方式。东方的美食、意大利人的歌剧、东方的哲学、墨西哥的艺术、美洲印第安人的部落传说。如果能够对多元文化进行保护，那么这些事物对于所有民族而言都是具有利益和价值的。正是这些文化防止了主导广告、罐头食品和使人安静下来的电视中千篇一律的标准。然而，至少有一个大群体——美国黑人，虽然几乎不具有独特的文化，却受到了极大程度的偏见。对此，文化多元主义者也无法判断这是否是其想要的结果。

那么，如何在这场争论中保持恰当的价值观呢？这个问题似乎是遥远的、不真实的，因为最终的解决方案可能不受我们的控制。然而，在某些情况下，我们现在所做的选择很重要。一个例子是联邦政府对于美国印第安人的政策。最近的官方态度似乎从赞成文化多元主义的态度转变为赞成同化的态度。官方的态度至关重要，因为它所引导的日常政策会对相关人群的生活产生即时的影响。

虽然我们无法假定问题已经得到了解决，但是，我们可能能够指出一个看似合理的民主方针。对于那些渴求同化的个体，政府不应该对其设立人为的障碍；对于那些希望维护民族完整的个体，他们的努力应该得到宽容和赞赏。如果这样一个宽容的政策是有效的，意大利人、墨西哥人、犹太人和有色人种群体中的一部分成员，毫无疑问地会投身于融合的大熔炉之中；而其他人，至少在可预见的将来，则会保持分离与自身的辨认度。民主的需求在于，只要这种发展不违反他人的安全和合理权利，就应该允许个体的人格发展过程，并保证其不受人为干扰或障碍。通过这种方式，我们的国家至少在很长一段时间内，需要将"统一多样性"作为理想而为之奋斗。更为遥远的未来可能会发生我们无法预见的情况。

美国总体而言始终是民主的坚定的捍卫者，所有人都拥有着与他人相同或不同的权利，尽管美国的信条并没有尽然得到实践。但是，我们所面临的问题是，人们朝向宽容态度的转化进程是否会持续下去，还是如同世界上的许多地区一样，发生致命的倒退。全世界都在观察民主理想在人类关系中是否可行。公民是否可以通过学习寻求自身的福祉与成长，而非牺牲同胞的利益，或随波逐流？人类大家庭还没有揭开这些谜底的答案，但希望总是存在。

参考文献

1. 关于行动计划的补充说明，读者可以查阅 G. SAENGER, *The Social Psychology of Prejudice: Achieving Intercultural Understanding and Cooperation in a Democracy*, New York: Harper, 1953, Chapters 11-16。
2. 这些领域最近的评价研究的代表是 H. W. RIECKEN, *The Volunteer Workcamp:*

A Psychological evaluation, Cambridge: Addison-Wesley, 1952; E. POWERS AND HELEN WITMER, *An Experiment in the Prevention of Delinquency,* New York: Columbia Univ. Press, 1951; L. G. WISPE, Evaluating section teaching methods in the introductory course, *Journal of Educational Research,* 1951, 45, 161-186。

3. 在一项对许多社区的调查中，一名调查员报告说，对问题的否认几乎是普遍遇到的。G. WATSON. *Action for Unity.* New York: Harper, 1947.
4. *The Role of the American Council on Race Relations.* Chicago: American Council on Race Relations, *Report,* 1950, 5, 1-4.
5. Cf. T. R. VALLANCE, Methodology in propaganda research, *Psychological Bulletin,* 1951, 48, 32-61.
6. T. M. NEWCOMB. *Social Psychology.* New York: Dryden Press, 1950, 233.
7. Cf. G. W. ALLPORT AND B. M. KRAMER, Some roots of prejudice, *Journal of Psychology,* 1946, 22, 9-39.
8. C. I. HOVLAND, et al. *Experiments in Mass Communication.* Princeton: Princeton Univ. Press, 1949, 46-50.
9. E. COOPER AND MARIE JAHODA. The evasion of propaganda how prejudiced people respond to anti-prejudice propaganda. *Journal of Psychology,* 1947, 23, 15-25.
10. Quoted by *P. R. FROTHINGHAM, Edward Everett, Orator and Statesman,* Boston: Houghton Mifflin, 1925, 299.
11. T. BRAMELD. *Minority Problems in the Public Schools.* New York: Harper, 1946.

出版后记

随着世界渐渐迈入现代，不同国家、民族、人种、性别、地域之间的交往和摩擦日渐增多，关于偏见和歧视的指控，乃至于因偏见而生的仇恨言论和暴力事件也越来越多地进入了人们的视野，成为人们生活世界中虽丑陋却不可忽视的存在。美国哈佛大学著名心理学家，人格心理学之父戈登·奥尔波特的里程碑式著作《偏见的本质》就是在这一社会背景下应运而生的。自它于1954年在美国首次出版以来，就立刻一跃成了社会心理学领域的必读作品，截至1980年就已在英语世界中销售超过50万册，并且直到今天，其魅力仍然不减。

经典之所以伟大，正因为它永不褪色。今天，我们很荣幸有机会把这部伟大的作品译介给中国读者，希望它可以为今日中国有关群体间关系、偏见、歧视等社会话题的讨论奠定理论基础，也希望本书最后几个章节中关于个体、社会、教育和立法机构该如何弥合差异、减少偏见的建议，能为当下中国的社会政策制定提供有益的参考。

本书得以出版，离不开许多师友的鼎力支持。在此我们特别感谢哈佛大学心理学系理查·克拉克·卡波特社会伦理学讲席教授马扎林·贝纳基为中文版特别写作的序言，由香港中文大学商学院卓敏市场学教授康萤仪和她的学生、同事一起译出。两位教授都对本书中文版的推出表达了她们的美好愿望，我们也希望自己交出了一部让她们满意的作品。然而因为译者和编者水平有限，本书难免还存在各种错误，敬请广大读者指正。

图书在版编目（CIP）数据

偏见的本质 /(美) 戈登·奥尔波特著；凌晨译. -- 北京：九州出版社，2020.9（2025.2重印）
　ISBN 978-7-5108-9350-6

Ⅰ.①偏… Ⅱ.①戈… ②凌… Ⅲ.①人格心理学—研究 Ⅳ.①B848

中国版本图书馆CIP数据核字(2020)第153472号

偏见的本质

作　　者	［美］戈登·奥尔波特 著　凌　晨译
责任编辑	周　春
出版发行	九州出版社
地　　址	北京市西城区阜外大街甲35号（100037）
发行电话	（010）68992190/3/5/6
网　　址	www.jiuzhoupress.com
印　　刷	河北中科印刷科技发展有限公司
开　　本	655 毫米×1000 毫米　　16 开
印　　张	36
字　　数	468千字
版　　次	2020 年 10 月第 1 版
印　　次	2025 年 2 月第 8 次印刷
书　　号	ISBN 978-7-5108-9350-6
定　　价	99.80元

★ 版权所有　侵权必究 ★